东北大学"双一流"建设研究生教材

生物化学

汪　冰　主编

东北大学出版社

·沈　阳·

© 汪　冰　2020

图书在版编目（CIP）数据

生物化学 / 汪冰主编. — 沈阳：东北大学出版社，
2020.11
ISBN 978-7-5517-2580-4

Ⅰ. ①生… Ⅱ. ①汪… Ⅲ. ①生物化学—研究生—教
材 Ⅳ. ①Q5

中国版本图书馆 CIP 数据核字（2020）第238836号

出 版 者：东北大学出版社
　　　　　地址：沈阳市和平区文化路三号巷11号
　　　　　邮编：110819
　　　　　电话：024-83680267（社务部）　83687331（营销部）
　　　　　传真：024-83683655（总编室）　83680180（营销部）
　　　　　网址：http://www.neupress.com
　　　　　E-mail:neuph@neupress.com
印 刷 者：辽宁一诺广告印务有限公司
发 行 者：东北大学出版社
幅面尺寸：170 mm × 240 mm
印　　张：28
字　　数：503千字
出版时间：2020年11月第1版
印刷时间：2020年11月第1次印刷
责任编辑：郎　坤
责任校对：刘乃义
封面设计：潘正一
责任出版：唐敏志

ISBN 978-7-5517-2580-4　　　　　　　　　　　定价：59.00元

《生物化学》编委会

主　编　汪　冰

副主编　仲崇斌

编　者（以姓氏笔画为序）

于　阳　王天怡　姜　睿

前言
Preface

　　为了更好地适合东北大学生命科学与健康学院研究生以及本科生的培养，对以往使用的由人民卫生出版社于2016年出版的《生物化学》教材进行了如下改编。把经典的生物化学内容分为三篇（生物化学的基本分子、物质代谢与分子转换、遗传信息的物质基础与调控），这些生物化学的基本内容，描述了生命的化学基础，更新较慢。精简了以往多种教材中包含却在教学中省略的内容。同时，大量增加了"常用生物化学与分子生物学技术"的相关内容，包括非常有用的酵母双杂交技术和胞内抗体筛选方法等。另外，首次增加了"常用外包技术"。因为有些技术是学生无法在实验课中接触到的，这些技术将为研究生完成课题提供技术和信息保障。"常用生物化学与分子生物学技术"部分是每次再版时都需要更新的内容，旨在把最实用的技术保留下来，同时把最新的内容增加进去。我们努力把这本《生物化学》写成通俗易懂、深入浅出的教材，力求把书中晦涩难懂的部分斟酌成简明精确的内容。

　　本教材由汪冰主编。绪论部分由汪冰编写，第一篇由仲崇斌、于阳、汪冰编写，第二篇由于阳、仲崇斌、汪冰编写，第三篇由姜睿、王天怡、汪冰编写，第四篇由王天怡、姜睿、汪冰编写。

编　者

2020 年 3 月

C目 录
Contents

第二篇　物质代谢与分子转换

第三篇　遗传信息的物质基础与调控

第四篇　常用生物化学与分子生物学技术

绪　论

生物化学（biochemistry）是研究生物体的化学组成及化学进程的一门学科，简称生化。生物化学研究生命从开始到结束是如何直接或间接利用外界物质转化成生命的基本组成成分的（如蛋白质、糖类、脂类、核酸、维生素等生物大分子），同时研究这些基本的化学物质是如何相互转化和相互调控以维系生命的进程和演化的规律。

第一节　生物化学的发展简史

生物化学研究可以追溯到18世纪，在20世纪初期作为一门独立的学科发展起来，近50年来与许多研究领域形成交叉学科，进入快速发展时期。生物化学发展至今可以分为三个阶段：叙述生化、动态生化和分子生物学。

一、生物化学发展的三个阶段

1. 叙述生化阶段

18世纪中至19世纪末是叙述生物化学阶段，主要研究生物体的化学组成。此期间对脂类、糖类及氨基酸的性质进行了较为系统的研究；发现了核酸；从血液中分离了血红蛋白；证实了氨基酸之间的连接方式——肽键，并合成了简单的多肽。在尿素被人工合成之前，认为只有生命体才能够产生构成生命体的分子（即有机分子）。直到1828年，化学家弗里德里希·维勒（Friedrich Wohler）成功合成了尿素这一有机分子，证明了有机分子也可以被人工合成。生物化学研究起始于1883年，安塞姆·佩恩（Anselme Payen）发现了第一个酶——淀粉酶。1896年，爱德华·毕希纳（Eduard Buchner）发现酵母菌的无细胞提取液与酵母一样具有发酵糖液产生乙醇的作用，从而认识了酵母菌酒精

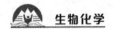

发酵的酶促过程，将微生物生命活动与酶化学结合起来。"生物化学"这一名词在1882年就已经有人使用；但直到1903年，当德国化学家卡尔·纽伯格（Carl Neuberg）使用后，这一名词才被广泛接受。

2. 动态生化阶段

从20世纪初期至中后叶，生物化学学科快速发展，进入动态生物化学阶段。随着各种新技术的出现，例如色谱、X射线晶体学、核磁共振、放射性同位素标记、电子显微学以及分子动力学模拟，生物化学有了极大的发展。这些技术使得研究许多生物分子结构和细胞代谢途径（如糖酵解和三羧酸循环）成为可能。其他标志性的成果有：发现了人类必需氨基酸、必需脂肪酸及多种维生素；发现了多种激素，并将其分离、合成；证明了酶的本质是蛋白质，并且制备出酶的晶体；掌握了糖代谢途径的酶促反应过程、脂肪酸的氧化等；在生物能研究中，提出了ATP循环学说。

3. 分子生物学阶段

20世纪后半叶以来，生物化学进入分子生物学阶段。由于一些新技术的开发，人们对蛋白质和核酸的功能及代谢调节有了进一步认识，使整个生命科学迅速发展，形成很多交叉学科。具有里程碑意义的是J. D. Watson和F. H. Crick于1953年提出的DNA双螺旋结构模型，为揭示遗传信息传递规律奠定了基础，是生物化学发展进入分子生物学阶段的重要标志。此后，提出了遗传信息传递的中心法则：以DNA为模板转录成RNA，再以RNA为模板翻译成蛋白质。1973年S. N. Cohen建立了体外重组DNA方法，标志着基因工程的诞生。这使人们主动改造生物体成为可能，相继获得了多种基因工程产品，极大推动了医药工业和农业的发展。转基因动植物和基因敲除动物模型的成功出现，开启了蛋白质功能研究的新时代。1985年K. Mullis发明的聚合酶链式反应（PCR）技术，以及21世纪初多名科学家发现的CRISPR-Cas 9基因编辑技术等，使得动植物模型的制作更为简单方便。20世纪90年代S. Fields等人建立了双杂交系统，但此系统只适用于筛选可溶性蛋白的互作分子，10年后人们建立了半分泛素酵母双杂交系统，可以应用于膜蛋白，其间质谱分析得到了普及，使得信号传递的研究有了飞速的发展。这期间兴起的翻译后修饰及表观遗传学研究丰富并拓展了中心法则的内容。20世纪末开始的人类基因组计划（human genome project）是人类生命科学的又一里程碑。10年后完成了人类基因组草图，揭示了人类遗传学图谱，这将为人类的健康和疾病的研究带来根本性变革。21世纪初人们发现，除mRNA、tRNA、rRNA外的一类小分子RNA可参与基因表达调控，把它们统称为非mRNA小RNA（small non-messenger RNA，snmRNA），如siRNA和microRNA等已经是常用的科研手段。21世纪以前，人们对生命的功能分子的研究是单一领域的认知，只见树木不见森林，因此，衍生出了各种组学的研究方法。如蛋白组学（proteomics）、转录组学（transcriptomics）和糖组学（glycomics）是在不同的刺激、环境和健康状态下，整体筛查蛋白、核酸和糖修饰的定性、定量和定位变化；代谢组学（metabolomics）是研究生物体对外源物质的刺激、环境变化或遗传修饰作出的所有代谢应答的全貌和动态变化过程研究多细胞生物系统代谢产物及其分泌细胞外分子质和量的变化。

二、我国科学家对生物化学发展的贡献

早在生物化学的概念诞生之前，即公元前21世纪，我国人民已能酿酒，这便是酶催化谷物淀粉发酵的应用。近代生物化学发展时期，我国生物化学家吴宪等在1931年提出了蛋白质变性学说；1965年，我国科学家首先采用人工方法合成了具有生物活性的牛胰岛素，但由于当时我国的科学研究没有融入世界，加上保密等原因，加拿大等国首先报道了这一成果；1981年，采用有机合成和酶促反应相结合的方法合成了酵母丙氨酰tRNA；1990年，成功研制出第一例转基因动物。1999年，我国加入了1990年开始的人类基因组计划，虽然开始的时间较晚，但我国提前完成了"中国卷"的基因组序列草图，发表于 Nature 杂志上，赢得了国际生命科学界的高度评价。之后以华大基因为代表，一直在此领域保持国际领先的地位。2015年，中国药学家屠呦呦、爱尔兰科学家威廉·坎贝尔（William C. Campbell）和日本科学家大村智（Satoshi ōmura）分享诺贝尔生理学或医学奖，以表彰他们在疟疾治疗研究中取得的成就。获奖理由是"发展了一些疗法，这对一些最具毁灭性的寄生虫疾病的治疗具有革命性的作用"。

三、生物化学发展过程中标志性诺贝尔奖

1901年，E. A. V. 贝林（德国人）从事有关白喉血清疗法的研究。1910年，A. 科塞尔（德国人）从事有关蛋白质、核酸方面的研究。1922年，A. V. 希尔（英国人）从事有关肌肉能量代谢和物质代谢问题的研究；迈尔霍夫（德

国人）从事有关肌肉中氧消耗和乳酸代谢问题的研究。1923年，F. G. 班廷（加拿大人）、J. J. R. 麦克劳德（加拿大人）发现胰岛素。1929年，C. 艾克曼（荷兰人）发现可以抗神经炎的维生素；F. G. 霍普金斯（英国人）发现维生素B_1缺乏病并从事关于抗神经炎药物的化学研究。1930年，K. 兰德斯坦纳（美籍奥地利人）发现血型。1933年，T. H. 摩尔根（美国人）发现染色体的遗传机制，创立染色体遗传理论。1946年，H. J. 马勒（美国人）发现用X射线可以使基因人工诱变。1953年，H. A. 克雷布斯（英国人）发现克雷布斯循环（三羧酸循环）。1958年，英国生物化学家桑格尔确定牛胰岛素结构，获诺贝尔化学奖。1959年，S. 奥乔亚、A. 科恩伯格（美国人）从事合成RNA和DNA的研究。1962年，J. D. 沃森（美国人）和F. H. C. 克里克、M. H. F. 威尔金斯（英国人）发现核酸的分子结构。1968年，R. W. 霍利、H. G. 霍拉纳、M. W. 尼伦伯格（美国人）研究遗传信息的破译及其在蛋白质合成中的作用。1970年，B. 卡茨（英国人）、U. S. V. 奥伊勒（瑞典人）和J. 阿克塞尔罗行（美国人）发现神经末梢部位的传递物质以及该物质的贮藏、释放、受抑制机理。1972年，G. M. 埃德尔曼（美国人）、R. R. 波特（英国人）从事抗体的化学结构和机能的研究。1978年，W. 阿尔伯（瑞士人）和H. O. 史密斯、D. 内森斯（美国人）发现限制性内切酶及其在分子遗传学方面的应用。1980年，桑格尔和吉尔伯特（Gilbet）设计出测定DNA序列的方法，获诺贝尔化学奖。1983年，B. 麦克林托克（美国人）发现移动的基因即转座子。1984年，N. K. 杰尼（丹麦人）、G. J. F. 克勒（德国人）、C. 米尔斯坦（英国人）确立有免疫抑制机理的理论，研制出单克隆抗体。1987年，利根川进（日本人）阐明与抗体生成有关的遗传性原理。1992年，E. H. 费希尔、E. G. 克雷布斯（美国人）发现蛋白质可逆磷酸化作用。1993年，诺贝尔化学奖授予K. B. 马利斯（美国人）（以表彰其发明PCR方法）和M. 斯密斯（加拿大人）（以表彰其建立DNA合成作用与定点诱变研究）。1994年，诺贝尔生理学或医学奖授予A. G. 吉尔曼（美国人），以表彰其发现G蛋白及其在细胞内信号转导中的作用。1996年，诺贝尔生理学或医学奖授予P. 多尔蒂（美国人）等，以表彰其发现T细胞对病毒感染细胞的识别和MHC（主要组织相容性复合体）的限制。1997年，P. D. 博耶（美国人）由于发现了储能分子三磷酸腺苷（ATP）的酶催化过程获得诺贝尔化学奖，同时获得该奖项的还有发现输送离子的Na^+/K^+-ATP酶的科学家J. 斯肯（丹麦人）。1997年，S. B. 普鲁西纳（美国人）发现了一种全新的蛋白致病因子朊蛋白（PRION）并在其致病机理的研究方面作出了杰出贡献。2001年，利兰·哈特韦尔（美国人）和蒂莫西·亨特（英国人）、保罗·纳斯（英国人）发现了细胞周期的关键分子调节机制。2002年，英国科学家悉尼·布雷内、约翰·苏尔斯顿和美国科学家罗伯特·霍维茨为研究器官发育和程序性细胞死亡过程中的基因调节作用作出了重大贡献。2005年，两名合作多年的澳大利亚科学家巴里·马歇尔与罗宾·沃伦在发现了幽门螺杆菌及其导致胃炎、胃溃疡与十二指肠溃疡等疾病的机理20多年后，终于收到了一份迟来的"贺礼"——分享了2005年诺贝尔生理学或医学奖。2006年，安德鲁·法厄和克雷格·梅洛因为发现RNA干扰现象对基因表达的沉默作用而获得诺贝尔生理学或医学奖。2009年，美国加利福尼亚旧金山大学的伊丽莎白·布莱克本、美国巴尔的摩约翰·霍普金斯医学院的卡罗尔·格雷德和美国哈佛医学院的杰克·绍斯塔克因发现端粒以及端粒酶保护染色体的机理而获诺贝尔生理学或医学奖。2010年，英国生理学家罗伯特·爱德华兹因为在试管婴儿方面的研究获得诺贝尔生理学或医学奖。2012年，日本科学家山中伸弥与英国科学家约翰·格登因在细胞核重新编程研究领域的杰出贡献获得诺贝尔生理学或医学奖。2013年，耶鲁大学细胞生物学系系主任、生物医学教授詹姆斯·罗斯曼，德国生物化学家托马斯·聚德霍夫和加州大学伯克利分校的细胞生物学家兰迪·谢克曼，因发现细胞内的主要运输系统——囊泡运输的调节机制获得诺贝尔生理学或医学奖。2015年，中国药学家屠呦呦、爱尔兰科学家威廉·坎贝尔和日本科学家大村智获得诺贝尔生理学或医学奖，以表彰他们在疟疾治疗研究中取得的成就。2016年，日本分子细胞生物学家大隅良典获诺贝尔生理学或医学奖，以表彰其在研究自噬性溶酶体方面作出的贡献。2018年，美国的詹姆斯·艾利森与日本的本庶佑因分别发现了与CTLA-4和PD-1相关的"负性免疫调节"治疗癌症的疗法而获得诺贝尔生理学或医学奖。

第二节　本书的主要内容

一、生物化学的基础分子

生物体是由一定的物质成分按严格的规律和方式组织而成的。人体约含水

55%~67%、蛋白质15%~18%、脂类10%~15%、无机盐3%~4%及糖类1%~2%等。从这个分析来看，人体的组成除水及无机盐之外，主要就是蛋白质、脂类及糖类三类有机物质。此外，还有核酸及多种有生物学活性的小分子化合物，如维生素、激素等。激素是新陈代谢的重要调节因子，一些生长因子、神经递质等也纳入了激素类物质中。许多激素的化学结构已经被测定，它们主要是多肽和甾体化合物。维生素对代谢也有重要影响，可分水溶性与脂溶性两大类。它们大多是酶的辅基或辅酶，与生物体的健康有密切关系。

人体内的蛋白质分子种类繁多，极少与其他生物体内的相同。每一类生物都各有一套特有的蛋白质，它们都是些大而复杂的分子。其他大而复杂的分子，还有核酸、糖类、脂类等；它们的分子种类虽然不如蛋白质多，但也是相当可观的。这些大而复杂的分子称为"生物分子"。生物体不仅由各种生物分子组成，也由各种各样有生物学活性的小分子组成，足见生物体在组成上的多样性和复杂性。大而复杂的生物分子在体内也可降解到非常简单的程度。当生物分子被水解时，即可发现构成它们的基本单位，如蛋白质中的氨基酸，核酸中的核苷酸，脂类中的脂肪酸及糖类中的单糖等。这些小而简单的分子可以看作生物分子的构件，或称作"构件分子"。它们的种类为数不多，在每一种生物体内基本上都是一样的。实际上，生物体内的生物分子仅仅是由几种构件分子通过共价键连接而成的。生物分子的种类是非常多的。自然界约一百三十余万种生物体中，据估计总共大约有10^{10}~10^{12}种蛋白质及10^{10}种核酸；它们都是由一些构件分子组成的。构件分子在生物体内的新陈代谢中按一定的组织规律互相连接，依次逐步形成生物大分子、亚细胞结构、细胞组织或器官，最后在神经及体液的沟通和调节下，形成一个有生命的整体。

二、物质代谢和分子转换

生物体内有许多化学反应，按一定规律不断地进行着。如果其中一个反应进行得过多或过少，都将表现为异常，甚至诱发疾病。凭借各种化学反应，生物体才能将环境中的物质（营养素）及能量加以转变、吸收和利用。营养素进入人体内后，总是与体内原有的混合起来，参加化学反应。在合成反应中，作为原料，使体内的各种结构能够生长、发育、修补、替换及繁殖。在分解反应中，主要作为能源物质，经生物氧化作用，放出能量，供生命活动的需要，同时产生废物，经由各排泄途径排出体外，交回环境，这就是生物体与外界环境的物质交换过程，一般称为物质代谢或新陈代谢。据估计，一个人在一生（按60 岁计算）中通过物质代谢与体外环境交换的物质约相当于 60000 kg 水、10000 kg 糖类、1600 kg 蛋白及 1000 kg 脂类。

物质代谢的调节控制是生物体维持生命的一个重要方面。物质代谢中绝大部分化学反应是在细胞内由酶催化完成的，而且具有高度自动调节控制能力。这是生物的重要特点之一。一个小小的活细胞内有近两千种酶，在同一时间内，催化各种不同代谢系统中各自特有的化学反应。这些化学反应互不妨碍，互不干扰，各自有条不紊地以惊人的速度进行着，而且还互相配合。最终，不论是合成代谢还是分解代谢，总是同时进行到恰到好处。以蛋白质为例，即使有众多高深造诣的化学家，在设备完善的实验室里，也需要数月甚至数年才能合成一种蛋白质。然而在一个活细胞里，在 37 ℃及近于中性的环境中，一个蛋白质分子只需几秒钟即能合成，而且有成百上千个不相同的蛋白质分子，几乎像在同一个反应瓶中那样，同时在进行合成，而且合成的速度和量都正好合乎生物体的需要。这表明，生物体内的物质代谢必定有尽善尽美的安排和一个精准的调节控制系统。根据现有的知识，酶的严格特异性、多酶体系及酶分布的区域化等的存在，可能是各种不同代谢能同时在一个细胞内有秩序地进行的一个解释。

三、遗传信息的物质基础与调控

中心法则（genetic central dogma）是指遗传信息从 DNA 传递给 RNA，再从RNA 传递给蛋白质，即完成遗传信息的转录和翻译的过程。也可以从 DNA 传递给 DNA，即完成 DNA 的复制过程。这是所有有细胞结构的生物所遵循的法则。在某些病毒中的 RNA 自我复制（如烟草花叶病毒等）和在某些病毒中能以 RNA为模板逆转录成 DNA 的过程（某些致癌病毒）是对中心法则的补充。基因信息传递涉及遗传、变异、生长、分化等诸多生命过程，也与恶性肿瘤、遗传病等多种重大疾病的发病机制有关。研究基因表达和调控的机制是生物化学与分子生物学的重要内容。认识了基因信息的表达规律，人们就能在分子水平上改造生物的表型特征。目前，DNA 克隆、基因重组、基因敲除、基因编辑等分子生物学技术已成为现代生命科学领域常用的重要研究手段。

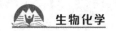

四、常用生物化学与分子生物学技术

本篇内容涉及的不是传统意义上的"常用生物化学与分子生物学技术",比如各类生物大分子的分离鉴定(层析、电泳、比色等)实验技术、基因工程操作(分子克隆、基因转化、检测等)技术,而是当今研究生在科研中解决问题需要的一些常用技术,但在之前的培训中没有得到系统的介绍。了解这些技术的原理有助于正确掌握方法,根据多年的经验,一些技术经过不同的修饰后能解决不同的问题。

第三节　生物化学的发展趋势

生物化学与分子生物学专业主要是从微观即分子的角度来研究生物现象,在分子水平探讨生命的本质,研究生物体的分子结构与功能、物质代谢与调节。该专业涉及物理、化学、数学、生物学等多学科的交叉,渗透于生物学的其他专业之中,属于基础性研究专业。生物化学与分子生物学是目前自然科学中进展最迅速、最具活力的前沿领域。分子生物在迅速发展中,新成果、新技术不断涌现。生物化学与分子生物学未来的热点研究内容如下。

一、中心法则的拓展

1. 表观遗传学(epigenetics)

表观遗传学是与遗传学(genetic)相对应的概念。遗传学是指基于基因序列改变所致基因表达水平变化,如基因突变、基因杂合丢失和微卫星不稳定等。表观遗传学则是指基于非基因序列改变所致基因表达水平变化,如DNA甲基化、组蛋白乙酰化与去乙酰化、染色质构象变化等导致基因活化或失活。这个概念意味着即使环境因素会导致生物的基因表达出不同,但是基因本身不会发生改变。

2. 非编码RNA(non-coding RNA)

非编码RNA是指不编码蛋白质的RNA,包括rRNA、tRNA、snRNA、snoRNA和microRNA等多种已知功能的RNA,还包括未知功能的RNA。这些RNA的共同特点是都能从基因组上转录而来,但是不翻译成蛋白,在RNA水平上就能行使各自的生物学功能了。非编码RNA从长度上来划分可以分为3类：小于50 nt，包括microRNA，siRNA；50～500 nt，包括rRNA、tRNA、snRNA、snoRNA、SLRNA、SRPRNA等；大于500 nt，包括长的mRNA-like的非编码RNA、长的不带polyA尾巴的非编码RNA等。短链RNA在基因组水平对基因表达进行调控，可介导mRNA的降解，诱导染色质结构的改变，决定着细胞的分化命运，还对外源的核酸序列有降解作用以保护本身的基因组。常见的短链RNA为小干涉RNA（short interfering RNA，siRNA）和微小RNA（microRNA，miRNA），前者是RNA干扰的主要执行者，后者也参与RNA干扰但主要阻止肽链翻译过程。

3. 翻译后修饰（post-translational modification）

翻译后修饰是指蛋白质在翻译后的化学修饰。前体蛋白是没有活性的，常常要进行一个系列的翻译后加工，才能成为具有功能的成熟蛋白。加工的类型是多种多样的，一般分为以下几种：N-端fMet或Met的切除、二硫键的形成、化学修饰和剪切。化学修饰包括磷酸化、糖基化、乙酰化、泛素化、甲基化等，是控制蛋白质活动机制的一部分。

二、蛋白质功能的定时、定位、定量分析

近年来虽然在认识蛋白质的结构及其与功能关系方面取得了一些进展，但是对其基本规律的认识尚缺乏突破性的进展。细胞内、细胞间信息传递的分子机制研究是为了了解生命现象的分子基础。在外源信号的刺激下，细胞可以将这些信号转变为一系列的生物化学变化，例如蛋白质构象的转变、蛋白质分子的磷酸化以及蛋白与蛋白相互作用的变化等，从而使其增殖、分化及分泌状态等发生改变以适应内外环境的需要。信号转导研究是当前分子生物学发展最迅速的领域之一。不同的蛋白质在细胞内不同的位置、不同的时间点具有的浓度和结构状态是不同的，表现出的功能和影响也有区别。但目前对蛋白质的功能研究还基本处于"盲人摸象"阶段，从目前的定性状态到完成蛋白质功能的定时、定位、定量分析，还有漫长的过程。这将会是生命科学研究领域中长期而艰巨的任务。

三、器官制造、组织修复和遗传病的治疗

1. CRISPR-Cas 9

CRISPR-Cas 9是一种基因治疗法，这种方法能够通过DNA剪切技术治疗多

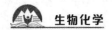

种疾病。CRISPR-Cas 9是细菌和古细菌在长期演化过程中形成的一种适应性免疫防御，可用来对抗入侵的病毒及外源DNA。CRISPR-Cas 9基因编辑技术是对靶向基因进行特定DNA修饰的技术，这项技术也是目前基因编辑中前沿的方法。

2. 诱导多能干细胞（induced pluripotent stem cells，IPS）

通过采用导入外源基因的方法使体细胞分化为多能干细胞，这类干细胞被称为诱导多能干细胞。诱导多能干细胞为类似于胚胎干细胞的细胞，同时也具有强大的自我更新能力和多向分化潜能，具有未分化和低分化的特征。

3. CRISPR-Cas 9和IPS技术的结合

CRISPR-Cas 9技术可以使基因突变得以纠正，IPS技术能够把纠正后的细胞诱导成干细胞，自身的干细胞可以用来进行组织修复，也可以用来培养制造自身的器官。但目前不同层次的人体干细胞的诱导、纯化和保存还存在大量的问题，这方面的研究前景光明但路途漫长。

第一篇
生物化学的基础分子

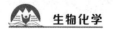

第一章 糖类的化学

第一节 概 述

一、糖的概念与组成

（一）概 念

糖是广泛分布于自然界的一大类具有广谱化学结构和生理功能的有机化合物，几乎所有的动物、植物、微生物体内都含有糖类物质。糖类与蛋白质、脂类共同构成生命活动必需的能源物质。从化学结构上看，糖类物质是一类多羟基醛或多羟基酮及其聚合物或衍生物的总称。如常见的葡萄糖和果糖分别是多羟基醛和多羟基酮（见图1-1）。

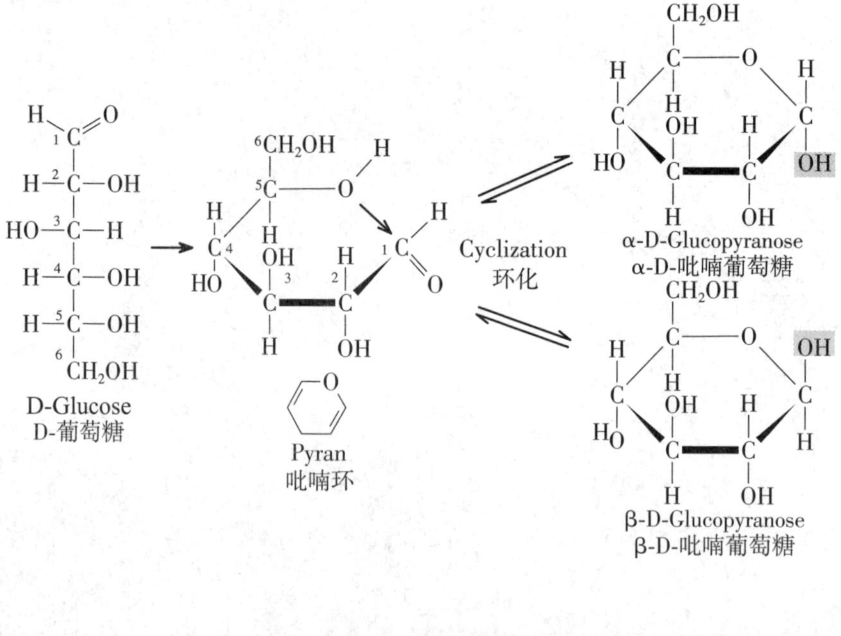

D-Glucose
D-葡萄糖

Pyran
吡喃环

Cyclization
环化

α-D-Glucopyranose
α-D-吡喃葡萄糖

β-D-Glucopyranose
β-D-吡喃葡萄糖

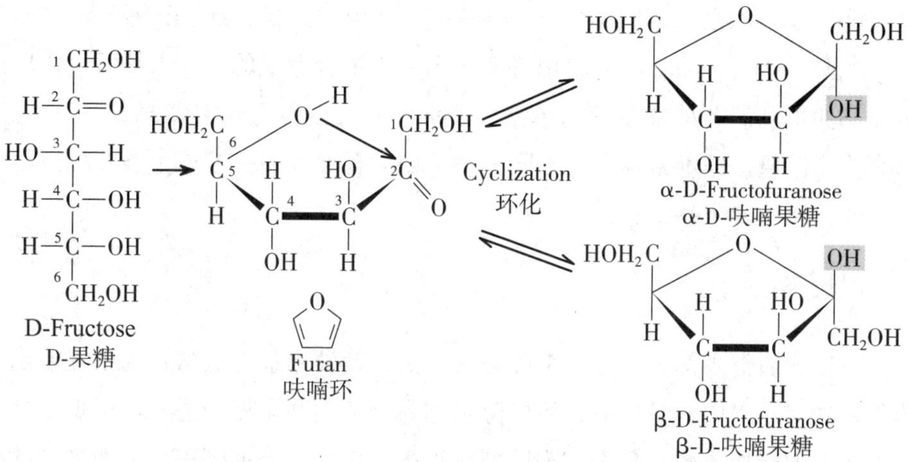

图1-1 葡萄糖（多羟基醛）和果糖（多羟基酮）的链式及环式结构

（二）组 成

糖类物质由碳、氢、氧三种元素组成，多数糖类分子中氢原子和氧原子的比例可以用通式$C_n(H_2O)_m$表示，从分子式中可以看出，其中氢氧之比为$2：1$，与水的组成比例相同，故过去常将糖类物质称为"碳水化合物"（carbohydrate），但后来发现这种叫法并不准确，因为有些物质中的碳、氢、氧之比符合上述通式，然而从其理化性质看，却并不属于糖类，如乳酸（$CH_3 \cdot CHOH \cdot COOH$）等；而有些糖类物质如脱氧核糖（$C_5H_{10}O_4$）等，碳、氢、氧之比却不符合上述通式。因此，糖类更准确的定义应该为一类多羟基醛或多羟基酮及其聚合物或衍生物的总称。

二、糖的分类与命名

（一）分 类

根据糖类物质能否水解和水解后的产物，将糖分为单糖、寡糖和多糖三类。

单糖（monosaccharides）是指简单的多羟基醛或酮的化合物，它是构成寡糖和多糖的基本单位，自身不能被水解成更简单的糖类物质。重要的单糖有核糖、脱氧核糖、葡萄糖、果糖和半乳糖等。

寡糖（oligosaccharides）是由2~10个单糖分子缩合而成，因而寡糖水解后可以得到几个分子的单糖。最常见的寡糖为二糖，它可以看作两个单糖分子缩合失

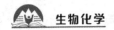

水而成的糖，常见的二糖有蔗糖、麦芽糖、乳糖等。此外，还有三糖、四糖等。

多糖（polysaccharides）是由许多单糖分子缩合而成的，其水解后可生成许多分子的单糖。若构成多糖的单糖分子都相同，就称为同聚多糖或均一多糖，如淀粉、糖原、纤维素等；由不同种类单糖缩合而成的多糖称为杂多糖或不均一多糖，如黏多糖等。

（二）命　名

单糖的通俗名称常与它的来源有关，例如葡萄糖最初是从葡萄中提取出来的，果糖在水果中含量较高，所以分别称为葡萄糖和果糖。另外可根据单糖分子中含有的碳原子数，分别称为丙糖、丁糖、戊糖、己糖等，如上面提到的核糖、脱氧核糖均含5个碳原子，故称为戊糖，而葡萄糖、果糖、半乳糖则是含6个碳原子的己糖。为了区别同碳数的糖，又可以根据糖分子中羰基位置的不同，分为醛糖和酮糖，例如葡萄糖和果糖虽然都是己糖，但前者的羰基位于分子末端，相当于醛的衍生物，把它称为己醛糖；后者的羰基位于2-C位，相当于酮的衍生物，把它称为己酮糖。

寡糖的命名除了依其所含碳原子数分别称为二糖、三糖、四糖等，一般采用的是沿用已久的习惯名称，如蔗糖、麦芽糖等。

三、糖的生物学作用

（一）能源物质

一切生物的生存活动都需要消耗能量，这些能量主要是由糖类物质在机体内通过分解代谢而释放的。植物体内重要的贮存多糖是淀粉，在种子萌发或生长发育时，植物细胞将它所储藏的淀粉降解为小分子糖类物质以提供能量。糖原是贮存于动物体中的重要能源物质，有动物淀粉之称。动物的肝脏和肌肉中糖原含量最高，分别满足机体不同的能量需要。

（二）结构物质

有些糖类物质在生物体内充当结构性物质，如植物细胞壁的主要成分就是纤维素和半纤维素。纤维素分子聚集成束，形成长的微原纤维，为植物细胞壁提供了一定的抗张强度。构成细菌细胞壁的主要成分是一类特殊的多糖，称为细菌多糖，其组成成分较复杂，且因细菌类型的不同而有所差异。

（三）其他多方面生物学活性及功能

一些特殊的复合糖和寡糖在动植物及微生物体内具有重要的生物学功能。人类的 ABO 血型是由血型物质决定的，这类血型物质实际上是一种糖蛋白，即蛋白质分子与寡糖链共价相连构成的复合多糖，寡糖链的末端糖组分主要有岩藻糖、半乳糖、氨基葡萄糖等。大多数情况下，糖所占比例较小，但却起着重要的生物学作用，它们往往构成血型决定因子，决定血型的特异性。此外，糖类物质还与机体免疫、细胞识别、信息传递等重要生物功能紧密相关，正因为如此，糖类在生物化学中的地位越来越重要。

第二节 生物体内的糖类

一、单 糖

单糖是最简单的碳水化合物，它是具有两个或更多个羟基的醛或酮。最简单的单糖是甘油醛和二羟丙酮，所有的醛糖都可以看成由甘油醛的醛基碳下端逐个插入 C 延伸而成。由 D-甘油醛衍生而来的称为 D 系醛糖，由 L-甘油醛衍生而来的称为 L 系醛糖。L 系醛糖是相应的 D 系醛糖的对映体。同样，各种酮糖都可被认为是由二羟丙酮衍生而来的。

植物体内的单糖最主要的是戊糖、己糖。现分别举例说明如下。

（一）戊 糖

高等植物中有三种重要的戊糖，即 D-核糖、L-阿拉伯糖及 D-木糖，这些糖类的结构式也可写成环状，其环状结构多以呋喃糖形式存在。

最重要的两种戊糖是 D-核糖及 2-脱氧-D-核糖。D-核糖是细胞中核糖核酸的主要成分，2-脱氧-D-核糖存在于脱氧核糖核酸中，即 D-核糖在第二碳原子被还原。D-核糖及 2-脱氧-D-核糖结构

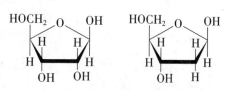

图1-2 D-核糖及2-脱氧-D-核糖结构式

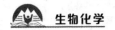

式如图1-2所示。

（二）己　糖

最普遍存在的两种己糖是葡萄糖和果糖。它们在溶液中的主要形式并不是开链式结构，而是环式结构。因为，一般说来，醛会和醇反应形成半缩醛，则葡萄糖中C-1的醛基与C-5的羟基反应，形成分子内的半缩醛，形成的糖环称为吡喃糖，因为它与吡喃相似。同样，酮也能与醇反应形成半缩酮，果糖分子上的C-2酮基与C-5的羟基反应，形成分子内的半缩酮，形成的糖环称为呋喃糖，因为它与呋喃相似。

葡萄糖环化时产生出另一个不对称中心，即C-1，它是开链式中的羰基碳原子，在环式中变成了一个不对称中心，可以形成两种环式结构：一种是α-D-吡喃葡萄糖，α表示C-1上的羟基在环平面的下边；另一种是β-D-吡喃葡萄糖，β表示C-1上的羟基在环平面的上边。果糖的环式结构也有同样的情况，只不过α和β指的是连在C-2上的羟基。图1-3为吡喃型和呋喃型的D-葡萄糖及D-果糖的结构式。

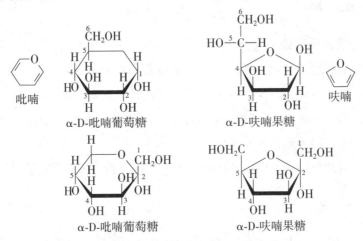

图1-3　吡喃型和呋喃型的D-葡萄糖及D-果糖的结构式

二、双　糖

双糖是由两个相同的或不同的单糖分子缩合而成的。生物体中的双糖有多种，最普遍存在的有蔗糖、麦芽糖、乳糖、纤维二糖等。

（一）蔗　糖

蔗糖即普通的食糖，蔗糖中的葡萄糖和果糖残基通过α-1，2-糖苷键连接，所以，蔗糖没有还原性的末端基团，是一种非还原性糖（见图1-4）。

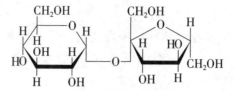

图1-4 蔗糖结构式

（二）麦芽糖

麦芽糖是淀粉水解的产物，它是由两分子葡萄糖通过α-1，4-糖苷键连接的二糖。麦芽糖还保留一个游离的半缩醛羟基，所以是一种还原糖（见图1-5）。

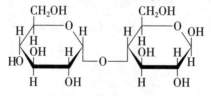

图1-5 麦芽糖结构式

（三）乳 糖

乳糖存在于哺乳动物的乳汁中，由一分子半乳糖和一分子葡萄糖组成，通过β-1，4-糖苷键连接，乳糖也具有还原性（见图1-6）。

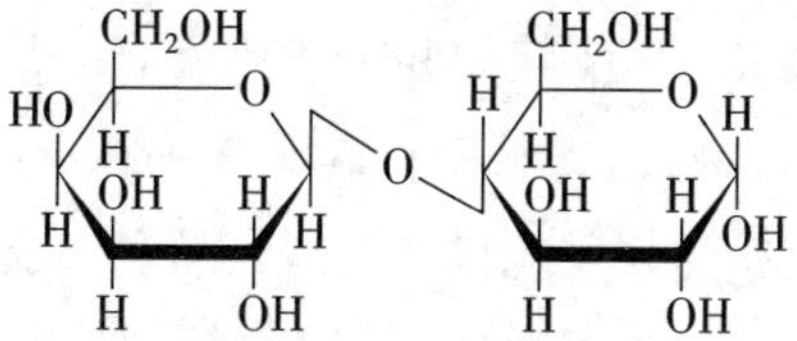

图1-6 乳糖结构式

（四）纤维二糖

纤维素经小心水解可以得到纤维二糖，它由2个葡萄糖单位组成，通过β-1，4-糖苷键连接，具有还原性（见图1-7）。

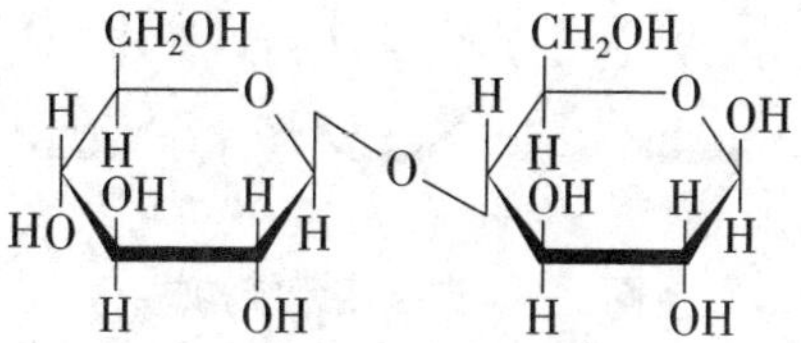

图1-7 纤维二糖结构式

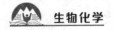

三、多 糖

多糖也称聚糖，是由很多个单糖单位构成的糖类物质。各种生物体都含有多糖，最普遍的如淀粉、糖原等都具有重要的生物学功能。

（一）淀 粉

淀粉是植物中普遍存在的储藏多糖，它是植物体内养分的库存。天然淀粉一般含有两种组分：一种是直链淀粉，另一种是支链淀粉。

1. 直链淀粉

直链淀粉溶于热水，以碘液处理产生蓝色。它是由α-葡萄糖通过α-1，4-糖苷键连接组成的，是不分支类型的淀粉，当被淀粉酶水解时，便产生大量的麦芽糖，所以直链淀粉又可以说是由许多重复的麦芽糖单位组成的，分子结构式如图1-8所示。

图1-8　直链淀粉结构式

2. 支链淀粉

支链淀粉分子量较大，在支链淀粉分子中除有α-1，4-糖苷键外，还有α-1，6-糖苷键，大约每30个α-1，4-糖苷键就有一个α-1，6-糖苷键，所以是分支类型的淀粉。支链淀粉与碘反应呈紫色或红紫色。支链淀粉结构式如图1-9所示。

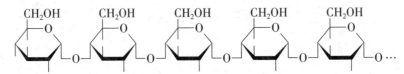

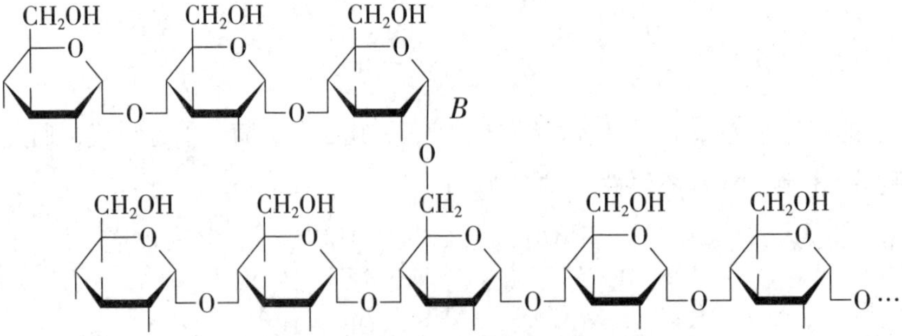

图1-9　支链淀粉结构式

（二）糖　原

糖原是人和动物体内的储藏多糖。它的结构类似于淀粉，只是分支程度更高，大约每 10 个 α-1，4-糖苷键就有一个 α-1，6-糖苷键（见图 1-10）。糖原大量存在于肌肉和肝脏中。

图 1-10　糖原分子示意图

四、糖复合物

糖复合物是糖类的还原端和其他非糖组分以共价键结合的产物，主要有糖蛋白、蛋白聚糖、糖脂和脂多糖等。

（一）糖蛋白与蛋白聚糖

糖与蛋白质的复合物可分为糖蛋白与蛋白聚糖两类。糖蛋白是蛋白质与寡糖链形成的复合物，糖的质量分数在 1%~80% 变动。蛋白聚糖是蛋白质与糖胺聚糖形成的复合物，糖的质量分数一般较高，可达 95%。

（二）糖脂与脂多糖

糖脂广泛存在于动物、植物和微生物中，是脂质与糖半缩醛羟基结合的一类复合物。常见的糖脂为脑苷脂和神经节苷脂。

脂多糖主要是革兰氏阴性细菌细胞壁所具有的复合多糖，它种类甚多，一般的脂多糖由三部分组成，由外到内为专一性低聚糖链、中心多糖链和脂质。外层专一性低聚糖链的组分随菌株不同而异，是细菌使人致病的部分。中心多糖链则多非常相似或相同，脂质与中心糖链相连接。

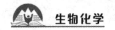

第二章　脂类的化学

第一节　概　述

一、脂类的概念

（一）定　义

脂类（lipids）或称脂质，是脂肪及类脂的总称，是一类低溶于水而高溶于有机溶剂，并能为机体利用的有机化合物。其化学本质为脂肪酸和醇等所组成的酯类及其衍生物，脂质包括的范围很广，这些物质虽然在化学成分和化学结构上有较大差异，但它们都具有脂质特有的性质。主要包括三酰甘油、磷脂、类固醇及类胡萝卜素等。脂类的元素组成主要是碳、氢、氧，有些脂类还含有氮、磷及硫。

（二）特　点

脂质的显著特点是一般不溶于水，而溶于乙醚、氯仿、苯等有机溶剂中，这是因为脂类分子中碳氢比例较高。脂类这种能溶于有机溶剂而不溶于水的特性称为脂溶性。但这并不是绝对的，由低级脂肪酸构成的脂类就溶于水。即使是完全不溶于水或很少溶于水的脂类，在高温高压下也能大量溶于水。

二、脂类的分类

脂类在化学组成上变化较大。常按其化学组成进行分类，一般分为三大类。

（一）单纯脂类

单纯脂类是由各种高级脂肪酸和醇所形成的酯，仅含脂肪酸和醇。它又可分为脂、油和蜡。

（二）复合脂类

复合脂类是除含脂肪酸和醇以外，还含有其他成分的脂，如结合了糖分子的称为糖脂，结合有磷酸的称为磷脂，还有脂蛋白等。复合脂质往往兼有两种不同化合物的理化性质，因而具有特殊的生物学功能。复合脂类按非脂成分的不同可分为磷脂和糖脂。磷脂又可分为甘油磷脂（如磷脂酸、磷脂酰胆碱等）和鞘氨醇磷脂（简称鞘磷脂），糖脂又可分为鞘糖脂（如脑苷脂、神经节苷脂）和甘油糖脂。

（三）衍生脂类

衍生脂类是指由单纯脂质和复合脂质衍生而来或与之关系密切、具有脂质一般性质的物质。包括取代烃、固醇类（甾类）、萜和其他脂质等。

三、脂类的生物学作用

（一）结构组分

磷脂是生物膜的主要成分。磷酸甘油酯简称磷脂，是一类含磷酸的复合脂质。它广泛存在于动植物和微生物中，是一种重要的结构脂质。

（二）储存能源

脂质是机体的储存燃料。脂质本身的生物学意义在于它是机体代谢所需燃料的储存形式。如果摄取的营养物质超过了正常需要量，那么大部分要转变成脂肪并在适宜的组织中积累下来；而当营养不够时，又可以对其进行分解供给机体所需。

（三）溶　剂

脂质是一些活性物质的溶剂。有些生物活性物质必须溶解于脂质中才能在

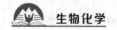

机体中运输并被机体吸收利用，如维生素A。在此，脂质充当了良好的溶剂。

（四）润滑剂和防寒剂

脂质是润滑剂和防寒剂。在机体及其组织器官的表面，脂质可以起到润滑剂的作用，有效防止机械损伤。另外，皮下脂肪等还能防止热量散失，起到防寒的作用。

第二节 单 脂

一、三酰甘油

三酰甘油就是通常所说的脂肪，是由一分子甘油与三分子脂肪酸组成的脂肪酸甘油三酯，故名为三脂酰甘油，习惯上称为甘油三酯，自然界存在的脂肪中其脂肪酸绝大多数含偶数碳原子，脂肪的化学结构如图2-1所示。

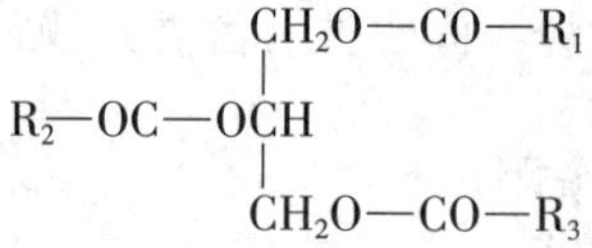

$$
\begin{array}{l}
\quad\quad CH_2O{-}CO{-}R_1 \\
\quad\quad\quad\quad | \\
R_2{-}OC{-}OCH \\
\quad\quad\quad\quad | \\
\quad\quad CH_2O{-}CO{-}R_3
\end{array}
$$

图2-1 三酰甘油的化学结构

图2-1中，R_1、R_2、R_3代表脂肪酸的烃基，它们可以相同也可以不同，$R_1=R_2=R_3$称为单纯甘油酯，三者中有两个或三个不同者，称为混合甘油酯，通常R_1和R_3为饱和的烃基，R_2为不饱和的烃基。一般在常温下为固态的脂（脂肪），其脂肪酸的烃基多数是饱和的；在常温下为液态的油，其脂肪酸的烃基多数是不饱和的。

二、脂肪酸

（一）脂肪酸的种类

脂肪酸是许多脂质的组成成分。从动物、植物、微生物中分离的脂肪酸约有上百种，绝大部分脂肪酸以结合形式存在，但也有少量以游离状态存在。根据烃链是否饱和，可将脂肪酸分为饱和脂肪酸和不饱和脂肪酸。不同脂肪酸之间的主要区别在于烃链的长度（碳原子数目）、双键数目和位置。每个脂肪酸可以有通俗名、系统名和简写符号。有一种简写方法是，先写出脂肪酸的碳原子数目，再写双键数目，两个数目之间用冒号（:）隔开，双键位置用Δ右上方标数字表示，数字是双键的两个碳原子编号中较低的数字，并在编号后面用C（顺式）和T(反式）标明双键构型。如顺，顺-9，12-十八烯酸（亚油酸）简写为$18:2\Delta^{9C,\ 12C}$。

（二）天然脂肪酸的结构特点

① 大多数脂肪酸的碳原子数在12~24之间，且均是偶数，以16碳和18碳最为常见。饱和脂肪酸中最常见的是软脂酸和硬脂酸，不饱和脂肪酸中最常见的是油酸（见图2-2）。

② 分子中只有一个双键的不饱和脂肪酸，双键位置一般在第9，10位碳原子之间；若双键数目多于1个，则总有一个双键位于第9，10位碳原子之间（Δ^9），其他的双键比第1个双键更远离羧基，两双键之间往往隔着一个亚甲基（$—CH_2—$），如亚油酸、亚麻酸等（见图2-2），但也有少数植物的不饱和脂肪酸中含有共轭双键，如双酮油酸。

软脂酸（棕榈酸）

硬脂酸

油酸 Δ9:10

亚油酸 Δ9:10 12:13

亚麻酸 Δ9:10 12:13 15:16

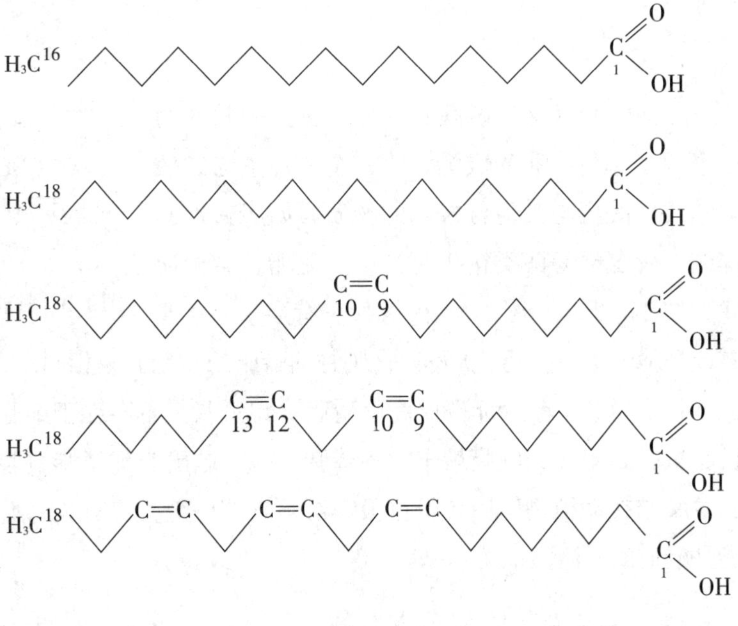

图2-2 几种重要的天然饱和脂肪酸和不饱和脂肪酸

③ 不饱和脂肪酸大多为顺式结构（氢原子分布在双键的同侧），只有极少

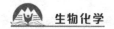

数为反式结构（氢原子分布在双键的两侧）。

（三）必需脂肪酸

哺乳动物体内能够合成饱和及单不饱和脂肪酸，但不能合成机体必需的亚油酸、亚麻酸等多不饱和脂肪酸。将这些自身不能合成必须由膳食提供的脂肪酸称为必需脂肪酸。亚油酸在人体内可转化为γ-亚麻酸，并进而延长为花生四烯酸，是维持细胞膜结构和功能必需的。

第三节　复合脂类

一、磷　脂

磷脂（phospholipid）包括甘油磷脂和鞘磷脂两大类，前者为甘油酯衍生物，而后者为鞘氨醇酯衍生物。它们广泛存在于动物和微生物中，主要参与细胞膜系统的组成。

（一）甘油磷脂

甘油磷脂（又称磷酸甘油酯）分子中甘油的两个醇羟基与脂肪酸成酯，第三个醇羟基与磷酸成酯或磷酸再与其他含羟基的物质（如胆碱、乙醇胺、丝氨酸等醇类衍生物）结合成酯。结构通式如图2-3所示。图2-3中，X代表有羟基的含氮碱或其他醇类衍生物。X不同，则甘油磷脂的类型亦不相同。

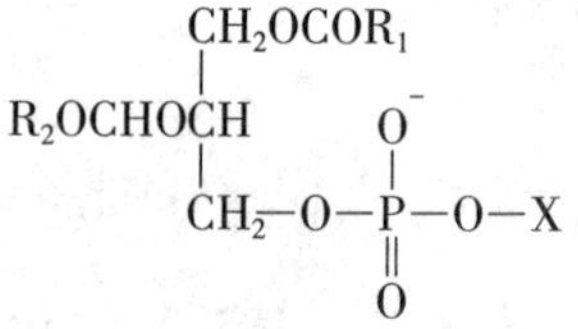

$$CH_2OCOR_1$$
$$R_2OCHOCH$$
$$CH_2-O-\overset{O}{\underset{O}{P}}-O-X$$

图2-3　甘油磷脂的化学结构式

甘油磷脂又包括卵磷脂和脑磷脂。卵磷脂大量存在于细胞膜中，又称磷脂酰胆碱，是组成细胞膜最丰富的磷脂之一。脑磷脂即磷脂酰胆胺，又叫磷脂酰乙醇胺，在动植物体中含量也很丰富，它与血液凝固有关，血小板的脑磷脂可能是凝血酶原激活剂的辅基。

（二）鞘磷脂

（神经）鞘磷脂又称鞘氨醇磷脂，在高等动物的脑髓鞘和红细胞膜中特别丰富，也存在于许多植物种子中，由（神经）鞘氨醇、脂肪酸、磷酸及胆碱（少数是磷酰乙醇胺）各1分子组成，是一种不含甘油的磷脂。鞘磷脂在脑和神经组织中含量较多，也存在于脾、肺及血液中，是高等动物组织中含量最丰富的鞘脂类。

二、糖 脂

糖脂（glycolipid）是一类含有糖成分的复合脂。糖脂是糖通过其半缩醛羟基以糖苷键与脂质连接的化合物，主要分布于脑及神经组织中，亦是动物细胞膜的重要成分。它包括脑苷脂类和神经节苷脂类。其共同特点是含有鞘氨醇的脂，头部含糖。它在细胞中含量虽少，但在许多特殊的生物功能中却非常重要，当前引起生化工作者极大的重视。

（一）脑苷脂类

脑苷脂（cerebroside）是脑细胞膜的重要组分，重要代表是葡萄糖脑苷脂、半乳糖脑苷脂和硫酸脑苷脂（简称脑硫脂）。

（二）神经节苷脂类

神经节苷脂是一类酸性糖脂，这是一类最复杂的糖鞘脂类，已从脑灰质、白质和脾等组织中分离出来。大脑灰质中含有丰富的神经节苷脂类，约占全部脂类的6%，非神经组织中也含有少量神经节苷脂。神经节苷脂早在1940年就在神经节细胞中被发现而得名，它还存在于脾和红细胞中，是近年来颇受重视的一类糖脂。虽然在细胞膜中含量很少，但有许多特殊的生物功能，它与血型的专一性、组织器官的专一性有关，还可能与组织免疫、细胞与细胞间的识别以及细胞的恶性变化等有关系。它在神经末梢中含量较丰富，可能在神经突触的传导中起着重要的作用。

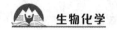

第三章　核酸的化学

第一节　核酸的种类、分布与化学组成

一、核酸的种类和分布

核酸分为脱氧核糖核酸（DNA）和核糖核酸（RNA）两大类，都是由碱基、戊糖和磷酸组成的，按其所含的戊糖种类的不同分为核糖核酸和脱氧核糖核酸。脱氧核糖核酸戊糖为脱氧核糖，核糖核酸戊糖为核糖。

DNA分子为双链分子，含有生物物种的所有遗传信息，分子量一般都很大，其中大多数是链状结构大分子，也有少部分呈环状结构。主要存在于细胞核中。

RNA主要负责DNA遗传信息的翻译和表达，分子量要比DNA小得多，为单链分子。主要分布于细胞质中。

RNA又可分为三种：信使RNA（mRNA）、转移RNA（tRNA）和核糖体RNA（rRNA）。

① mRNA。mRNA占总RNA的3%～5%。不同细胞的mRNA链长和分子量差异很大。mRNA的功能是将DNA的遗传信息传递到蛋白质合成基地——核糖核蛋白体。

② tRNA。tRNA占总RNA的10%～15%。它在蛋白质生物合成中起翻译氨基酸信息，并将相应的氨基酸转运到核糖核蛋白体的作用。已知每一个氨基酸至少有一个相应的tRNA。tRNA分子的大小很相似，链长一般为73～78个核苷酸。

③ rRNA（核糖体RNA）。rRNA占全部RNA的75%～80%，是核糖核蛋白体的主要组成部分。rRNA的功能与蛋白质生物合成相关。

二、核酸的化学组成

(一) 核酸的元素组成

核酸分子都含有C、H、O、N和P五种元素，个别核酸分子中还含有微量S。其中，P的质量分数比较接近和恒定，一般为9%～9.2%，这是定磷法测定核酸质量分数的依据。

(二) 核酸的组成单位——核苷酸

核酸（DNA和RNA）是一种线性多聚核苷酸，它的基本结构单元是核苷酸。核苷酸本身由核苷和磷酸组成，而核苷则由戊糖和碱基形成。DNA与RNA结构相似，但在组成成分上略有不同（见图3-1）。

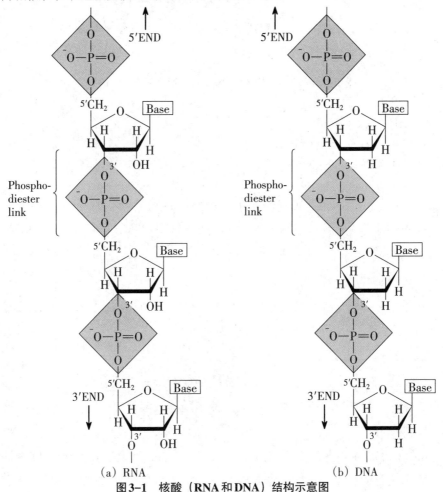

(a) RNA (b) DNA

图3-1 核酸（RNA和DNA）结构示意图

1. 碱 基

核酸中的碱基有两类，即嘧啶碱和嘌呤碱，它们是含氮的杂环化合物，所以也称含氮碱。

① 嘌呤碱。核酸中的嘌呤碱是嘌呤的衍生物，有两种，即腺嘌呤和鸟嘌呤，分别用A和G表示。RNA和DNA均含这两种嘌呤碱基（见图3-2）。

② 嘧啶碱。核酸中的嘧啶碱是嘧啶的衍生物，有三种，即胞嘧啶、尿嘧啶和胸腺嘧啶，分别用C、U和T表示。RNA中含有胞嘧啶和尿嘧啶，DNA中含有胞嘧啶和胸腺嘧啶（见图3-3）。

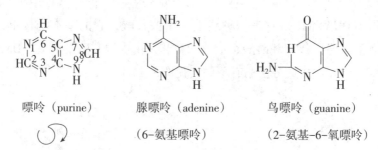

嘌呤（purine）　　腺嘌呤（adenine）　　鸟嘌呤（guanine）

（6-氨基嘌呤）　　（2-氨基-6-氧嘌呤）

图3-2　核酸中的嘌呤碱基（⟳表示原子序号方向）

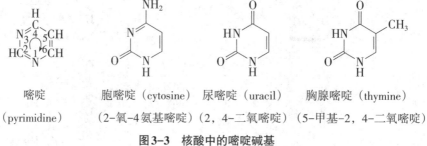

嘧啶　　胞嘧啶（cytosine）　尿嘧啶（uracil）　胸腺嘧啶（thymine）

（pyrimidine）　（2-氧-4氨基嘧啶）（2，4-二氧嘧啶）（5-甲基-2，4-二氧嘧啶）

图3-3　核酸中的嘧啶碱基

2. 戊 糖

核酸按其所含戊糖不同而分为两大类，即DNA和RNA，DNA所含的戊糖是D-2′-脱氧核糖，RNA所含的戊糖是D-核糖。

3. 磷 酸

核酸是含磷的生物大分子，任何核酸都含有磷酸，所以核酸呈酸性，核酸中的磷酸参与形成3′，5′-磷酸二酯键，使核酸连成多核苷酸链。

4. 核 苷

核苷由戊糖和碱基缩合而成，并以糖苷键连接。糖环上的C^1与嘧啶碱的N^1或与嘌呤碱的N^9相连接。所以糖与碱基之间的连接键是C—N键，称为C—N糖苷键。糖环中C$^{1'}$是不对称碳原子，所以有α和β两种构型。但核酸分子中的糖苷键均为β-糖苷键。

5. 核苷酸

核苷中的戊糖羟基被磷酸酯化，就形成核苷酸。核苷酸分成核糖核苷酸与脱氧核糖核苷酸两大类。图3-4为两种核苷酸的结构式。

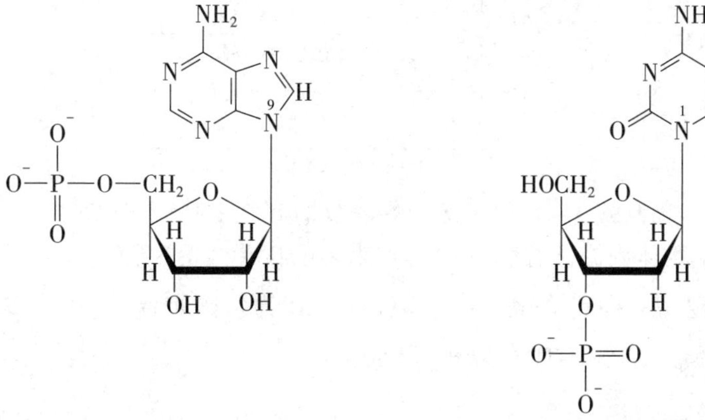

5′-腺嘌呤核苷酸　　　　　　　　　　3′-胞嘧啶脱氧核苷酸
（AMP）　　　　　　　　　　　　　（3′-dCMP）

图3-4　RNA中的腺嘌呤核苷酸（AMP）与DNA中的胞嘧啶脱氧核苷酸（3′-dCMP）

三、细胞中的游离核苷酸及其衍生物

除了上述存在于RNA和DNA中的核苷酸外，生物体细胞中还有一些以游离形式存在的核苷酸，例如多磷酸核苷酸和环化核苷酸。

（一）多磷酸核苷酸

多磷酸核苷酸以及它们的衍生物具有重要的生理功能。比如5′-腺苷酸（AMP）可进一步磷酸化形成腺嘌呤核苷二磷酸（简称腺二磷，ADP）和腺嘌呤核苷三磷酸（简称腺三磷，ATP），见图3-5。

ATP分子的最显著特点是含有两个高能磷酸键。ATP水解时，可以释放出大量自由能。ATP是生物体内最重要的能量转换中间体。ATP水解释放出来的能量用于推动生物体内各种需能的生化反应。ATP也是一种很好的磷酰化剂。磷酰化反应的底物可以是普通的有机分子，也可以是酶。磷酰化的底物分子具有较高的能量（活化分子），是许多生物化学反应的激活步骤。

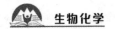

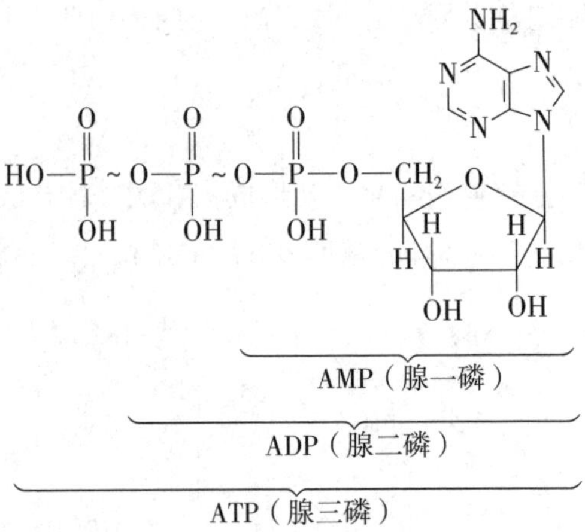

图3-5 5′-腺苷单磷酸、5′-腺苷二磷酸和5′-腺苷三磷酸

GTP是生物体内游离存在的另一种重要的核苷酸衍生物。它具有与ATP类似的结构，也是一种高能化合物。GTP主要作为蛋白质合成中的磷酰基供体。在许多情况下，ATP和GTP可以相互转换。

（二）环化核苷酸

在生物细胞中，还存在着环化核苷酸，其中研究得最多的是3′，5′-环腺苷酸（3′，5′-cAMP）。它是由腺苷酸上的磷酸与核糖的3′碳原子及5′碳原子形成双酯环化而形成的，其中，3′位的酯键为高能磷酸键，水解后可释放约49.7 kJ/mol自由能。cAMP具有放大激素作用信号的功能，所以在细胞代谢调节中起重要作用。此外，3′，5′-环鸟苷酸（3′，5′-cGMP）也是一种具有代谢调节作用的环化核苷酸（见图3-6）。

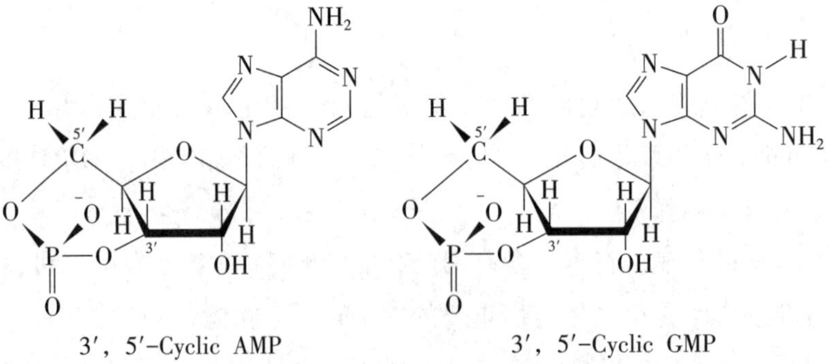

3′，5′-Cyclic AMP   3′，5′-Cyclic GMP

图3-6 3′，5′-环腺苷酸（3′，5′-cAMP）和3′，5′-环鸟苷酸（3′，5′-cGMP）

生物体中还存在着一些核苷酸的衍生物，它们在生命活动中也起着重要的作用。如烟酰胺腺嘌呤二核苷酸、烟酰胺腺嘌呤二核苷酸磷酸、黄素单核苷

酸、黄素腺嘌呤二核苷酸和辅酶A等，都是核苷酸的衍生物，它们在生物体中作为辅酶或辅基参与代谢作用。

第二节 核酸的分子结构

多聚核苷酸是由四种不同的核苷酸单元按特定的顺序组合而成的线性结构聚合物，因此，它具有一定的核苷酸顺序，即碱基顺序。核酸的碱基顺序是核酸的一级结构。DNA的碱基顺序本身就是遗传信息存储的分子形式，生物界物种的多样性即寓于DNA分子中四种核苷酸千变万化的不同排列组合之中。mRNA（信息RNA）的碱基顺序，则直接为蛋白质的氨基酸编码，并决定蛋白质的氨基酸顺序。

一、DNA的分子结构

（一）DNA的碱基组成（Chargaff定则）

1950—1953年，E. Chargaff应用纸层析及紫外分光光度法在研究各种生物的DNA碱基组成后，提出了Chargaff定则，阐明DNA碱基组成的普遍规律如下。

① 来自同一种生物体细胞的DNA的碱基组成是相同的，无组织和器官的特异性。来自不同生物DNA的碱基组成有很大差异，可用"不对称比率"$(A+T)/(G+C)$来表示。这说明DNA的碱基组成具有种的特异性。

② 亲缘相近的生物，其碱基组成相似，即不对称比率相近似。

③ 在同一种生物内，其DNA分子中腺嘌呤和胸腺嘧啶的数量相等（A = T），鸟嘌呤与胞嘧啶的数量相等（G = C）。进而可知，同一生物DNA分子中的嘌呤碱总量与嘧啶碱总量相等（A + G = C + T）。

④ DNA的碱基组成一般不受年龄、营养状态、环境条件的影响。因而可将DNA的碱基组成作为生物分类的指标。

（二）DNA的一级结构

DNA的一级结构是指DNA的脱氧核糖核苷酸彼此连接的方式和排列顺序。实验结果证明，组成DNA分子的几千个至几千万个脱氧核苷酸是以磷酸二酯键

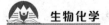

连接的，即由一个脱氧核苷酸的脱氧核糖中的5′位上的磷酸与另一个脱氧核苷酸的脱氧核糖中的3′位上的羟基形成3′，5′-磷酸二酯键。DNA没有分支链。书写多核苷酸链时，通常从5′端到3′端，由左向右表示。图3-7所示为DNA多核苷酸链的一个小片段。

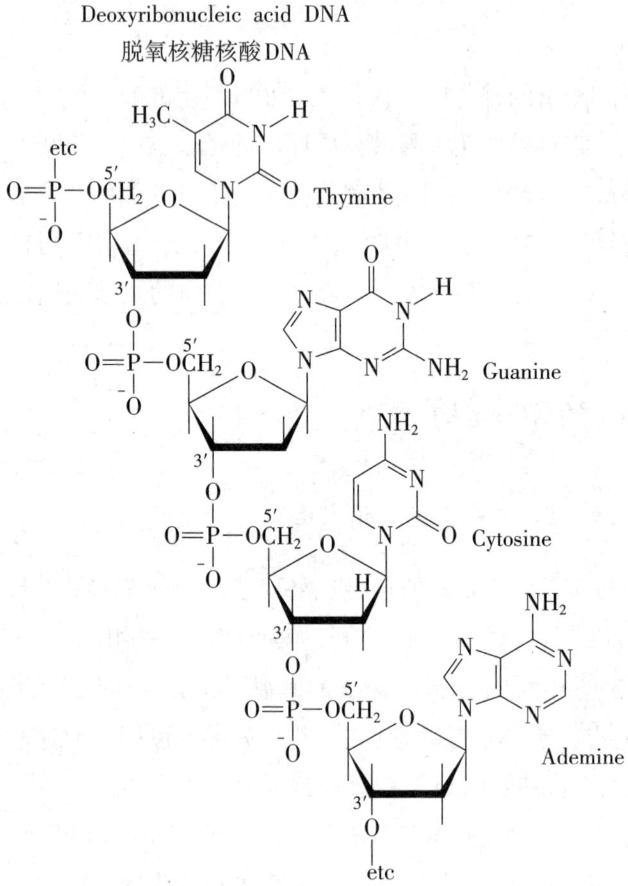

Deoxyribonucleic acid DNA

脱氧核糖核酸DNA

图3-7　DNA多核苷酸链片段

从上面的结构式可看出，脱氧核糖和磷酸以3′，5′-磷酸二酯链连接构成骨架是个重复结构单位，侧链碱基变化（碱基序列）反映了DNA的本质，遗传信息编码于DNA的特定的碱基序列中。

（三）DNA的二级结构

1953年，J. Watson和F. Crick在前人研究工作的基础上，根据DNA结晶的X-衍射图谱和分子模型，提出了著名的DNA双螺旋结构模型，并对模型的生物学意义作出了科学的解释和预测。DNA分子由两条DNA单链组成。DNA的双螺旋结构是分子中两条DNA单链之间基团相互识别和作用的结果。双螺旋结构是DNA二级结构的最基本形式（见图3-8）。

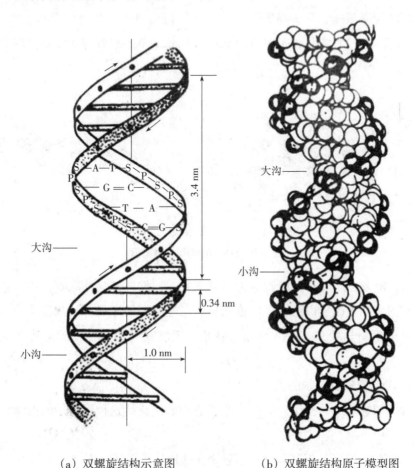

（a）双螺旋结构示意图　　　　　（b）双螺旋结构原子模型图

图3-8　DNA的双螺旋结构模型

S—戊糖；P—磷酸

1. DNA双螺旋结构的要点

① DNA分子由两条多聚脱氧核糖核苷酸链（简称DNA单链）组成。两条链沿着同一根轴平行盘绕，形成右手双螺旋结构。螺旋中的两条链方向相反，即其中一条链的方向为5′→3′，而另一条链的方向为3′→5′。

② 嘌呤碱和嘧啶碱位于螺旋的内侧，磷酸和脱氧核糖位于螺旋外侧。碱基环平面与螺旋轴垂直，糖基环平面与碱基环平面成90°角。

③ 螺旋横截面的直径约为2 nm，每条链相邻两个碱基平面之间的距离为

0.34 nm，每10个核苷酸形成一个螺旋，其螺距（即螺旋旋转一圈的高度）为
3.4 nm。

④ 两条链借碱基之间的氢键和碱基堆积力牢固地连接。碱基的相互结合具
有严格的配对规律，即A与T结合，G与C结合，A和T之间形成两个氢键，G
与C之间形成三个氢键。在DNA分子中，嘌呤碱基的总数与嘧啶碱基的总数相
等（见图3-9）。

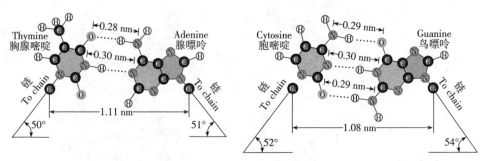

图3-9　DNA的碱基配对氢键

上述碱基之间配对的原则称为碱基互补。根据碱基互补原则，当一条多核
苷酸链的序列被确定以后，即可推知另一条互补链的序列。碱基互补原则具有
极重要的生物学意义。DNA复制、转录、反转录等的分子基础都是碱基互补
配对。

2. DNA双螺旋结构的稳定性

DNA双螺旋结构在生理条件下是很稳定的。维持这种稳定性的因素包括如
下几个。

① 氢键：指互补碱基对之间的氢键，作用比较微弱，不是主要力量。

② 碱基堆积力：由芳香族碱基的π电子之间的相互作用而引起的，现在普
遍认为这种碱基堆积力是稳定DNA双螺旋结构的主要力量。

③ 离子键：由磷酸残基上的负电荷与介质中的阳离子之间形成的，这可减
少双链间的静电斥力而稳定双螺旋结构。

（四）DNA的三级结构

DNA的三级结构包括线状DNA形成的纽结、超螺旋和多重螺旋以及环状
DNA形成的结、超螺旋和连环等多种类型，其中，超螺旋是最常见的，所以
DNA的三级结构主要是指双螺旋进一步扭曲形成的超螺旋。

二、RNA 的分子结构

RNA 是无分支的线形多聚核糖核苷酸，主要由四种核糖核苷酸组成，即腺嘌呤核糖核苷酸（AMP）、鸟嘌呤核糖核苷酸（GMD）、胞嘧啶核糖核苷酸（CMP）和尿嘧啶核糖核苷酸（UMP）。这些核苷酸中的戊糖不是脱氧核糖，而是核糖。RNA 分子中还有某些饰有碱基。图 3-10 为 RNA 分子的一小段，以示 RNA 的结构。

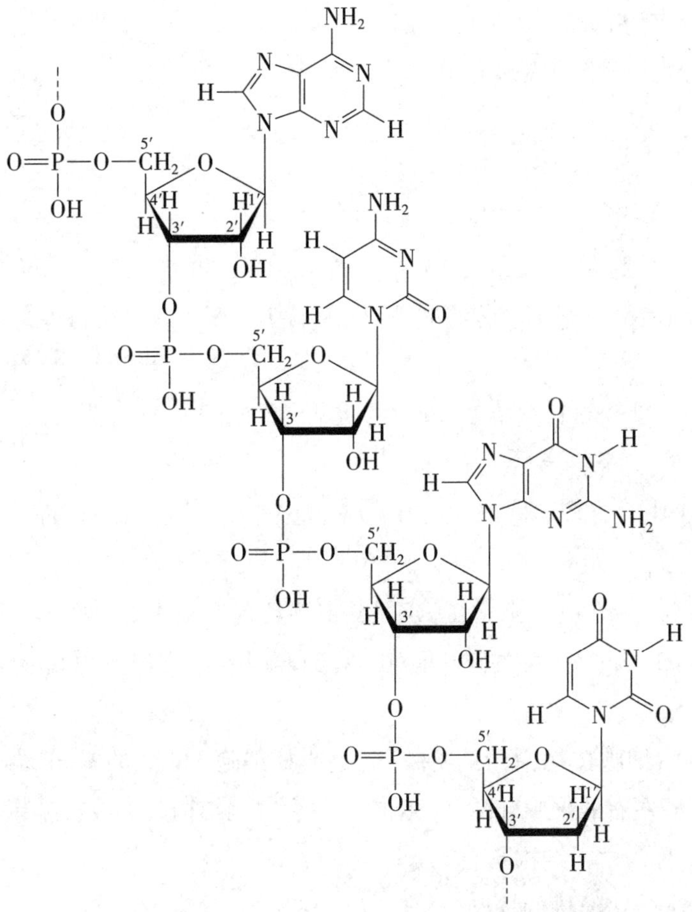

图 3-10　RNA 分子中的一段的结构

组成 RNA 的核苷酸也是以 3′，5′-磷酸二酯键连接起来的。但 RNA 分子比 DNA 分子小得多（含几十至几千个核苷酸），且不像 DNA 那样都是双螺旋结构，而是单链线形分子。尽管 RNA 分子中核糖环 C²′ 上有一羟基，但并不形成 2′，5′-磷酸二酯键。

天然RNA只有局部区域为双螺旋结构。这些双链结构是由于RNA单链分子通过自身回折使得互补的碱基对相遇，通过氢键结合形成反平行右手双螺旋结构（称为茎），不能配对的区域形成突环（称为环），被排斥在双螺旋结构之外（见图3-11）。

一般来说，双螺旋区约占RNA分子的50%。RNA的这种结构称为茎环结构（又称发夹结构），是各种RNA的共同的二级结构特征。

下面分别讨论三类主要的RNA分子结构。

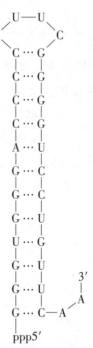

图3-11　RNA分子自身回折形成双螺旋区（茎环结构）

（一）RNA的一级结构

1. tRNA一级结构的特点

tRNA占细胞RNA总量为10%～15%。tRNA的一级结构指tRNA分子中核苷酸的排列顺序。其共同特征如下：

① 分子量25000左右，由70～90个核苷酸组成。

② 分子中含有较多修饰（稀有）碱基，多为A，U，C，G的甲基或二甲基衍生物。

③ 5′-端呈磷酸化，通常是pG；3′-末端具有CpCpAOH的结构。

④ 约有50%的核苷酸的碱基配对，呈双螺旋结构；不成对碱基形成四个突环。

2. mRNA一级结构的特点

mRNA占细胞RNA总量约3%～5%。真核细胞mRNA的3′-末端有一段长达200个核苷酸左右的聚腺苷酸（polyA），称为"尾结构"；5′-末端有一个甲基化的鸟苷酸，称为"帽结构"。

3. rRNA一级结构的特点

rRNA占细胞RNA总量为75%～80%。它与蛋白质结合构成核糖核蛋白体（核糖体）。核糖体是合成蛋白质的细胞器，由大、小两个亚基组成。动物细胞核糖体rRNA有四类，即5SrRNA、5.8SrRNA、18SrRNA和28SRNA。

（二）RNA的高级结构

RNA是单链分子，因此，在RNA分子中，并不遵守碱基种类的数量比例关系，即分子中的嘌呤碱基总数不一定等于嘧啶碱基的总数。RNA分子中，部分区域也能形成双螺旋结构，不能形成双螺旋的部分，则形成突环。这种结构可以形象地称为"发夹型"结构。

在RNA的双螺旋结构中，碱基的配对情况不像DNA中严格。G除了可以和C配对外，也可以和U配对，G-U配对形成的氢键较弱。不同类型的RNA，其二级结构有明显的差异。tRNA中除了常见的碱基外，还存在一些稀有碱基，这类碱基大部分位于突环部分。下面以tRNA为例具体介绍。

1. tRNA的二级结构

tRNA的二级结构呈"三叶草"形（见图3-12），在结构上具有某些共同之处，一般都具有如下基本特征。

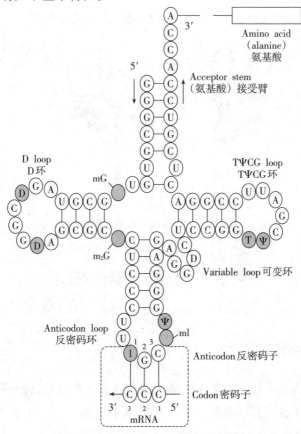

图3-12 tRNA的"三叶草"结构模型

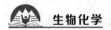

① 在3′-末端有一段以-CCA为主的单链区，由7对碱基组成，称为氨基酸臂，氨基酸可与其成酯，该区在蛋白质合成中起携带氨基酸的作用。

② 由于双螺旋结构所占比例甚高（大约有50%的核苷酸配对），分别形成了4个双螺旋区，称为臂（或茎）。这4个臂是氨基酸臂（也称为氨基酸接受臂）、二氢尿嘧啶臂（简称D臂）、反密码子臂和TΨC臂。

③ 大约有50%的核苷酸不配对，分别形成了4个环。这4个环是二氢尿嘧啶环（简称D环）、反密码子环、TΨC环和额外环（又称可变环）。反密码子环与氨基酸接受臂相对，一般含有7个核苷酸残基，正中间的3个核苷酸残基称为反密码子，在蛋白质合成中与mRNA上密码子互补配对。

④ 不同的tRNA在长度上的变化主要与D环、可变环和D臂核苷酸数目不同有关。

2. tRNA的三级结构

在三叶草形二级结构基础上，突环上未配对的碱基由于整个分子的扭曲而配成对，目前已知的tRNA的三级结构均为倒L形（见图3-13）。

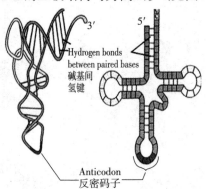

图3-13　tRNA的倒L形三级结构

第三节　核酸的理化性质

一、核酸的一般性质

RNA的纯品都呈白色粉末或结晶，DNA纯品则为白色类似石棉样的纤维状物。核酸和核苷酸大都呈酸性。DNA和RNA都微溶于水，不溶于乙醇、氯仿、戊醇、三氯醋酸等有机溶剂。

DNA分子较大，RNA分子比DNA分子小得多，核酸分子的大小可用长度、核苷酸对（或碱基对）数目、沉降系数（S）和相对分子质量等来表示。

二、核酸的两性解离与等电点

与蛋白质相似，核酸分子中既含有酸性基团（磷酸基），也含有碱性基团（氨基），因而核酸也具有两性性质。由于核酸分子中的磷酸是一个中等强度的酸，而碱基（氨基）是一个弱碱，所以核酸的等电点比较低，如DNA的等电点为4~4.5，RNA的等电点为2~2.5。RNA的等电点比DNA低的原因是，RNA分子中核糖基2-OH通过氢键促进了磷酸基上质子的解离，DNA没有这种作用。

三、核酸的紫外吸收

在核酸分子中，由于嘌呤碱和嘧啶碱具有共轭双键体系，因而具有独特的紫外吸收光谱，一般在260 nm左右有最大吸收峰（见图3-14），可以作为核酸及其组分定性和定量测定的依据。

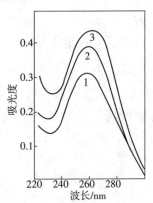

图3-14 DNA的紫外吸收光谱
1—天然DNA；2—变性DNA；3—核苷酸总吸光度值

四、核酸的变性、复性与杂交

(一)核酸的变性及增色效应

1. 核酸的变性

核酸的变性是指核酸双螺旋区的多聚核苷酸链间的氢键断裂，变成单链结构的过程（见图3-15）。变性核酸将失去其部分或全部的生物活性。核酸的变

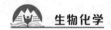

性并不涉及磷酸二酯键的断裂，所以它的一级结构（碱基顺序）保持不变。能够引起核酸变性的因素有很多，温度升高、酸碱度改变、甲醛和尿素等的存在均可引起核酸的变性。

当DNA的稀盐溶液加热到80～100 ℃时，双螺旋结构即发生解体，两条链彼此分开，形成无规线团。

DNA变性后，它的一系列性质也随之发生变化，如生物活性丧失、黏度降低、浮力密度增大、沉降系数增加、紫外吸收（260 nm）值升高等。

RNA本身只有局部的双螺旋区，所以变性行为所引起的性质变化没有DNA那样明显。

2. 增色效应

核酸变性后，由于双螺旋解体，碱基堆积已不存在，藏于螺旋内部的碱基暴露出来，这样就使得变性后的DNA对260 nm紫外光的吸光率比变性前明显升高（例如，天然状态的DNA在完全变性后，紫外吸收值增加25%～40%；而RNA变性后，约增加1.1%），这种现象称为增色效应。

3. 熔点或解链温度（T_m）

DNA的变性过程是突变性的，它在很窄的温度区间内完成。因此，通常将引起DNA变性的温度称为"熔点"或解链温度，用T_m表示。一般来说，DNA的T_m值为70～85 ℃。DNA的T_m值与分子中的G和C含量有关，G和C的含量高，T_m值高，因而测定T_m值可反映DNA分子中G、C的含量。

（二）核酸的复性及减色效应

1. 核酸的复性

核酸热变性后，双螺旋结构中的两条DNA单链分开为单链，若把此热溶液迅速冷却，则两条单链继续保持分开；若将此热溶液缓慢冷却（称退火处理），则两条单链可发生特异的重新组合而恢复双螺旋，这一过程叫复性（冷却重组，见图3-15）。

DNA复性后，一系列性质将得到恢复，但是生物活性一般只能得到部分的恢复。

DNA复性的程度、速率与复性过程的条件有关，将热变性的DNA骤然冷却至低温时，DNA不可能复性，但是将变性的DNA缓慢冷却时，可以复性。相对分子质量越大，复性越难。浓度越大，复性越容易。此外，DNA的复性也与它本身的组成和结构有关。

2. 减色效应

变性的核酸复性后，其溶液的A_{260}值减小，最多可减小至变性前的A_{260}值，这种现象称为减色效应。

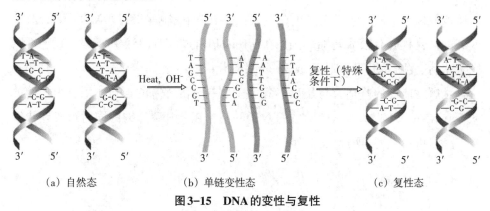

(a) 自然态　　　　　(b) 单链变性态　　　　　(c) 复性态

图3-15　DNA的变性与复性

（三）核酸的杂交

热变性的DNA单链，在复性时并不一定与同源DNA互补链形成双螺旋结构，它也可以与在某些区域有互补序列的异源DNA单链形成双螺旋结构，这样形成的新分子称为杂交DNA分子，DNA单链与互补的RNA链之间也可以发生杂交（见图3-16）。核酸的杂交在分子生物学和遗传学的研究中具有重要意义。

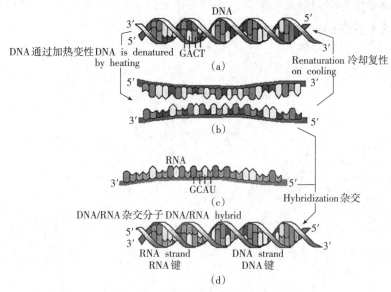

图3-16　核酸的杂交（DNA-RNA）

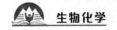

五、核酸的水解及酶解

（一）酸或碱水解

核酸分子中的磷酸二酯键可在酸或碱性条件下水解切断，DNA 和 RNA 对酸或碱的耐受程度有很大差别。例如在 0.1 mol/L 的 NaOH 溶液中，RNA 几乎可以完全水解，生成 2′-磷酸核苷或 3′-磷酸核苷；DNA 在同样条件下则不受影响。这种水解性能上的差别，与 RNA 核糖基上 2′-OH 的邻基的参与作用有很大的关系。在 RNA 水解时，2′-OH 首先进攻磷酸基，在断开磷酯键的同时形成环状磷酸二酯，再在碱的作用形成水解产物。

（二）酶水解

生物体内存在多种核酸水解酶，这些酶可以催化水解多聚核苷酸链中的磷酸二酯键。根据作用底物不同，分为 DNA 水解酶和 RNA 水解酶。根据作用方式不同，又可分为核酸外切酶和核酸内切酶。核酸外切酶的作用方式是从多聚核苷酸链的一端（3′-端或 5′-端）开始，逐个水解切除核苷酸；核酸内切酶的作用方式刚好和外切酶相反，它从多聚核苷酸链中间开始，在某个位点切断磷酸二酯键。

在分子生物学的研究中最有应用价值的是限制性核酸内切酶。这种酶可以特异性地水解核酸中某些特定碱基顺序部位。

第四章　蛋白质的化学

第一节　蛋白质通论

蛋白质是一类最重要的生物大分子，英文名称叫作protein，有些学者曾根据protein的原意建议设新词"朊"表示，但因蛋白质一词沿用已久，"朊"未被广泛采用。蛋白质在生物体内占有特殊的地位。蛋白质和核酸是构成细胞内原生质的主要成分，而原生质是生命现象的物质基础。

一、蛋白质的化学组成

许多蛋白质已经获得结晶的纯品。根据蛋白质的元素分析，发现它们的元素组成与糖和脂质不同，除含有碳、氢、氧外，还有氮和少量的硫，有些蛋白质还含有其他一些元素，主要是磷、铁、铜、碘、锌和钼等。这些元素在蛋白质中的质量分数约为：碳，50%；氢，7%；氧，23%；氮，16%；硫，0～3%；其他，微量。

蛋白质的平均含氮量为16%，这是蛋白质元素组成的一个特点，也是凯氏（Kjedah）定氮法测定蛋白质质量分数的计算基础：

$$蛋白质的质量分数＝蛋白氮×6.25$$

式中，6.25，即16%的倒数，为1 g氮所代表的蛋白质量（单位：g）。

二、蛋白质的分类

根据蛋白质的化学组成，可将蛋白质分为简单蛋白质和缀合蛋白质两大类。简单蛋白质的组成只有氨基酸，不含有其他化学成分，如清蛋白、球蛋白、谷蛋白、醇溶蛋白、组蛋白、精蛋白、硬蛋白等；而缀合蛋白质的组成除

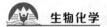

氨基酸外，还含有其他化学成分作为其结构的一部分，根据其非蛋白质部分的成分不同而分为核蛋白、糖蛋白、脂蛋白、磷蛋白、金属蛋白、血红素蛋白、黄素蛋白等。

根据蛋白质分子外形的对称程度，可将其分为球状蛋白质和纤维蛋白质两类。球状蛋白质分子比较对称，接近球形或椭球形，溶解度较好，能结晶。大多数蛋白质属于球状蛋白质，如血红蛋白、肌红蛋白、酶、抗体等。纤维蛋白质分子对称性差，类似于细棒状或纤维状，如胶原蛋白、角蛋白、血纤维蛋白等。

近年来，有些学者提出依据蛋白质的生物学功能进行分类。按生物学功能可将蛋白质分为酶（如核糖核酸酶）、调节蛋白（如胰岛素）、转运蛋白（如血红蛋白）、贮存蛋白（如卵清蛋白）、收缩和游动蛋白（如肌动蛋白、动力蛋白）、结构蛋白（如胶原蛋白）、支架蛋白（如胰岛素受体底物-1）、保护和开发蛋白（如免疫球蛋白、抗冻蛋白）、异常蛋白（如应乐果甜蛋白）等。

三、蛋白质的重要功能

蛋白质参与动物、植物及微生物的几乎所有生物结构和生命过程，它在细胞结构、生物催化、物质运输、运动、防御、调控以及记忆、识别等各方面都有极其重要的作用。蛋白质的重要生物学意义主要表现在以下几个方面。

（一）生物体的结构成分

蛋白质的一个重要生物学功能是作为有机体的主要结构成分，如在高等动物里，胶原纤维是主要的细胞外结构蛋白，参与结缔组织和骨骼作为身体的支架；细胞里的结构成分如细胞膜、线粒体、叶绿体、内质网等都是由不溶性蛋白质与脂质组成的。

（二）酶的催化作用

这是蛋白质的一个最重要的生物学功能。生物体内几乎所有的化学反应都是在特殊的催化剂——酶的作用下进行的。如染色体的复制和蛋白质的合成等都需要许多种酶的催化，否则反应就不能进行。而到目前为止，已鉴定出的几千种酶几乎都是蛋白质。

（三）运输功能

生物体中许多小分子和离子要靠特殊的蛋白质运输，例如脊椎动物红细胞里的血红蛋白和无脊椎动物中的血蓝蛋白在呼吸作用中起着输送氧气的作用，细胞色素c在生物氧化中起着电子传递体的作用；又如血液中的脂蛋白随着血流输送脂质，转铁蛋白在血液中传递铁。

（四）储藏功能

有些蛋白质具有储藏功能，如蛋类中的卵清蛋白、乳中的酪蛋白、小麦种子中的醇溶蛋白等都具有贮藏氨基酸的功能，用作有机体及其胚胎或幼体生长发育的原料。

（五）运动功能

如肌肉运动是通过肌肉收缩作用来完成的，肌肉的主要成分是蛋白质，肌肉收缩主要通过肌球蛋白和肌动蛋白相对滑动来完成。

（六）免疫功能

高等动物的免疫是有机体的一种防御功能。免疫反应主要是通过蛋白质来实现的，这类蛋白质称为抗体或免疫球蛋白，抗体蛋白能够特异地识别外源底物（即抗原，如病毒、细菌和其他生物体的细胞）并与之结合，使其不能起作用，从而起到保护机体的作用。

（七）激素功能

有些蛋白质具有激素功能，对生物体的代谢起调节作用，如胰岛素能参与血糖的代谢调节，降低血液中葡萄糖的含量；又如侏儒症是由于脑垂体分泌的生长激素不足而造成的。

（八）接受和传递信息

生物体的生命活动过程要不断地接受和传递各种信息，这个功能也是由蛋白质来完成的。如接受各种激素的受体及接受外界刺激的感觉蛋白（视网膜上的视色素、味蕾上的味觉蛋白等）都属于这一类。

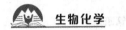

（九）调节或控制细胞的生长、分化和遗传信息的表达

生物体中细胞的生长、分化和遗传信息的表达不是随意的、无控制的，而是具有严格的调节与控制机制的，这种调节与控制也是通过蛋白质来完成的，如组蛋白、阻遏蛋白等就属于这类蛋白质。

第二节　蛋白质的基本单位——氨基酸

生物大分子中蛋白质是生物功能的主要载体，而氨基酸（amino acid）是蛋白质的基本结构单位，也称蛋白质的构件分子。自然界中存在的成千上万种蛋白质，在结构和功能上的多样性归根结底是由20种基本氨基酸的内在结构与性质决定的。不同蛋白质所含的氨基酸种类和数目不同。

一、氨基酸的结构特点及分类

（一）氨基酸的结构

从蛋白质水解产物中分离出来的常见氨基酸只有20种（更确切地说为19种氨基酸和1种亚氨基酸即脯氨酸）。除脯氨酸外，这些天然氨基酸在结构上的共同特点是与羧基相邻的α-碳原子上都连着一个氨基，因此称为α-氨基酸，连接在α-碳原子上的还有一个氢原子和一个可变的侧链（称R基），各种氨基酸的差别就在于其R基团（R侧链）的结构不同。α-氨基酸的结构通式见图4-1。

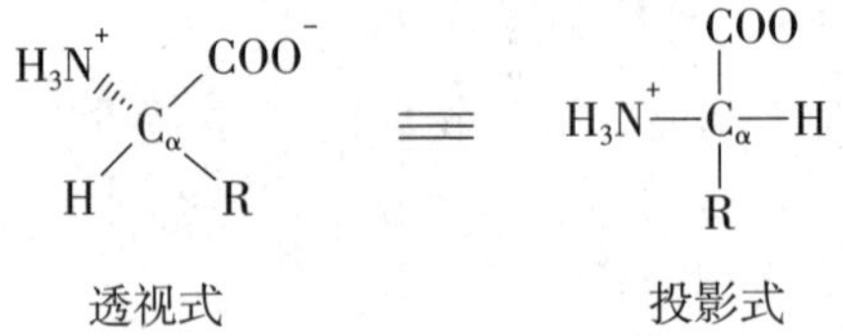

$$H_3N^+\text{'''}\ \ \underset{\overset{|}{\underset{R}{C_\alpha}}}{\overset{COO^-}{}}\quad\equiv\quad H_3N^+—\underset{\overset{|}{R}}{\overset{COO^-}{C_\alpha}}—H$$

透视式　　　　　　　　　　投影式

图4-1　α-氨基酸的结构通式

（二）氨基酸的分类

从各种生物体中发现的氨基酸已有200余种，但是参与蛋白质组成的常见氨基酸却只有20种，也称常见蛋白质氨基酸或基本氨基酸。此外，在某些蛋白

质中还存在若干种不常见的氨基酸，也称稀有或不常见蛋白质氨基酸，它们都是在已合成的肽链上由常见的氨基酸经专一酶催化的化学修饰转化而来的。200余种天然氨基酸中，大多数是不参与蛋白质组成的，这些氨基酸被称为非蛋白质氨基酸。为表达蛋白质或多肽结构的需要，氨基酸的名称常用三字母的简写符号表示，有时也使用单字母的简写符号表示（见图4-2～图4-5）。

1. 常见的蛋白质氨基酸

根据R基团的极性，可将常见的20种基本氨基酸分为四类：非极性R基团氨基酸、极性不带电荷R基团氨基酸、R基团带负电荷氨基酸、R基团带正电荷氨基酸。这种分类方法更有利于说明不同氨基酸在蛋白质结构及功能上的作用。

① 非极性R基团氨基酸。这一类氨基酸共有8种（见图4-2），其中，5种是带有脂肪烃侧链的氨基酸（丙氨酸、缬氨酸、亮氨酸、异亮氨酸、甲硫氨酸），1种具芳香环的苯丙氨酸，1种具吲哚环的色氨酸及1种亚氨基酸（脯氨酸），这类氨基酸在水中的溶解度要比极性氨基酸小。

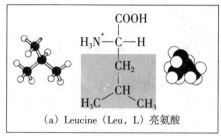
（a）Leucine（Leu，L）亮氨酸

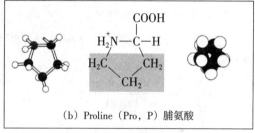
（b）Proline（Pro，P）脯氨酸

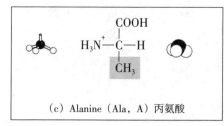
（c）Alanine（Ala，A）丙氨酸

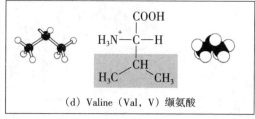
（d）Valine（Val，V）缬氨酸

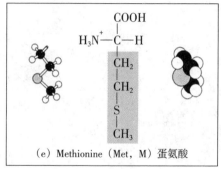
（e）Methionine（Met，M）蛋氨酸

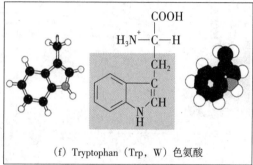
（f）Tryptophan（Trp，W）色氨酸

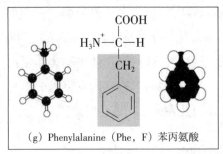 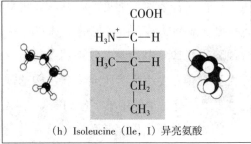

（g）Phenylalanine（Phe，F）苯丙氨酸　　（h）Isoleucine（Ile，I）异亮氨酸

图4-2　非极性R基团氨基酸

② 极性不带电荷R基团氨基酸。这一类包括7种氨基酸（见图4-3），它们的R侧链含有极性基团，可与水形成氢键。其中，丝氨酸、苏氨酸和酪氨酸的侧链中含有羟基，使其具有极性。半胱氨酸的极性是由于含有巯基（-SH），而天冬酰胺和谷氨酰胺的极性产生于酰胺基，甘氨酸虽然不带有R基团，但由于所带的α-氨基和α-羧基占了整个分子的大部分，具有明显的极性，故也归入此类。

③ R基团带负电荷氨基酸。这一类包括2种酸性氨基酸（见图4-4）——天冬氨酸和谷氨酸。这两种氨基酸都含有两个羧基，所以在pH值为7.0时带净的负电荷，为酸性氨基酸。

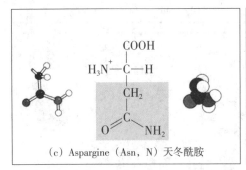 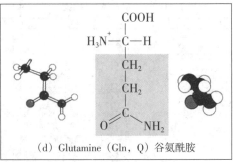

（a）Glycine（Gly，G）甘氨酸　　　（b）Serine（Ser，S）丝氨酸

（c）Aspargine（Asn，N）天冬酰胺　　（d）Glutamine（Gln，Q）谷氨酰胺

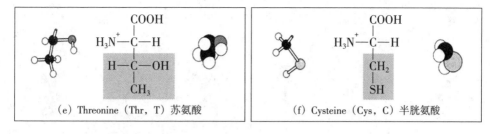

图4-3 极性不带电荷R基团氨基酸

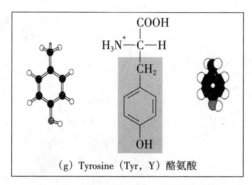

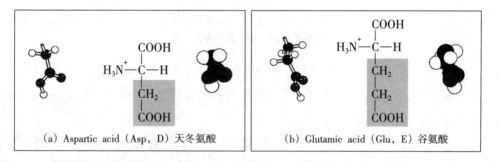

图4-4 R基团带负电荷氨基酸

④R基因带正电荷氨基酸。这一类包括3种氨基酸（见图4-5）——赖氨酸、精氨酸和组氨酸。赖氨酸在其R基团的ε位置上有一个氨基，精氨酸的R基团含有一个带正电荷的胍基，组氨酸有一个弱碱性的咪唑基，所以这类氨基酸在pH值为7.0时带净的正电荷，为碱性氨基酸。

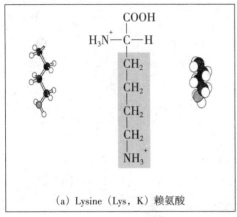

(a) Lysine（Lys，K）赖氨酸

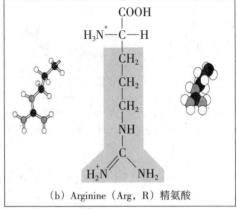

(b) Arginine（Arg，R）精氨酸

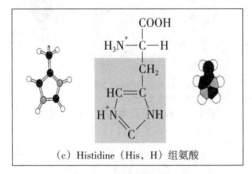

(c) Histidine（His，H）组氨酸

图4-5　R基团带正电荷氨基酸

从以上各种氨基酸的结构和极性可以看出，R侧链的结构不同，引起各种氨基酸的体积不同、形状不同、酸碱性不同以及化学活性不同。

2. 不常见的蛋白质氨基酸

绝大多数蛋白质水解后产生的氨基酸是上述20种氨基酸，但从某些蛋白质水解液中还分离出一些其他罕见的氨基酸，称为不常见的蛋白质氨基酸，或称蛋白质的稀有氨基酸，这些氨基酸都是相应常见氨基酸的衍生物，如存在于胶原蛋白中的4-羟基脯氨酸和5-羟基赖氨酸，存在于肌球蛋白中的6-N-甲基赖氨酸，这些稀有氨基酸都是在蛋白质合成后，在常见的氨基酸（脯氨酸和赖氨酸）的基础上经过化学修饰而形成的，它们没有相应的遗传密码，是生物体在合成蛋白质多肽链后，由它们的前体（脯氨酸和赖氨酸）修饰形成的。

3. 非蛋白质氨基酸

除20种正常的氨基酸和稀有氨基酸外，还发现很多其他不存在于蛋白质中而以游离或结合状态存在于生物体内的氨基酸，这些氨基酸称为非蛋白质氨基酸。这些氨基酸大部分是常见氨基酸的衍生物，如鸟氨酸、瓜氨酸等；但也有一些是β-、γ-或δ-氨基酸，如β-丙氨酸、γ-氨基丁酸等。这些氨基酸虽然不参与蛋白质组成，但在生物体中往往具有一定的生理功能，如β-丙氨酸是维生素泛酸的前体，鸟氨酸、瓜氨酸是合成精氨酸和尿素的重要中间产物。

4. 必需氨基酸

植物和某些微生物可以合成各种氨基酸，而人和动物则不同。人体和动物通过自身代谢可以合成大部分氨基酸，但有一部分氨基酸自身不能合成，必须由外界食物供给，这些氨基酸称为必需氨基酸。人体所需的必需氨基酸有8种，包括L-赖氨酸、L-色氨酸、L-甲硫氨酸、L-苯丙氨酸、L-缬氨酸、L-亮氨酸、L-异亮氨酸、L-苏氨酸。当人体缺乏这8种必需氨基酸中的任何一种时，就会引起生长发育不良，甚至引起一些缺乏症。对于昆虫来说，除上述8种必需氨基酸外，还有L-精氨酸和L-组氨酸，这两种氨基酸人体也可以合成，但合成速度很慢，所以称为半必需氨基酸。那些人体和动物自身能够合成的氨基酸，如甘氨酸、丙氨酸、丝氨酸、天冬氨酸、谷氨酸、脯氨酸、酪氨酸、天冬酰胺、谷氨酰胺、半胱氨酸，称为非必需氨基酸，这些氨基酸在人体中可以从其他有机物转化而来。

如果一种蛋白质中含有全部必需氨基酸，能使动物或人正常生长，那么称为完全蛋白质，如酶蛋白、卵蛋白、大豆蛋白、大米蛋白等；如果蛋白质组成中缺少一种或几种必需氨基酸，那么称为不完全蛋白质，如白明胶等。所以一种蛋白质的营养价值高低，要看它是否含有全部必需氨基酸以及含量多少。

二、氨基酸的性质

（一）氨基酸的两性性质和等电点

氨基酸分子既含有自由氨基，又含有自由羧基，所以它既可以接受质子，又可以释放质子。根据Bronsted-Lowry的酸碱学说，酸是质子的供体，碱是质子的受体，因此氨基酸既是酸又是碱。实验结果证明，氨基酸在水溶液中或固体状态时是以两性离子形式存在的（见图4-6）。

pH值为1 净电荷+1   pH值为7 净电荷0   pH值为13 净电荷-1

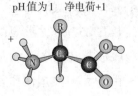 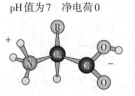 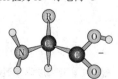

阳离子形式　　　　　　　两性离子　　　　　　　阴离子形式

图4-6　氨基酸的两性解离

当溶液浓度为某一pH值时，氨基酸分子中所含的$-NH_3^+$和$-COO^-$数目正好相等，净电荷为0，这一pH值即为氨基酸的等电点，简称pI。在等电点时，氨基酸既不向正极移动也不向负极移动，即氨基酸处于两性离子状态。

侧链不含离解基团的中性氨基酸，其等电点是它的pK_1'和pK_2'的算术平均值；同样，对于侧链含有可解离基团的氨基酸，其pI值也决定于两性离子两边的pK'值的算术平均值。

$$中性氨基酸：pI = (pK_1' + pK_2')/2$$

$$酸性氨基酸：pI = (pK_1' + pK_{R-COO-}')/2$$

$$碱性氨基酸：pI = (pK_2' + pK_{R-NH_2}')/2$$

（二）氨基酸的光学活性和光谱性质

1. 氨基酸的旋光性

从氨基酸的结构可以看出，除甘氨酸的R侧链为氢原子外，其他氨基酸的α-碳原子都是不对称碳原子（手性碳原子），因此都具有旋光性。比旋光度是氨基酸的重要物理常数之一，是鉴别各种氨基酸的重要依据。

2. 氨基酸的光吸收

构成蛋白质的20种氨基酸在可见光区都没有光吸收，但在远紫外区（λ<220 nm）均有光吸收。在近紫外区（200~400 nm）只有芳香族氨基酸有吸收光的能力，因为它们的R基含有苯环共轭π键系统。酪氨酸的最大光吸收波长在275 nm，苯丙氨酸的最大光吸收波长在257 nm，色氨酸最大光吸收波长在280 nm（见图4-7）。由于大多数蛋白质都含

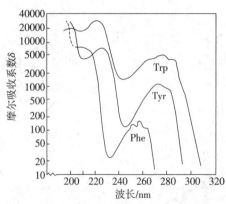

图4-7　芳香族氨基酸在pH值为6时的紫外吸收光谱

有这些氨基酸，所以也有紫外吸收能力，一般最大吸收在280 nm波长处，因此可以利用紫外分光光度法测定样品中蛋白质的质量分数。

（三）氨基酸的化学反应

氨基酸的化学反应是指氨基酸分子中的α-氨基和α-羧基以及侧链上的官能团所参与的那些反应。在此着重介绍几种在蛋白质化学及结构测定中具有重要意义的化学反应。

1. α-氨基参加的反应

① 桑格（Sanger）反应。这是α-氨基参加的烃基化反应。在弱碱性溶液中，氨基酸的氨基很容易与2，4-二硝基氟苯（缩写为FDNB或DNFB）作用，生成2，4-二硝基苯基氨基酸（DNP-氨基酸），如图4-8所示。

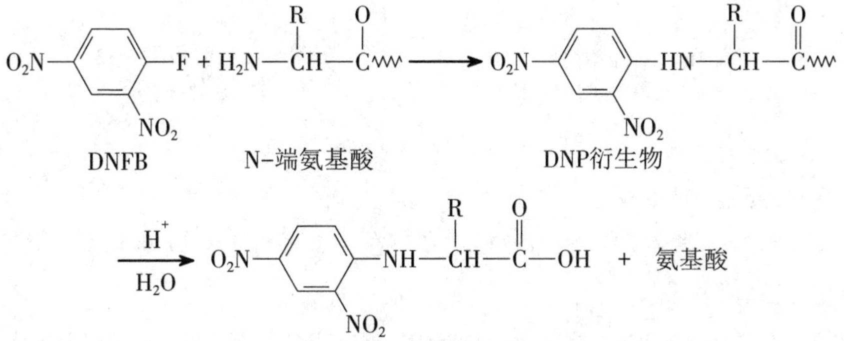

图4-8 桑格（Sanger）反应

多肽或蛋白质的N-末端氨基酸的α-氨基也能与FDNB反应，生成DNP-多肽。由于硝基苯与氨基结合牢固，不易被水解，因此当DNP-多肽被水解时，所有的肽键均被水解，只有N-末端氨基酸仍在DNP上，形成黄色的DNP-氨基酸，将其与其他氨基酸分离开来，再利用层析法鉴定此氨基酸的种类，就可用于测定多肽链的N-末端氨基酸。

② 艾德曼（Edman）反应。这是α-氨基参加的另一个烃基化反应。在弱碱性条件下，氨基酸的α-氨基可与异硫氰酸苯酯（缩写为PITC）反应，产生相应的苯氨基硫甲酰（缩写为PTC）衍生物，在酸酐（无水酸）的作用下，此化合物环化形成在酸中稳定的苯硫乙内酰脲（缩写为PTH）衍生物。这些衍生物是无色的，可用层析法加以分离鉴定（见图4-9）。

蛋白质多肽N-末端氨基酸的α-氨基也可有此反应，生成PTC-肽，在酸性

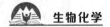

溶液中释放出末端的PTH-氨基酸和比原来少一个氨基酸残基的多肽链。所得的PTH-氨基酸经层析鉴定就可以确定肽链N-末端氨基酸的种类。剩余的肽链可反复地应用此方法测定N-末端的第二个氨基酸、第三个氨基酸……进而测定出多肽链的氨基酸排列顺序。这个反应在肽和蛋白质的氨基酸序列分析方面占有重要地位。

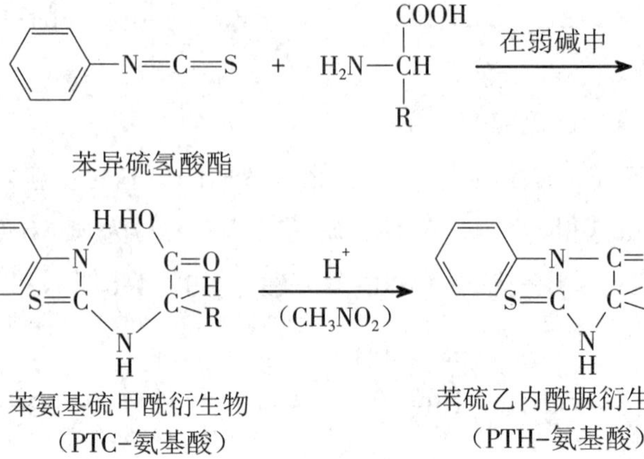

苯异硫氢酸酯

苯氨基硫甲酰衍生物
（PTC-氨基酸）

苯硫乙内酰脲衍生物
（PTH-氨基酸）

图4-9　艾德曼（Edman）反应

2. α-羧基参加的反应

氨基酸的α-羧基和一般的羧基一样，在一定条件下可以发生成盐、成酯、成酰氯等反应。

①成盐和成酯反应。氨基酸与碱作用即生成盐，例如与NaOH反应得氨基酸钠盐，其中的重金属盐不溶于水。氨基酸的羧基还可以与醇类作用，被酯化生成相应的酯。

当氨基酸的羧基变成甲酯、乙酯或钠盐后，羧基的化学反应性能即被掩蔽或者说羧基被保护，而氨基的化学反应性能得到加强或者说氨基被活化，容易和酰基或烃基结合，这就是氨基酸的酰基化和烃基化需要在碱性溶液中进行的原因。

②成酰氯反应。氨基酸的氨基如果用适当的保护基（例如苄氧甲酰基）保护后，其羧基可与二氯亚砜或五氯化磷作用生成酰氯，这个反应可使氨基酸的羧基活化，使它容易与另一氨基酸的氨基结合，因此在多肽合成中是常用的。

3. α-氨基和α-羧基共同参加的反应

①茚三酮反应。这是氨基酸的α-NH₂和α-COO⁻共同参加的反应，在氨基酸的分析化学中具有特殊意义。α-氨基酸与水合茚三酮一起在水溶液中加热，可

发生反应生成蓝紫色物质，此反应十分灵敏，根据反应所生成的蓝紫色的深浅，在570 nm波长下进行比色就可测定样品中氨基酸的质量分数，也可在分离氨基酸时作为显色剂定性、定量地测定氨基酸。

两个亚氨基酸（脯氨酸和羟脯氨酸）与茚三酮反应生成亮黄色物质，最大吸收在440 nm。

②成肽反应。一个氨基酸的氨基与另一个氨基酸的羧基可以缩合成肽，形成的键称为肽键，见图4-10。

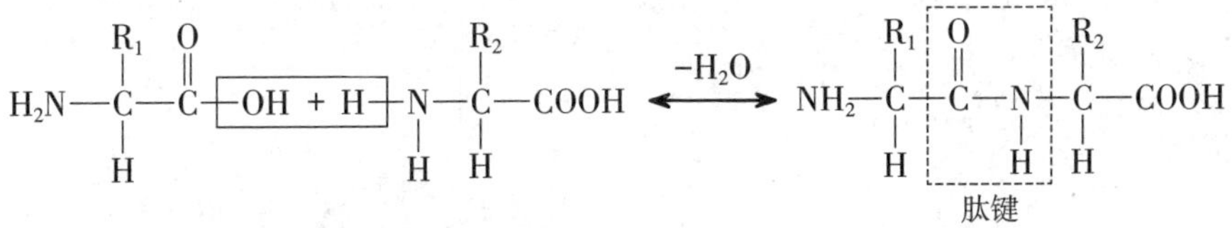

图4-10　肽键示意图

4. 侧链R基参加的反应

氨基酸的R侧链含有官能团时，也能发生化学反应。这些官能团有羟基、酚基、咪唑基、巯基、胍基、甲硫基以及非α-氨基和非α-羧基等。例如，丝氨酸、苏氨酸和羟脯氨酸均为含有羟基的氨基酸，所以能形成酯。苯酚基和组氨酸中的咪唑基具有芳香环或杂环的性质，能与重氮化合物结合而生成棕红色的化合物，此反应可用于定性、定量测定。半胱氨酸侧链上的巯基（-SH）也具有较高的反应活性，在碱性溶液中容易失去硫原子，并且容易被氧化而生成胱氨酸。另外，极微量的某些金属重离子，如Ag^+、Hg^{2+}等，都能与-SH基反应，生成硫醇盐，从而导致含-SH酶失活。

第三节　蛋白质的分子结构

蛋白质的基本结构单位是氨基酸，蛋白质是由许多氨基酸通过肽键连接形成的生物大分子。20种基本氨基酸以不同的数目、比例和排列顺序构成了成千上万种结构复杂的不同蛋白质。长期研究结果表明，蛋白质的结构有不同的层次，人们为了便于研究和认识，将它们分为一级结构、二级结构、三级结构和四级结构（见图4-11）。近年来，在蛋白质分子中特别是球状蛋白质分子中发现了介于二级结构和三级结构之间的两种结构形式，即超二级结构和结构域。不同的蛋白质层次有所不同，有些只有一、二、三级结构，有些还有四级结构。

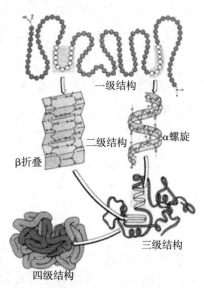

一级结构

二级结构

α螺旋

β折叠

三级结构

四级结构

图4-11　蛋白质结构层次示意图

一、蛋白质的一级结构

（一）肽

1. 肽及肽键

肽是由氨基酸之间脱水缩合而成的化合物，氨基酸之间脱水后形成的共价键称为肽键。肽键也就是一个氨基酸的α-羧基和另一个氨基酸的α-氨基脱水缩合而形成的键，也称酰胺键。缩合形成的化合物称为肽。由2个氨基酸缩合形成的肽叫二肽，由3个氨基酸缩合形成的肽叫三肽，以此类推。少于10个氨基酸的肽称为寡肽，由10个及以上氨基酸形成的肽叫多肽。

每个肽在其一端有一自由氨基，称为氨基端或N-末端，在另一端有一自由羧基，称为羧基端或C-末端。肽链中的氨基酸由于参加肽键形成的已经不是原来完整的分子，因此称为氨基酸残基。肽的命名是从肽链的N-末端开始，按照氨基酸残基的顺序而逐一命名，氨基酸残基用酰来称呼，称为某氨基酰某氨基酰……某氨基酸。例如，由丙氨酸、甘氨酸、天冬氨酸形成的三肽就命名为丙氨酰甘氨酰天冬氨酸（见图4-12）。

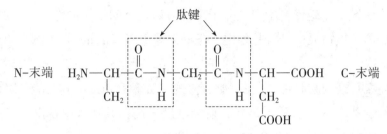

图4-12　丙氨酰甘氨酰天冬氨酸

2. 天然存在的活性肽

除了蛋白质的部分水解可以产生各种简单的多肽外，生物体内还有很多活性肽游离存在，它们具有特殊的生物学功能。例如谷胱甘肽是一种存在于植物和微生物细胞中的重要的三肽，缩写为GSH，它是由谷氨酸、半胱氨酸和甘氨酸组成的，结构式如图4-13所示。

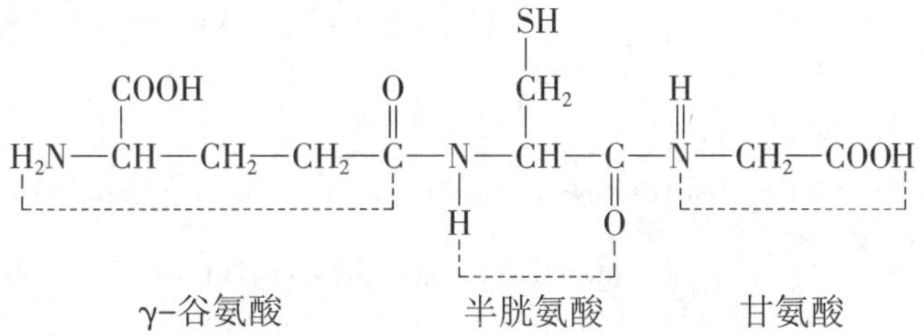

图4-13　谷胱甘肽（GSH）结构式

谷胱甘肽分子中有一个特殊的γ-肽键，是由谷氨酸的γ-羧基与半胱氨酸的α-氨基缩合而成的，这与蛋白质分子中的肽键不同。由于谷胱甘肽中含有一个活泼的巯基，所以很容易氧化，则两分子谷胱甘肽脱氢以二硫键相连形成氧化型的谷胱甘肽（GSSG）。谷胱甘肽参与细胞内的氧化还原作用，它是一种抗氧化剂，对许多酶具有保护功能。生物体中还有许多其他的多肽，也具有重要的生理意义。

（二）蛋白质的一级结构

所谓一级结构，是指蛋白质分子中氨基酸的连接方式和排列顺序以及二硫键存在的位置，又称蛋白质的化学结构或初级结构。

如前所述，蛋白质就是由氨基酸通过肽键连接起来的生物大分子。一级结构是蛋白质的共价键结合的全部情况。有些蛋白质不是简单的一条肽链，而是由2条以上肽链组成的，肽链之间通过二硫键连接起来。还有的在一条肽链内部形成二硫键，二硫键在蛋白质分子中起着稳定空间结构的作用。一般来说，二硫键越多，蛋白质的结构越稳定。下面以胰岛素（insulin）为例介绍蛋白质的一级结构。

胰岛素是动物胰脏中胰岛β细胞分泌的一种激素蛋白，其功能是降低体内血糖含量，当胰岛素分泌不足时，血糖浓度升高，并从尿中排出而形成糖尿病。因此临床上胰岛素主要用来治疗糖尿病。

胰岛素分子由51个氨基酸残基组成，相对分子质量为5734，由A、B两条肽链组成，A链含21个氨基酸残基，B链含30个氨基酸残基，A链和B链通过两个二硫键连接在一起，在A链内部还有一个二硫键。图4-14所示为牛胰岛素的一级结构。

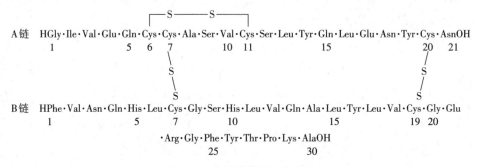

图4-14 牛胰岛素的一级结构

各种蛋白质的氨基酸的排列顺序是不同的，而氨基酸的排列顺序对蛋白质的空间结构及生物功能起着决定作用。通常氨基酸的排列顺序是不能轻易改变的，有的蛋白质分子只有一个氨基酸的改变就可能改变整个蛋白质分子的功能，所以蛋白质的一级结构是最基本的，其中包含着决定空间结构的因素。

英国Sanger等人于1953年首次完成了第一个蛋白质（牛胰岛素）一级结构的测定（见图4-14）。我国生化工作者根据胰岛素的氨基酸顺序于1965年用人工方法成功地合成了具有生物活性的胰岛素，第一次成功地完成了蛋白质的全合成。在成功地测定了胰岛素的化学结构之后不久，又成功地测定了核糖核酸酶的全部氨基酸顺序。核糖核酸酶为水解核糖核酸（RNA）的一种酶，它是一条含有124个氨基酸残基的多肽链，其中含有4个链内二硫键，从而使得核糖核酸酶折叠成一个球状分子。

二、蛋白质构象和维持构象的作用力

(一) 研究蛋白质构象的方法

目前研究蛋白质三维结构所取得的成就主要来源X射线衍射法。X射线衍射技术的原理是将X射线（$\lambda = 0.154$ nm）投射到被检物体上，经物体散射后的衍射波含有物体构造的全部信息，用数学方法处理衍射图案，绘出电子密度图，从中构建出三维分子图像——分子结构模型（见图4-15）。

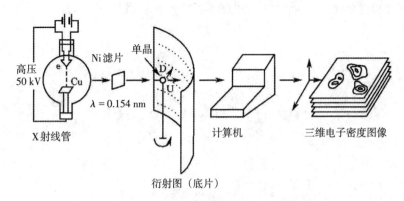

图4-15 X射线衍射晶体结构分析示意图

Cu—阳极靶，产生X射线；e—高速电子；Ni—镍滤片，获得单色X射线；

D—衍射光束；U—未知衍射光束

研究蛋白质构象的方法除X射线衍射法外，还有紫外差光谱、荧光和荧光偏振、圆二色性和核磁共振等方法。

(二) 蛋白质的构象

蛋白质的构象是指在一级结构基础上，蛋白质分子的多肽链按一定方向折叠、盘绕或组装成特有的空间结构，亦称高级结构。

1. 构型和构象

① 构型。构型是指一个分子中某不对称碳原子上相连的各原子或取代基团的空间排列。任何一个不对称碳原子相连的四个不同原子或基团，只可能有两种不同的空间排布，即两种构型：D-构型和L-构型。构型的改变涉及共价键的断裂和重组。

② 构象。构象是指相同构型的化合物中，与碳原子相连的原子或取代基团

在单键旋转时形成的相对空间排布。构象的改变不需要共价键的断裂和重新形成，只需单键旋转方向或角度改变即可。

2. 蛋白质的构象

Linus Pauling和Robert Corey利用X射线衍射技术研究蛋白质肽键结构时发现，肽键上的四个原子和相邻的两个C_α都处在一个平面上。被取代的氨基上的氢几乎总是与羧基的氧处于相反的位置。肽单位中羧基碳原子与氮原子之间所形成的键长度为1.32×10^{-10} m，介于单键C-N（1.49×10^{-10} m）和双键C-N（1.27×10^{-10} m）之间，所以具有部分双键的性质，不能自由旋转，其中绝大多数都形成刚性的酰胺平面结构（见图4-16）。而α-碳原子与羧基碳原子之间的

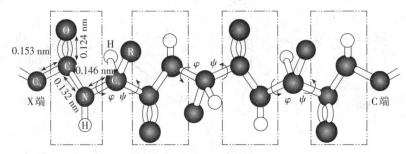

图4-16　多肽链中酰胺平面示意图

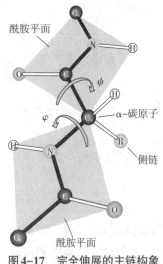

图4-17　完全伸展的主链构象

（$\varphi = 180°$，$\psi = 180°$）

键是一个纯粹的单键，α-碳原子与氮原子之间的键也是一个纯粹的单键。因此，刚性的肽单位由C_α原子隔开的多个平面组成。由于主链上有三分之一不能自由转动的键，又因为C_α-N和C_α-C键旋转时将受到α-碳原子上的侧链R基的空间阻碍影响，所以肽链的构象受到限制，只能形成一定的构象。如果每一个氨基酸残基的φ角（绕C_α-N键轴旋转的二面角）和ψ角（绕C_α-C键轴旋转的二面角）已知，多肽主链的构象就被完全确定。如当C_α的一对二面角$\varphi = 180°$和$\psi = 180°$时，C_α的两个相邻肽平面将呈现充分伸展的肽链结构（见图4-17）。

（三）维持蛋白质构象的作用力

蛋白质分子之所以能维持其稳定的构象，主要是由于蛋白质分子中存在着许多带电荷基团和极性、非极性基团，这些基团之间相互作用形成各种次级键，这些次级键的键能都较弱，但由于它们在蛋白质分子中广泛存在，所以对维持蛋白质分子的空间结构起到了决定作用。

维持蛋白质构象的作用力主要有氢键、离子键、疏水作用力和范德华力等。它们都属于非共价键，统称为次级键。它们的键能低（离子键较大），稳定性较差，但它们在蛋白质分子中总数量很大，尤其是氢键，因此在形成和稳定蛋白质构象中起着非常重要的作用。当然由于它们本身稳定性差，故易受外力作用破坏而影响蛋白质构象。

除上述次级键外，蛋白质分子中还常含有二硫键，它是共价键，在稳定蛋白质构象中也起着相当重要的作用。此外，在某些蛋白质分子中还有配位键和酯键，它们也参与维持蛋白质构象的作用。

维持和稳定蛋白质分子构象的各种作用力或化学键如图4-18所示。

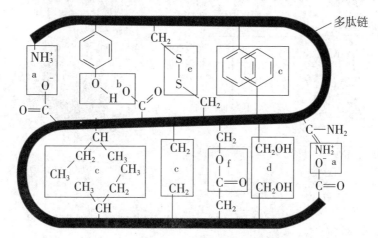

图4-18 维持蛋白质构象的各种键或作用力

a—离子间的盐键；b—极性基间的氢键；c—非极性基间的相互作用力（疏水键）；

d—范德华力；e—二硫键；f—酯键（e，f为共价键）

三、蛋白质的二级结构

蛋白质的二级结构主要指多肽链主链本身通过氢键沿一定方向盘绕、折叠而形成的构象。天然蛋白质一般都含有α-螺旋、β-折叠片、β-转角和自由卷曲

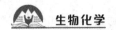

等二级结构。

（一）α-螺旋（α-helix）

α-螺旋结构模型是 Pauling 和 Corey 于 1951 年提出的。它是蛋白质中最常见、最丰富的二级结构，是蛋白质主链的一种典型的结构形式（见图4-19）。图4-19（a）示出螺旋参数和偶极矩；图4-19（b）螺旋可看成是以α-碳为铰点的肽平面堆叠排列而成的，肽平面大体平行于螺旋轴。

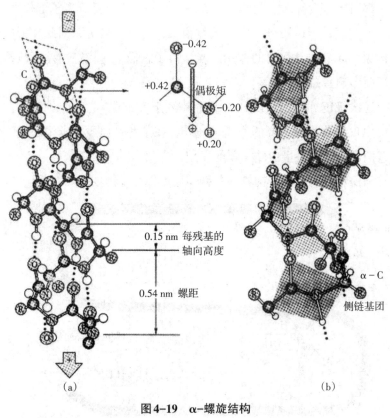

图4-19　α-螺旋结构

α-螺旋结构的主要特征如下。

① 在α-螺旋中，肽链围绕其长轴盘绕成右手螺旋体。多肽链主链在螺旋的内部，R 侧链伸向螺旋的外侧。

② α-螺旋每圈包含 3.6 个氨基酸残基，螺距为 5.4×10^{-10} m，即每个氨基酸残基沿轴上升 1.5×10^{-10} m，每个残基绕轴旋转 $100°$。

③ α-螺旋中每个氨基酸残基的亚氨基氢与它后面第 4 个氨基酸残基的羰基

氧原子之间形成氢键，所有的氢键与长轴几乎平行，并维持了α-螺旋结构的稳定。由于α-螺旋结构允许所有的肽键都能参与链内氢键的形成，所以α-螺旋体的构象是相当稳定的。

蛋白质多肽链是否能形成α-螺旋体以及螺旋体的稳定程度如何，与它的氨基酸组成和排列顺序有很大关系，而且R基的电荷性质、R基的大小都会影响到螺旋的形成。如多肽链中有脯氨酸时，α-螺旋就被中断，这是因为脯氨酸的α-亚氨基上氢原子参与肽链的形成后就再没有多余的氢原子形成氢键，所以在有脯氨酸存在的地方就不能形成α-螺旋结构。

（二）β-折叠片（β-pleated sheet）

Pauling 和 Corey 在发现α-螺旋结构的同年又发现了另一种蛋白质的二级结构，这是一种肽链相当伸展的结构，又因为这是他们继α-螺旋以后阐明的第二种周期性的结构，所以命名为β-折叠片（见图4-20）。β-折叠片与α-螺旋的明显区别在于它是一个片状物，而不是棒状，在β-折叠片中多肽链几乎是完全伸展的，相邻两个氨基酸的轴向距离为 3.5×10^{-10} m，相邻肽链之间借助 C ═ O 与 N-H 之间形成的氢键彼此连成片层结构并维持其结构的稳定性。β-折叠有平行式和反平行式两种，前者两条肽链从 N 端到 C 端的方向相同，后者相反（见图 4-21），反平行式较稳定。β-折叠片是蛋白质构象中经常存在的一种结构方式，广泛存在于球状蛋白质中，如溶菌酶、核糖核酸酶、木瓜蛋白酶等球状蛋白质都含有β-折叠结构。

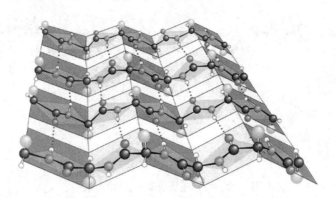

图4-20　β-折叠结构（反平行）

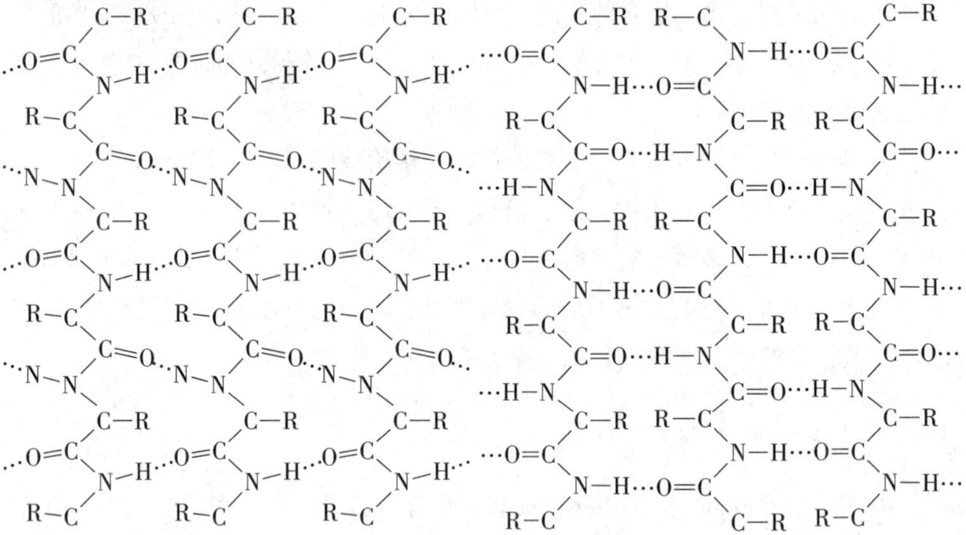

（a）平行式β-折叠片　　　　　　　　　（b）反平行β-折叠片

图4-21　平行及反平行β-折叠片中氢键的排列结构

（三）β-转角（β-turn）

β-转角也称β-弯曲，是一种非重复性结构。在β-转角中，第一个氨基酸残基的C＝O与第四个氨基酸的N–H氢键键合，形成一个紧密的环，使β-转角成为比较稳定的结构，如图4-22所示为β-转角的两种主要类型，它们之间的差别只是中央肽基旋转了180°。

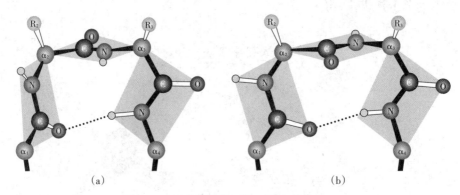

图4-22　两种主要类型的β-转角结构

（四）自由卷曲（randon coil）

在蛋白质分子中，除以上三种二级结构外，还有一些没有确定规律的盘曲或松散的肽链构象，这种构象称为无规卷曲或自由卷曲。这种结构对蛋白质的生物功能也有着重要作用。

四、超二级结构和结构域

近年来，在蛋白质分子中特别是球状蛋白质分子中发现了介于二级结构和三级结构之间的两种结构形式，即超二级结构和结构域。

（一）超二级结构

超二级结构指蛋白质中相邻的二级结构单位（主要是α-螺旋和β-折叠片）组合在一起，彼此相互作用，形成有规则的、在空间上能辨认的二级结构组合或二级结构串，在多种蛋白质中充当三级结构的构件。

超二级结构的概念由 M. G. Rossman 于1973年首次提出，现在已知的超二级结构有三种基本的组合形式：αα、βαβ、ββ，见图4-23。

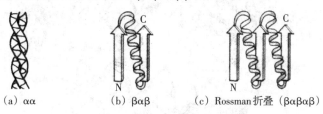

(a) αα   (b) βαβ   (c) Rossman 折叠（βαβαβ）

图4-23 蛋白质中的几种超二级结构

（二）结构域

结构域指多肽链在二级结构或超二级结构的基础上形成三级结构的局部折叠区，它是相对独立的紧密球状实体，见图4-24。

(a) 弹性蛋白酶的两个结构域   (b) 木瓜蛋白酶的两个结构域

图4-24 结构域示意图

五、蛋白质的三级结构

蛋白质分子在二级结构、超二级结构和结构域的基础上，主链构象和侧链构象相互作用，进一步盘曲折叠形成特定的球状分子结构，称作蛋白质的三级结构。1963年，Kendrew等用X衍射的方法成功地测定了抹香鲸肌红蛋白的三级结构，它是在其二级结构的基础上进一步形成的近似于球状的蛋白质分子，由一条多肽链构成，包含153个氨基酸残基和1个血红素辅基，相对分子质量为17800。图4-25是抹香鲸肌红蛋白的三级结构。

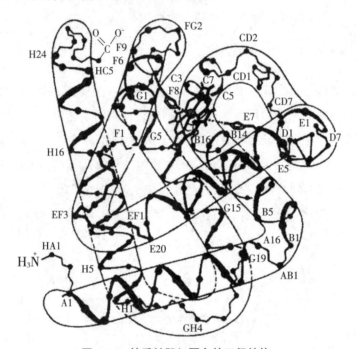

图4-25　抹香鲸肌红蛋白的三级结构

六、蛋白质的四级结构

自然界中很多蛋白质是以独立折叠的球状蛋白质通过非共价键缔合在一起而形成的聚集体形式存在的，这种聚集体形式就称为蛋白质的四级结构。四级结构蛋白质分子中每个球状蛋白质称为亚基，亚基一般是一条多肽链，亚基有时也称为单体。当亚基单独存在或缺少某一个亚基时都不具有生物活性。有些蛋白质的四级结构是均一的，即由相同的亚基组成；而有些则是不均一的，即由不同的亚基组成。维持四级结构的作用力与维持三级结构的力是相同的。

血红蛋白就是由4条肽链组成的具有四级结构的蛋白质分子。血红蛋白的功能是在血液中运输O_2和CO_2，相对分子质量为65000，它是由相同的两条α链（含141个残基）和两条β链（含146个残基）组成的四聚体，每个亚基含有一个血红素辅基。α-链和β-链在一级结构上的差别较大，但它们的高级结构的卷曲折叠则大体相同（见图4-26）。

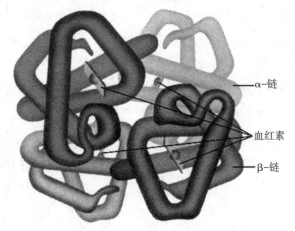

α-链

血红素

β-链

图4-26　血红蛋白的四级结构示意图

第四节　蛋白质结构与功能的关系

蛋白质的种类有很多，各种蛋白质都有其独特的生物学功能，而实现其生物功能的基础就是蛋白质分子所具有的结构，其中包括一级结构和空间结构，从根本上来说取决于它的一级结构。

一、蛋白质一级结构与生物功能的关系

（一）同源蛋白质

在不同生物体中行使相同或相似功能的蛋白质称为同源蛋白质，如各种脊椎动物的氧转运蛋白——血红蛋白。

（二）同源蛋白质的一级结构与种属差异

以细胞色素c（cytochrome c）为例，细胞色素c是含血红素的电子转运蛋白，它存在于所有真核生物的线粒体中。细胞色素c序列的研究提供了同源性的最好例证。

由细胞色素c和其他同源蛋白质的序列资料分析得出了一个重要的结论：

来自任何两个物种的同源蛋白质，其序列间的氨基酸差异数目与这些物种间的系统发生差异是成比例的，即在进化位置上相差愈远，其氨基酸序列之间的差别愈大，反之亦然。

（三）系统树

细胞色素c的氨基酸序列资料还可以用来核对各个物种之间的分类学关系以及绘制系统（发生）树或称为进化树（见图4-27），分支顶端是现存的物种，沿分支线的数字表示物种和潜在（假设）的祖先之间的氨基酸变化，这种系统树与根据经典分类学建立起来的系统树非常一致。根据系统树不仅可以研究从单细胞生物到多细胞生物的生物进化过程，而且可以粗略估计现存各类物种的分歧时间。

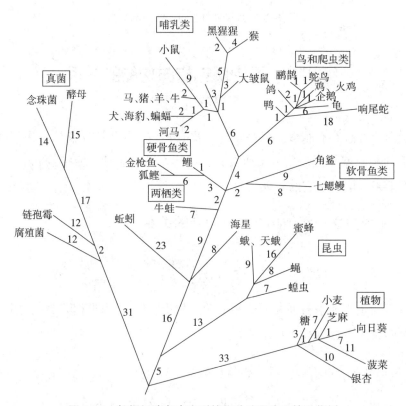

图4-27　根据细胞色素序列的物种差异建立的进化树

（四）蛋白质一级结构的变异与分子病

分子病是指蛋白质分子一级结构的氨基酸排列顺序与正常顺序有所不同的

遗传病。如镰刀型贫血病就是一例，病人的血红蛋白分子（Hb–S）与正常人的血红蛋白分子（Hb–A）相比，在574个氨基酸中有一个不同，正常人的Hb–A的β–链N–端第6位氨基酸为谷氨酸，而病人的血红蛋白的β–链N–端第6位氨基酸为缬氨酸，这样就使血红蛋白分子表面的负电荷减少，亲水基团成为疏水基团，促使血红蛋白分子不能正常聚合，致使体积下降，溶解度降低，血球收缩呈镰刀状，输氧效能下降，细胞脆弱而发生溶血，引起头昏、胸闷等贫血症状，严重的可致死。

这个例子说明，蛋白质的一级结构是蛋白质行使功能的基础，甚至只有一个氨基酸的改变就能引起功能的改变或丧失。

（五）蛋白质的一级结构与蛋白质的激活

许多具有一定功能的蛋白质如酶蛋白、激素蛋白等，它们在体内往往以无活性的前体形式产生和贮存。这些前体在体内切去一段或几段肽后才能被激活成有活性的蛋白质，如胃蛋白酶原由392个氨基酸残基组成，在胃酸的作用下，胃蛋白酶原的第42个与第43个氨基酸间的肽键断裂，失去42个氨基酸，从而变为有活性的胃蛋白酶，而且有活性的胃蛋白酶又可进一步去激活其他的胃蛋白酶原。

二、蛋白质构象与功能的关系

蛋白质的空间结构对于表现其生物功能也是十分重要的，亦即蛋白质分子的生物学功能直接由其特定构象决定。一旦构象遭到破坏，功能也就丧失了。例如蛋白质在某些外界因素的作用下变性失活就是由于蛋白质的空间结构被破坏从而使其丧失生物活性。

例如核糖核酸酶的功能是水解核糖核酸（RNA），它是由124个氨基酸组成的一条多肽链，含有四对二硫键，使之得以折叠成一个有催化活性的球状构象。如果用尿素（8 mol/L）和β–巯基乙醇处理该酶，那么其中的二硫键全部还原为巯基，酶的构象随之破坏而转变成一条松散的无规则线性多肽链，也就丧失了催化功能；如及时除去尿素和β–巯基乙醇，酶可恢复原来的构象而恢复其催化功能（见图4–28）。

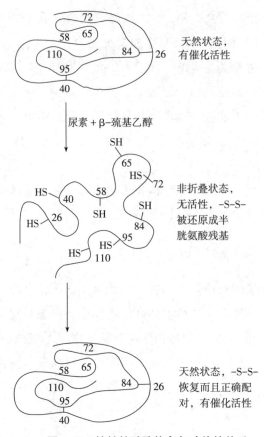

图4-28 核糖核酸酶构象与功能的关系

第五节 蛋白质的重要性质

蛋白质是由许多氨基酸组成的高分子化合物，因此蛋白质的性质有些与氨基酸相同，如两性解离、等电点及侧链基团的反应等；同时它还有些大分子特有的性质，如胶体性质、沉淀、变性等。

一、蛋白质的相对分子质量

蛋白质是生物大分子，相对分子质量很大，通常在6000～1000000 Da，甚至更大，同种蛋白质在不同方法下测得的相对分子质量大小不完全相同。由于蛋白质相对分子质量较大，故大多数通常用来测定小分子相对分子质量的方法如冰点降低、沸点升高等方法都不适用于蛋白质。通常蛋白质经高度提纯后，利用一些不使蛋白质变性的物理方法来测定，如沉降法、凝胶过滤法、SDS聚丙烯酰胺凝胶电泳等。

二、蛋白质的两性解离和等电点

蛋白质由氨基酸组成，在侧链上有很多可解离基团，如 R-COOH、β-COOH、ε-NH_2、咪唑基、胍基等。此外，在肽链两端还有游离的α-NH_2和α-COOH，所以蛋白质与氨基酸相似，是一种两性电解质。在碱性溶液中蛋白质如酸一样释放 H^+ 而带负电荷，在酸性溶液中如碱一样接受 H^+ 而带正电荷，当溶液在某一特定的pH值条件下，蛋白质所带的正电荷与负电荷恰好相等，成为两性离子，此时蛋白质分子在电场中既不向阳极也不向阴极移动，这时溶液的pH值称为该蛋白质的等电点（pI）。由于不同蛋白质的氨基酸组成、数量、比例不同，所以都有其特定的等电点。

带电质点在电场中向相反电荷的电极移动，这种现象称为电泳。由于蛋白质在溶液中解离成带电的颗粒，因此可以在电场中移动，移动的方向和速度取决于所带净电荷的正负性、所带电荷的多少以及分子颗粒的大小。由于各种蛋白质的等电点不同，所以在同一pH值的溶液中带电荷不同，在电场中移动的方向和速度也各不相同，根据此原理就可利用电泳的方法将混合的各种蛋白质分离开。

由于蛋白质在等电点时以两性离子的形式存在，净电荷为零，没有相同电荷互相排斥的影响，所以最不稳定，极易结合成较大的聚集体而沉淀析出。因此常利用蛋白质在等电点时溶解度最小来分离和纯化蛋白质。

三、蛋白质的胶体性质

蛋白质生物大分子符合形成胶体溶液的条件：① 蛋白质颗粒大小为1～100 nm，在胶体质点的范围，具有较大的表面积；② 蛋白质分子表面有许多极性基团，这些基团与水有高度亲和性，很容易吸附水分子，从而在蛋白质颗粒外面形成一层水膜，使得蛋白质颗粒相互隔开，不会聚集沉淀；③ 蛋白质分子表面的可解离基团在水中解离，并且在非等电状态下同种蛋白质带有相同的电荷，使蛋白质颗粒互相排斥，所以不会聚集沉淀。

因此，蛋白质的水溶液具有胶体溶液的通性，如布朗运动、丁道尔现象、不能透过半透膜以及具有吸附能力等。可利用蛋白质不能透过半透膜的性质对

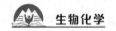

蛋白质进行分离纯化。

四、蛋白质的沉淀

如上所述，如果形成蛋白质稳定胶体的因素被破坏，蛋白质的胶体性质就会被破坏，从而产生沉淀作用。所谓蛋白质的沉淀作用，是指在外界因素影响下，蛋白质分子失去水化膜或中和了蛋白质的电荷，溶解度降低，从而使蛋白质变得不稳定而沉淀的现象。

五、蛋白质的变性与复性

天然蛋白质受到某些物理或化学因素影响后，其空间结构发生改变，致使蛋白质的理化性质和生物学功能随之发生变化，失去原有的生物活性，但一级结构未遭破坏，这种现象称为变性作用，变性后的蛋白质称为变性蛋白质。

引起蛋白质变性的因素有很多，物理因素如加热、高压、紫外线、X射线、超声波、剧烈的搅拌、震荡等，化学因素如强酸、强碱、尿素、胍盐、去污剂、重金属盐（如Hg^{2+}、Ag^+、Pb^{2+}等）、三氯乙酸、浓乙醇等。

蛋白质变性后，主要出现各种理化性质的改变、生物学活性丧失等特征。如果变性条件剧烈持久，蛋白质的变性是不可逆的；如果变性条件不剧烈，这种变性作用是可逆的。当除去变性因素后，在适当条件下变性蛋白质可恢复其天然构象和生物活性，这种现象称为蛋白质的复性。例如胃蛋白酶加热至80～90 ℃时，失去溶解性，也无消化蛋白质的能力；如将温度再降低到37 ℃，则又可恢复溶解性和消化蛋白质的能力。

六、蛋白质的颜色反应

蛋白质分子中的肽键或某些氨基酸可与某些试剂发生颜色反应，如双缩脲反应、茚三酮反应、蛋白黄色反应和酚试剂反应等，这些颜色反应可应用于蛋白质的分析工作，定性、定量地测定蛋白质。

第五章　酶的化学

第一节　酶是生物催化剂

生物体的基本特征之一是新陈代谢（metabolism）。新陈代谢由为数众多的各式各样的化学反应组成。这些化学反应的特点是速度非常之高并且能有条不紊地进行，从而使细胞能同时进行各种降解代谢及合成代谢，以满足生命活动的需要。如果把这些化学反应和在实验室中所进行的同种反应比较，就会发现其中有些反应在实验室中需要高温、高压、强酸或强碱等剧烈条件才能进行，甚至有些反应速度非常低。生物细胞之所以能在常温常压下以极高的速度和很强的专一性进行化学反应，是由于其中存在生物催化剂，这就是酶（enzyme）。

一、酶的概念

酶是生物体活细胞产生的具有催化活性的蛋白质，是生物催化剂。酶的化学本质是蛋白质，从以下几方面可以得到证实：

①酶的化学组成中，氮元素的质量分数为16%左右；

②酶是两性电解质，在水溶液中，可以进行两性解离，有确定的等电点（pI）；

③酶的相对分子质量很大，其水溶液具有亲水胶体性质，不能透析；

④酶分子具有一级、二级、三级和四级结构；

⑤酶受某些物理因素（如加热、紫外线照射等）或化学因素（如酸、碱、有机溶剂等）的作用而变性或沉淀，丧失酶的活性；

⑥酶水解后，生成的最终产物也为氨基酸。

综上所述，酶的化学本质是蛋白质。显然，不能说所有的蛋白质都是酶，只有具有催化作用的蛋白质才称为酶。值得指出的是，近年来不断发现一些核糖核酸物质也表现出一定的催化活性，对于此类有催化活性的核糖核酸，英文定名为ribozyme，国内译为"核酶"或"类酶核酸"。

在酶的概念中，强调了酶是生物体活细胞产生的，但在许多情况下，细胞内生成的酶可以分泌到细胞外或转移到其他组织器官中发挥作用。通常把由细胞内产生并在细胞内部起作用的酶称为胞内酶，而把由细胞内产生后分泌到细胞外面起作用的酶称为胞外酶。一般来说，胞外酶主要是水解酶类，如淀粉酶、脂肪酶、蛋白酶都属胞外酶；而水解酶类以外的其他酶类都属胞内酶。

在生物化学中，常把由酶催化进行的反应称为酶促反应。在酶的催化下，发生化学变化的物质称为底物，反应后生成的物质称为产物。

二、酶的催化特点

酶作为生物催化剂与一般催化剂相比，在许多方面是相同的，如用量少而催化效率高，仅能改变化学反应的速度，并不能改变化学反应的平衡点，酶在反应前后本身不发生变化等。

与一般催化剂相比，酶的催化作用又表现出其特征。

（一）酶具有极高的催化效率

酶的催化活性比化学催化剂的催化活性要高得多，如过氧化氢酶（含 Fe^{2+}）和无机铁离子都能催化过氧化氢分解反应，前者的催化效率大约是后者的 10^{10} 倍。

（二）酶具有高度的专一性

一种酶只作用于某一类或某一种特定物质，与一般催化剂相比，酶对其所作用的物质（底物）有严格的选择性，这种特性即酶的专一性或特异性。这种特性可保证生物体内复杂的新陈代谢得以有条不紊地进行。

（三）酶催化的反应条件温和

酶促反应一般都是在常温常压、中性酸碱度条件等温和条件下进行的，因为酶是蛋白质，高温、强酸、强碱等条件会使其失去活性。

（四）酶的催化活性是受调节、控制的

生物体内进行的化学反应种类繁多，但非常协调而有序，主要是因为酶催化活性可以自动调控，如反馈调节、抑制剂调节、共价修饰调节、酶原激活及激素调控等。

（五）酶催化活性与辅因子（辅酶、辅基、金属离子）有关

有些酶是复合蛋白质，与一些小分子辅酶、辅基、金属离子等结合在一起行使功能，后者与酶催化活性密切相关，若将它们除去，酶就会失去活性。

三、酶的组成

（一）单纯蛋白酶和结合蛋白酶

人们已经知道，蛋白质分为简单蛋白质和结合蛋白质两大类。同样，按照化学组成，酶也可分为简单蛋白酶和结合蛋白酶两大类。脲酶、蛋白酶、淀粉酶、脂肪酶、核糖核酸酶等一般水解酶都属于简单蛋白酶，只由氨基酸组成，不含其他成分，这些酶的活性仅仅取决于它们的蛋白质结构；而像转氨酶、乳酸脱氢酶、碳酸酐酶及其他氧化还原酶类等均属于结合蛋白酶，这些酶除了蛋白质组分外，还含对热稳定的非蛋白小分子物质。结合蛋白酶中，蛋白质组分称为酶蛋白，非蛋白质小分子物质称为辅因子。酶蛋白与辅因子单独存在时，均无催化活力；只有二者结合成完整的分子时，才具有酶活力，此完整的酶分子称为全酶。

$$全酶 = 酶蛋白 + 辅因子$$

酶的辅因子有的是金属离子，有的是小分子有机化合物。有时这两者对酶的活性都是必要的。通常将这些小分子有机化合物称为辅酶或辅基。在酶分子中，金属离子或者作为酶活性中心部位的组成成分，或者帮助形成酶活性所必需的构象。酶蛋白以自身侧链上的极性基团，通过反应以共价键、配位键或离子键与辅因子结合。通常把与酶蛋白结合比较松、容易脱离酶蛋白、可用透析法除去的小分子有机物称为辅酶，而把那些与酶蛋白结合比较紧密、用透析法不易除去的小分子物质称为辅基。辅酶和辅基并没有什么本质上的差别，二者之间也无严格的界限，只不过它们与酶蛋白结合的牢固程度不同而已。

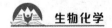

在全酶的催化反应中，酶蛋白与辅因子所起的作用不同，酶蛋白本身决定酶反应的专一性及高效性，而辅因子直接作为电子、原子或某些化学基团的载体起传递作用，参与反应并促进整个催化过程。所以酶蛋白决定了反应底物的种类，即决定该酶的专一性，而辅酶（基）决定底物的反应类型。

（二）单体酶、寡聚酶和多酶复合体

根据蛋白质结构上的特点，酶可分为单体酶、寡聚酶和多酶复合体三类。

1. 单体酶

只有一条肽链的酶称为单体酶。该类酶为数不多，且大多是促进底物发生水解反应的酶，如核糖核酸酶、蛋白酶、溶菌酶等。

2. 寡聚酶

由几个或多个亚基组成的酶称为寡聚酶。亚基之间以非共价键结合，在4 mol/L 尿素的溶液中或通过其他方法可以把它们分开。已知的寡聚酶大多为糖代谢酶，它们在机体的代谢活动中具有重要的作用。

3. 多酶复合体

由几个酶彼此嵌合形成的复合体称为多酶体系，也称为多酶复合体。多酶复合体有利于细胞中一系列反应的连续进行，以提高酶的催化效率，同时便于机体对酶的调控。如丙酮酸脱氢酶复合体和脂肪酸合成酶复合体都是多酶体系。

四、酶的专一性

酶的专一性是指酶对底物及其催化反应的严格选择性程度。通常酶只能催化一种化学反应或一类相似的反应。不同的酶具有不同程度的专一性，酶的专一性可分为以下三种类型。

（一）绝对专一性

有一些酶具有高度的专一性，它们对底物的要求非常严格，只能催化一种底物进行一种化学反应，这种专一性称为绝对专一性。例如脲酶只催化尿素发生水解反应，生成氨和二氧化碳，而对尿素的各种衍生物，如尿素的甲基取代物或氯取代物均不起作用。

（二）相对专一性

有些酶对底物的要求比绝对专一性略低一些，它的作用对象不只是一种底物，这种专一性称为相对专一性。

1. 键专一性

有的酶只对底物分子中其所作用的化学键要求严格，对此化学键两侧连接的基团并无严格要求，如酯酶作用于底物中的酯键，使底物在酯键处发生水解反应，而对酯键两侧的酸和醇的种类均无特殊要求；又如二肽酶可以水解二肽的肽键，而不管这个二肽是由哪两种氨基酸组成的。

2. 基团专一性

与键专一性相比，基团专一性的酶对底物的选择较为严格，酶作用于底物时，除了要求底物有一定的化学键，还对键的某一侧所连基团有特定要求，如磷酸单酯酶能催化许多磷酸单酯化合物，可催化6-磷酸葡萄糖或各种核苷酸发生水解，而对磷酸二酯键不起作用。

（三）立体专一性

一种酶只能对一种立体异构体起催化作用，对其对映体则全无作用，这种专一性称为立体专一性。在生物体中，具有立体异构专一性的酶相当普遍。如L-乳酸脱氢酶只催化L-乳酸脱氢生成丙酮酸，而对其旋光异构体D-乳酸则无作用。

第二节　酶的分类与命名

酶的种类繁多，且催化的反应各式各样，为了避免混乱，便于比较，需要统一地进行分类和命名。

一、酶的分类

国际酶学委员会曾经制定了一套完整的酶的分类系统，将所有的酶促反应按反应性质分为六大类。

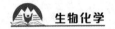

（一）氧化还原酶

催化氧化还原反应的酶称为氧化还原酶。

反应通式：

$$AH_2 + B \rightleftharpoons A + BH_2$$

如琥珀酸脱氢酶、醇脱氢酶、多酚氧化酶等。

（二）转移酶

催化分子间基团转移的酶称为转移酶。

反应通式：

$$AR + B \rightleftharpoons A + BR$$

如谷丙转氨酶、胆碱转乙酰酶等。

（三）水解酶

催化水解反应的酶称为水解酶。

反应通式：

$$AB + H_2O \longrightarrow AOH + BH$$

如蛋白酶、淀粉酶、脂肪酶、蔗糖酶等。

（四）裂解酶

催化非水解地除去底物分子中的基团及其逆反应的酶称为裂解酶。

反应通式：

$$AB \rightleftharpoons A + B$$

如草酰乙酸脱羧酶、碳酸酐酶等。

（五）异构酶

催化分子异构反应的酶称为异构酶。

反应通式：

$$A \rightleftharpoons B$$

如葡糖磷酸异构酶、磷酸甘油酸磷酸变位酶等。

（六）合成酶

与 ATP（或相应的核苷三磷酸）的一个焦磷酸键断裂相偶联，催化两个分子合成一个分子的反应的酶称为合成酶。

反应通式：

$$A + B + ATP \longrightarrow AB + ADP + Pi$$

或

$$A + B + ATP \longrightarrow AB + AMP + PPi$$

如天冬酰胺合成酶、丙酮酸羧化酶等。

在每一大类酶中，又可根据不同的原则分为几个亚类。每一个亚类再分为几个亚亚类。然后把属于这一亚亚类的酶按照顺序排好，这样就把已知的酶分门别类地排成一个表，称为酶表。每一种酶在这个表中的位置可用一个统一的编号来表示，这种编号包括4个数字，第1个数字表示此酶所属的大类，第2个数字表示此大类中的某一亚类，第3个数字表示亚类中的某一亚亚类，第4个数字表示此酶在此亚亚类中的顺序号，用 EC 代表酶学委员会。例如乳酸脱氢酶（EC1.1.1.27）的编号如图5-1所示。

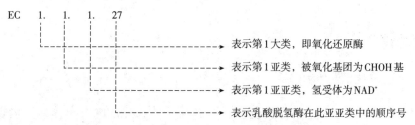

图5-1　乳酸脱氢酶（EC1.1.1.27）编号示意图

这种分类方法的一大优点就是一切新发现的酶都能按照这个系统得到适当的编号，而不破坏原来已有的系统，这就为不断发现的新酶编号留下了无限的余地。

二、酶的命名

根据酶学委员会的建议，每一种酶都给以两个名称：一个是系统名，一个是惯用名。

（一）系统名

系统命名要求能确切地表明酶的底物及酶催化的反应性质，即酶的系统名

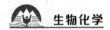
包括酶作用的底物名称和该酶的分类名称。若底物是两个或多个，则通常用"："把它们分开，作为供体的底物名字排在前面，而受体的名字在后，如乳酸脱氢酶的系统名称是L-乳酸：NAD⁺氧化还原酶。

系统名一般都很长，使用起来很不方便，因此一般叙述时可采用惯用名。

（二）惯用名

惯用名是把底物的名字或底物发生的反应或该酶的生物来源等加在"酶"字的前面而组成。要求比较简短，使用方便，不需要非常精确。如淀粉酶、蛋白酶、脲酶是由它们各自作用的底物淀粉、蛋白质、尿素来命名的，水解酶、转氨基酶、脱氢酶分别是根据它们各自催化底物发生水解、氨基转移、脱氢反应来命名的，而像胃蛋白酶、细菌淀粉酶、牛胰核糖核酸酶则是根据酶的来源不同来命名的。

第三节　酶的作用机理

一、酶的活性中心

（一）活性中心的概念

酶是生物大分子，酶作为蛋白质，其分子体积比底物分子体积要大得多。在反应过程中酶与底物接触结合时，只限于酶分子的少数基团或较小的部位，酶分子中直接与底物结合并催化底物发生化学反应的部位（小区）称为酶的活性中心（见图5-2）。

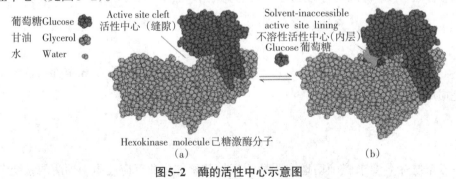

图5-2　酶的活性中心示意图

（二）催化部位和结合部位

从功能上看，可以认为活性中心有两个功能部位：一是与底物结合的结合部位，决定酶对底物的专一性；二是催化底物发生键的断裂并形成新键的催化部位，决定酶促反应的类型，即酶的催化性质。

（三）必需基团

必需基团指酶活性部位的基团（催化基团、结合基团），同时还包括那些在活性部位以外的、对维持酶空间构象必需的基团。

可见，酶除了活性部位以外，其他部分并不是可有可无的。

二、酶与底物分子的结合

（一）中间产物学说

中间产物学说是用来说明酶催化作用机理的学说。酶（E）在催化底物（S）发生变化之前，首先与底物结合成一个不稳定的中间结合物（ES中间络合物），导致底物分子内某些化学键变化，呈不稳定状态即其活化状态，使反应活化能降低，然后经原子间重新组合，中间产物ES便转变为酶与产物（P），实质即底物和酶结合后为反应过程创设了一条完全不同的新途径，原来一步反应变成二步反应，后者的活化能远比非酶反应的活化能低得多，使反应容易进行（见图5-3）。

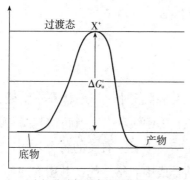

（a）非酶促反应的活化能

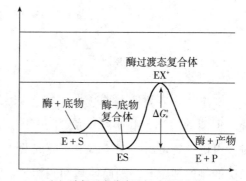

（b）酶促反应分步进行时的活化能

图5-3 酶促反应与非酶促反应的活化能

从图5-3可以看出，在非酶条件下，底物经过反应直接转变为产物（S→

P），所需活化能为ΔG，酶促反应中，由于酶和底物生成中间产物ES，使原先一步进行的反应改变为两步进行的反应，两步反应所需的活化能分别为ΔG_1、ΔG_2，二者都比非酶反应的活化能小。故酶促反应比非酶反应容易进行。

（二）锁钥学说

酶在催化反应时要和底物形成中间络合物，怎样结合的呢？酶对其作用底物有着严格的选择性，只能催化一定结构或一些结构近似的化合物发生反应，于是有学者认为，酶和底物结合时，底物分子或底物分子的一部分像钥匙那样，专一性地楔入酶的活性中心部位，底物的结构必须和酶活性中心结构非常吻合，也就是说，底物分子进行化学反应的部位与酶分子上有催化效能的必需基团间具有紧密互补（锁钥）的关系，这样才能紧密结合形成中间络合物。

这就是1890年由Emil Fischer提出的"锁钥学说"（见图5-4）。这个学说虽然可以较好地解释酶的立体专一性，但有些问题解释不了，如对可逆反应，酶常能催化正、逆两个方向的反应，很难解释酶活性中心结构与底物和产物结构都非常吻合。

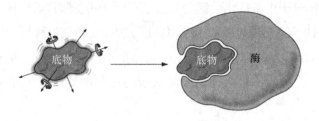

图5-4　酶与底物锁钥结合

（三）诱导契合学说

近年来，大量的试验证明：酶和底物在游离状态时，其形状并不精确互补。但酶的活性中心不是僵硬的结构，它具有一定的柔性。当底物与酶相遇时，可诱导酶蛋白的构象发生相应的变化，使活性中心上有关的各个基团达到正确的排列和定向，因而使酶和底物契合而结合成中间络合物，并引起底物发生反应。这就是1958年由D. E. Koshland提出的"诱导契合学说"（见图5-5）。

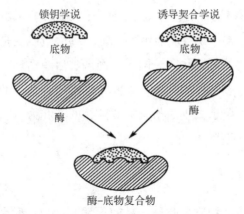

图5-5 酶的诱导契合学说与锁钥学说示意图

应当说诱导是双向的，既有底物对酶的诱导，又有酶对底物的诱导。由于酶是大分子，可以转动的化学键多，易变形，而底物多是小分子物质，可供选择的构象有限，故底物对酶的诱导是主要的。

三、酶具有高催化效率的分子机制

（一）邻近效应与定向效应

邻近效应指由于酶和底物分子间的亲和性，底物分子向酶活性中心靠近，并"固定"于此小区域而使有效浓度相对提高的效应。

定向效应指分子之间相互靠近后，并不是任何方向上都可以发生反应，必须有一定的空间定向关系的效应。

在酶促反应中，酶能够使参加反应的底物分子结合在酶的活性部位上，使相关的化学基团互相邻近并定向，大大提高了反应速率。邻近效应与定向效应在酶促反应中所起的促进作用可以累积，两者共同作用可使反应速率升高10^8倍左右。

（二）底物分子敏感键扭曲变形

当酶与底物结合时，酶与底物之间的非共价作用（如氢键、疏水相互作用等）可以使底物分子敏感键发生形变，从而促进酶-底物络合物进入过渡态，降低反应活化能，加速酶促反应。在底物发生形变的同时，酶活性部位的构象也在底物的影响作用下发生改变，二者的形变导致酶与底物更好地结合，形成一

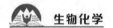

个互相契合的酶-底物复合物，并使酶能更好地作用于底物。Pauling提出的过渡态互补学说认为，与经诱导契合调整构象后的酶最匹配是底物经形变产生的过渡态，而不是底物的原始状态。同样，经调整后酶活性部位的理想构象应该是一种与底物的过渡态互补的构象，如此才能产生最适宜的非共价作用，酶与底物过渡态的亲和力要远大于酶与底物或产物的亲和力，这一原理已经被人们的科研与生产实践所证明。

（三）酸碱催化

酸碱催化分为狭义和广义两种。最初化学家认为：酸是H^+，碱是OH^-。狭义的酸碱催化就是H^+离子或OH^-离子对化学反应速度表现出的催化作用，由于细胞内环境接近中性，H^+和OH^-浓度都很低，所以在生物体内进行的酶促反应H^+和OH^-直接作用相当弱。

随着科学的发展，酸碱概念有所深化，酸定义为质子的供体，碱定义为质子的受体。广义的酸碱催化指在酶促反应中组成酶活性中心的极性基团（功能基团），可以作为酸或碱通过瞬间向底物提供质子或从底物分子抽取质子，相互作用而形成过渡态复合物，从而使活化能降低，加速反应进行的过程。

发生在细胞内的许多类型有机反应都是广义的酸碱催化，即酸碱催化在酶催化过程中占有重要地位。酶分子中具有各种极性氨基酸，如 His、Cys、Ser 等，它们的侧链基团可在酶促反应中有效地进行酸碱催化作用，特别是 His 的咪唑基有特殊重要性，它的pH值为$6.7 \sim 7.1$，在接近中性的生理条件下，一半以广义酸形式存在，一半以广义碱形式存在，因此在酶促反应中既能作为质子供体，又能作为质子受体。此外，咪唑基供出和接受质子的速度很快，由于咪唑基具有这种特点，因此组氨酸残基虽然在酶分子中含量很少，但在酶的催化功能中占据重要地位。

（四）共价催化

共价催化指酶活性中心处的极性基团，在催化底物发生反应的过程中，首先以共价键与底物结合，生成一个活性很高的共价型的中间产物，此中间产物很容易向着最终产物的方向变化，故反应所需的活化能大大降低，反应速度明显加快。

共价催化包括两种类型。

1. 亲核催化

亲核催化指酶分子中具有非共用电子对的亲核基团攻击底物分子中具有部分正电性的原子，并与之作用形成共价键而产生不稳定的过渡态中间物，活化能降低。酶活中心亲核基团主要有Ser羟基、His咪唑基和Cys巯基，它们都有未共用电子，可作为亲核基团与底物的亲电基团共价结合。

2. 亲电催化

亲电催化指酶蛋白中的亲电基团（如Zn^{2+}、NH^{3+}等）攻击底物分子中富含电子或带部分负电荷的原子而形成过渡态中间物。许多酶分子中，亲电基团不是酶蛋白本身而是酶的辅因子，如Zn^{2+}、Fe^{3+}、Mg^{2+}等金属离子，NH_3^+等辅因子。

（五）酶活中心是低介电区域

某些酶的活性中心穴内相对来说是非极性的，因此酶的催化基团被低介电环境所包围，甚至还可能排除高极性的水分子，这样，底物分子的敏感键和酶的催化基团之间就会有很大的反应力，有助于加速反应进行。

第四节　酶促反应动力学

酶促反应动力学是研究酶促反应速度以及影响此速度的各种因素的科学。在酶的结构与功能关系以及酶作用机理的研究中，需要动力学提供实验证据。

一、酶促反应速度的测量

（一）酶反应速度

酶反应速度指在最适条件下，单位时间内底物量的减少或产物量的增加。在实际测定中，通常底物量足够大，其减少量很小，而产物由无到有，变化较明显，测定起来较灵敏，所以多用产物量（物质的量浓度）的增加作为反应速度的量度。

（二）酶反应速度曲线及反应初速度

在酶促反应开始以后，于不同时间测定反应体系中产物的量，以产物生成量（物质的量浓度）为纵坐标、以时间为横坐标作图，即可得反应过程曲线（见图5-6），即酶反应速度曲线。

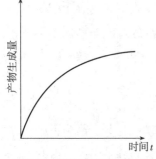

图5-6　酶的反应过程曲线

由图5-6可以看出，在开始一段时间内反应速度几乎维持恒定，亦即产物的生成量与时间成直线关系，但随着时间的延长，曲线斜率逐渐减小，反应速度逐渐降低。产生这种现象可能的原因有很多，如由于反应的进行使底物浓度降低、产物的生成而逐渐增大了逆反应、酶本身在反应中渐渐失活、产物的不断生成对反应产生反馈抑制等。为了正确测定酶促反应速度并避免以上因素的干扰，就必须测定酶促反应初期以上因素还来不及起作用时的速度，此短时间内的反应速度称为反应初速度。

二、底物浓度对酶促反应速度的影响

（一）底物物质的量浓度与酶促反应速度的关系

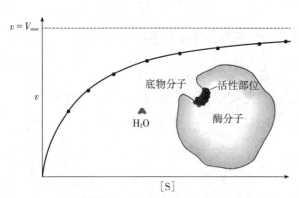

图5-7　底物物质的量浓度对酶反应速度的影响

确定底物物质的量浓度与酶促反应速度间的关系，是酶促反应动力学的核心内容，在酶物质的量浓度、温度、pH值等其他条件不变的情况下，酶反应速度（v）与底物物质的量浓度（[S]）的关系曲线为一矩形双曲线（见图5-7）。

由图5-7可见，当底物浓度较低时，v 随 [S] 增加而升高，几乎成正比，为一级反应；随着 [S] 继续增加，v 不再按正比升高，属混合级反应；[S] 增加到一定限度，v 不再升高，即 v 达到一个极限值，不再受 [S] 的影响，表现为零级反应，v 的极限值称为最大反应速度，用 V_{max} 表示。

v-[S] 之间的变化关系可用中间产物学说解释，在酶促反应中，酶（E）先与底物（S）结合为中间复合物（ES），后者再转化为产物（P），并游离出酶。在 [S] 较低时，只有一部分酶与底物形成中间复合物ES，此时，若增加

[S]，则有更多的 ES 生成，v 亦随之增加；但当 [S] 很高时，酶已全部与底物结合成 ES，此时 [S] 再增加，v 也不再升高，因为再没有游离的 E 与之结合了。

（二）米氏方程

Michaelis 和 Menten 根据中间产物学说推导了能够表示整个反应中底物物质的量浓度和反应速度关系的公式，称为米氏方程（Michaelis-Menten equation）：

$$v = \frac{V_{max}[S]}{K_m + [S]} \tag{5-1}$$

式中，v——酶促反应速度；

V_{max}——最大反应速度；

[S]——底物物质的量浓度；

K_m——米氏常数。

米氏方程圆满地表示了底物物质的量浓度和反应速度之间的关系，在底物物质的量浓度低时，反应速度与底物物质的量浓度成正比，符合一级反应；在底物物质的量浓度很高时，反应速度与底物物质的量浓度无关，符合零级反应；中间阶段反应速度随底物物质的量浓度增加而增加，为混合级反应。

（三）K_m 的意义及测定

1. K_m 的意义

由米氏方程式可知，当反应速度等于最大反应速度 V_{max} 的一半，即 $v = V_{max}/2$ 时，代入米氏方程式（5-1），化简得

$$K_m = [S] \tag{5-2}$$

由此可知，米氏常数的含义是反应速度为最大反应速度一半时的底物物质的量浓度，因此它的单位是物质的量浓度的单位，一般用 mol/L 或 mmol/L 表示。米氏常数是酶的特征性物理常数，不同酶促反应的 K_m 不同。一个酶在一定条件下，对某一底物有一定的 K_m 值，可用 K_m 近似地表示酶对底物的亲和力，K_m 大表示酶和底物的亲和力弱，K_m 小则表示酶和底物的亲和力强。

2. K_m 的测定

测定一个酶促反应的 K_m 和 V_{max} 的方法有很多，常用的方法是 Lineweaver-Burk 双倒数作图法。

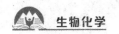

取米氏方程的倒数可得

$$\frac{1}{v} = \frac{K_m}{V_{max}}\left(\frac{1}{[S]}\right) + \frac{1}{V_{max}} \tag{5-3}$$

以 $1/v$ 为纵坐标、$1/[S]$ 为横坐标，将测定的相应数据（v，[S]）代入作图，即可得图 5-8 中的直线。此直线在纵轴上的截距为 $1/V_{max}$，在横轴上的截距为 $-1/K_m$，直线的斜率为 K_m/V_{max}，量取直线在两坐标轴上的截距，或量取直线在任一坐标轴的截距并结合斜率的数值，可以很方便地求出 K_m 和 V_{max}。

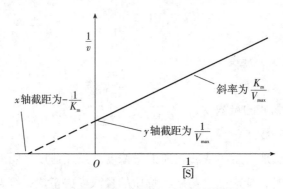

图 5-8　Lineweaver-Burk 双倒数作图法

三、酶浓度对酶促反应速度的影响

在酶促反应中，若底物物质的量浓度足够大，足以使酶饱和，则反应速度与酶物质的量浓度成正比，这种正比关系也可以由米氏方程推导出来。

四、温度对酶促反应速度的影响

温度对酶促反应速度的影响很大，表现为双重作用：

① 在一定范围内，酶反应速度随温度升高而加快，直至达到最大速度；

② 超过这一范围，继续升温反而使酶反应速度下降。

温度对反应速度的影响是以上两种相反作用综合的结果，一方面，当温度升高，活化分子数增多，酶促反应速度加快，对许多酶温度系数 Q_{10} 多为 $1 \sim 2$，也就是说，每增高反应温度 10 ℃，酶反应速度增加 $1 \sim 2$ 倍；另一方面，由于酶是蛋白质，随着温度升高而使酶逐步变性，即通过酶活力减少而降低酶反应速度。

以温度 T 为横坐标、酶促反应速度 v 为纵坐标作图，可得 T 对 v 的影响曲线为一稍有倾斜的钟罩形曲线，顶峰处对应的温度，即使酶反应速度达最大时的温度，称为最适温度。最适温度是上述温度对酶反应双重影响的结果，在低于最适温度时，前一种效应为主；在高于最适温度时，后一种效应为主，酶活性迅速丧失，反应速度很快下降。动物体内最适温度一般为 $35 \sim 45 \, ℃$，植物体内最适温度一般为 $40 \sim 55 \, ℃$，微生物更高些。

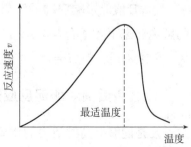

图5-9 温度对酶反应速度的影响

酶的最适温度不是一个固定不变的常数，其数值受底物的种类、作用时间等因素的影响而改变，例如酶作用时间的长短不同，所求得的最适温度亦不相同，作用时间愈长，最适温度愈低；反之，作用时间愈短，最适温度则愈高。见图5-9。

五、pH值对酶促反应速度的影响

酶对环境酸碱度的敏感是酶的特点之一。每一种酶只能在一定限度的pH值范围内才表现活性，超过这个范围酶即失活。另外，在这有限的范围内，酶的活力也随着环境pH值的改变而有所不同。通常酶的活力和环境pH值的关系如图5-10所示。

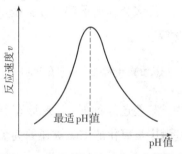

图5-10 pH值对酶反应速度的影响

由图5-10可以看出，酶常常在某一pH值时才表现最大活力。酶表现最大活力时的pH值称为酶的最适pH值，稍高或稍低于最适pH值，酶的活力就降低。偏离最适pH值越远，酶的活力就越低，各种酶的最适pH值各不相同，彼此出入甚大。一般来说，酶的最适pH值为 $4 \sim 8$，植物和微生物体内的酶，其最适pH值多为 $4.5 \sim 6.5$；而动物体内的酶，其最适pH值多为 $6.5 \sim 8.0$，但也有例外，如胃蛋白酶最适pH值为1.9，胰蛋白酶的最适pH值为8.1。

酶的最适pH值不是固定的常数，其数值受酶的纯度、底物的种类和物质的量浓度、缓冲液的种类和物质的量浓度等的影响，因此酶的最适pH值只在一定条件下才有意义。

pH值对酶作用影响的机制很复杂，主要有以下几方面。

① 环境过酸、过碱能使酶本身变性失活。

② pH值改变能影响酶分子活性部位上有关基团的解离，在最适pH值时，

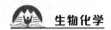

酶分子上活性基团的解离状态最适于与底物结合；pH值高于或低于最适pH值时，活性基团的解离状态发生改变，酶和底物的结合力降低，因而酶反应速度降低。

③ pH值能影响底物的解离，可以设想，底物分子上某些基团只有在一定的解离状态下才适合与酶结合发生反应，若pH值的改变影响了这些基团的解离，使之不适合与酶结合，当然反应速度亦会减慢。

六、激活剂对酶促反应速度的影响

凡是能够提高酶活力的物质都称为酶的激活剂（activator），按分子大小可分为三类。

（一）金属离子或其他无机离子

许多金属离子都可作为酶的激活剂，如RNA酶需要Mg^{2+}，唾液淀粉酶需要Cl^-等。

（二）中等大小的有机分子

某些还原剂如Cys还原型谷胱甘肽、抗坏血酸等都能激活某些酶，使含疏基酶中被氧化的二硫键还原为疏基而被激活。

（三）具有蛋白质性质的生物大分子

这类激活剂是指可对某些无活性的酶原起作用的酶。

七、抑制剂对酶促反应速度的影响

有些物质能与酶结合引起酶活性中心的化学性质改变而降低酶的活性，甚至使酶失活，这种作用称为抑制作用，能引起抑制作用的物质称为抑制剂（用I来表示）。

根据抑制剂与酶的作用方式，可将抑制作用分为不可逆抑制作用和可逆抑制作用两大类。

（一）不可逆抑制作用

一些抑制剂可以共价键与酶活性中心功能基团结合，抑制剂与酶的结合是一不可逆反应，这种作用称为不可逆抑制作用，这类抑制剂不能用透析等物理方法除去。

（二）可逆抑制作用

一些抑制剂与酶蛋白非共价可逆结合，可用透析等方法除去抑制剂而恢复酶的活性，这种抑制作用称为可逆抑制作用。

根据抑制剂与底物的关系，可逆抑制作用又可分为三种类型。

1. 竞争性抑制作用

有些抑制剂分子的结构与底物分子的结构非常近似，能以非共价键在酶分子的活性中心与酶分子结合，抑制剂与底物分子竞争酶的活性中心。当抑制剂与酶结合后，就妨碍了底物与酶的结合，减少了酶的作用机会，因而降低了酶的活力，这种作用称为竞争性抑制作用，如图5-11(a)所示。

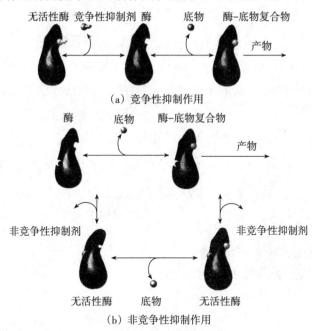

图5-11 酶的可逆抑制作用

竞争性抑制剂的作用机理在于它占据了酶分子的活性中心，使酶的活性中心无法与底物分子结合，因而也就无法催化底物发生反应。由于竞争性抑制剂与酶的结合是可逆的，所以可通过提高底物物质的量浓度，提高底物对抑制剂的竞争力，使整个反应平衡向生成产物的方向移动，消除或减弱竞争性抑制剂的抑制作用。

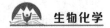
最典型的竞争性抑制的例子是丙二酸、草酰乙酸、苹果酸对琥珀酸脱氢酶的抑制作用，琥珀酸脱氢酶可催化琥珀酸脱氢变成延胡索酸，是糖在有氧代谢时三羧酸循环中的一步反应。比较丙二酸、草酰乙酸、苹果酸与琥珀酸，这四个二元酸在结构上非常类似，所以丙二酸、草酰乙酸、苹果酸可作为琥珀酸的竞争性抑制剂，竞争与琥珀酸脱氢酶结合。

2. 非竞争性抑制作用

有些抑制剂分子的结构与底物分子的结构相差很大，不能与酶活性中心结合，但可与酶活性中心以外的部位结合，因此既可以同游离酶结合，又可同酶–底物复合物结合，这种作用称为非竞争性抑制作用，如图5–11(b)所示。底物和非竞争性抑制剂在与酶分子结合时，互不排斥，无竞争性，因而不能用增加底物物质的量浓度的方法来消除这种抑制作用。

3. 反竞争性抑制作用

有些抑制剂（I）不能与游离酶结合，只能与酶–底物复合物（ES）结合，形成酶–底物–抑制剂三元复合物（ESI），因为底物与酶结合导致酶构象改变而显示出抑制剂的结合部位，因此抑制剂不与底物竞争酶活性中心，但形成的ESI不能转变出产物。酶蛋白必须先与底物结合，然后才能与抑制剂结合，当反应体系中存在此类抑制剂时，反应平衡向形成ES的方向移动，进而促使ES的形成，这种情况恰与竞争性抑制作用相反，所以称为反竞争性抑制作用。

将三种类型的抑制剂的作用原理及其特征分别归纳于图5–12和表5–1。

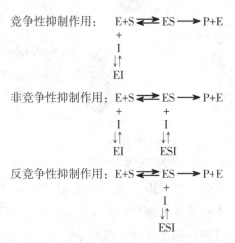

图5–12　竞争性、非竞争性和反竞争性抑制剂作用原理比较

表5-1 三种抑制剂类型及特征

类型	最大反应速度V_{max}	米氏常数K_m
无酶抑制剂I(正常)	V_{max}	K_m
竞争性I	不变	增加
非竞争性I	减小	不变
反竞争I	减小	减小

第五节 变构酶、同工酶及诱导酶

一、变构酶

(一)变构酶的概念

变构酶也称别构酶，指某些酶分子表面除活性中心外，还有和底物以外的某种或某些物（称调节物或别构物）特异结合的调节中心（别构中心），当调节物结合到此中心时，引起酶分子构象变化，导致酶活性改变，这类酶称为变（别）构酶。

(二)变构酶的基本特性

①绝大多数变构酶是由若干亚基组成的寡聚酶，活性中心和调节中心可在同一亚基的不同部位，也可位于不同的亚基。

②具有别构效应。调节物与酶分子中调节（别构）中心结合后，引起酶分子构象变化，使酶活中心对底物的结合与催化作用受到影响，从而调节酶的反应速度及代谢过程，这种效应称为酶的变构效应。引起变构效应的物质称为别（变）构效应剂。凡是和酶分子结合后使酶反应速度加快的别构效应剂就称为别构激活剂（正效应剂）；反之，称为别构抑制剂（负效应剂）。正效应剂常常是别构酶的底物，负效应剂一般是代谢反应序列的终产物。

③变构酶反应速度v与［S］之间的关系，不呈米氏方程的矩形双曲线的关系，而是呈S形曲线，S形曲线显示，在某一狭窄底物物质的量浓度范围内，酶反应速度v对［S］的变化特别敏感，有利于代谢调控。如图5-13所示。

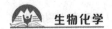

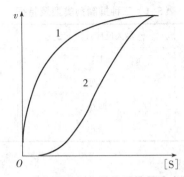

图5-13　反应速度与底物物质的量浓度关系图
1—服从米氏方程的酶双曲线；2—变构酶的S形曲线

二、同工酶

（一）同工酶的概念

同工酶是指有机体内能够催化同一种化学反应，但其酶蛋白本身的分子结构组成却有所不同的一组酶。同工酶广泛存在于动植物界及微生物中，这类酶由两个或两个以上的肽链聚合而成，它们的生理性质及理化性质，如血清学性质、K_m值、溶解度、相对分子质量、电泳行为和对激活剂、抑制剂的反应等都是不同的。

目前已发现的同工酶有几十种，研究得较多的是人和动物体内的乳酸脱氢酶（LDH）。乳酸脱氢酶是由M和H两种亚基组成的四聚体。M亚基表示骨骼肌型，可以从骨骼肌中制备，含有较多的碱性氨基酸；H亚基为心肌型，可以从猪心中制备，与M亚基相比，含有较多的谷氨酸、天冬氨酸、苏氨酸、丝氨酸和缬氨酸。两种类型的多肽亚基可任意聚合而形成五种具有活性的四聚体，即五种同工酶，它们分别为M_4（骨骼肌中占优势）、M_3H、M_2H_2、MH_3、H_4（心肌中占优势），它们都催化同样的反应，即乳酸脱氢产生丙酮酸，但它们的氨基酸组成及顺序不同，电泳行为亦不同，电泳图谱如图5-14所示。

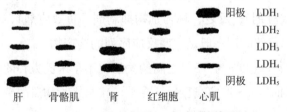

图5-14　乳酸脱氢酶同工酶的电泳图谱

（二）同工酶的应用

利用同工酶可以研究基因，同工酶已成为生物化学及遗传学的重要内容。同工酶是生物体中的天然标记。在生物的生长发育过程中，同工酶可以反映出基因的表达。植物感染病害、受到损伤或在不良条件下都会发生同工酶的变化。同工酶还是有机体对环境变化或代谢变化的另一种调节方式。

在临床上也已应用同工酶作为诊断指标，如冠心病及冠状动脉血栓引起的心肌受损患者血清中的 LDH_1（H_4）及 LDH_2（MH_3）增高，而肝细胞受损患者血清中的 LDH_5（M_4）增高。当某种组织发生病变时，就有某些特殊的同工酶释放出来，对病人及正常人的同工酶电泳图谱进行比较，有助于上述疾病的诊断。最近研究结果表明，LDH同工酶中的两种不同的肽链是受不同的基因控制而产生的。目前，对同工酶的研究已成为细胞分化及分子遗传学基础研究的重要内容。

三、诱导酶

根据酶的合成与代谢物的关系，人们把酶区分为结构酶和诱导酶。结构酶是指细胞中天然存在的酶，它的含量较为稳定，受外界的影响很小。诱导酶是指当细胞中加入特定诱导物后诱导产生的酶，它的含量在诱导物存在下显著增高，这种诱导物往往是该酶的底物的类似物或底物本身。

细胞内酶的合成受遗传基因和有关代谢物的双重控制。相应遗传基因的存在是形成酶的内因及根据，但只有基因还不足以保证某诱导酶的产生，诱导酶只有当特定的诱导物存在时才产生，如硝酸还原酶就是诱导酶，即细胞中存在合成该酶的基因，但只有在诱导物 NO_3^- 存在时，相应的基因才表达，合成诱导酶。酶的诱导产生对于代谢调节有重要作用。

四、抗体酶

既是抗体又具有催化功能的蛋白质称为"抗体酶"，因为它是具有催化活性的抗体，故又称为"催化性抗体"。

五、极端酶

极端菌是生活在地球上最极端环境条件下的有机生命，又称为嗜极菌。目前已得到在极端温度（–2～15 ℃或60～110 ℃）、极端离子强度（2～5 mol/L NaCl）或极端pH值（小于4或大于9）环境中生长的微生物——极端菌。极端菌是在与生物物质不相容的条件下稳定生存，并且具有独特新陈代谢途径的菌种，因此可以作为具有独特活性和重要应用价值的极端酶的来源。极端酶作为生物催化剂的应用已经引起人们的关注。

第六章　激　素

第一节　概　述

一、激素的概念

激素（hormones）一词于1904年首先由 W. Bayliss 和 E. Starling 提出，是由生物体内分泌腺以及具有内分泌功能的组织所产生的微量化学信息分子，它们被释放到细胞外，通过扩散或体液转运到所作用的细胞、组织或器官（称靶细胞、靶组织或靶器官）调节其代谢过程，从而产生特定的生理效应，并通过反馈性的调节机制以适应机体内环境的变化。此外，它们也具有协调体内各部分间相互联系的作用。因此，也可以把这类化学物质看作生物体内的"化学讯息"。

二、激素的特性

激素在机体的生命活动中起着重要作用，它促使高等生物体的细胞、组织及器官既分工又合作，形成一个统一的整体。激素在体内的生物合成、贮存、分泌、作用等均与其他生物分子不同，表现出独特性质。主要包括以下几方面。

（一）合成的可调控性

激素是机体内一类非营养性化合物，也是一类非结构性化合物，它们在机体内的合成速度及合成量受机体生理状态、内外环境因素调控。激素是由机体内特定组织、特定细胞合成的，合成后贮存于特定部位，而不是直接释放到组织周围或体液中，而且一种或一类激素的合成，可以受到另一种或另一类激素的调控。

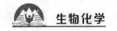

（二）作用的特异性

一种激素只专一性地使一类或一种细胞产生特定的生理效应。激素作用于特定的器官、组织和细胞，并使其产生特有的生理效应，这些器官、组织、细胞称为激素作用的靶器官、靶组织、靶细胞。激素作用的这种特异性，通过靶细胞能特异性地识别并结合激素的受体来实现，也就是说，只有靶器官、靶组织、靶细胞存在能识别结合特定激素的受体时，才能对这一激素产生应答反应。

（三）作用的微量性

一般来说，使靶细胞产生生理效应所需激素的量很少。一方面由于激素作用的特异性，另一方面源于激素与其结合受体的亲和力极高，再者，在激素引发的生理效应中，能够通过一种级联放大的机制来扩增信息强度。

（四）分泌的可调控性

激素作用的微量性，必然要求机体产生这些激素的特定组织或细胞在向其他组织、细胞释放激素时，表现出分泌的严谨性。这种激素分泌的严谨性，是指一种或一类激素的分泌受到机体、生理状态、机体内外环境因素改变的调控。此外，有些激素的分泌，也受到另一种或另一类激素的调控。如脑垂体分泌一类促腺体激素，这类激素的作用，就是促进其靶组织——腺体合成并分泌特定激素；促甲状腺素由垂体分泌，能够促进其靶组织——甲状腺的发育以及甲状腺素的合成和分泌。再如，下丘脑分泌一类激素释放因子或释放抑制因子，这类激素（因子）顾名思义就是促进或抑制其靶组织——腺体的特定激素的分泌；促甲状腺素释放（或抑制）因子由下丘脑分泌，促进（或抑制）脑垂体分泌促甲状腺素。

（五）需要中间介质参与

激素作用于靶细胞并不直接引发生理效应，而是通过一系列的生化反应和多个相关分子的介导，来实现信息强度的急剧扩增而产生生理效应，也就是通过一系列中间介质的参与，来完成信息流的级联放大过程。

（六）作用的"快"和"慢"反应

一些激素作用于靶细胞后，在较短时间内其生理效应就显现出来，这种现象称为"快反应"。这种"快反应"的生理效应强度，往往与激素的浓度成正比，且产生生理效应的持续时间通常不长，这种现象一般是激素作用于靶细胞后，通过中间介质直接影响靶细胞质中一系列相关酶的活性改变，参与靶细胞内的代谢调控而产生效应。一些激素作用于靶细胞后，需要较长时间的潜伏才能产生生理效应，这种现象称为"慢反应"。这种"慢反应"产生的生理效应往往持续时间较长，一般是激素作用于靶细胞后，通过中间介质作用于染色体，参与染色体的某些基因表达调控过程，通过影响基因表达的上调或下调而产生效应。有些激素两种反应都产生，如胰岛素、胰高血糖素等，这些激素作用的机制既涉及"快反应"，也涉及"慢反应"。

（七）脱敏作用

激素长时间作用于靶细胞时，靶细胞会产生一种降低其自身对激素应答强度的倾向，这种现象称为激素的脱敏作用。

三、激素的化学本质和分类

（一）依据激素的化学本质，可将其分为四大类

1. 氨基酸衍生物类激素
包括甲状腺分泌的甲状腺素、肾上腺髓质分泌的肾上腺髓质激素等。
2. 蛋白质多肽类激素
这是一大类激素，由下丘脑，垂体前叶、中叶及后叶，甲状旁腺，胰岛，胃，肠黏膜，性腺等分泌，可以是单纯蛋白质、多肽，也可是糖蛋白。
3. 甾体类激素
主要是由性腺、肾上腺皮质分泌的，是以环戊烷多氢菲为母体的一类激素。
4. 脂肪酸衍生物类激素
主要是以前列腺素为代表，含有一个环戊烷及两个脂肪酸侧链的二十碳脂肪酸。

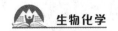

（二）依据激素的溶解性质，将其分为两大类

1. 脂溶性激素

这类激素很容易通过生物膜，所以难以储存，只有在需要的时候才被合成。脂溶性激素难溶于水，因此，需要与血清中特殊的蛋白质分子上的疏水口袋结合后才能被运输，这种结合反过来又保护了激素本身，从而提高了它们在体内的半衰期。脂溶性激素的疏水性质，允许它们能够自由通过细胞膜，与细胞浆（或细胞核）的受体结合，随后进入细胞核而调控特定基因的表达，产生生理效应。

2. 水溶性激素

这类激素合成后，包被在有膜的囊胞内，因此，在体内可以储存。尽管一些小肽也需要与特殊的血清蛋白结合才能被运输，但是绝大多数水溶性激素的运输并不需要与血清蛋白结合，这就使得它们在体内很容易被代谢掉。由于水溶性激素不能通过细胞膜，所以它们必须与细胞膜上的受体结合后才能发挥作用。

（三）根据激素作用的距离，将其分为三大类

1. 内分泌激素

大多数激素属于这一类，它们的作用距离最远，内分泌细胞将激素分泌到胞外，通过体液循环而作用于远距离的靶器官、靶组织、靶细胞。

2. 旁分泌激素

旁分泌激素只作用于邻近的靶细胞。

3. 自分泌激素

自分泌激素主要作用于分泌细胞自身，也就是自身的自我调节。

第二节　激素的主要生物学作用

一、氨基酸衍生物类

这类激素由氨基酸衍变而来，包括甲状腺分泌的甲状腺素、肾上腺髓质分泌的肾上腺素等。

（一）甲状腺素

甲状腺素为两种具有生理活性的碘化酪氨酸衍生物：L-甲状腺素即 L-3，5，3′，5′-四碘甲腺原氨酸（T4）和 L-3，5，3′-三碘甲腺原氨酸（T3）。甲状腺素有促进物质代谢、增加耗氧量及产热等作用，故甲状腺功能亢进的患者常有低热、消瘦和基础代谢率升高的症状。若构成甲状腺素的碘质缺少，则导致甲状腺素分泌不足，引起地方性甲状腺肿大，出现基础代谢率下降、行动迟缓、精神萎靡等症状。

甲状腺素对三大物质代谢均有影响，适量的甲状腺素可促进蛋白质合成，大剂量的甲状腺素则促进蛋白质分解。在胰岛素存在下，小剂量的甲状腺素能增加糖原合成，大剂量的甲状腺素则促使糖原分解。甲状腺素能增加一些组织对肾上腺素和胰高血糖素的敏感性，使细胞内的 cAMP 升高，激活甘油三酯脂肪酶，使脂肪动员加强。甲状腺素能促进骨骼钙化，因此对机体的生长和发育影响很大，如在幼年甲状腺功能低下，骨骼生长和脑发育会出现障碍，以致身材矮小，智力低下，称为"呆小病"；如在成年则出现基础代谢率降低，过多的蛋白质在组织间隙中积存，妨碍细胞液流回血液，患者皮下水肿，称为黏液性水肿。

（二）肾上腺素

肾上腺素是肾上腺髓质的主要激素，主要影响糖代谢，且其影响与胰岛素有拮抗作用。它可促进肝糖原分解和肌糖原酵解，使血液中乳酸和血糖水平升高，并有增强糖异生的作用。另外，它对脂肪和蛋白质代谢也有影响，促进蛋白质分解，抑制脂肪合成，增强脂肪动员与氧化，加强能量的利用和产热，使机体处于能量动员状态。

肾上腺素的上述生理功能在临床上表现为使心脏收缩力加强、血压升高、改善心脏供血，因此是一种作用快而强的强心药。

二、甾体类

脊椎动物的甾体类激素包括肾上腺皮质激素和性激素两大类。

（一）肾上腺皮质激素

肾上腺皮质激素可分为两类：① 糖皮质激素，如皮质醇、皮质酮等，由皮

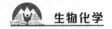

质束状带分泌；② 盐皮质激素，如醛固酮、脱氢皮质酮等，由皮质环状带分泌。

肾上腺糖皮质激素的主要作用是使血糖升高，与胰岛素有拮抗作用，其中以皮质醇的作用最强。这类激素还具有抗炎、抗过敏等作用，临床上应用很广。

肾上腺盐皮质激素可促进 Na^+、Cl^- 的重吸收和 K^+、H^+ 的排出，在维持血浆 Na^+、K^+ 的浓度中具有重要作用。

（二）性激素

性激素包括男性睾丸所分泌的雄性激素与女性卵巢所分泌的雌性激素两大类，受脑垂体分泌的促性腺激素控制。此外，有些性激素由肾上腺皮质分泌。性激素的化学本质均属甾体类化合物，由胆固醇经孕烯醇酮转化而来。

1. 雄性激素

重要的雄性激素有睾酮、脱氢异雄酮、雄烯二酮、雄酮等。其中，睾酮的生理活性最强，其他雄性激素活性较小。雄性激素的生理功能主要包括：

① 促进核酸和蛋白质合成；

② 可以刺激红细胞生成；

③ 睾酮可促进肾远曲小管重吸收 Na^+、Cl^-，从而引起水肿，同时尿中 K^+ 和无机磷酸盐减少。

2. 雌性激素

雌性激素主要有雌激素和孕激素两类。卵巢的卵泡和黄体分泌雌激素，常见的有雌二醇、雌酮和雌三醇三种，它们的生理活性相差很大，其中以雌二醇的活性最强，雌酮次之，雌三醇最弱。黄体和胎盘分泌孕激素，如孕酮等。

雌性激素能增强核酸及蛋白质合成相关酶系的活性，从而导致性器官及副性器官的生长发育。此外，还促进肝合成一些血浆蛋白（如各种激素结合球蛋白、血管紧张素原、凝血因子等），促进骨骼钙的沉积，加速骨骺的闭合。雌性激素具有降低血浆胆固醇的作用，主要通过改变血浆与肝脏之间的胆固醇分布加速胆固醇的排泄。雌性激素还能使高密度脂蛋白增加，因高密度脂蛋白与动脉粥状硬化发病率呈负相关，故雌性激素具有防止动脉粥状硬化的作用。

孕酮在雌激素作用的基础上，使子宫膜进一步发育，以保证受精卵着床，维持妊娠，这与孕酮能促进靶组织中蛋白质的合成有关。此外，孕酮还有产热作用，排卵后孕酮分泌增加，可使基础体温升高。

三、脂肪酸衍生物类

脂肪酸衍生物类激素有三类：前列腺素、凝血噁烷与前列环素、白三烯。它们均参与细胞的功能活动，并与炎症、免疫、过敏及一些心血管疾病有关，对细胞代谢的调节具有重要作用。

（一）前列腺素

前列腺素是一类具有五元环二十碳的不饱和羟基脂肪酸。根据环上取代基和双键位置不同，可分为A、B、C、D、E、F、G、H和I等类。不同结构的前列腺素的功能亦不相同。它们对肌肉、心血管、呼吸系统、生殖系统、消化系统、神经系统都有影响，亦可引起和治疗某些疾病。

PGE_1、PGE_2和$PGF_{2\alpha}$具有收缩平滑肌的作用，能使卵巢黄体分泌孕酮减少，在临床上已用于引产，但有些消化道副作用。PGE_1、PGE_2能松弛支气管平滑肌，而$PGF_{2\alpha}$则相反，可引起收缩。临床使用 PGE 的气雾剂，即通过松弛支气管平滑肌使呼吸道的通气度增加，哮喘症状缓解。PGE 和 PGA 是有效的血管扩张剂，另外具有利钠、利尿作用，使血流量减少，其结果表现为降低血压。

PGs 参与血小板的聚集，不同类型的PGs 的作用不同。其中，PGE_1对血小板聚集有明显的抑制作用，而PGG_2和PGH_2目前被认为是促进血小板释放反应和Ⅱ相聚集的主要物质。阿司匹林和吲哚美辛抑制血小板Ⅱ相聚集，可能是由于它们能抑制PGG_2和PGH_2的合成所致。

大量研究结果表明，炎症产生时 PGs 增多，它可使血管壁和溶酶体膜的通透性增加，进而引起疼痛，其中以PGE_2的作用最强。非甾体类抗炎药（如吲哚美辛、氟氯那酸、保泰松、阿司匹林等）与甾体抗炎药的作用在于减少PGs 的生成，故有消炎止痛作用。

PGs 对免疫系统也有调节作用，其作用的主要靶细胞为淋巴细胞。它可抑制细胞活化与分裂，抑制淋巴细胞的产生，抑制细胞溶解反应及天然杀伤细胞（NK）的活性。在肿瘤细胞中，PGs 对 NK 活性的调节有特别重要的意义。此外，PGs 能抑制巨噬细胞的增殖，外源性PGs 可抑制巨噬细胞的伸展、附着和移动等功能。总的看来，PGs 对免疫系统的作用大多是抑制性的。

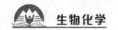

（二）凝血噁烷与前列环素

凝血噁烷与前列环素的化学结构与 PGs 类似，二者之间的平衡对人体内血小板聚集起着重要的调控作用。凝血噁烷诱发血小板聚集并使血管收缩，而前列环素则抑制血小板聚集并使血管扩张，与凝血噁烷的作用抗衡。

（三）白三烯

白三烯（LTs）是一类无环的二十碳羟酸。其生理功能主要表现在对呼吸系统、心血管系统、血管通透性以及白细胞趋化等方面的影响和作用。

四、蛋白质多肽类

机体的下丘脑、垂体、甲状腺、甲状旁腺、胰腺、肠、胃黏膜、性腺等可以合成分泌一大类蛋白质多肽类激素，这类激素可以是单纯蛋白质、多肽，也可是糖蛋白。

（一）下丘脑激素

下丘脑激素是下丘脑分泌的一组多肽类激素的总称，已知有十种。它们的功能主要是对垂体分泌的激素进行调控，控制脑垂体中促甲状腺激素、促性腺激素、促肾上腺皮质激素、生长激素等的分泌（促进或抑制）。

已有研究结果表明，下丘脑激素是由下丘脑的某些神经细胞分泌的，而这些分泌下丘脑激素的细胞的分泌功能则由神经作用通过神经介质来调节。

（二）垂体激素

垂体在神经系统以及下丘脑分泌激素的控制下分泌多种激素，这些激素又调控机体各种内分泌腺对其相应激素的合成、分泌的活度。

此外，垂体也合成分泌一类吗啡样多肽，称为内啡肽。α，β，γ-内啡肽具有很强的吗啡样活性。这些肽也参与高等动物感情应答的调节过程。

（三）胰腺激素

1. 胰岛素

胰岛素是由胰腺胰岛β细胞所分泌的一种蛋白质类激素。它由 A、B 两条肽链连接组成，A链含21个氨基酸残基，B链含30个氨基酸残基。胰岛素在胰腺胰岛β细胞被合成时，首先是以活性很弱的前胰岛素原的形式存在的，经专一性蛋白酶水解掉23肽段（称为前肽），生成胰岛素原，后者是由78~86个氨基酸残基组成的一条肽链。胰岛素原储存于β细胞的高尔基体中，形成β颗粒，经蛋白酶作用水解掉一段多肽（称为C肽），剩下胰岛素原的两个小片段（即A链和B链），通过两对二硫键而连接，形成有活性的胰岛素，经胞吐作用将胰岛素和C肽排入细胞间隙而释放入血。

胰岛素对机体内各种物质的代谢具有显著影响。

① 对糖代谢的影响：包括促进葡萄糖通过心肌、骨骼肌和脂肪细胞等细胞膜，促进葡萄糖的氧化作用，促进糖原合成，抑制糖异生作用。

② 对脂肪代谢的影响：包括抑制脂肪动员，促进脂肪酸和脂肪的合成。

③ 可促进蛋白质的合成。

总之，胰岛素可促进血糖降低，糖原合成增加，脂肪、蛋白质及RNA和DNA合成加强，这些物质既是细胞或组织的结构材料，大多又是能量的储存形式，因此，有人将胰岛素称为"储存激素"。

目前，临床上常用的胰岛素多为基因工程人胰岛素及其改造后的产物。此外，通过将天然胰岛素分子上一个或几个氨基酸残基进行突变，可使其较天然胰岛素具有更高临床应用价值。如获取活性更高、作用时间更长、吸收更快和快速起效的胰岛素类似物。如人胰岛素类似物——赖脯胰岛素，是将人胰岛素B链C端的两个氨基酸残基顺序颠倒，由原来的"脯氨酸-赖氨酸"转变成"赖氨酸-脯氨酸"，该人胰岛素类似物与天然人胰岛素相比，加快了药物进入血液的速度，同时，控制血糖接近正常水平的作用也有所增强。

2. 胰高血糖素

胰高血糖素是胰腺中胰岛α细胞所分泌的一种多肽类激素，是由29个氨基酸残基组成的单链多肽，相对分子质量为3485。胰高血糖素的作用与胰岛素的作用相反，对糖代谢的影响主要是通过促进糖原分解与糖异生，抑制糖酵解，从而使血糖浓度升高，也可以促进生糖氨基酸转变成葡萄糖。胰高血糖素对蛋白质代谢的影响主要体现在使组织蛋白质含量降低，促进肝合成尿素。此外，胰高血糖素可以活化脂肪组织中的脂肪酶，促进脂肪分解，使血浆游离脂肪酸增加，并促进肝摄取游离脂肪酸，但胰高血糖素可以抑制肝释放甘油三酯。

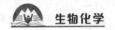

（四）胸腺激素

20世纪60年代初发现，将刚出生动物的胸腺切除，对机体可产生严重影响，主要表现为细胞免疫功能的显著减退。以后，许多实验结果均证明，胸腺对免疫系统的调节作用主要通过胸腺所产生的体液因子——激素来实现。从小牛胸腺中提取的具有生物活性的物质大部分属于蛋白质和多肽，约有20种，总称为胸腺激素。其中，人们了解得最为清晰的两个活性组分为胸腺肽和胸腺生成素。胸腺激素在免疫系统中的个体发生、功能表现和衰老过程中起主导作用。主要促使骨髓前体细胞分化成具有免疫能力的淋巴细胞，加强细胞免疫反应系统（如同种异体移植的排斥加速，抗病毒侵染能力提高），恢复胸腺切除动物的免疫能力，增加淋巴细胞的数量，诱导T细胞抗原的表现，使幼淋巴细胞成熟化，转变为有免疫功能的淋巴细胞。

第七章 维生素

第一节 概 述

一、维生素的定义

维生素（vitamin）是机体维持正常生理功能所必需，但在体内不能合成或合成量很少，必须由食物供给的一组低相对分子质量的有机物质。这类化合物天然存在于食物中，在物质代谢过程中发挥各自特有的生理功能。维生素的每日需要量甚少，它们既不是构成机体组织的成分，也不是体内供能物质，但机体缺乏某种维生素时，可发生物质代谢的障碍并出现相应的维生素缺乏症。

二、维生素的命名与分类

（一）命 名

维生素有三种命名系统，一是按其被发现的先后顺序，以拉丁字母命名，如维生素 A、维生素 B、维生素 C、维生素 D、维生素 E、维生素 K 等；二是根据其化学结构特点命名，如视黄醇、硫胺素、维生素 B_2 等；三是根据其生理功能和治疗作用命名，如抗干眼病维生素、抗癞皮病维生素、抗坏血酸维生素等。有些维生素在最初被发现时认为是一种，后经证明是多种维生素混合存在，命名时便在其原拉丁字母下方标注1、2、3等数字加以区别，如维生素 B_1、维生素 B_2、维生素 B_6、维生素 B_{12} 等。

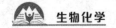

（二）分　类

维生素对物质代谢过程如此重要，是因为多数的维生素作为辅酶或辅基的组成成分，参与体内的代谢过程，特别是B族维生素种类很多，化学结构差异很大，习惯上根据维生素的溶解性将其分为脂溶性维生素和水溶性维生素两大类。脂溶性维生素包括维生素A、维生素D、维生素E、维生素K四种，水溶性维生素有维生素B_1、维生素B_2、维生素B_3、维生素B_5、维生素B_6、维生素B_{12}、生物素、叶酸、维生素C和硫辛酸等。

三、维生素的需要量

维生素的需要量是指能保持人体健康、达到机体应有发育水平和充分发挥效率地完成各项体力及脑力活动的人体所需要的维生素的必需量。维生素需要量可通过人群调查验证和实验研究两种形式来确定。对临床上有明显营养缺乏症或不足症的人，通过食物补充，使之营养状况得以恢复，以此估计人体需要量。

第二节　维生素的生物学作用

根据维生素的溶解性，可将其分为脂溶性维生素和水溶性维生素两大类。下面重点介绍一下在酶促反应中作为重要辅酶和辅基的水溶性维生素。

一、维生素B_1和羧化辅酶

1. 名　称

维生素B_1又称硫胺素。

2. 化学结构

硫胺素的化学结构包括嘧啶环和噻唑环两部分。一般使用的维生素B_1都是化学合成的硫胺素盐酸盐（见图7-1）。

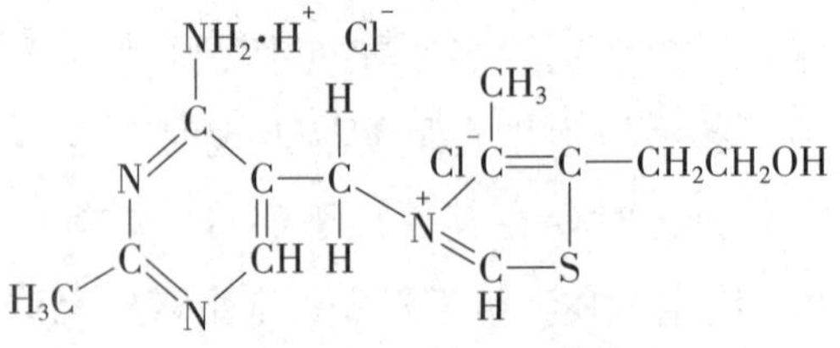

维生素B_1（硫胺素）盐酸盐

图7-1　维生素B_1结构示意图

3. 辅酶形式

维生素 B_1 在体内经硫胺素激酶催化，可与 ATP 作用转变成硫胺素焦磷酸（TPP）。羧化辅酶也就是硫胺素焦磷酸，结构式如图7-2所示。

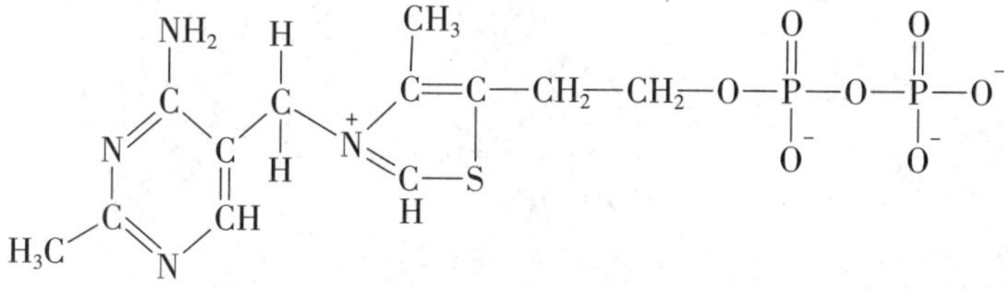

图7-2　硫胺素焦磷酸（TPP）的结构式

4. 生化功能

TPP 是丙酮酸或 α-酮戊二酸氧化脱羧反应的辅酶。

二、维生素 B_2 和黄素辅酶

1. 名　称

维生素 B_2 又称核黄素。

2. 化学结构

核黄素的化学结构包括核糖醇和二甲基异咯嗪两部分（见图7-3）。

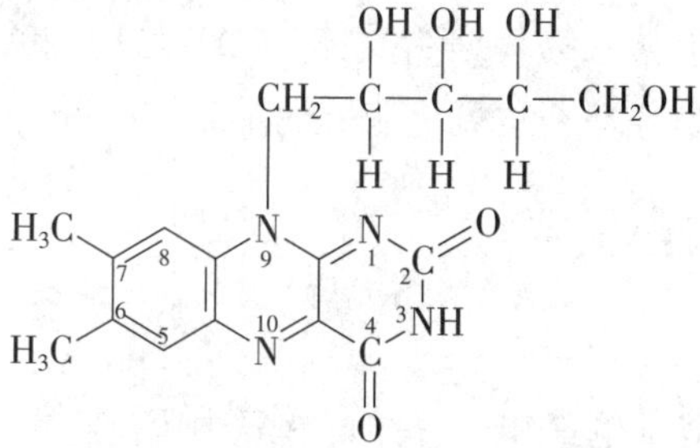

图7-3　核黄素（维生素 B_2）的化学结构

3. 辅酶形式

在生物体内维生素 B_2 以黄素单核苷酸（FMN）和黄素腺嘌呤二核苷酸（FAD）的形式存在，它们是多种氧化还原酶（黄素蛋白）的辅基，一般与酶蛋白结合较紧，不易分开。FMN 及 FAD 的结构式如图7-4所示。

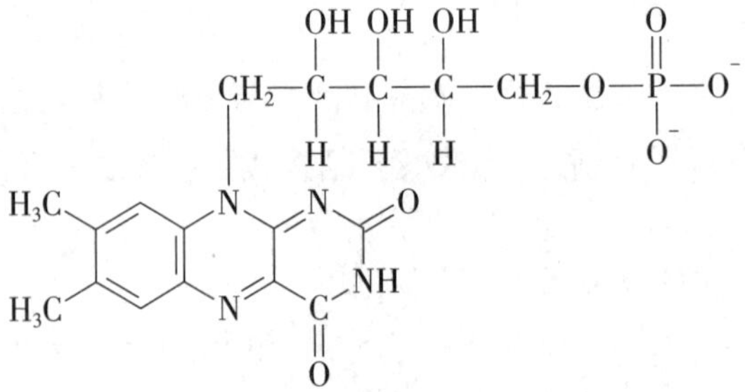

（a）黄素单核苷酸（FMN）

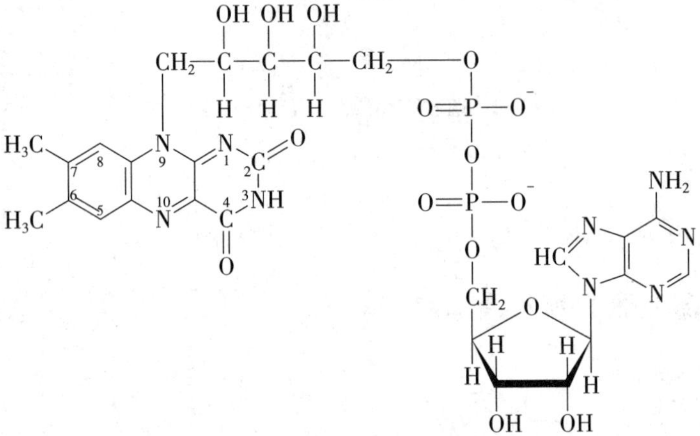

（b）黄素腺嘌呤二核苷酸（FAD）

图7-4　FMN和FAD的化学结构

4. 生化功能

在生物氧化过程中，FMN和FAD通过分子中异咯嗪环上的1位和10位氮原子的加氢和脱氢，把氢从底物传递给受体。FAD是琥珀酸脱氢酶、磷酸甘油脱氢酶等的辅基，FMN是羟基乙酸氧化酶等的辅基。

三、泛酸和辅酶A

1. 名　称

泛酸又称遍多酸或维生素B_3，它在自然界中广泛存在。

2. 化学结构

泛酸是含有肽键的酸性物质，其结构式如图7-5所示。

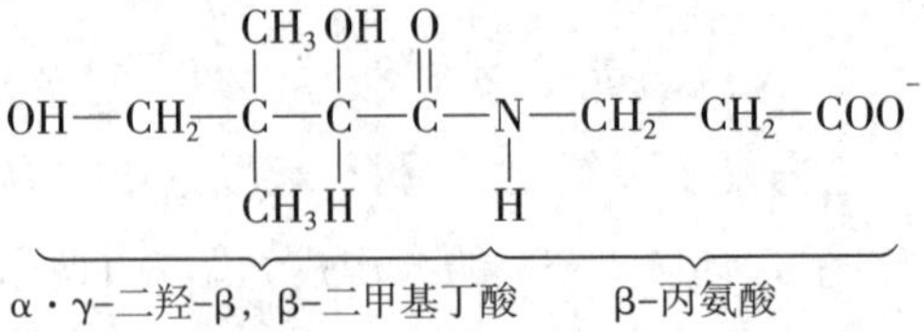

α·γ-二羟-β，β-二甲基丁酸　　　β-丙氨酸

图7-5　泛酸的结构式

3. 辅酶形式

辅酶A（CoASH）分子中合有泛酰巯基乙胺，是含泛酸的复合核苷酸，其结构式如图7-6所示。

4. 生化功能

辅酶A是酰基转移酶的辅酶。它的巯基与某些分子的酰基形成硫酯，其重要的生化功能是在代谢过程中作为酰基载体起传递酰基的作用。泛酸也是酰基载体蛋白（ACP）的组成成分。

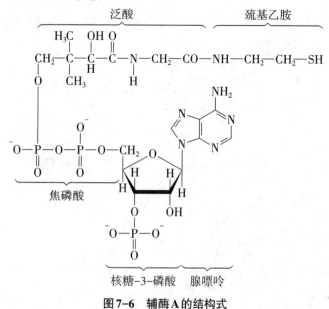

图7-6 辅酶A的结构式

四、维生素B₅和辅酶Ⅰ及辅酶Ⅱ

1. 名 称

维生素B_5又称维生素PP，包括尼克酸（又称烟酸）和尼克酰胺（又称烟酰胺）两种物质。

2. 化学结构

维生素B_5在体内主要以尼克酰胺的形式存在，尼克酸是尼克酰胺的前体，它们的结构式如图7-7所示。

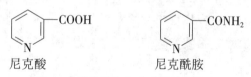

图7-7 尼克酸和尼克酰胺的结构式

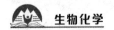

3. 辅酶形式

已知的烟酰胺核苷酸类辅酶有两种。一种是烟酰胺腺嘌呤二核苷酸，简称 NAD^+，又称为辅酶 I（Co I）；另一种是烟酰胺腺嘌呤二核苷酸磷酸，简称 $NADP^+$，又称为辅酶 II（Co II）。NAD^+ 及 $NADP^+$ 的结构式如图7-8所示。

4. 生化功能

NAD^+ 和 $NADP^+$ 都是脱氢酶的辅酶，它们与酶蛋白的结合非常松，容易脱离酶蛋白而单独存在。

NAD^+ 和 $NADP^+$ 的分子结构中都含有尼克酰胺的吡啶环，可通过它可逆地进行氧化还原，在代谢反应中起递氢作用。

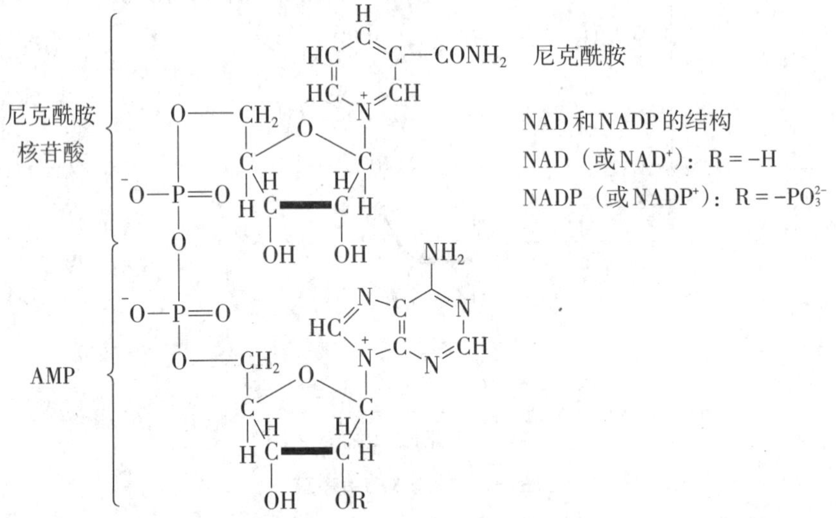

图7-8　NAD^+ 和 $NADP^+$ 的结构式

五、维生素B_6和磷酸吡哆醛及磷酸吡哆胺

1. 名　称

维生素B_6包括三种物质，即吡哆醇、吡哆醛和吡哆胺。在体内这三种物质可以互相转化。

2. 化学结构及辅酶形式

维生素B_6在体内经磷酸化作用转变为相应的磷酸酯，即维生素B_6的辅酶形式：磷酸吡哆醛、磷酸吡哆胺，它们之间也可以相互转变。这些化合物的结构式如图7-9所示。

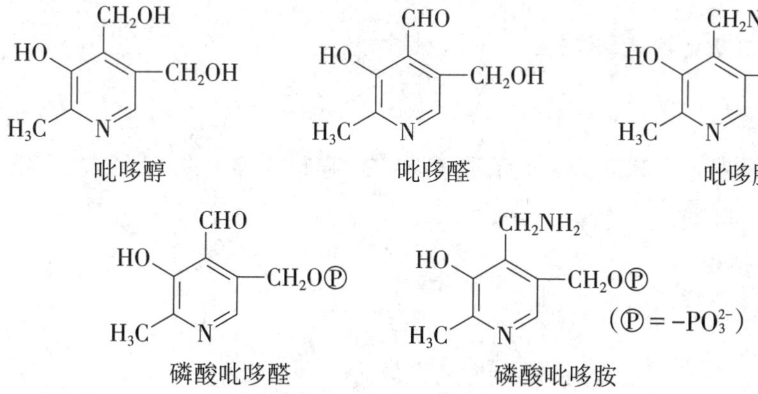

吡哆醇　　　　　　　吡哆醛　　　　　　　吡哆胺

磷酸吡哆醛　　　　　　磷酸吡哆胺　　　（Ⓟ = $-PO_3^{2-}$）

图7-9　维生素B$_6$及其辅酶的结构式

3. 生化功能

磷酸吡哆醛和磷酸吡哆胺在氨基酸代谢中非常重要，它们是氨基酸转氨作用、脱羧作用及消旋作用的辅酶。

六、生物素

1. 名　称

生物素又称为维生素B$_7$或维生素H。

2. 化学结构

生物素的化学结构中，包括并合着两个杂五员环和一个五碳的羧酸侧链，见图7-10。

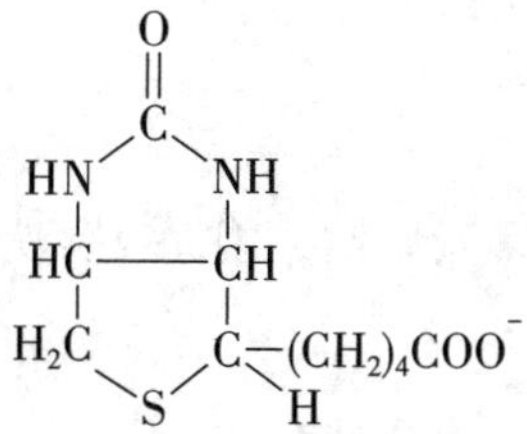

图7-10　生物素的结构式

3. 辅酶形式及生化功能

生物素与酶蛋白结合，催化体内二氧化碳的固定以及羧化反应。生物素是多种羧化酶的辅酶。

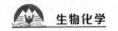

七、叶酸及叶酸辅酶

1. 名　称

叶酸又称维生素B_{11}，是一种在自然界广泛存在的维生素，因为在绿叶中含量丰富，故名叶酸，亦称蝶酰谷氨酸。

2. 化学结构

叶酸的结构式如图7-11所示。

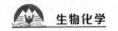

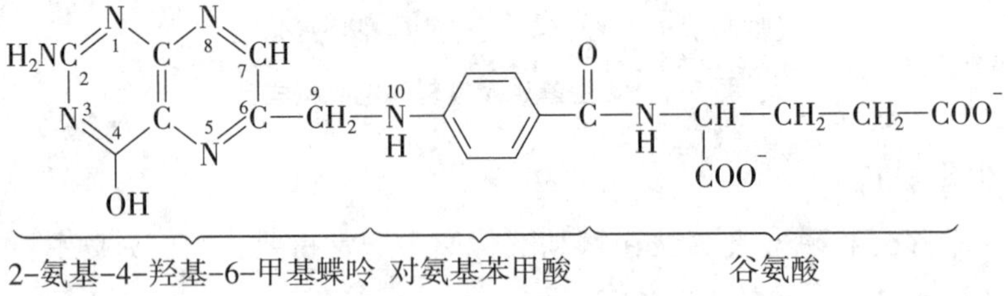

2-氨基-4-羟基-6-甲基蝶呤　对氨基苯甲酸　　　　谷氨酸

图7-11　叶酸的结构式

3. 辅酶形式

在体内作为辅酶的是叶酸加氢的还原产物5，6，7，8-四氢叶酸（THFA或FH_4），叶酸还以二氢叶酸（DHFA）的形式存在。

4. 生化功能

四氢叶酸是转一碳基团酶系的辅酶，它是甲基、亚甲基、甲酰基、甲川基等一碳单位的载体。

八、维生素B_{12}及其辅酶

1. 名　称

维生素B_{12}分子中含有金属元素钴，因而又称为钴胺素。

2. 化学结构及辅酶形式

维生素B_{12}是一种抗恶性贫血的维生素，又是一些微生物的生长因素。其结构非常复杂，分子中含有钴原子，是一种含有金属原子的维生素。其中的$5'$-脱氧腺苷钴胺素是维生素B_{12}在体内的主要存在形式，又称为维生素B_{12}辅酶。维生素B_{12}及B_{12}辅酶的结构式见图7-12。

3. 生化功能

维生素B_{12}参加多种不同的生化反应，包括变位酶反应、甲基活化反应等。维生素B_{12}与叶酸的作用常常互相关联。

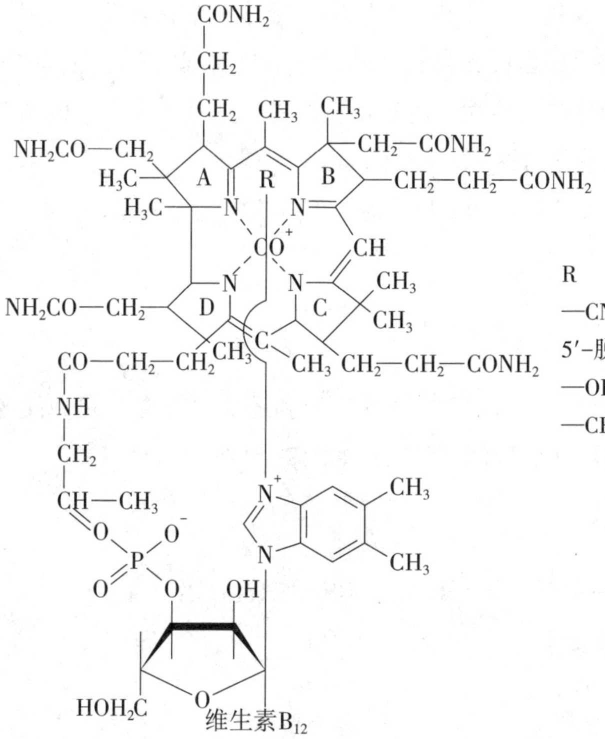

R	名称
—CN	氰钴胺素
5′-脱氧腺苷	5′-脱氧腺苷钴胺素
—OH	羟钴胺素
—CH₃	甲基钴胺素

图7-12 维生素B₁₂及其辅酶的结构式

九、维生素C

1. 名 称

维生素C能防治坏血病，故又称为抗坏血酸。

2. 化学结构

维生素C是一种具有六个碳原子的酸性多羟基化合物，是一种己糖酸内酯，其分子中2位和3位碳原子的两个烯醇式羟基极易解离，释放出H^+，而被氧化成为脱氢抗坏血酸。氧化型抗坏血酸和还原型抗坏血酸可以互相转变（见图7-13），在生物组织中自成一氧化还原体系。

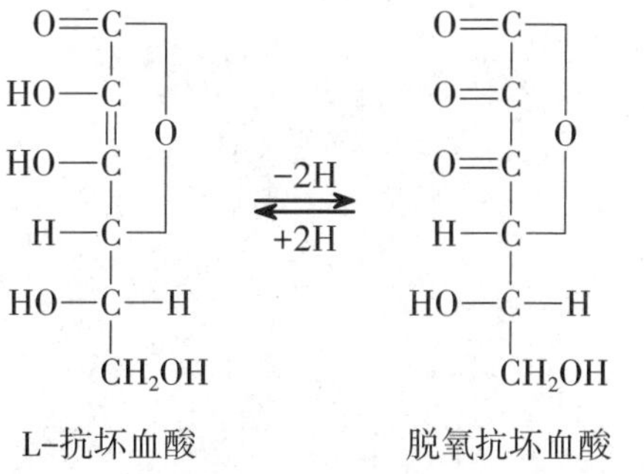

图7-13 抗坏血酸的氧化型与还原型的互变

3. 辅酶形式及生化功能

抗坏血酸的生化功能是通过它本身的氧化和还原而在生物氧化过程中作氢

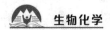

的载体。抗坏血酸是脯氨酸羟基化酶的辅酶，因为胶原蛋白中含有较多的羟脯氨酸，所以抗坏血酸可促进胶原蛋白的合成。已知许多含巯基的酶，在体内需要有自由的-SH基才能发挥其催化活性，而抗坏血酸能使这些酶分子中的巯基处于还原状态，从而维持其催化活性。

此外，抗坏血酸尚有许多其他生理生化功能，但其机制还不清楚。

十、硫辛酸

1. 名称及化学结构

硫辛酸是一种含硫的脂肪酸。硫辛酸呈氧化型和还原型存在，可以传递氢，其氧化型和还原型之间可互相转化，反应式如图7-14所示。

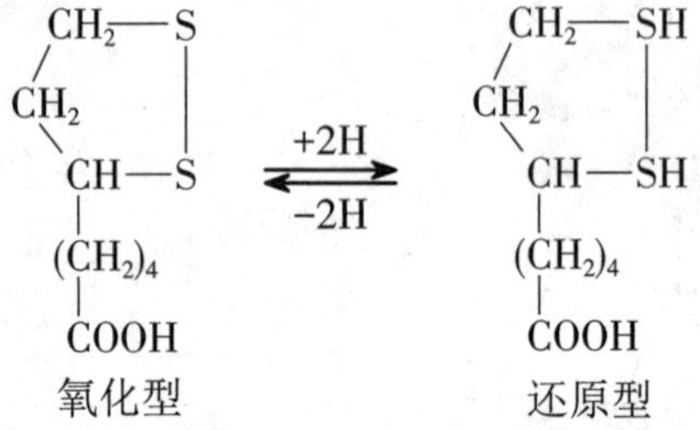

$$
\begin{array}{ccc}
CH_2-S & & CH_2-SH \\
| & & | \\
CH_2 & & CH_2 \\
| & \underset{-2H}{\overset{+2H}{\rightleftharpoons}} & | \\
CH-S & & CH-SH \\
| & & | \\
(CH_2)_4 & & (CH_2)_4 \\
| & & | \\
COOH & & COOH \\
氧化型 & & 还原型
\end{array}
$$

图7-14 硫辛酸的氧化型与还原型的互变

2. 辅酶形式及生化功能

硫辛酸是丙酮酸脱氢酶系和α-酮戊二酸脱氢酶系的多酶复合物中的一种辅助因素，在此复合物中，硫辛酸起着转酰基作用，同时在这个反应中，硫辛酸被还原以后又重新被氧化，因此，硫辛酸在糖代谢中有重要作用。

第二篇
物质代谢与分子转换

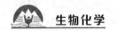

第八章　生物氧化

第一节　概　述

一、生物氧化的概念

生物氧化（biological oxidation）是机体细胞将糖、脂、蛋白质等分子氧化分解，最终生成二氧化碳和水，释放出能量，并偶联 ADP 磷酸化生成 ATP 的过程。在细胞的线粒体内外均可进行生物氧化，但是过程和产物不同。线粒体内的生物氧化又称细胞呼吸，伴有 ATP 的生成，主要表现为消耗氧分子并释放出二氧化碳。线粒体内生物氧化可分为三个阶段。第一阶段是糖、脂类和蛋白质等营养物质被分解成基本组成单位——葡萄糖、脂肪酸、甘油及氨基酸。此阶段放能较少，并以热能的形式散失，不能为机体所利用。第二阶段是上述基本组成经一系列生物化学反应生成乙酰 CoA，释出的部分能量可被机体利用。第三阶段是乙酰 CoA 进入三羧酸循环和呼吸链被彻底氧化生成二氧化碳和水，释放的大部分能量可被机体所利用。真核生物细胞中生物氧化在线粒体中进行，而原核生物中是在细胞质膜上进行。在内质网、微粒体（包含过氧化物酶体）等线粒体外部的细胞器官中，生物氧化过程不产生 ATP，主要进行药物、毒物或代谢物的代谢转化。

二、生物氧化的特点

生物氧化的特点如下。①在细胞内，在体温下，近中性 pH 值和有 H_2O 的温和环境中，在一系列酶和辅酶催化下进行。②生物氧化过程产生的能量是逐步释放出来的。一部分以热能形式散发，以维持体温；一部分以化学能形式储存在高能化合物（如ATP）中，需要时ATP分子以各种形式释放能量，以供机体生命活动的需要。③生物氧化的产物二氧化碳是由有机酸脱羧生成的，水是由循环中脱下的H^+经呼吸链传递与氧分子结合生成的。④生物氧化的速率受机体中多种因素调控。

三、生物化学反应中的自由能

机体内生物化学反应释放的自由能保证生物体在生命活动过程中所需的能量。在恒温恒压下，机体释放的可以用来对环境做功的部分能量叫作自由能（free energy），又称吉布斯自由能，用符号G表示。在热力学第一定律和第二定律的基础上，吉布斯提出了在恒温恒压下体系自由能变化的公式：

$$\Delta G = \Delta H - T\Delta S \tag{8-1}$$

式中，ΔG——体系自由能的变化；

ΔH——体系的焓的变化，代表恒压反应的热能；

T——绝对温度；

ΔS——体系熵的变化，代表体系中混乱无序的程度。

细胞中的生物氧化反应可以看作近似于在恒温恒压状态下进行的，反应过程中发生的能量变化可以用自由能的变化ΔG表示。因此，可以用ΔG判断生物氧化反应的方向和释放的自由能的多少。ΔG是状态函数，只取决于反应物（初始状态）与产物（最终状态）的自由能，而与反应途径和反应机制无关。而且，ΔG能判断一个化学反应的方向，但不能用来判断化学反应的速率。ΔG与化学反应进行方向的关系如下：$\Delta G < 0$，体系未达平衡，反应可自发正向进行，为放能反应；$\Delta G > 0$，体系未达平衡，反应不能自发进行，是吸能反应，必须供能反应才能正向进行；$\Delta G = 0$，反应处于平衡状态。

四、反应的标准自由能变化与反应平衡常数的关系

在化学反应中，与自由能变化密切相关的参数是平衡常数。自由能的变化不是恒定的，它随反应的温度和物质的量浓度等条件的变化而改变。在A→B反应过程中，自由能的变化ΔG遵循以下公式：

$$\Delta G = \Delta G^0 + RT \ln[B]/[A] \tag{8-2}$$

式中，ΔG^0——在标准状态下（温度为25℃、压力为0.1 MPa，pH值为0，各反应物及产物物质的量浓度均为1 mol/L）测得的自由能变化；

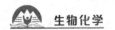
T——热力学温度，即体系的绝对温度（298 K）；

R——摩尔气体常数，8.315 J/(mol·K)；

[A], [B]——反应物和产物的物质的量浓度，mol/L。

在生物体内pH值为7左右，用$\Delta G^{0\prime}$表示pH值为7时的标准自由能变化。

当反应达到平衡时，$\Delta G = 0$，即没有自由能变化，此时[B]/[A] $= K_{eq}$，K_{eq}为平衡常数，[B]/[A]为反应达到平衡时的物质的量浓度。将$\Delta G = 0$, [B]/[A] $= K_{eq}$代入式（8-2），可得

$$\Delta G^{0\prime} = RT \ln K_{eq} \tag{8-3}$$

将自然对数变为常用对数，可得

$$\Delta G^{0\prime} = -2.303\, RT \lg K_{eq} \tag{8-4}$$

代入R和T的值，得

$$\Delta G^{0\prime} = -2.303 \times 8.315 \times 298 \times \lg K_{eq} = -5706 \lg K_{eq} \ (\text{J/mol})$$

因此，只要测定出一个生物化学反应的平衡常数，就可利用此公式来计算反应的标准自由能变化，并可以根据标准状态下的K_{eq}来判断$\Delta G^{0\prime}$的正负。当$K_{eq} > 1$时，$\Delta G^{0\prime}$为负，反应可以自发正向进行；当$0 < K_{eq} < 1$时，$\Delta G^{0\prime}$为正，反应不能自发正向进行。对于一个反应体系来说，自由能变化等于每一步反应自由能的总和。例如：$A \rightarrow B \rightarrow C \rightarrow D$，则

$$\Delta G^{0\prime}_{(A-D)} = \Delta G^{0\prime}_{(A-B)} + \Delta G^{0\prime}_{(B-C)} + \Delta G^{0\prime}_{(C-D)}$$

即使反应序列中某一步反应的自由能变化为正值，只要整个途径的自由能变化的总和为负值，该反应序列仍可自动进行。在非标准状态下，应根据ΔG判断自发反应，而ΔG与反应物的性质及物质的量浓度有关。

五、氧化还原电位与自由能的关系

氧化还原反应的本质是电子迁移，失去电子称为氧化，得到电子称为还原。物质分子失去或得到电子倾向的大小用氧化还原电位（电动势）表示，通常以E代表。电位高，表示该物质分子易得到电子；电位低，表示物质分子易失去电子。因此，在氧化还原体系中，电子总是由低电位物质流向高电位物质。

通常人为地规定以标准氢电极（25 ℃时，被平衡在1.013×10^5 Pa含有1 mol/L H^+溶液中的铂电极）的电位为零作为参比电位值，将任何具有氧化还原能力的物质与标准氢电极组成原电池，即可测出其标准氧化还原电位。用符号E^0表示该物质与标准氢电极的电位差值。如$E^0 < 0$时，表示待测物质分子能将电子传

给$2H^+/H_2$氧化还原电对中的H^+，在此反应中为还原剂，其绝对值越大，表明这个电对的还原态越易失去电子，即供出电子的倾向越大，是越强的还原剂；$E^0 > 0$时，表示待测物质分子能从$2H^+/H_2$氧化还原电对中的H_2夺取电子，在此反应中为氧化剂，其绝对值越大，表明这个电对的氧化态越易获得电子，即得到电子的倾向越大，是越强的氧化剂。

由于生物细胞中的pH值通常为7，则用pH值为7时测得的电位代表生物的标准氧化还原电位，用$E^{0'}$表示。标准氧化还原电位差为

$$\Delta E^{0'} = 标准氧化电极电位 - 标准还原电极电位$$

机体中一些重要氧化还原物质的标准氧化还原电位如表8-1所示。

表8-1　机体中常见的氧化还原系统的标准氧化还原电位

氧化还原对	$E^{0'}/V$	氧化还原对	$E^{0'}/V$
$NAD^+/NADN + H^+$	−0.32	Cyt c_1 Fe^{3+}/Fe^{2+}	0.22
$FMN/FMNH_2$	−0.219	Cyt c Fe^{3+}/Fe^{2+}	0.254
$FAD/FADH_2$	−0.219	Cyt a Fe^{3+}/Fe^{2+}	0.29
Cyt $b_L(b_H)Fe^{3+}/Fe^{2+}$	0.05(0.10)	Cyt a_3 Fe^{3+}/Fe^{2+}	0.35
$Q_{10}/Q_{10}H_2$	0.06	$1/2O_2/H_2O$	0.816

在氧化还原系统中，电子总是从低电位向高电位传递的，这样在反应中氧化还原电位的变化将转变为自由能而释放出来。所以氧化还原反应的自由能变化也可以由反应物与产物的氧化还原电位差计算。已知标准自由能的变化$\Delta G^{0'}$与标准氧化还原电位差$\Delta E^{0'}$之间有如下关系：

$$\Delta G^{0'} = -nF\Delta E^{0'} \qquad (8-5)$$

式中，n——电子转移数；

F——法拉第常数，96480 J/(V·mol)；

$\Delta G^{0'}$——标准自由能的变化，K/mol；

$\Delta E^{0'}$——标准氧化还原电位差，V。

六、高能化合物

在生物体内，某些化合物水解或基团转移时可释放大量能量，其ΔG负值很大。高能化合物（energy-rich compound）为水解或基团转移时释放的自由能大于20.92 kJ/mol的化合物，用符号"~"表示分子结构中能裂解释放出大量自由能的高能键（energy-rich bond）。生物化学中的高能键是指具有较高的磷酸基团

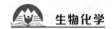

转移势能或水解时释放较多自由能的磷酸酐键或硫酯键。高能键不稳定，在水解酶的作用下易断裂。

（一）高能磷酸化合物

根据高能化合物的键型特点，通常把机体中高能化合物分成高能磷酸化合物和高能非磷酸化合物。高能磷酸化合物（energy rich phosphate）的磷酰基水解时可以释放出大量的自由能，其在机体中非常常见，数量较多且十分重要。机体内许多重要的能量转移反应都有高能磷酸化合物的参与，高能磷酸化合物中的高能键亦称为高能磷酸键（high-energy phosphate bond），高能磷酸化合物根据键型的特点分为磷氧型和磷氮型两种。但是含磷酸基团的化合物并非均属于高能化合物，如6-磷酸葡糖、6-磷酸果糖、1-磷酸葡糖等属于低能磷酸化合物。

（二）高能化合物的作用

1. ATP是细胞内磷酸基团转移反应的中间载体

ATP在细胞的产能和耗能过程中起着重要的桥梁作用，生物体的氧化磷酸化产生的大量自由能都是先形成高能磷酸化合物ATP，再由ATP水解为ADP和磷酸（Pi）而释放出大量自由能供需能反应，ATP-ADP循环是生物系统中能量交换的基本形式。生物体内的合成反应不一定都直接利用ATP，ATP可以转化成其他高能化合物而被利用。但物质氧化时释放的能量大都是必须先合成ATP，然后通过各种核苷酸激酶（nucleotide kinase）的催化将其能量转移给其他的核苷酸，生成各种核苷三磷酸用于机体内的特定代谢反应。

ATP的磷酸基团转移势能在所有磷酸化合物中处于中间位置，它既可以很容易地从自由能水平较高的化合物获得能量，也可以较容易地向自由能水平较低的化合物传递能量。例如，3-磷酸甘油是低能受体，1，3-二磷酸甘油酸是高能磷酸化合物，在磷酸甘油酸激酶作用下，将高能磷酸基团转移给ADP生成ATP，ATP通过磷酸基团转移反应将自由能转移给低能的3-磷酸甘油。

2. 磷酸肌酸是能量的贮存形式

ATP是产能/需能过程中的重要能量介质，在肌肉、神经组织中磷酸肌酸是能量的贮存形式。当ATP合成迅速，ATP/ADP比值增高时，在磷酸肌酸酶的催化下，ATP将能量和磷酰基传给肌酸生成磷酸肌酸。磷酸肌酸含有的能量不能直接为生物体利用，当ATP被急剧消耗时，磷酸肌酸把能量传给ADP生成ATP

以补充细胞内的能量需求。但是严格意义上说，ATP不是能量的储存者，而是能量的携带者或者传递者。

3. ATP可转变为核苷三磷酸（NTP）

除ATP以外，生物体内的其他3种核苷三磷酸都可作为某些合成反应所需能量的来源，如CTP用于磷脂合成、GTP用于蛋白质合成、UTP用于多糖合成。但是，这3种核苷三磷酸的合成与补充都依赖ATP。

第二节　电子传递链（呼吸链）

一、电子传递链

电子传递链（electron transport chain，ETC）为生物氧化过程中线粒体内膜上的一系列酶或者辅酶作为递氢体或者递电子体，按照对电子亲和力逐渐升高的顺序排列在内膜上，组成的H^+/电子传递系统。由于电子传递链是伴随着营养物质的氧化放能，消耗O_2，又称作呼吸链（respiratory chain）。

电子传递链主要由四种具有传递H^+或电子功能的复合体组成。电子传递链的组分包括黄素蛋白、铁硫蛋白、细胞色素、泛醌，它们都是疏水性分子。除泛醌外，其他组分都是蛋白质，通过辅基的可逆氧化还原传递电子。

（一）黄素蛋白（flavoprotein）

与电子传递链有关的黄素蛋白有两种，分别以黄素单核苷酸（FNM）和黄素腺嘌呤二核苷酸（FAD）为辅基，两者均含有维生素B_2（核黄素）。氧化型核黄素辅基从NADH接受两个电子和一个质子，或从底物（如琥珀酸）接受两个电子和两个质子进行还原：

$$琥珀酸 + FAD + H^+ \longleftrightarrow 延胡索酸 + FADH_2$$

$$FMN + NADH + H^+ \longleftrightarrow FMNH_2 + NAD^+$$

（二）铁硫蛋白（iron-sulfur protein）

铁硫蛋白是存在于线粒体内膜上的一种含铁硫络合物的蛋白质，又称铁硫中心或非血红素铁蛋白，其通过铁原子的价态变化（$Fe^{2+} \longleftrightarrow Fe^{3+}$）传递电子。

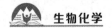
它们最重要的特征是在酸化时释放不稳定的 H_2S。复合物中铁与硫以等量存在，通常构成铁硫中心 Fe_2S_2 和 Fe_4S_4，与蛋白质中的半胱氨酸连接，铁硫蛋白中的铁原子以四面体的形式与蛋白质中 4 个半胱氨酸的巯基结合。铁硫中心（Fe_2S_2）在氧化态时两个铁均为 Fe^{3+}，而在还原态时其中的一个变为 Fe^{2+}。

（三）细胞色素（cytochrome，Cyt）

细胞色素是一类以铁卟啉为辅基的色素蛋白，通过辅基中铁离子价态的可逆变化传递电子。铁原子位于卟啉结构中心的化合物构成血红素（heme），细胞色素都以血红素为辅基，并且这类色素蛋白都是红色。

高等动物线粒体电子传递链中至少有五种细胞色素：b、c、c_1、a 和 a_3，其中，细胞色素 c 为线粒体内膜外侧的外周蛋白不与跨膜蛋白复合体紧密结合的可溶性细胞色素，其余的均为跨膜的整合蛋白。细胞色素 b、c_1、c 的辅基都是血红素，细胞色素 a、a_3 的辅基是血红素 A。细胞色素 a、a_3 位于电子传递链末端，以超分子复合物细胞色素 aa_3 的形式存在于线粒体内膜上，又称末端氧化酶；细胞色素 aa_3 的辅基血红素 A 与细胞色素 b 结合的血红素的区别在于卟啉环上第 2 位和第 8 位的侧链基团不同。细胞色素 aa_3 还含有两个必需的铜离子。在电子传递链中细胞色素的传递顺序是 b → c_1 → c → aa_3 → O_2。

（四）泛醌（ubiquinone，UQ）

泛醌又称辅酶 Q（CoQ），是电子传递链中唯一的非蛋白质组分，是一种脂溶性醌类化合物。泛醌含有很长的脂肪族侧链，易与细胞膜结合。泛醌的功能基团是苯醌，通过醌/酚结构互变进行电子传递。

二、电子呼吸链复合物

电子传递链组分除泛醌和细胞色素 c 外，其余组分实际上形成嵌入内膜的结构化超分子复合物。Green 等用毛地黄皂苷、脱氧胆酸、胆酸盐等去垢剂处理分离的线粒体外膜，将内膜分裂成 4 种仍保存部分电子传递活性的复合物。

（一）复合物 Ⅰ（NADH 脱氢酶）

复合物 Ⅰ 又称 NADH-CoQ 氧化还原酶，相对分子质量为 $700 \times 10^3 \sim 900 \times 10^3$，以二聚体的形式存在。每个单体均包括以 FMN 为辅基的黄素蛋白和多种铁硫蛋白。复合体 I 催化电子从 NADH 转移到泛醌，同时发生质子的跨膜运输。

（二）复合物 II（琥珀酸脱氢酶）

复合物 II 的相对分子质量约为 140×10^3，含有以 FAD 为辅基的黄素蛋白、铁硫蛋白和细胞色素 b_{560}，能催化电子从琥珀酸通过 FAD 和铁硫蛋白传递到泛醌。

（三）复合物 III（细胞色素 bc_1 复合体）

复合物 III 又称 CoQ 细胞色素 c 氧化还原酶，相对分子质量约为 250×10^3，以二聚体的形式存在，每个单体含有 9～10 种不同的蛋白质，包括细胞色素 b（b_{562} 和 b_{566}）、c_1 和铁硫蛋白。复合体 III 催化电子从还原型泛醌转移到细胞色素 c。

（四）复合物 IV（细胞色素氧化酶）

复合物 IV 的相对分子质量为 160×10^3～170×10^3，以二聚体的形式存在。哺乳动物线粒体细胞色素氧化酶（或末端氧化酶）至少含有 13 种不同的蛋白质，包括细胞色素 aa_3 和含铜蛋白。复合物 IV 催化电子从还原型细胞色素 c 传递给 O_2。

复合体 I、复合体 III 和复合体 IV 既能催化电子传递，同时又发生质子的跨膜位移。所以既是电子传递体，又是质子移位体。复合体 II 只能传递电子，不能进行质子的跨膜运输（见表 8-2 和图 8-1）。

表 8-2 人线粒体呼吸链复合体

复合体	酶名称	质量/kDa	多肽链数	功能辅基	结合位点
复合体 I	NADH-泛醌还原酶	850	39	FMN、Fe-S	NADH（基质侧）CoQ（脂质核心）
复合体 II	琥珀酸-泛醌还原酶	140	4	FAD、Fe-S	琥珀酸（基质侧）CoQ（脂质核心）
复合体 III	泛醌-细胞色素 c 还原酶	250	11	血红素 b_L、b_H、c_1、Fe-S	Cyt c（膜间隙侧）
复合体 IV	细胞色素 c 氧化酶	162	13	血红素 a、a_3、Cu_A、Cu_B	Cyt c（膜间隙侧）
细胞色素 c		13	1	血红素 c	Cyt c_1，Cyt a

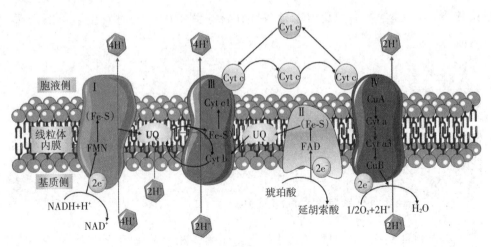

图8-1　呼吸链各复合体位置示意图

三、电子传递链的排列顺序

呼吸链中的电子传递有着严格的方向和顺序，即电子从氧化还原电位较低的传递体依次通过氧化还原电位较高的传递体，逐步流向O_2。测定电子传递链各成员的氧化还原电位（$E^{0\prime}$）就可以了解它们在电子呼吸链中所处的位置。另外，由于各电子传递体在氧化态与还原态下一般都有不同的光吸收特征，用双光束分光光度计测定游离线粒体中各组分的差别吸收光谱，就能判断它们在呼吸链中的位置。还可以加入呼吸链专一的抑制剂或人工供受体，分段测定电子传递体的氧化还原状态。因为这些试剂可在呼吸链上相应的位置使电子传递中断，位于"上游"的传递体均处于还原状态，而"下游"的传递体则处于氧化状态。经过多重实验论证发现，4种复合物在电子传递过程中具有协同作用，复合物Ⅰ、Ⅲ、Ⅳ组成NADH电子传递链的主要部分，催化NADH氧化；复合物Ⅱ、Ⅲ、Ⅳ组成$FADH_2$电子传递链，催化琥珀酸的氧化。已知的电子传递链中各载体的排列顺序大致如图8-2所示。

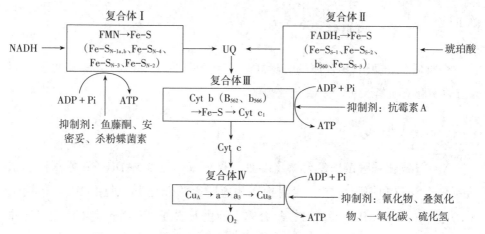

图8-2 电子传递链中各载体的排列顺序及抑制剂作用部位

四、电子传递抑制剂

电子传递抑制剂是能够阻断电子传递链中某部位电子传递的物质。图8-2中列举了重要的电子传递抑制剂以及它们的作用位点。

（一）复合物Ⅰ抑制剂

鱼藤酮（rotenone）、安密妥（amytal）、杀粉蝶菌素（piericidine）等是复合物Ⅰ的抑制剂，阻断电子由NADH向CoQ传递，但不影响$FADH_2$到CoQ的氢原子传递。鱼藤酮是一种有毒的植物毒素，常用作杀虫剂。

（二）复合物Ⅲ抑制剂

抑制剂抗霉素A（antimycin A）是从灰色链球菌分离出的一种抗生素，抑制复合物Ⅲ的电子传递，即阻断细胞色素还原酶中的电子传递，从而抑制电子从还原型的$CoQ（QH_2）$到细胞素c_1的传递。

（三）复合物Ⅳ抑制剂

氰化物（cyanide，CN^-）、叠氮化物（azide，N_3^-）、一氧化碳（carbon monoxide，CO）和硫化氢（hydrogen sulfide）等抑制剂均能阻断电子在细胞色素氧化酶上传递，即阻断细胞色素aa_3至O_2的电子传递，其中，氰化物（CN^-）和叠氮化物（N_3^-）能与血红素a_3的高铁形式作用而形成复合物，而一氧化碳（CO）则抑制血红素a_3的亚铁形式。

五、主要的呼吸链

根据呼吸链四个复合体的传递顺序，线粒体内主要的呼吸链有两条，即 NADH 氧化呼吸链和 $FADH_2$ 氧化呼吸链。

（一）NADH 氧化呼吸链

NADH 氧化呼吸链由复合物 Ⅰ、Ⅲ、Ⅳ组成，包含 NADH、黄素蛋白、铁硫蛋白、泛醌和细胞色素。代谢物在相应脱氢酶催化下，脱下 $2H^+$，传递给 NAD^+ 生成 $NADH + H^+$。后者又在复合体 Ⅰ 催化下，通过 FMN 传递给泛醌。还原性泛醌经复合体 Ⅲ 催化脱下 $2H^+ + 2e$，其中 $2H^+$ 游离于介质中，而后 e 则由 Cyt b 的 Fe^{3+} 接受还原成 Fe^{2+}，并沿着 $b \rightarrow c \rightarrow c_1 \rightarrow aa_3 \rightarrow O_2$ 的顺序逐步传递给氧生成氧原子，氧原子可与游离于介质中的 $2H^+$ 结合生成 H_2O（见图 8-3）。

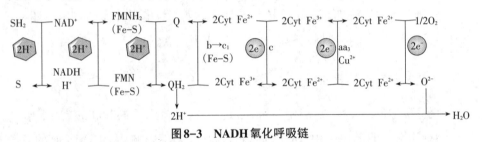

图 8-3　NADH 氧化呼吸链

（二）$FADH_2$ 氧化呼吸链

$FADH_2$ 氧化呼吸链由复合物 Ⅱ、Ⅲ、Ⅳ组成，包含黄素蛋白（以 FAD 为辅基）、泛醌和细胞色素，与 NADH 氧化呼吸链的区别在于脱下的 $2H^+$ 不经过 NAD^+ 这一环节。除此之外，H^+ 和电子传递过程均与 NADH 氧化呼吸链相同。琥珀酸脱氢酶、脂肪酰 CoA 脱氢酶和 α-磷酸甘油脱氢酶催化代谢物脱下的 H^+ 均通过此呼吸链被氧化（见图 8-4）。这条呼吸链不如 NADH 氧化呼吸链的作用普遍。

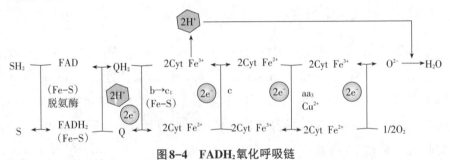

图 8-4　$FADH_2$ 氧化呼吸链

第三节 氧化磷酸化

一、氧化磷酸化的概念

氧化磷酸化（oxidative phosphorylation）是指细胞内伴随有机物氧化，利用生物氧化过程中释放的自由能促使ADP与无机磷酸结合生成ATP的过程。

营养物质在体内进行氧化分解生成二氧化碳和水，同时释放能量，大部分能量会以ATP的形式贮存下来。生物体内生成ATP的方式有2种，即底物水平磷酸化和氧化磷酸化。其中，依赖电子传递体系的氧化磷酸化的作用是产生ATP的主要途径，也是维持需氧细胞生命活动的主要能量来源。真核细胞中的电子传递和氧化磷酸化是在线粒体内膜上进行的，而原核细胞由于没有线粒体结构的分化，所以电子传递和氧化磷酸化在细胞膜上进行。

二、氧化磷酸化的类型

（一）底物水平磷酸化（substrate-level phosphorylation）

在底物氧化过程中，由某些高能中间代谢物的磷酸基团通过酶促反应转移到ADP分子生成ATP的反应，称为底物水平磷酸化。其作用特点是ATP的形成与中间代谢物进行的磷酸基团转移反应相偶联，因反应无须氧分子参与，所以底物水平磷酸化在有氧或无氧条件下都能发生。

$$S \longrightarrow \begin{matrix} X{\sim}P \\ X{\sim}SCoA \end{matrix} \longrightarrow XH + ATP \qquad (8{-}6)$$

ADP或Pi

式中，X~P和X~SCoA代表在底物氧化过程中形成的高能中间代谢物，如糖酵解中生成的1，3-二磷酸甘油酸、磷酸烯醇丙酮酸以及三羧酸循环中的琥珀酰CoA等。

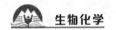

（二）氧化磷酸化（oxidative phosphorylation）

电子从 NADH 或 FADH$_2$ 经电子传递链传递到 O$_2$ 形成 H$_2$O，同时偶联 ADP 磷酸化生成 ATP 的反应，称为电子传递偶联的磷酸化或氧化磷酸化，是需氧生物合成 ATP 的主要途径。氧化磷酸化反应需要 4 种基本因素参与，即底物（如 NADH 和 FADH$_2$）、O$_2$、ADP 和 Pi。其中，ADP 是氧化磷酸化反应的关键底物，它在细胞中的物质的量浓度直接决定磷酸化的速率。

三、氧化磷酸化与电子传递的偶联

P/O 是指每消耗一个氧原子（或每对电子通过呼吸链传递至氧）所产生的 ATP 分子数。测定结果表明：NADH 经呼吸链完全氧化时测得的 P/O 为 2.5，而 FADH$_2$ 完全氧化时测得的 P/O 为 1.5。一分子葡萄糖经糖酵解–三羧酸循环彻底氧化，共生成 32 个 ATP，葡萄糖燃烧时释放的总能量为 –2876.5 kJ/mol，贮能效率则为：32 × 30.5 ÷ 2876.5 × 100% = 33.9%。在氧化磷酸化过程中 1 mol NADH 经呼吸链氧化可偶联产生 2.5 mol ATP，而 FADH$_2$ 则产生 1.5 mol ATP。

电子在两个传递体之间传递时，氧化还原电位差（$\Delta E^{0\prime}$）与标准自由能的变化（$\Delta G^{0\prime}$）之间的关系见式（8–5）。根据式（8–5）可以算出电子从 NADH 和 FADH$_2$ 传递到 O$_2$ 氧化磷酸化的贮能效率：

$$\text{NADH(H}^+) + 2.5\text{ADP} + 2.5\text{Pi} + 1/2\text{O}_2 \longrightarrow \text{NAD}^+ + 3.5\text{H}_2\text{O} + 2.5\text{ATP}$$

放能反应：

$$\text{NADH(H}^+) + 1/2\text{O}_2 \longrightarrow \text{NAD}^+ + \text{H}_2\text{O}$$

$$\Delta G^{0\prime} = -nF\Delta E^{0\prime} = -2 \times 23.063 \times [(+0.82)-(-0.32)] = -2 \times 23.063 \times 1.14$$

$$= -52.6 \text{ kcal/mol} = -220.07 \text{ kJ/mol}$$

合成 ATP 的吸能反应：

$$2.5\text{ADP} + 2.5\text{Pi} \longrightarrow 2.5\text{H}_2\text{O} + 2.5\text{ATP}$$

$$\Delta G^{0\prime} = 2.5 \times 30.5 = 76.25 \text{ kJ/mol}$$

贮能效率：

$$76.25 \div 220.07 \times 100\% = 34.7\%$$

$$\text{FADH}_2 + 2\text{ADP} + 2\text{Pi} + \frac{1}{2}\text{O}_2 \longrightarrow \text{FAD} + 3\text{H}_2\text{O} + 2\text{ATP}$$

按照同样的方法计算，FADH$_2$ 的贮能效率为 33.9%。

四、氧化磷酸化的机制

（一）线粒体偶联因子F_1-F_0

氧化磷酸化偶联因子在电子显微镜下在线粒体内膜基质一侧表面上呈现小的球状颗粒状态，并通过一个柄与嵌入内膜的基部连接。氧化磷酸化偶联因子包含ATP合酶系统，可利用电子传递的高能状态将ADP和Pi合成为ATP。研究结果表明，线粒体偶联因子由两个主要部分F_0和F_1组成，因而又称为F_1-F_0-ATPase复合物或ATP合酶，F_1是它的球形头部，伸入到线粒体基质中，由五种亚基组成（α_3、β_3、γ、δ、ε），是合成ATP的催化部分；F_0横贯线粒体内膜，含有质子通道，由十多种亚基组成。

（二）化学渗透学说

化学渗透学说（chemiosmotic hypothesis）是20世纪60年代初由P. Mitchell提出的，他于1978年获诺贝尔化学奖。该学说认为，在电子传递与ATP合成之间起偶联作用的是质子电化学梯度，其要点如下（见图8-5）。

① 呼吸链中的电子传递体在线粒体内膜中有序定位，递氢体和电子传递体是间隔交替排列的，催化反应是定向的。

② 在电子传递过程中，复合物Ⅰ、Ⅲ和Ⅳ中的递氢体起质子泵的作用，将

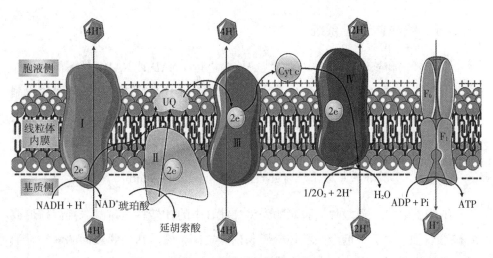

图8-5 化学渗透学说示意图

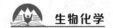

H⁺从线粒体内膜基质侧定向泵至内膜外侧空间，而将电子（2e⁻）传给其下游的电子传递体。三种复合物都是由电子传递驱动的质子泵。

③线粒体内膜具有选择透性，质子不能透过线粒体内膜，泵到内膜外侧的H⁺不能自由返回，这样就能在电子传递过程中在内膜两侧建立起质子浓度梯度，形成膜电位，这种跨膜的质子电化学梯度就是推动ATP合成的原动力，称为质子推动力。

④线粒体F_1-F_0-ATPase复合物利用ATP水解能量将质子泵出内膜。当存在足够高的跨膜质子电化学梯度时，强大的质子流通过F_1-F_0-ATPase进入线粒体基质时，释放的自由能推动ATP合成。内膜蛋白复合物F_0起质子通道的作用，线粒体内膜基质表面的F_1能催化ATP的合成。

（三）腺苷酸的转运

ATP、ADP和Pi都不能自由通过线粒体内膜。在一般情况下，胞液中有足够的ADP和Pi，要将它们转运到线粒体内才能生成ATP。生成的ATP又要转运到细胞液中。现已证实，线粒体内膜上的腺苷酸载体负责这个双向运输，又称ADP/ATP交换体（腺苷酸转位酶），以二聚体的形式嵌入内膜，在跨膜电位（外正内负）的推动下把ADP运入基质，同时将ATP运到膜外侧。与此同时，Pi和H⁺通过磷酸转位酶进入线粒体，腺苷酸载体聚体只有一个腺苷酸结合位点，面向膜外侧时结合位点对ADP有高亲和力，对苍术的抑制敏感；面向膜内侧的位点对ATP有高亲和力，对米酵霉酸的抑制敏感。

五、线粒体穿梭系统

生物氧化和氧化磷酸化主要在线粒体内进行，NAD⁺或NADH都不能自由地透过线粒体内膜，因此在细胞质基质中生成的NADH必须通过特殊的穿梭机制进入线粒体，已知动物细胞内有两个穿梭系统：一是α-磷酸甘油穿梭系统，主要存在于肌细胞；二是苹果酸-天冬氨酸穿梭系统，主要存在于肝细胞。

（一）α-磷酸甘油穿梭系统（glycerol α-phosphate shuttle system）

细胞质中的α-磷酸甘油脱氢酶先将NADH中的H⁺转移至磷酸二羟丙酮形成α-磷酸甘油，后者扩散至线粒体外膜与内膜之间，然后在内膜表面的磷酸甘油脱氢酶的作用下，将H⁺转移到内膜中的FAD上，并经呼吸链进行氧化，同时产生的磷酸二羟丙酮又返回细胞质基质中参与下一轮穿梭（见图8-6）。

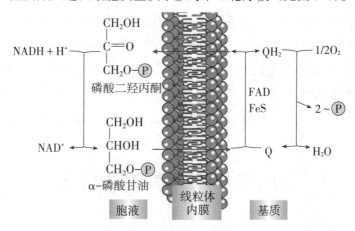

图8-6 α-磷酸甘油穿梭系统

（二）苹果酸-天冬氨酸穿梭系统（malate-aspartate shuttle system）

这个穿梭系统需要两种谷草转氨酶、两种苹果酸脱氢酶和一系列专一的透性酶共同作用。如图8-7所示，首先，NADH在细胞质中的苹果酸脱氢酶催化下将草酰乙酸还原成苹果酸，苹果酸通过线粒体内膜上的苹果酸/α-酮戊二酸载

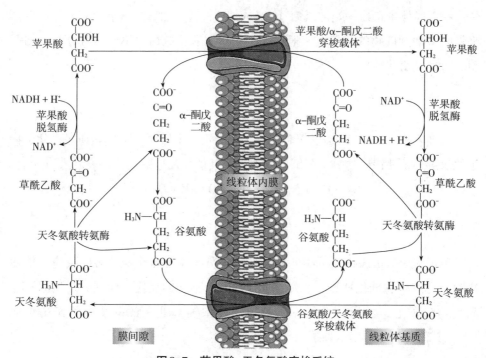

图8-7 苹果酸-天冬氨酸穿梭系统

体进入到线粒体基质，经细胞质中的苹果酸脱氢酶氧化，生成草酰乙酸和 NADH，后者随即通过呼吸链进行氧化磷酸化，草酰乙酸则在细胞质中的天冬氨酸转氨酶催化下形成天冬氨酸，同时将谷氨酸变为α-酮戊二酸。天冬氨酸和α-酮戊二酸通过线粒体内膜上的天冬氨酸/α-酮戊二酸载体进入细胞质，再由细胞质中的天冬氨酸转氨酶催化变成草酰乙酸参与下一轮穿梭运输，同时由α-酮戊二酸生成的谷氨酸又回到细胞质基质。上述代谢物均需经专一的膜载体通过线粒体内膜。

第四节　其他末端氧化酶系统

除了细胞色素系统之外，还有一些氧化体系，又称为非线粒体氧化体系，它们与 ATP 的生成无关，从底物脱 H^+ 到 H_2O 的形成是经过其他末端氧化酶系统完成的，具有其他重要生理功能。

一、微粒体氧化体系

微粒体氧化体系存在于细胞的光滑内质网上，其组成成分目前尚不完全清楚。在微粒体中存在一类加氧酶（oxygenase），这类加氧酶所催化的氧化反应是将氧直接加到底物的分子上。根据催化底物加氧反应情况不同，可分为单加氧酶和双加氧酶两种。

（一）双加氧酶

双加氧酶（dioxygenase）又叫转氧酶。催化 2 个氧原子直接加到底物分子特定的双键上，使该底物分子分解成两部分。其催化反应的通式可表示为

$$R = R' + O_2 \longrightarrow R = O + R' = O$$

（二）单加氧酶

单加氧酶（monooxygenase）催化在底物分子中加单个氧原子的反应。单加氧酶的特点是它催化 O_2 中 2 个氧原子分别进行不同的反应，O_2 的一个氧原子加到底物分子上，而另一个氧原子则与还原型辅酶Ⅱ上的两个质子作用生成 H_2O，其催化反应可表示如下：

$$RH + NADPH + H^+ + O_2 \longrightarrow ROH + NADP^+ + H_2O$$

二、过氧化物酶体氧化体系

过氧化物酶体存在于动物组织的肝、肾、中性粒细胞和小肠黏膜细胞中，是一种特殊的细胞器。过氧化物酶体中含有多种催化生成 H_2O_2 的酶，同时含有分解 H_2O_2 的酶，能氧化多种底物，如氨基酸、脂肪酸等。

（一）过氧化氢及超氧离子的生成

生物氧化过程中，O_2 必须接受4个电子才能完全还原，生成 $2O^{2-}$，再与 H^+ 结合生成 H_2O。若电子供给不足，则生成过氧化基团或超氧离子，前者可与 H^+ 结合形成过氧化氢。过氧化物酶体中含有多种氧化酶，可以催化过氧化氢以及超氧离子的生成。如胺氧化酶、氨基酸氧化酶、黄嘌呤氧化酶等可以催化底物氧化，同时产生 H_2O_2，白细胞中的NADH氧化同时释放出超氧离子。

（二）过氧化氢、超氧离子的作用和毒性

H_2O_2 在体内有一定的生理作用，如中性粒细胞产生的 H_2O_2 可用于杀死吞噬的细菌等。但对大多数组织来说，H_2O_2 若堆积过多，则会对细胞有毒性作用。超氧离子为带有负电荷的自由基，与 H_2O_2 作用可生成性质更活泼的自由基（·OH）。超氧离子、H_2O_2 及 ·OH 等统称为活性氧，性质活泼，氧化作用极为强烈，对机体危害很大，因此必须将多余的 H_2O_2、·OH 及时清除。

（三）过氧化氢的清除

1. 过氧化氢酶

过氧化氢酶以血红素为辅基，是催化 H_2O_2 分解的重要的酶。反应如下：

$$H_2O_2 + H_2O_2 \xrightarrow{\text{过氧化氢酶}} 2H_2O + O_2$$

2. 过氧化物酶

以血红素为辅基，可催化 H_2O_2 分解生成 H_2O，并释放出氧原子直接氧化酚类和胺类物质。反应如下：

$$R + H_2O_2 \xrightarrow{\text{过氧化物酶}} H_2O + RO$$

3. 谷胱甘肽过氧化物酶

红细胞等组织中还有一种含硒的谷胱甘肽（glutathione，GSH）过氧化物

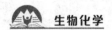

酶，利用还原型谷胱甘肽催化破坏过氧化氢脂质，具有保护生物膜及血红蛋白免遭损伤的作用。

三、超氧化物歧化酶

呼吸链电子传递过程中可产生超氧离子，其化学性质活泼，可使磷脂分子中的不饱和脂肪酸氧化生成过氧化脂质损害生物膜。超氧化物歧化酶（superoxide dismutas，SOD）是人体防御内外环境中超氧离子对人体侵害的重要的酶。胞液中含有以 Cu^{2+}、Zn^{2+} 为辅基的 SOD，线粒体中则存在含 Mn^{2+} 的 SOD，两者均能催化超氧离子的氧化与还原，而生成 H_2O_2 与 O_2。

$$2 \times 超氧离子 + 2H^+ \xrightarrow{\text{SOD}} H_2O_2 + O_2$$

第九章　糖代谢

第一节　概　述

一、糖的消化、吸收及生理功能

糖类是自然界分布最广泛的物质之一，从细菌到高等生物均含有糖类。人类食物中的糖类主要有：植物淀粉、动物糖原、麦芽糖、蔗糖、乳糖和葡萄糖。食物中的糖类主要是淀粉，淀粉被消化成葡萄糖进入血液循环。体内所有的组织细胞都可利用葡萄糖，1 mol葡萄糖完全氧化成为二氧化碳和水可释放能量为2840 kJ（67 kcal/mol），其中大约34%转化为ATP，以供应机体生理活动所需能量。人体内糖的贮存形式是糖原。

在人体的唾液中含有α-淀粉酶，可水解淀粉分子内的α-1，4糖苷键。淀粉的消化是从口腔开始的，但是淀粉的消化主要在小肠内进行。在胰液的α-淀粉酶作用下，淀粉被水解为麦芽糖、麦芽三糖、含分支的异麦芽糖和α-临界糊精。在小肠黏膜刷状缘，寡糖被进一步消化。α-葡萄糖苷酶水解没有分支的麦芽糖和麦芽三糖；α-临界糊精酶水解α-1，4糖苷键和α-1，6糖苷键，将α-临界糊精和异麦芽糖水解成葡萄糖，肠黏膜细胞还存在蔗糖酶和乳糖酶等，分别水解蔗糖和乳糖。

糖被消化成单糖后在小肠被吸收后经门静脉入肝。小肠黏膜和肾小管上皮细胞吸收葡萄糖是依赖于特定载体转运的、主动耗能的过程，同时伴有Na^+的转运。葡萄糖转运体也被称为Na^+依赖型葡萄糖转运体（Na^+-dependent glucose transporter，SGLT）。

糖的主要生理功能是氧化供能，人体所需能量的50%~70%来自糖。此外，糖也是机体组织结构的重要成分。糖代谢的中间产物可转变成其他的含碳化合物，是机体重要的碳源。糖与蛋白质、脂类的聚合物可调节细胞间的相互作用。糖蛋白等在体内还有一些特殊生理功能，如激素酶、免疫球蛋白、血型物质和血浆蛋白等。

二、糖代谢的概况

葡萄糖吸收入血后，依赖一类葡萄糖转运体（glucose transporter，GLUT）进入细胞。现已发现有5种葡萄糖转运体（GLUT 1~5），它们分别在不同的组织细胞中起作用。①GLUT1主要存在于脑、肌、脂肪等组织中；②GLUT2主要存在于肝和胰的B细胞中；③GLUT4主要存在于脂肪和肌组织中。葡萄糖在不同种类的细胞中的代谢方式不同，其分解代谢方式也受氧供应状况的影响。人体内糖的分解代谢途径主要包括糖的无氧分解、有氧氧化和磷酸戊糖三条。糖的合成代谢途径主要包括糖原合成和糖异生。

第二节　糖的无氧氧化

一、糖酵解途径

在机体缺氧条件下，葡萄糖经一系列酶促反应生成丙酮酸进而还原生成乳酸（lactate）的过程称为糖酵解（glycolysis），亦称糖的无氧氧化（anaerobic oxidation）。糖酵解代谢途径可分为两个阶段。第一阶段是由葡萄糖分解成丙酮酸的过程，称为糖酵解途径；糖酵解过程中1分子葡萄糖转变为2分子丙酮酸；在缺氧状态下，丙酮酸还原为乳酸；在有氧状态下，丙酮酸氧化为乙酰CoA，进入三羧酸循环而氧化为二氧化碳和水。糖酵解途径包含10步反应，都是在细胞质中进行的。这一阶段中，前5步反应为磷酸丙糖的生成阶段，为耗能过程，1分子葡萄糖的代谢消耗了2分子ATP，产生了2分子3-磷酸甘油醛。后5步反应为磷酸丙糖转变成丙酮酸的过程，总共生成4分子ATP，所以为能量的释放和储存阶段。第二阶段为丙酮酸被还原转变成乳酸的过程。糖酵解过程的全部反应在细胞质中进行（见图9-1）。

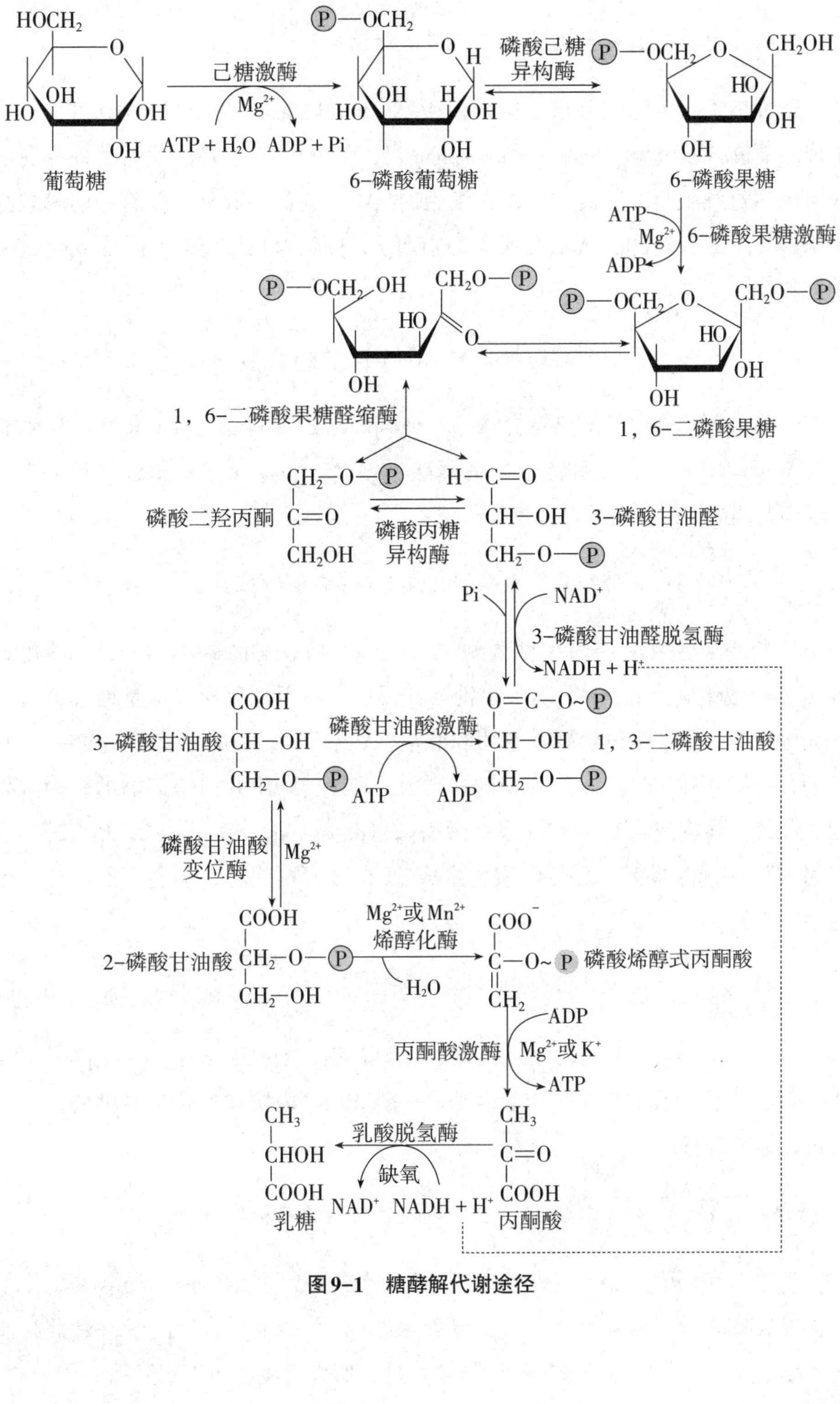
己糖激酶
Mg2+
ATP + H2O ADP + Pi
葡萄糖
6-磷酸葡萄糖
磷酸己糖异构酶
6-磷酸果糖
6-磷酸果糖激酶
1，6-二磷酸果糖
1，6-二磷酸果糖醛缩酶
磷酸二羟丙酮
磷酸丙糖异构酶
3-磷酸甘油醛
3-磷酸甘油醛脱氢酶
NAD+
NADH + H+
1，3-二磷酸甘油酸
磷酸甘油酸激酶
ATP
ADP
3-磷酸甘油酸
磷酸甘油酸变位酶
2-磷酸甘油酸
Mg2+或Mn2+
烯醇化酶
H2O
磷酸烯醇式丙酮酸
丙酮酸激酶
Mg2+或K+
丙酮酸
乳酸脱氢酶
缺氧
乳糖

图9-1 糖酵解代谢途径

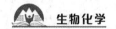

（一）反应1：葡萄糖磷酸化成6-磷酸葡萄糖

葡萄糖进入人体细胞后，由己糖激酶（hexokinase）催化发生磷酸化反应，生成6-磷酸葡萄糖（glucose-6 phosphate，G-6-P）；由于磷酸化后的葡萄糖不能自由通过细胞膜，因此本反应在细胞内是不可逆的。此外，反应中的磷酸基团来自ATP的γ磷酸根，Mg^{2+}是必需的阳离子，因为参与反应的实际是Mg^{2+}-ATP复合物。

（二）反应2：6-磷酸葡萄糖异构成6-磷酸果糖

6-磷酸葡萄糖由磷酸己糖异构酶（phosphohexose isomerase）催化，发生醛糖与酮糖间的异构反应后转变为6-磷酸果糖（fructose-6 phosphate，F-6-P），此反应是需要Mg^{2+}参与的可逆反应。

（三）反应3：6-磷酸果糖被磷酸化成1，6-二磷酸果糖

6-磷酸果糖由6-磷酸果糖激酶-1（phosphofructokinase-1，PFK1）催化导致C_1位磷酸化成为1，6-二磷酸果糖。此反应是不可逆反应，也是糖酵解途径的关键反应。由ATP供给磷酸基团和能量，Mg^{2+}也是必需的阳离子。PFK1是变构酶，柠檬酸和ATP是此酶的变构抑制剂，ADP、AMP和Pi是此酶的变构激活剂。此外，体内还含有6-磷酸果糖激酶-2（phosphofructokinase-2，PFK2），虽然可催化6-磷酸果糖的C_2位磷酸化生成2，6-二磷酸果糖，但它不是酵解途径的中间产物。

（四）反应4：1，6-二磷酸果糖一分为二

1，6-二磷酸果糖由1，6-二磷酸果糖醛缩酶（fructose 1，6-bisphosphate aldolase）催化分裂成为两个磷酸丙糖——磷酸二羟丙酮和3-磷酸甘油醛。此反应可以逆向进行。

（五）反应5：磷酸二羟丙酮与3-磷酸甘油醛的异构反应

磷酸二羟丙酮和3-磷酸甘油醛为同分异构体，可由磷酸丙糖异构酶（triose phosphate isomerase）催化相互转变，此反应为吸能反应。由于3-磷酸甘油醛不断进入下一步反应，其物质的量浓度低，所以反应趋向生成醛糖。

（六）反应6：3-磷酸甘油醛氧化为1，3-二磷酸甘油酸

3-磷酸甘油醛由3-磷酸甘油醛脱氢酶（glyceraldehyde 3-phosphate dehydrogenase）催化脱2个H^+，NAD^+为辅酶接受H^+和电子生成$NADH + H^+$，使醛基氧化成羧基，此后发生磷酸化反应生成1，3-二磷酸甘油酸，产生一个高能磷酸键。参加反应的还有无机磷酸Pi。当3-磷酸甘油醛的醛基氧化脱H^+成羧基即与磷酸形成混合酸酐，该酸酐是一高能化合物，其磷酸酯键水解时$\Delta G^{0\prime} =$ -61.9 kJ/mol（-14.8 kcal/mol），可将能量转移至ADP生成ATP。从反应6起则可视为产出能量阶段。

（七）反应7：1，3-二磷酸甘油酸转变为3-磷酸甘油酸

1，3-二磷酸甘油酸经磷酸甘油酸激酶（phosphoglycerate kinase）催化混合酸酐上的磷酸从羧基转移到ADP，形成ATP和3-磷酸甘油酸，此反应需要Mg^{2+}。反应6中醛基氧化为羧基所释出的能量借助1，3-二磷酸甘油酸上的磷酸转移而生成ATP。这是糖酵解过程中第一次产生ATP的反应，将底物的高能磷酸基直接转移给ADP生成ATP，发生底物水平磷酸化反应。磷酸甘油酸激酶催化的此反应是可逆反应，逆反应则需消耗1分子ATP。

（八）反应8：3-磷酸甘油酸转变为2-磷酸甘油酸

3-磷酸甘油酸由磷酸甘油酸变位酶（phosphoglycerate mutase）催化磷酸根在甘油酸C_2和C_3上的可逆转移，Mg^{2+}是必需的离子。

（九）反应9：2-磷酸甘油酸脱水成为磷酸烯醇式丙酮酸

2-磷酸甘油酸经烯醇化酶（enolase）催化脱水生成磷酸烯醇式丙酮酸（phosphoenolpyruvate，PEP）。磷酸烯醇式丙酮酸形成了一个高能磷酸键，具有很高的磷酸基团的转移能力，是下一步反应的前提。

（十）反应10：磷酸烯醇式丙酮酸的磷酸转移

磷酸烯醇式丙酮酸在丙酮酸激酶（pyruvate kinase）催化下把磷酸基团转移给ADP而生成ATP和丙酮酸。反应需要K^+和Mg^{2+}参加。这个反应最初生成的是烯醇式丙酮酸，但是当pH值为7.0时烯醇式很不稳定，不需要酶催化可迅速转

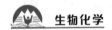

变为酮式。此反应是不可逆的，因此不能成为合成葡萄糖所需磷酸烯醇式丙酮酸的途径。这是糖酵解途径中第二次底物水平磷酸化。

二、丙酮酸转变成乳酸

丙酮酸由乳酸脱氢酶催化还原成乳酸，此反应所需的氢原子由 $NADH + H^+$ 提供，$NADH + H^+$ 来自第6步反应中的3-磷酸甘油醛的脱氢反应，$NADH + H^+$ 重新转变成 NAD^+，糖酵解继续进行。

三、糖酵解的调节

糖酵解中的可逆反应的方向、速率由底物和产物的浓度控制，这些可逆反应酶活性的改变不能决定反应的方向。在糖酵解途径中，己糖激酶（葡萄糖激酶）、6-磷酸果糖激酶-1和丙酮酸激酶分别催化的3个反应是不可逆的，是糖酵解途径流量的3个调节点，分别受变构效应剂和激素的调节。

（一）葡萄糖激酶或己糖激酶的影响

糖酵解途径的第一调控位点：由己糖激酶催化的葡萄糖转变成6-磷酸葡萄糖。己糖激酶受其反应产物6-磷酸葡萄糖的反馈抑制，这一过程称为产物抑制。如果细胞内6-磷酸葡萄糖供给量足够满足需求，剩余的6-磷酸葡萄糖将抑制后续的葡萄糖磷酸化作用；同时，如果葡萄糖供给不断，而磷酸化作用又被减弱，可导致葡萄糖积累，血糖浓度增高。这一现象可诱发另一个磷酸化酶——葡萄糖激酶发挥作用。葡萄糖激酶是葡萄糖的特异酶，仅存在于肝中，催化葡萄糖生成6-磷酸葡萄糖。在正常情况下，己糖激酶有较低的 K_m 值（0.1 mmol/L），较低的血糖浓度也能使葡萄糖快速进入细胞并转化为6-磷酸葡萄糖，再进入糖酵解途径。当细胞需要能量使6-磷酸葡萄糖浓度升高时，会减弱己糖激酶的活力。当血糖浓度较高时，肝中葡萄糖激酶活力升高以维持葡萄糖反应提供能量，葡萄糖激酶在 K_m 值（10 mmol/L）时以接近最大反应速率的状态发挥作用。葡萄糖激酶不受6-磷酸葡萄糖的影响。胰岛素可诱导葡萄糖激酶基因的转录，促进酶的合成糖酵解是体内葡萄糖分解供能的一条重要途径。

（二）6-磷酸果糖激酶-1的影响

糖酵解途径的第三步是由果糖磷酸激酶催化6-磷酸果糖生成1，6-二磷酸果糖。有研究认为，调控糖酵解途径最重要的是6-磷酸果糖激酶-1的活性。6-磷酸果糖激酶-1是四聚体，活性受多种变构效应剂的影响。ATP、NADH + H^+、柠檬酸和长链脂肪酸是此酶的变构抑制剂。6-磷酸果糖激酶1的变构激活剂有AMP、ADP、1，6-二磷酸果糖和2，6-二磷酸果糖。AMP可与ATP竞争变构结合部位，抵消ATP的抑制作用。当细胞处于低能状态时，ADP和AMP含量较多，而ATP含量较少，果糖磷酸激酶被激活，与底物6-磷酸果糖的亲和力较高。当细胞处于高能状态时，ATP的含量较多，而ADP和AMP的含量较少，这时ATP与果糖磷酸激酶的调节部位结合，使酶的构象改变，酶与底物的亲和力降低，反应速率下降。2，6-二磷酸果糖是6-磷酸果糖激酶-1最强的变构激活剂，在生理浓度范围（μmol水平）内即可发挥效应。其作用是与AMP一起取消ATP、柠檬酸对6-磷酸果糖激酶-1的变构抑制作用。

（三）丙酮酸激酶的影响

第三个调控位点是由丙酮酸激酶催化的磷酸烯醇丙酮酸生成丙酮酸的过程。1，6-二磷酸果糖和磷酸烯醇丙酮酸是丙酮酸激酶的激活剂，ATP、柠檬酸和长链脂肪酸是丙酮酸激酶的抑制剂。在细胞处于高能状态时，这两种酶都受到抑制。在低能状态时，1-磷酸果糖能激活丙酮酸激酶。丙酮酸激酶还受共价修饰方式调节。依赖cAMP的蛋白激酶和依赖Ca^{2+}、钙调蛋白的激酶均可使其磷酸化而失活。胰高血糖素可通过cAMP抑制丙酮酸激酶活性。

当消耗能量多、细胞内ATP/AMP比例降低时，6-磷酸果糖激酶-1和丙酮酸激酶均被激活，加速葡萄糖的分解。反之，细胞内ATP的储备丰富时，通过糖酵解分解的葡萄糖就减少。

四、糖酵解的生理意义

在正常生理条件下，糖酵解不是主要的供能途径，糖酵解最主要的生理意义在于快速提供能量。当机体缺氧或剧烈运动肌肉局部血流相对不足时，能量主要通过糖酵解获得。成熟红细胞没有线粒体，完全依赖糖酵解供应能量。但这种剧烈运动导致血浆中的乳酸物质的量浓度急剧升高，从而产生运动后胳膊、腿脚酸疼。神经细胞、白细胞、骨髓等代谢极为活跃，即使不缺氧也常由糖酵解供应能量。糖酵解可为生物合成提供原料，如丙酮酸可转变为氨基酸，磷酸二羟丙酮可合成甘油等。糖酵解的逆过程则是糖异生作用的主要途径，凡

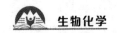

是糖酵解的中间产物或能转变为此类中间产物的物质，均可在肝中借助糖异生途径变成葡萄糖。

第三节　糖的有氧氧化

葡萄糖在有氧条件下彻底氧化成水和二氧化碳的反应过程称为有氧氧化（aerobic oxidation）。有氧氧化是糖氧化供能的主要方式，绝大多数细胞都通过它获得能量。在有氧状态下，糖酵解产生的还原当量（$NADH+H^+$）可在线粒体中经过电子传递链的氧化作用生成水；丙酮酸则可氧化脱羧生成乙酰CoA并进入三羧酸循环而氧化成二氧化碳、水和释出能量。

糖的有氧氧化大致可分为三个阶段。第一阶段：葡萄糖循糖酵解途径分解成丙酮酸；第二阶段：丙酮酸进入线粒体，氧化脱羧生成乙酰CoA；第三阶段：三羧酸循环及氧化磷酸化。本节主要介绍丙酮酸的氧化脱羧和三羧酸循环的反应过程。

一、丙酮酸的氧化脱羧

丙酮酸进入线粒体后，由丙酮酸脱氢酶复合体催化，氧化脱羧生成乙酰CoA，总反应式为

$$丙酮酸 + NAD^+ + HSCoA \longrightarrow 乙酰CoA + NADH + H^+ + CO_2$$

在真核细胞中，丙酮酸脱氢酶复合体存在于线粒体中，由3种酶〔丙酮酸脱氢酶（E_1）、二氢硫辛酰胺转乙酰酶（E_2）和二氢硫辛酰胺脱氢酶（E_3）〕组成，其组合比例随生物体不同而异。参与反应的辅酶有硫胺素焦磷酸酯（TPP）、硫辛酸、FAD、NAD^+及CoA。丙酮酸脱氢酶复合体催化的反应可分为五步描述（见图9-2）。①丙酮酸在丙酮酸脱氢酶（E_1）催化下脱羧，TPP噻唑环上的N与S之间活泼的碳原子可释放出H^+成为碳离子，丙酮酸与TPP反应生成羟乙基-TPP和CO_2。②羟乙基-TPP由二氢硫辛酰胺转乙酰酶（E_2）催化，使羟乙基被氧化成乙酰基，同时转移给硫辛酰胺，形成乙酰硫辛酰胺-E_2。③二氢硫辛酰胺转乙酰酶（E_2）还催化乙酰硫辛酰胺上的乙酰基转移给辅酶A生成乙酰CoA后，离开酶复合体，同时氧化过程中的2个电子使硫辛酰胺上的二硫键还原为2个巯基。④二氢硫辛酰胺经二氢硫辛酰胺脱氢酶（E_3）催化，脱氢重

新生成硫辛酰胺，以进行下一轮反应。同时将H^+传递给FAD，生成$FADH_2$。⑤在二氢硫辛酰胺脱氢酶（E_3）的催化下，将$FADH_2$上的H^+转移给NAD^+，形成$NADH + H^+$。在整个反应过程中，中间产物并不离开酶复合体，这就使得上述各步反应得以迅速完成。而且因没有游离的中间产物，所以不会发生副作用。丙酮酸氧化脱羧反应的$\Delta G^{0'} = 39.5$ kJ/mol，故反应是不可逆的。

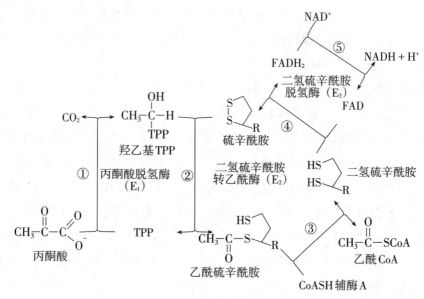

图9-2 丙酮酸脱氢酶复合体作用机制

二、三羧酸循环

三羧酸循环（tricarboxylic acid cycle，TCA cycle，TCA循环）是乙酰CoA与草酰乙酸（oxaloacetate）首先缩合生成含3个羧基的柠檬酸（citric acid），再经过4次脱氢、2次脱羧，生成4分子还原当量和2分子CO_2，重新生成草酰乙酸的循环反应过程。该循环反应中第一个中间产物是柠檬酸，亦称柠檬酸循环（citric acid cycle）。而且，由于该学说由Krebs正式提出，故此循环又被称为Krebs循环。

（一）三羧酸循环反应过程

1. 反应1：柠檬酸的形成

乙酰CoA与草酰乙酸由柠檬酸合酶（citrate synthase）催化缩合形成柠檬酰CoA，然后水解高能硫脂键，生成柠檬酸，同时释放出CoASH。该反应由柠檬

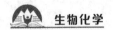

酸合酶催化，是很强的放能反应。由草酰乙酸和乙酰CoA合成柠檬酸是三羧酸循环的重要调节点，柠檬酸合酶是一个变构酶，ATP是柠檬酸合酶的变构抑制剂。此外，α-酮戊二酸、NADH + H$^+$能变构抑制其活性，长链脂酰CoA也可抑制它的活性，AMP可对抗ATP的抑制而起激活作用。

2.反应2：异柠檬酸的形成

在顺乌头酸酶（aconitase）的催化下，柠檬酸与异柠檬酸进行异构化可逆反应。原来在C$_3$上的羟基转到C$_2$上，反应中的中间产物顺乌头酸仅与酶结合在一起以复合物的形式存在。

3. 反应3：异柠檬酸氧化脱羧生成α-酮戊二酸

异柠檬酸由异柠檬酸脱氢酶（isocitrate dehydrogenase）催化，脱下两个H$^+$，使NAD$^+$生成NADH + H$^+$，同时异柠檬酸生成草酰琥珀酸，草酰琥珀酸不稳定，在Mg^{2+}或Mn^{2+}参与下进行氧化脱羧，生成α-酮戊二酸和CO$_2$。这是TCA循环反应中的第一次氧化脱羧反应，释出的CO$_2$可被视作乙酰CoA的1个碳原子氧化产物。有两种异柠檬酸脱氢酶，一种以NAD$^+$为电子受体，在线粒体基质中；另一种以NADP$^+$为电子受体，在线粒体基质和胞质中都存在。它们催化同样的反应。异柠檬酸脱氢酶是变构酶，NADH+H$^+$和ATP是变构抑制剂，NAD$^+$、ADP和AMP是变构激活剂。

4. 反应4：α-酮戊二酸氧化脱羧生成琥珀酰CoA

α-酮戊二酸在α-酮戊二酸脱氢酶复合体的催化下脱H$^+$，氧化脱羧生成琥珀酰CoA。这是TCA循环反应中的第二次氧化脱羧反应。这个酶复合物类是由3种酶组成的，即α-酮戊二酸脱氢酶、二氢硫辛酰胺转琥珀酰酶和二氢硫辛酰胺脱氢酶，还有与酶蛋白结合的TPP、硫辛酸、FAD，以及NAD$^+$和CoA的参加，与前述的丙酮酸脱氢酶复合体类似。反应中部分能量以高能硫酯键形式储存在琥珀酰CoA内。

5. 反应5：琥珀酰CoA生成琥珀酸

琥珀酸CoA在琥珀酰CoA合成酶（succinyl CoA synthetase）的催化下，硫酯键断开，释放出一个高能磷酸酯键，它可与GDP的磷酸化偶联成GTP，生成高能磷酸键，反应是可逆的。GTP可将高能磷酸酯键转移给ADP生成ATP。这是TCA循环中唯一的底物水平磷酸化反应。

6. 反应6：琥珀酸脱氢生成延胡索酸

琥珀酸在琥珀酸脱氢酶（succinate dehydrogenase）的催化下，脱下两个

H^+，使 FAD 生成 $FADH_2$，氧化成为延胡索酸，琥珀酸脱氢酶结合在线粒体内膜上，是 TCA 循环中唯一与内膜结合的酶，而其他三羧酸循环的酶则都存在于线粒体基质中。这些酶含有铁硫中心和共价结合的 FAD。来自琥珀酸的电子通过 FAD 和铁硫中心，然后进入电子传递链到 O_2，生成 1.5 分子 ATP。

7. 反应7：延胡索酸加水生成苹果酸

延胡索酸经延胡索酸酶（fumarate hydratase）可逆催化，加水生成 L-苹果酸。它只能催化延胡索酸的反式双键，对于顺丁烯二酸（马来酸）则无催化作用，因而具有高度立体异构特异性。

8. 反应8：苹果酸脱氢生成草酰乙酸

L-苹果酸由 L-苹果酸脱氢酶（malate dehydrogenase）催化合成草酰乙酸，脱下两个 H^+ 传递给 NAD^+，生成 $NADH + H^+$。草酰乙酸不断被柠檬酸合成反应所消耗，故这一可逆反应向生成草酰乙酸的方向进行。羧酸循环的反应过程如图 9-3 所示。三羧酸循环的总反应为

$$CH_3CO\sim SCoA + 3NAD^+ + FAD + GDP + Pi + 2H_2O \longrightarrow 2CO_2 + 3NADH + 3H^+ + FADH_2 + HSCoA + GTP$$

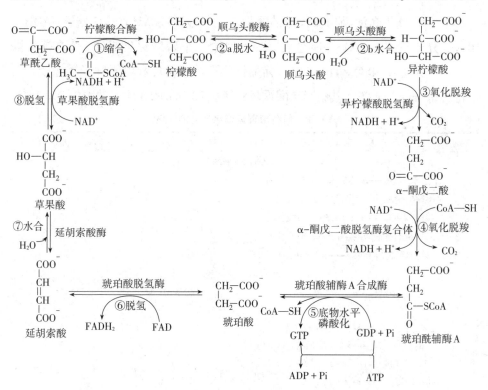

图9-3 三羧酸循环

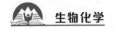

（二）三羧酸循环的特点

① 这些反应从2个碳原子的乙酰CoA与4个碳原子的草酰乙酸缩合成6个碳原子的柠檬酸开始，每次循环消耗一个乙酰CoA。三羧酸循环中生成两分子CO_2，这是体内CO_2的主要来源。脱氢反应共有4次，其中，3次脱H^+由NAD^+接受，1次由FAD接受。脱下的H^+经电子传递体将电子传给O_2时才能生成ATP。三羧酸循环本身每循环一次只能以底物水平磷酸化生成1个高能磷酸键。

② 三羧酸循环必须在有氧的条件下才能顺利进行。如果没有氧，脱下的H^+无法进入呼吸链彻底氧化。

③ 反应中第2、4、5步反应不可逆，而且在循环中也没有绕过这3步的酶，所以该循环不可逆。

④ 三羧酸循环在真核细胞发生于线粒体，在原核生物中发生在细胞质膜。

（三）三羧酸循环的生理意义

① 为机体生命活动提供大量的能量。三羧酸循环循环产生3分子NADH +H^+和1分子$FADH_2$的H^+传递给氧，加上底物水平磷酸化生成的1个高能磷酸键，一次共生成10个ATP。1 mol葡萄糖经三羧酸循环和电子呼吸链途径，可获得约32 mol的ATP，其中三羧酸循环就产生20 mol的ATP，见表9-1。

表9-1 葡萄糖有氧氧化产生的ATP

反　应	辅　酶	最终获得ATP
第一阶段（胞浆）		
葡萄糖 ⟶ 葡糖-6-磷酸		−1
果糖-6-磷酸 ⟶ 果糖-1,6-二磷酸		−1
2×3-磷酸甘油醛 ⟶ 2×1,3-二磷酸甘油酸	2NADH	5
2×1,3-二磷酸甘油酸 ⟶ 2×3-磷酸甘油酸		2
2×磷酸烯醇式丙酮酸 ⟶ 2×丙酮酸		2
第二阶段（线粒体基质）		
2×丙酮酸 ⟶ 2×乙酰CoA	2NADH	5
第三阶段（线粒体基质）		
2×异柠檬酸 ⟶ 2×α-酮戊二酸	2NADH	5
2×α-酮戊二酸 ⟶ 2×琥珀酰CoA	2NADH	5
2×琥珀酰CoA ⟶ 2×琥珀酸	2GTP	2
2×琥珀酸 ⟶ 2×延胡索酸	2FADH₂	3
2×苹果酸 ⟶ 2×草酰乙酸	2NADH	5
由一个葡萄糖总共获得		30或32

总的反应为

$$葡萄糖 + 32ADP + 32Pi + 6O_2 \rightarrow 32ATP + 6CO_2 + 44H_2O$$

葡萄糖氧化成 CO_2 及 H_2O 时，$\Delta G^{0\prime}$ 为 -2840 kJ/mol，生成 32 mol ATP，共储能 $30.5 \times 32 = 976$ kJ/mol，效率约为 34%。

② 三羧酸循环是糖脂肪、氨基酸代谢互相联系的枢纽，中间产物为其他物质合成提供原料。例如，为脂肪酸合成提供乙酰 CoA，为谷氨酸和天冬氨酸合成分别提供 α-酮戊二酸和草酰乙酸的碳架。

③ 三羧酸循环是糖、脂肪、氨基酸三大营养素的最终代谢通路。糖、脂肪、氨基酸在体内进行生物氧化都将产生乙酰 CoA，然后进入三羧酸循环进行降解。凡是能转变成乙酰 CoA、α-酮戊二酸、草酰乙酸、琥珀酰 CoA 等三羧酸循环的中间产物都可经过三羧酸循环彻底氧化分解。

三、糖有氧氧化的调节

丙酮酸脱氢酶复合体可通过变构效应和共价修饰两种方式进行快速调节。丙酮酸脱氢酶复合体的反应产物乙酰 CoA 及 $NADH + H^+$ 对酶有反馈抑制作用，ATP 对丙酮酸脱氢酶复合体有抑制作用，AMP 则能激活。丙酮酸脱氢酶复合体可被丙酮酸脱氢酶激酶磷酸化，磷酸化后蛋白变构而失去活性。丙酮酸脱氢酶磷酸酶则使其去磷酸而恢复活性。

三羧酸循环的速率和流量主要受 3 种因素的调控：底物的供应量，催化循环最初几步反应酶的反馈别构抑制，产物堆积的抑制作用。三羧酸循环主要受其底物、产物和关键酶（柠檬酸合酶、异柠檬酸脱氢酶和 α-酮戊二酸脱氢酶）活性 3 种因素的调控。异柠檬酸脱氢酶和 α-酮戊二酸脱氢酶复合体在 $NADH/NAD^+$，ATP/ADP 比率高时被反馈抑制。ADP 还是异柠檬酸脱氢酶的变构激活剂。此外，氧化磷酸化的速率对三羧酸循环也有重要影响。三羧酸循环中脱氢反应生成的 $NADH + H^+$ 和 $FADH_2$ 如不能有效进行氧化磷酸化，则三羧酸循环中的脱氢反应也将无法继续进行下去。

第四节 磷酸戊糖途径

有研究结果表明，除三羧酸循环途径以外，尚存在其他代谢途径，磷酸戊

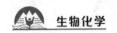

糖途径（pentose phosphate path way，PPP）就是另一重要途径。葡萄糖可经此途径代谢生成磷酸核糖、NADPH和CO_2。

一、磷酸戊糖途径的反应过程

磷酸戊糖途径的代谢反应在胞质中进行，其过程可分为两个阶段。第一阶段是氧化反应，6-磷酸葡萄糖氧化脱羧生成磷酸戊糖、NADPH和CO_2，包括3步反应；第二阶段则是非氧化反应，包括一系列基团转移，包括5步反应。

（一）磷酸戊糖生成的氧化反应

此阶段有3步反应。①6-磷酸葡萄糖由6-磷酸葡萄糖脱氢酶（glucose-6-phosphate 1-dehydrogenase）催化脱氢，生成6-磷酸葡萄糖酸内酯和NADPH，在此反应中$NADP^+$为电子受体，平衡趋向于生成NADPH，需要Mg^{2+}参与。②6-磷酸葡萄糖酸内酯在内酯酶（lactonase）的作用下发生不可逆水解，生成6-磷酸葡萄糖酸。③6-磷酸葡萄糖酸经6-磷酸葡萄糖酸脱氢酶作用再次脱氢，并自发脱羧而转变成5-磷酸核酮糖，同时生成NADPH及CO_2。

在第一阶段，6-磷酸葡萄糖生成5-磷酸核酮糖的过程中，同时生成2分子NADPH及1分子CO_2。碳酸戊糖用以合成核苷酸，NADPH用于许多化合物的合成代谢。6-磷酸葡萄糖脱氢酶的活性决定此阶段反应的速度和流量，是磷酸戊糖途径的限速酶。

（二）基团转移的非氧化反应

第二阶段通过一系列基团转移反应，将核糖转变成6-碳酸果糖和3-磷酸甘油醛而进入糖酵解途径。这一阶段反应的实质为3分子磷酸戊糖转变成2分子磷酸己糖和1分子磷酸丙糖。①5-磷酸核酮糖在磷酸戊糖异构酶（phosphopentose isomerase）作用下，转变为5-磷酸核糖。②5-磷酸核酮糖在磷酸戊糖差向异构酶（phosphopentose epimerase）作用下，转变为5-磷酸木酮糖。③5-磷酸木酮糖由转酮醇酶（transketolase）催化，将一个2碳单位（羟乙醛）转移给5-磷酸核糖，产生7-磷酸景天糖和3-磷酸甘油醛，反应需TPP作为辅酶并需Mg^{2+}参与。④7-磷酸景天糖由转醛醇酶（transaldolase）催化转移3C的二羟丙酮基给3-磷酸甘油醛，生成4-磷酸赤藓糖和6-磷酸果糖。⑤4-磷酸赤藓糖在转酮醇酶催化下，接受来自5-磷酸木酮糖的羟乙醛基，生成6-磷酸果糖和3-磷酸甘油醛。3-磷酸甘油醛可进入糖酵解途径。磷酸戊糖之间的互相转变由相应的异构酶、差向异构酶催化，这些反应均为可逆反应。这些基团转移反应可分为两类。一类是转酮醇酶反应，转移含1个酮基、1个醇基的2碳基团；另一类是转醛醇酶反应，转移3碳单位。接受体都是醛糖（见图9-4）。

磷酸戊糖途径总的反应为

$$3 \times 6\text{-磷酸葡萄糖} + 6NADP^+ \longrightarrow 2 \times 6\text{-磷酸果糖} + 3\text{-磷酸甘油醛} + 6NADPH +$$
$$6H^+ + 3CO_2$$

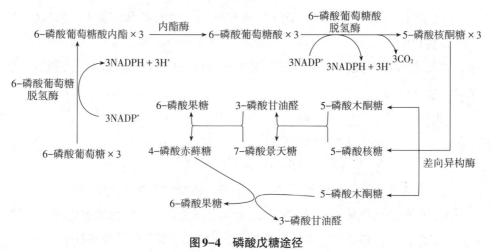

图9-4 磷酸戊糖途径

二、磷酸戊糖途径的特点及生理意义

（一）为核酸以及各种辅酶的生物合成提供原料

葡萄糖可经过6-磷酸葡萄糖脱氢、脱羧的氧化反应生成5-磷酸核酮糖，后者转化成5-磷酸核糖；葡萄糖也可通过酵解途径的中间产物3-磷酸甘油醛和6-磷酸果糖经过基团转移反应而生成磷酸核糖，成为核苷酸、脱氧核苷酸及各种辅酶的重要原料。体内的核糖并不依赖从食物输入，可以从葡萄糖通过磷酸戊糖途径生成。此外，磷酸戊糖途径中产生的各种3C、4C、6C和7C糖等中间产物可供各种物质合成之用。

（二）产物NADPH+H⁺参与多种代谢反应

NADPH携带的核糖靠基团转移反应生成H⁺不是通过电子传递链氧化以释出能量的，而是参与许多代谢反应，发挥不同的功能。

1. NADPH是体内许多合成代谢的供氢体

NADPH + H$^+$是各种生物合成的重要供氢体，为脂肪酸、胆固醇、类固醇激素、氨基酸等重要物质的合成提供还原力。如从乙酰CoA合成脂酸、胆固醇；机体合成非必需氨基酸时，先由α-酮戊二酸与NADPH及NH$_3$生成谷氨酸。谷氨酸可与其他α-酮酸进行转氨基反应而生成相应的氨基酸。所以，在脂肪和固醇合成旺盛的组织中，磷酸戊糖途径是比较活跃的。

2. NADPH用于维持谷胱甘肽的还原状态

磷酸戊糖途径中产生的NADPH + H$^+$可使氧化型谷甘肽转变成还原型谷甘肽。谷胱甘肽是一个三肽，以GSH表示。两分子GSH可以脱氢氧化成为GS-SG，而后者可在谷胱甘肽还原酶作用下被NADPH重新还原成为还原型谷胱甘肽：

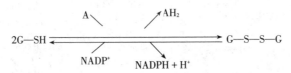

还原型谷胱甘肽是体内重要的抗氧化剂，还原型谷胱甘肽能阻止红细胞膜上不饱和脂肪酸的氧化，可以保护一些含巯基的蛋白质或酶免受氧化剂尤其是过氧化物的损害，避免细胞膜氧化损伤，保证红细胞膜蛋白的完整性。

第五节 糖原的合成与分解

一、糖原的合成作用

糖原（glycogen）是动物体内糖的储存形式。人类摄入的糖类大部分转变成脂肪后储存于脂肪组织内，只有一小部分以糖原形式储存。但是，当机体需要葡萄糖时，糖原作为葡萄糖储备，可以迅速被动用以供急需；而脂肪则不能。肝和肌肉是贮存糖原的主要器官，肌糖原主要提供能量供肌肉收缩，肝糖原则是血糖的重要来源。体内由葡萄糖合成糖原的过程称为糖原合成作用（glycogenesis）。糖原合成包括下列几步反应。①葡萄糖经己糖激酶催化，磷酸化生成6-磷酸葡萄糖，此反应中ATP提供磷酸基团。②在磷酸葡萄糖变位酶作用下，6-磷酸葡萄糖转变为1-磷酸葡萄糖。③本步反应由尿苷二磷酸葡萄糖焦磷酸化酶（UDP-Glc pyrophosphorylase）催化，产生的尿苷二磷酸葡萄糖（UDP-Glc）是活泼的葡萄糖。这个反应是可逆的，但是焦磷酸随即被焦磷酸酶水解，所以实际是合成UDP-Glc的单向反应。④UDP-Glc与糖原引物经糖原合酶（glycogen synthase）催化结合。UDP-Glc在糖原合成过程中充当葡萄糖的供体，糖原引物为UDP-Glc的葡萄糖基的接受体，但是游离葡萄糖不能作为UDP-Glc的葡萄糖基的接受体。葡萄糖C_1位与糖原引物非还原末端的C羟基形成1，4-糖苷键，使糖链不断延长，但不能形成分支。⑤当以1，4-糖苷键延伸直链到长度超11个葡萄糖基后，分支酶（branching enzyme）可将约7个葡萄糖基转移至邻近糖链上以α-1，6-糖苷键连接，形成分支。多分支有利于糖原分解时可有多处磷酸化酶作用点，多分支也能增高水溶性，有利于贮存和糖原的分解利用。

二、糖原的分解作用

糖原分解（glycogenolysis）是指肝糖原分解成为葡萄糖的过程。糖原的分解要经过4步酶促反应。①糖原磷分解为1-磷酸葡萄糖。糖原由糖原磷酸化酶（glycogen phosphorylase）催化分解产生1-磷酸葡萄糖和比原先少了1分子葡萄糖的糖原。磷酸化酶只能分解α-1，4-糖苷键，对α-1，6-糖苷键无用。虽然反应是可逆的，但是由于无机磷酸盐物质的量浓度远高于1-磷酸葡萄糖，所以反应只能向糖原分解方向进行。②脱支酶催化作用。脱支酶具有两种功能。一种功能是4-α-葡萄糖基转移酶（4-α-D-glucanotransferase）活性，即将糖链上的3个葡萄糖基转移到邻近糖链末端，仍以α-1，4-糖苷键连接，而α-1，6分支处只留下1个葡萄糖残基。另一种功能是葡萄糖基被1，6-葡萄糖苷酶活性的催化水解成为游离的葡萄糖。在磷酸化酶与脱支酶的协同作用下，糖原可以完全脱磷酸和水解。一般情况，每水解脱下1个游离的葡萄糖约可产生12个1-磷酸葡萄糖。③1-磷酸葡萄糖经磷酸葡萄糖变位酶（phosphoglucomutase）催化转变为6-磷酸葡萄糖。④6-磷酸葡萄糖由葡萄糖6-磷酸酶（glucos 6-phosphatase）催化转变为葡萄糖。葡萄糖6-磷酸酶只存在于肝、肾中，而不存在于肌肉中。所以只有肝和肾可补充血糖，而肌糖原只能进行糖酵解或有氧氧化（见图9-5）。

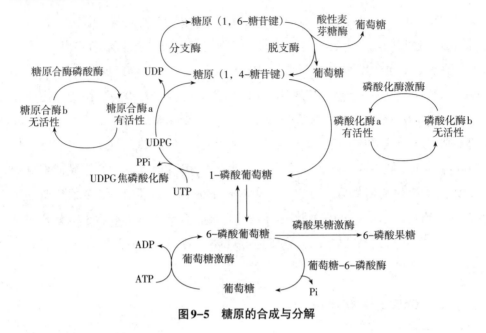

图9-5　糖原的合成与分解

三、糖原代谢的调节

糖原的合成与分解分别通过两条途径进行。当糖原合成途径活跃时，分解途径被抑制，可协助糖原有效地积累；反之亦然。糖原合成中的糖原合酶和糖原分解途径中的磷酸化酶分别是催化两条代谢途径不可逆反应的关键酶，其活性决定不同途径的代谢速率，从而影响糖原代谢的方向。糖原合酶和磷酸化酶的快速调节有共价修饰和变构调节两种方式。

（一）糖原合酶的调节

糖原合酶亦分为a、b两种形式。糖原合酶a有活性，磷酸化成糖原合酶b后即失去活性。催化其磷酸化的也是依赖cAMP的蛋白激酶，可磷酸化其多个丝氨酸残基。此外，磷酸化酶b激酶也可磷酸化其中1个丝氨酸残基，使糖原合酶失活。

（二）磷酸化酶的调节

肝糖原磷酸化酶有磷酸化和去磷酸化两种形式。肝糖原磷酸化酶14位丝氨酸由磷酸化酶b激酶催化被磷酸化时，活性很低的磷酸化酶（称为磷酸化酶b）就转变为活性强的磷酸型磷酸化酶（称为磷酸化酶a）。此外，磷酸化酶还受变构调节，葡萄糖是其变构调节剂。当血糖升高时，葡萄糖进入肝细胞，与磷酸化酶a的变构调节部位结合，引起构象改变，暴露出磷酸化的第14位丝氨酸，然后在磷酸酶催化下去磷酸化而失活。

四、糖异生途径

从非糖化合物（乳酸、甘油、生糖氨基酸等）转变为葡萄糖或糖原的具体过程称为糖异生途径（gluconeogenic pathway）。糖异生的主要原料为乳酸、氨基酸及甘油。机体内进行糖异生补充血糖的主要器官是肝。酵解途径与糖异生途径的多数反应是共有的、是可逆的，但糖酵解途径中有3个不可逆反应，在糖异生途径中需由另外的反应和酶代替（见图9-6）。

（一）反应1：丙酮酸转变成磷酸烯醇式丙酮酸

丙酮酸由丙酮酸羧化酶（pyruvate carboxylase）催化，通过两步反应生成高能磷酸化合物磷酸烯醇式丙酮酸。此反应的辅酶为生物素。首先，CO_2先与生物素结合活化，活化的CO_2再转移给丙酮酸生成草酰乙酸，此反应需消耗ATP。此后，草酰乙酸由磷酸烯醇式丙酮酸羧激酶催化转变成磷酸烯醇式丙酮酸。这个反应消耗一个高能磷酸键，同时脱羧。所以丙酮酸转变成磷酸烯醇式丙酮酸过程共消耗2个ATP。丙酮酸羧化酶仅存在于线粒体内，故细胞液中的丙酮酸必须进入线粒体，才能生成草酰乙酸。而磷酸烯醇式丙酮酸羧激酶在线粒体和胞液中都存在，因草酰乙酸可在线粒体和胞液中直接转变为磷酸烯醇式丙酮酸。反应生成的草酰乙酸不能直接透过线粒体膜，需借助苹果酸脱氢酶-天冬氨酸转氨酶的作用被转运入胞液。

（二）反应2：1，6-二磷酸果糖转变为6-磷酸果糖

1，6-二磷酸果糖由果糖二磷酸酶催化C_1位的磷酸酯进行水解生成6-磷酸果糖和磷酸Pi，此反应是放能反应，并不生成ATP。

（三）反应3：6-磷酸葡萄糖水解为葡萄糖

6-磷酸葡萄糖由葡萄糖6磷酸酶催化水解得到葡萄糖和磷酸Pi。同样，由于不生成ATP，不是葡萄糖激酶的逆反应。

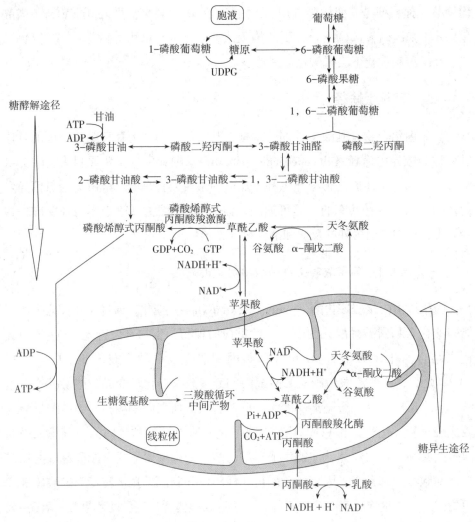

图9-6 糖异生途径

五、糖异生的生理意义

(一) 维持血糖水平恒定

空腹或饥饿时，氨基酸、甘油等可异生成葡萄糖，以维持人体的血糖水平恒定。肌肉内糖异生相关酶活性低，生成的乳酸不能在肌肉内重新合成糖，经血液转运至肝后异生成糖。

（二）补充肝糖原

在饥饿后进食，摄入的部分葡萄糖先分解成丙酮酸、乳酸等三碳化合物，后者再异生成糖原。糖异生是肝补充糖原储备的重要途径。

（三）调节酸碱平衡

长期饥饿会造成代谢性酸中毒，pH值降低促进肾小管中磷酸烯醇式丙酮酸羧激酶的合成，从而使糖异生作用增强，有利于维持酸碱平衡。

六、糖异生的调节

糖酵解途径与糖异生途径是方向相反、相互协调的两条代谢途径。这种协调关系主要依赖于这两条途径中的2个底物循环进行调节。

（一）6-磷酸果糖磷酸化成1，6-二磷酸果糖之间的底物循环

一方面，6-磷酸果糖磷酸化成1，6-二磷酸果糖；另一方面，1，6-二磷酸果糖去磷酸而成6-磷酸果糖。2，6-二磷酸果糖和AMP激活6-磷酸果糖激酶-1的同时，抑制果糖二磷酸酶-1的活性，使反应向糖酵解方向进行，同时抑制了糖异生。

（二）磷酸烯醇式丙酮酸和丙酮酸之间的底物循环

1，6-二磷酸果糖是丙酮酸激酶的变构激活剂，丙酮酸羧化酶必须有乙酰CoA存在才有活性，而乙酰CoA对丙酮酸脱氢酶复合体却有反馈抑制作用。

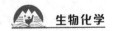

第十章　脂代谢

第一节　概　述

一、脂类的消化和吸收

脂类的消化发生在脂水界面，食物中的脂类主要为脂肪，此外还有少量磷脂、胆固醇等。因唾液中无消化脂肪的酶，故脂肪在口腔里不被消化；胃液中只含有少量的由胰液中的胰脂肪酶反流至胃中的脂肪酶，而且成年人胃液的pH值为1~2，不适于脂肪酶发挥生物功能，导致脂肪在成人胃中不能被消化。当胃的酸性食糜至十二指肠时，刺激肠分泌肠促胰液肽，引起胰腺分泌HCO_3^-至小肠，脂肪和氨基酸可刺激十二指肠分泌肠促胰酶素促使胰腺分泌各种水解酶原颗粒，同时产生胆囊收缩素促使胆囊收缩，引起胆汁分泌。在十二指肠中，胃液被胰液中的碳酸氢盐中和，使小肠液的pH值接近中性，有利于脂肪酶的作用。碳酸氢盐遇酸分解，产生CO_2气泡，可促使食糜与消化液很好地混合，形成分散的细小微滴，增加脂肪酶与脂肪的接触面积。脂肪消化过程中，胆盐一方面是强有力的乳化剂，使肽类化合物乳化成微粒；另一方面又激活胰脂肪酶，促进脂肪的水解。动物和人体的小肠既能吸收脂肪完全水解的产物，也能吸收部分水解产物或未经水解乳化微滴。吸收的途径为：大部分由淋巴系统进入血液循环，也有一小部分直接经门静脉进入肝，而未吸收的脂肪进入大肠后被细菌分解。

二、脂类的体内贮存

血液中的脂类均以脂蛋白的形式运输，脂肪可被各组织氧化利用，也可储存于脂肪组织。食物经消化吸收的脂肪可储存于脂肪组织，以皮下、肾周围、肠系膜等处储存最多，称为脂库。机体也能以糖和蛋白质等的分解产物为原料合成脂肪。人体中脂肪主要由糖转化而来，食物脂肪仅是次要来源。脂肪组织是储存脂肪的主要场所。脂肪的分解代谢是机体能量的重要来源。同样质量的脂肪和糖，在完全氧化生成二氧化碳和水时，脂肪所释放的能量比糖多。

第二节 脂肪的分解代谢

一、脂类的动员

脂库中贮存的脂肪经甘油三酯脂肪酶（lipase）的催化，逐步水解而释放出游离脂肪酸（free fatty acid）与甘油（glycerol）的过程被称为脂肪的动员（fat mobilization）。除了成熟的红细胞外，人体各组织细胞几乎都具有水解脂肪并氧化分解其产物的能力。一般情况下，脂肪在体内代谢时，首先在脂肪酶的催化下水解成脂肪酸和甘油。

甘油三酯脂肪酶是脂肪分解的限速酶，可受多种激素调控，故称为激素敏感性脂肪酶（hormone-sensitive triglyceride lipase，HSL）。肾上腺素、胰高血糖素、促肾上腺皮质激素、促甲状腺激素等能促进脂肪分解的激素称为脂解激素。胰岛素、前列腺素及尼克酸等具有抑制脂肪分解、对抗脂解激素的作用，被称为抗脂解激素。脂解激素作用于脂肪细胞膜表面受体，激活腺苷酸环化酶，促进ATP转变为cAMP，激活蛋白激酶PKA，使甘油三酯脂肪酶活化，从而导致脂肪水解成脂肪酸和甘油，这两种水解产物可再分别进行氧化分解（见图10-1）。

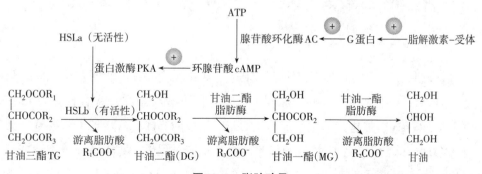

图10-1 脂肪动员

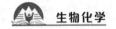

二、甘油的代谢

脂肪细胞中没有甘油激酶，不能直接利用脂肪水解所产生的甘油。只有通过血液循环运至肝脏，甘油才能被磷酸化生成磷酸甘油，再氧化生成异构体——磷酸二羟丙酮和3-磷酸甘油醛。在线粒体中，磷酸甘油脱氢酶催化的反应是可逆的，辅酶是FAD，糖代谢的中间产物磷酸二羟丙酮也能还原生成磷酸甘油。但在胞质中的磷酸甘油脱氢酶的辅酶是NAD$^+$，与线粒体中的不同。过程如图10-2所示。

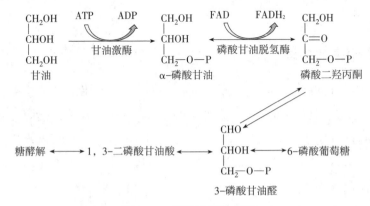

图10-2　甘油的氧化分解

三、饱和偶数碳原子脂肪酸的代谢

1904年，F. Knoop利用在体内不易降解的苯基作为标志物连接在脂肪酸的甲基末端饲喂犬或兔，检测排泄物发现：如喂苯环标记的奇数碳原子脂肪酸，动物尿中的代谢产物为苯甲酸；如喂苯环标记的偶数碳原子脂肪酸，则尿中发现的代谢产物是苯乙酸。据此，他提出脂肪酸在体内的氧化是从羧基端一碳原子开始的，碳链逐次断裂，每次产生一个乙酰CoA，这就是"β-氧化"学说。

（一）脂肪酸的活化

长链脂肪酸氧化前在线粒体外必须进行活化反应。在内质网及线粒体外膜上，在ATP、辅酶CoA、Mg^{2+}协同下，长链脂肪酸经脂酰CoA合成酶（acyl-CoA synthetase）催化，活化生成脂酰CoA。生成的脂酰CoA增加了脂酰基，具有水溶性，从而提高了脂肪酸的代谢活性。反应过程中产物焦磷酸被焦磷酸酶迅速水解，促进反应持续正向进行。已知有三种脂酰CoA合成酶：①乙酰CoA

合成酶，以乙酸为主要底物；②辛酰CoA合成酶，以辛酸为主要底物，但作用范围可从四碳酸到十二碳酸；③十二碳脂酰CoA合成酶，对十二碳脂肪酸的活力最高，作用范围从十碳脂肪酸到二十碳脂肪酸。

上述反应实际上是分两步进行的。

第一步：

$$RCH_2CH_2COOH + ATP + E \longrightarrow RCH_2CH_2CO \cdot AMP \cdot E + PPi$$

第二步：

$$RCH_2CH_2CO \cdot AMP \cdot E + CoASH \longrightarrow RCH_2CH_2COCoASH + AMP + E$$

总反应式：

$$RCH_2CH_2COOH + ATP + CoASH \longrightarrow RCH_2CH_2COCoASH + AMP + PPi$$

（二）脂肪酸的转运

由于脂肪酸氧化酶系存在于线粒体基质中，活化的脂酰CoA必须进入线粒体内才能进行氧化分解。长链脂酰CoA不能直接通过线粒体内膜，需要通过一种特异的转运载体肉碱（carnitine）转运至线粒体内膜。首先在线粒体内膜外侧，肉碱和脂酰CoA在肉碱脂酰基转移酶Ⅰ（CATⅠ）的催化下生成脂酰肉碱；随即通过线粒体内膜的移位酶的作用穿过线粒体内膜，进入线粒体；在线粒体内膜内侧，再由肉碱脂酰基转移酶Ⅱ（CATⅡ）催化，脱去肉碱再形成脂酰CoA，脂酰CoA在线粒体的基质中进行β-氧化（见图10-3）。

肉碱脂酰转移酶Ⅰ和Ⅱ是一组同工酶，CATⅠ位于线粒体内膜外侧催化脂酰CoA上的脂酰基转移给肉碱，生成脂酰肉碱；CATⅡ处于线粒体基质内将脂酰肉碱上的脂酰基重新转移至CoA，基质内游离的肉碱被运回线粒体内膜外侧被循环使用。肉碱转运机制首先在动物细胞中被证实。在植物细胞中发现脂酰CoA进入过氧化物酶体也有类似的转运机制。

（三）脂肪酸的β-氧化

在线粒体基质中，脂酰CoA由脂肪酸氧化酶系催化进行β-氧化循环。每次β-氧化循环，初始脂酰CoA的α、β碳原子间被断开，释放出1分子乙酰CoA，而初始脂酰CoA转变为减去两个碳原子的脂酰CoA。乙酰CoA再经三羧酸循环，完全氧化成二氧化碳和水，并释放出大量的能量。偶数碳原子脂肪酸经β-氧化，最终全部生成乙酰CoA。脂酰CoA的β-氧化的反应过程如下。

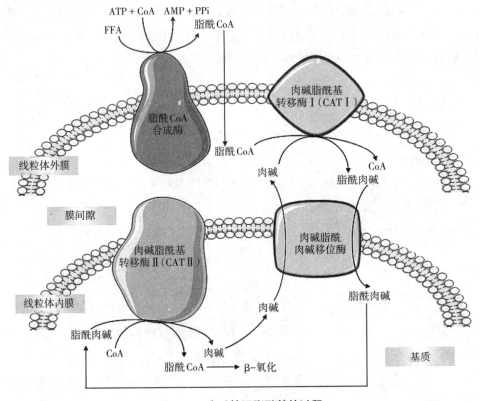

图 10-3　肉碱转运脂酰基的过程

1. 脱氢反应（第一次）

脂酰CoA经脂酰CoA脱氢酶催化，在α-和β-位碳原子上脱氢，形成反式双键的脂酰CoA，即Δ^{2}反烯脂酰CoA。此脱氢酶的辅基为FAD，同时FAD接受H$^+$被还原成FADH$_2$。

2. 水化反应

Δ^{2}反烯脂酰CoA在Δ^{2}反烯脂酰CoA水化酶的催化下，在双键上加水生成L(+)-β-羟脂酰CoA。

3. 脱氢反应（第二次）

在L(+)-β-羟脂酰CoA脱氢酶的催化下，L(+)-β-羟脂酰CoA脱去β位及羟基上的2个H原子，生成β-酮脂酰CoA，同时NAD$^+$接受H$^+$还原成NADH + H$^+$。该脱氢酶的辅酶为NAD$^+$。

4. 硫　解

β-酮脂酰CoA与CoA-SH在β-酮脂酰CoA硫解酶的催化下，硫解断链产生1分子乙酰CoA和比原来减少了两个碳原子的脂酰CoA。

一次β-氧化循环中，1分子脂酰CoA通过脱氢、水合、再脱氢和硫解四步反应后，生成1分子乙酰CoA和减少了两个碳原子的脂酰CoA。新生成的脂酰CoA继续重复上述四步反应，最终将脂酰CoA完全分解为乙酰CoA（见图10-4）。

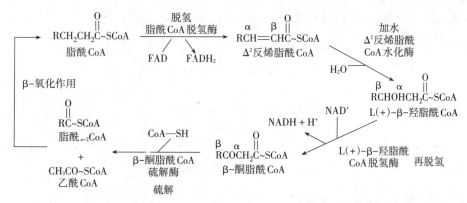

图10-4 脂肪酸β-氧化过程

例如，软脂酸（棕榈酸$C_{15}H_{31}COOH$）β-氧化过程以及完全氧化产生的能量如下。

① 脂肪酸活化形成脂酰CoA时消耗1分子ATP，实际消耗了2个高能磷酸基团，可视为消耗了2分子ATP的能量，$2ATP \longrightarrow 2ADP + 2Pi$。

② 软脂酸需经7次β-氧化循环，共产生8分子乙酰CoA。7次β-氧化循环共产生7分子$FADH_2$和7分子（$NADH + H^+$）。

③ 产生的$NADH + H^+$和$FADH_2$分别通过NADH、$FADH_2$呼吸链进行氧化磷酸化而产生ATP。1分子$FADH_2$通过呼吸链氧化产生1.5分子ATP，1分子$NADH + H^+$氧化产生2.5分子ATP。

④ 每分子乙酰CoA经三羧酸循环时可产生3分子（$NADH + H^+$）、1分子$FADH_2$和1分子GTP。1分子乙酰CoA通过三羧酸循环氧化产生10分子ATP。

⑤ 1分子软脂酸彻底氧化共生成$7 \times 1.5 + 7 \times 2.5 + 8 \times 10 = 108$个ATP。减去脂酸活化时消耗的2个高能磷酸键（相当于2个ATP），净生成106分子ATP或$106 \times 30.5 = 3233$ kJ/mol。

四、脂肪酸的α-氧化

α-氧化是指脂肪酸在一系列酶催化下，在α-碳原子上发生氧化作用，分解出一个一碳单位CO_2，生成缩短一个碳原子的脂肪酸。α-氧化不能使脂肪酸彻底氧化，碳链缩短一个碳原子后还要进行β-氧化。

α-氧化对分解带甲基的支链脂肪酸、奇数碳原子脂肪酸或较长的长链脂肪酸（如 C_{22}、C_{24}）有重要作用。脂肪酸的α-氧化过程是 1956 年由 Stumpf 首先在植物种子和叶片中发现的，后来在动物脑和肝细胞中也发现了脂肪酸的这种氧化作用。α-氧化作用在哺乳动物的脑组织和神经细胞的微粒体中进行，由微粒体氧化酶系催化，使游离的长链脂肪酸的α-碳原子上的氢被氧化成羟基，生成α-羟脂酸。在微粒体中，α-氧化作用的过程如图 10-5 所示。

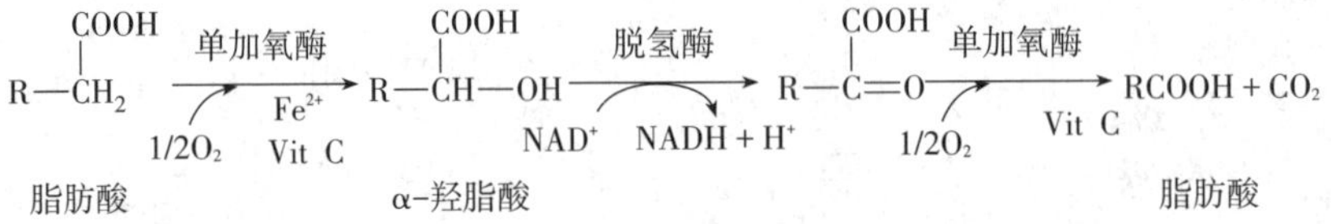

图 10-5　脂肪酸的α-氧化

五、脂肪酸的ω-氧化

ω-氧化过程是指动物体内十二碳以下的短链脂肪酸，在肝微粒体氧化酶系催化下，通过脂肪酸ω端甲基碳原子上的 H 被氧化成羟基，继而再氧化成羧基，生成ω-羟脂酸，最终氧化成α，ω-二羧酸，其反应如图 10-6 所示。脂肪酸的ω-氧化途径是 1932 年由 Verkade 首先发现的，他用一元 C_{11} 羧酸喂养动物后，发现有 C_{11}、C_9、C_7 的二元羧酸产生，即在远离羧基的ω-碳原子上发生了氧化。脂肪酸的ω-氧化反应中，细胞色素 P_{450} 作为电子载体参与作用。生成的二羧酸可转运至线粒体，从分子的两端进行β-氧化，生成琥珀酰 CoA 后直接进入三羧酸循环，彻底氧化成二氧化碳和水（见图 10-6）。

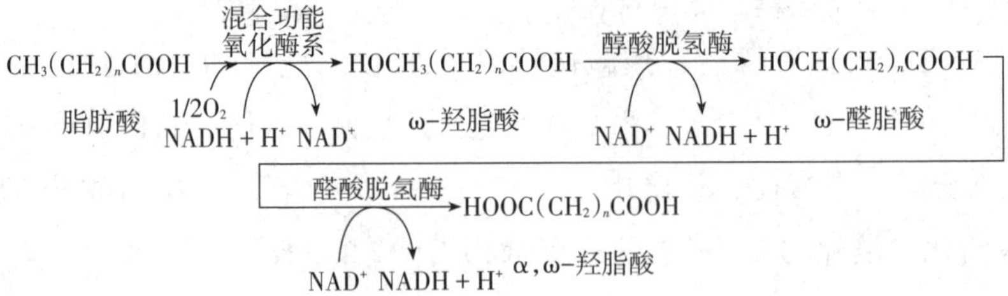

图 10-6　脂肪酸的ω-氧化

六、不饱和脂肪酸的氧化

生物体中不饱和脂肪酸的双键都是顺式构型，而且双键位置也有一定规律，即第 1 个双键都是在 C_9 和 C_{10} 之间，以后每隔 3 个碳原子出现 1 个。含一个双键的不饱和脂肪酸的代谢需要由烯脂酰 CoA 异构酶作用，将顺式双键的中间产物转变为反式双键。对于含一个双键以上的多不饱和脂肪酸，除上述异构酶外，还要另一种2，4-二烯脂酰CoA还原酶将Δ^4顺-Δ^2反烯脂酰CoA还原为Δ^2反烯脂酰CoA，该酶由NADPH供H^+。上述产物可继续被催化进行β-氧化。

七、奇数碳原子脂肪酸的氧化

人体含有极少量奇数碳原子脂肪酸，一些植物和海洋生物能合成奇数碳脂肪酸。在动物体内，奇数碳脂肪酸经β-氧化后，除了生成乙酰CoA外，还可以得到丙酰CoA。丙酰CoA经丙酰CoA羧化酶以及甲基丙二酸单酰CoA异构酶催化，转变为琥珀酰CoA，通过三羧酸循环被彻底氧化。在植物和微生物中，它们经历β-氧化后生成的丙酰CoA通过β-羟丙酸支路生成乙酰CoA。

八、酮体的代谢

在肝脏中，脂肪酸的氧化还有另外一条代谢途径，代谢产物为乙酰乙酸（acetoacetate）、β-羟丁酸（β-hydresybutyrate）及丙酮（acetone），三者统称为酮体（ketone bodies）。肝脏线粒体内含有各种合成酮体的酶类，尤其是HMG-CoA合酶，生成酮体是肝脏特有的功能。但是，肝脏缺少代谢酮体的酶，不能氧化酮体。

（一）酮体的合成

① 2分子乙酰CoA在肝脏线粒体乙酰乙酰CoA硫解酶（thiolase）的作用下，缩合成乙酰乙酰CoA，并释放出1分子CoASH。

② 在羟甲基戊二酸单酰CoA合酶的催化下，乙酰乙酰CoA与1分子乙酰CoA缩合生成羟甲基戊二酸单酰CoA（β hydroxy-β-methylglutaryl CoA，HMG-CoA），并释放出1分子CoASH。

③ 羟甲基戊二酸单酰CoA裂解生成乙酰乙酸和乙酰CoA，反应由HMG-CoA裂解酶催化。

④ 在D-β-羟丁酸脱氢酶的催化下，部分乙酰乙酸在线粒体内膜被还原成D-β-羟丁酸。

⑤ 另外一部分乙酰乙酸在乙酰乙酸脱羧酶的催化下，脱羧生成丙酮；乙酰乙酸也可缓慢地自发脱羧生成丙酮。

过程如图10-7所示。

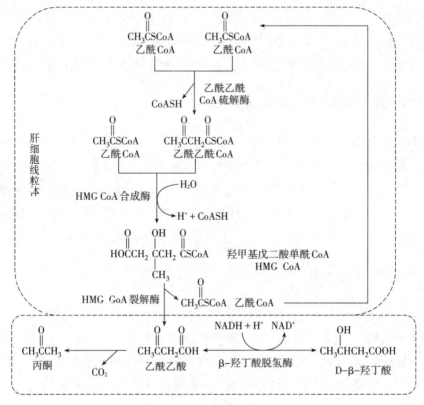

图10-7 酮体的生成过程

（二）酮体的利用

肝脏是生成酮体的器官，但不能分解酮体，必须经血液运送到肝外，肝外许多组织，尤其是肾、心肌、骨骼肌及脑组织等不能生成酮体，但具有很强的利用酮体的酶系，可以分解利用酮体，酮体最终分解为乙酰CoA，进入三羧酸循环彻底氧化分解成H_2O和CO_2，并释放出大量能量（见图10-8）。过程如下。①心、肾、脑及骨骼肌的线粒体：含有琥珀酸CoA转硫酶和乙酰乙酰CoA硫解酶。当有琥珀酰CoA存在时，琥珀酸CoA转硫酶可催化乙酰乙酸生成乙酰乙酸CoA。另外，乙酰乙酰CoA硫解酶催化乙酰乙酸CoA硫解，生成2分子乙酰CoA，后者即可进入三羧酸循环被彻底氧化。②心、肾和脑的线粒体中还含有乙酰乙酸硫激酶，可活化乙酰乙酸直接生成乙酰乙酰CoA。③同时，β-羟丁酸在β-羟丁酸脱氢酶的催化下脱氢生成乙酰乙酸，然后再转变成乙酰CoA而被氧化。虽然丙酮很少，但在一系列酶作用下，也可以转变成丙酮酸或乳酸，进而异生转变成糖。

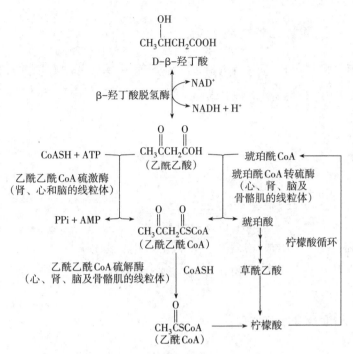

图10-8 酮体的分解过程

（三）酮体生成的生理意义

酮体作为肝脏中脂肪的代谢中间产物，是肝脏输出能量的一种形式。酮体分子小，可溶于水，能通过血脑屏障及肌肉毛细血管壁，是肌肉及脑组织的重要能源。长期饥饿和糖供给不足时，酮体可以代替葡萄糖成为脑组织及肌肉组织的主要能源。

第三节　脂肪的合成代谢

脂肪酸的合成代谢可分为三个部分：甘油的合成、脂肪酸的合成以及脂肪的合成。脂肪组织和肝脏是体内合成脂肪的主要部位，合成是在细胞质中进行的。合成脂肪的原料是α-磷酸甘油和脂肪酸。

一、α-磷酸甘油的生物合成

α-磷酸甘油在细胞质中由糖酵解中间产物——磷酸二羟丙酮经还原而成，也可在肝脏中由甘油磷酸化而生成（见图10-9）。

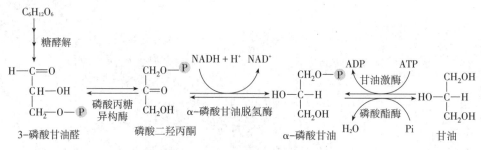

图10-9 α-磷酸甘油合成

二、脂肪酸的生物合成

（一）脂肪酸生物合成的原料

合成脂肪酸的直接原料是乙酰CoA，主要是来自脂肪酸的β-氧化、丙酮酸的氧化脱羧和氨基酸的氧化等过程。凡是在体内能分解产生乙酰CoA的物质，理论上都能用于合成脂肪酸。糖是脂肪酸合成的最主要原料来源。糖转化成脂肪酸和磷酸甘油，进而合成脂肪。

（二）脂肪酸生物合成的转运过程

在线粒体基质，乙酰CoA不易透过线粒体膜，需要柠檬酸-丙酮酸循环，才能由线粒体转运到细胞质作为合成脂肪酸的原料。具体过程如下。在线粒体基质，乙酰CoA与草酰乙酸缩合生成柠檬酸，通过线粒体内膜上的柠檬酸载体进入细胞质。然后，在细胞质ATP柠檬酸裂解酶作用下，柠檬酸裂解释放乙酰CoA及草酰乙酸，乙酰CoA可参与脂肪酸合成。草酰乙酸则在苹果酸脱氢酶的作用下还原成苹果酸，这是三羧酸循环中L-苹果酸氧化的逆反应，L-苹果酸在苹果酸酶作用下，分解为丙酮酸，后者被转运入线粒体，最终形成线粒体内的草酰乙酸，再重新参与乙酰CoA的转运（见图10-10）。

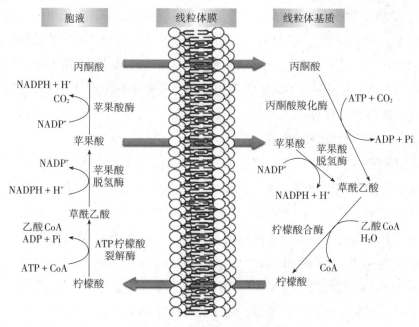

图10-10　柠檬酸-丙酮酸循环

（三）脂肪酸生物合成过程

饱和脂肪酸的生物合成有两种途径。①由非线粒体酶系（即细胞质酶系）合成饱和脂肪酸的途径，即乙酰CoA以及丙二酸单酰CoA在细胞质中的脂肪酸合成酶系的催化下，经过连续7次重复加成（缩合）反应合成十六碳长链脂肪酸，实际上是个重复加成延长一个二碳单位的过程。②在线粒体和微粒体中进行的饱和脂肪酸碳链延长的途径（十六碳以上），每次延长2个碳原子。延长过程的实质为：乙酰ACP上的乙酰基与丙二酸单酰ACP的乙酰基缩合形成乙酰乙酰ACP。在脂肪酸合酶的作用下，ACP携带的乙酰乙酰基经过缩合、还原、脱水、还原，最终形成丁酰基。

1. 脂肪酸合酶系统（fatty acid synthase system，FAs）

这是一个多酶复合体，它包括6种酶和1种载体蛋白，即乙酰CoA——ACP酰基转移酶（acetyl CoA：ACP transacetylase，AT）、丙二酸单酰CoA——ACP转移酶（malonyl CoA：ACP transferase，MT）、β-酮脂酰-ACP合酶（β-ketoacyl-ACP synthase，KS）、β-酮脂酰-ACP还原酶（β-ketoacyl-ACP reductase，KR）、β-羟脂酰-ACP脱水酶（β-hydroxyacyl-ACP dehydratase，HD）、烯脂酰-ACP还原酶（enoyl-ACP reductase，ER）、酰基载体蛋白（acyl carrier protein，

ACP)。真核生物体内的6种酶和1分子脂酰基载体蛋白均在一条单一的多功能多肽链上（相对分子质量为26万），由两条多肽链首尾相连组成的二聚体。脂肪酸合酶的二聚体若解离，则失去酶活性。二聚体的每条多肽链上ACP结构域的巯基（-SH）与另一亚基的β-酮脂酰合酶分子的半胱氨酸残基的-SH均参与脂肪酸合酶催化的脂肪酸合成作用，只有二聚体才能够表现出催化活性。

2. 丙二酸单酰ACP的生成

脂肪酸合成的第一步反应是乙酰CoA由乙酰CoA羧化酶（acetyl CoA carboxylase）作用羧化生成丙二酸单酰CoA，此反应不可逆。这步反应为脂肪酸合成的关键步骤，乙酰CoA羧化酶是脂肪酸合成中的限速酶。在脂肪酸从头合成过程中，脂肪酸链的二碳单位的提供者是丙二酸单酰CoA。但是乙酰CoA是合成脂肪酸的引物。在脂肪酸合成中，每次碳链延长，均需要由乙酰基转化成丙二酸单酰基的形式参与，以ACP作为其载体。脂肪酸合成的全部碳原子均来自乙酰CoA的乙酰基团上的碳原子。生物素是乙酰CoA羧化酶的辅基，在羧化反应中起转移羧基的作用。

3. 乙酰ACP的生成

乙酰CoA在乙酰CoA-ACP转移酶催化下将乙酰基从CoA转移到ACP上，形成乙酰ACP。

4. 脂肪酸碳链的延长

脂肪酸碳链的延长反应过程如图10-11所示。①缩合反应：在β-酮脂酰合酶催化下，乙酰ACP与丙二酸单酰ACP发生缩合，生成乙酰乙酰ACP，同时丙二酸单酰基裂解释放出 CO_2。②还原反应（第一次）：经β-酮脂酰ACP还原酶催化，由 $NADPH + H^+$ 提供 H^+，乙酰乙酰ACP的乙酰乙酰基还原生成β-羟丁酰基。③脱水反应：生成的β-羟丁酰ACP由β-羟脂酰ACP脱水酶催化脱水，生成α，β-反式丁烯酰ACP。④还原反应（第二次）：由烯脂酰ACP还原酶催化，$NADPH + H^+$ 提供 H^+，α，β-丁烯酰ACP被还原成饱和的丁酰ACP。⑤碳链的延长：生成的丁酰ACP在β-脂酰合酶作用下，丁酰基转移到新的丙二酸单酰ACP上，并缩合生成丁酰乙酰ACP和 CO_2，并重复还原、脱水、还原反应过程形成己酰ACP。每重复一次循环，脂酰基上就增加2个碳原子，经过7次重复合成了软脂酰ACP。最后，再经硫脂酶作用，脱去ACP生成软脂酸。

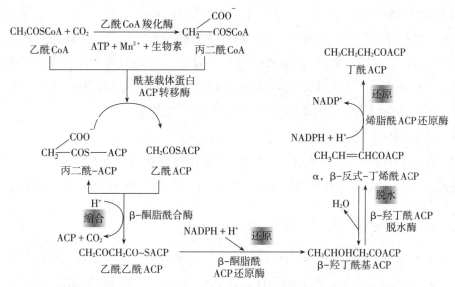

总反应式：8 乙酰 CoA $+ 7ATP + 14NADPH + 14H^+ \longrightarrow$ 软脂酸 $+ 7ADP + 7Pi + 14NADP^+ + 8CoA + H_2O$

图10-11 软脂酸的合成

脂肪酸的氧化和合成途径的区别见表10-1。

表10-1 脂肪酸合成、分解代谢的异同

区别点	合成途径	氧化途径
细胞中部位	细胞质	线粒体
酰基载体	ACP	CoA
加入或者断裂二碳单位的方式	丙二酸单酰基	乙酰基
氢载体	NADPH	FAD、NAD$^+$
羟脂酰基的构型	D-型	L-型
转运机制	柠檬酸-丙酮酸循环	肉碱转运
反应方向	从ω-位到羧基	从羧基端开始
循环次数	7次	7次
能量（以软脂酸为例）	消耗7个ATP和 14个NADPH + H$^+$	产生ATP、FADH$_2$和NADPH + H$^+$，相当于106个ATP

（四）脂肪酸碳链的增长

　　细胞质中的脂肪酸碳链的延长过程以脂酰CoA为引物，通过与从头合成相似的缩合 → 还原 → 脱水 → 还原，逐步在羧基端增加二碳单位，进一步延长碳链成硬脂酸等高级饱和脂肪酸。其过程可经两条途径完成：一条是由线粒体酶系催化将碳链延长；另一条是由内质网酶系催化将脂肪酸碳链延长。

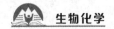

1. 线粒体中延长过程

在线粒体基质中，首先，乙酰CoA作为原料与软脂酰CoA缩合生成β-酮硬脂酰CoA；然后还原为β-羟硬脂酰CoA，经脱水生成Δ^2-硬脂烯酰CoA；最终还原为硬脂酰CoA，反应过程由NADH + H$^+$提供H$^+$，其反应基本为β-氧化的逆过程，可延长到24碳原子的饱和脂肪酸，产物以硬脂酸为最多。

2. 内质网中延长过程

在内质网中，丙二酸单酰CoA为原料，NADPH + H$^+$为H$^+$的供体，从羧基末端延长，过程与细胞质中脂肪酸合成过程相近，只是CoA代替ACP作为脂酰基载体。

（五）不饱和脂肪酸的合成

生物体内大量的不饱和脂肪酸、棕榈油酸（16:1，Δ^9）、油酸（18:1，Δ^9）、亚油酸（18:2，$\Delta^{9,12}$）、亚麻酸（18:3，$\Delta^{9,12,15}$）及花生四烯酸（20:4，$\Delta^{5,8,11,14}$）等，都是由饱和脂肪酸去饱和作用而形成的。由于哺乳动物自身只有Δ^4、Δ^5、Δ^8及Δ^9去饱和酶，缺乏Δ^9以上的去饱和酶，所以只能合成单不饱和脂肪酸，不能合成两个双键的多不饱和脂肪酸，如亚油酸、亚麻酸和花生四烯酸等。动物体内的去饱和酶位于内质网上，氧化脱氢过程由线粒体外的电子传递系统参与。

三、脂肪的生物合成

脂肪的生物合成，主要在肝脏和脂肪组织中进行。其中的脂肪酸，主要为软脂酸、硬脂酸、棕榈油酸和油酸。脂肪在体内的合成是：两分子脂酰CoA，经过转酰基酶的催化，将脂酰基转移到磷酸甘油分子上，生成磷酸甘油二酯，又称磷脂酸；然后经水解脱去磷酸，产物再与另一分子脂酰CoA作用，最终生成脂肪。

四、脂肪酸生物合成的调节

脂肪酸合成的关键步骤是：①乙酰CoA与草酰乙酸合成柠檬酸再进入细胞质；②乙酰CoA催化形成丙二酸单酰CoA（限速步骤）。脂肪酸合成限速酶是乙酰CoA羧化酶，它的活性可受变构调节、共价修饰调节以及激素调节。

（一）乙酰CoA羧化酶变构调节

真核生物中的乙酰CoA羧化酶为变构酶，有两种存在形式：一种是无活性的单体，另一种是有活性的多聚体。在动物体内，柠檬酸和异柠檬酸是变构激活剂，能加速脂肪酸合成。脂肪酸合成的终产物棕榈酰 CoA 及其他长链脂酰 CoA 是变构抑制剂，能够抑制乙酰 CoA 羧化酶单体的聚合，可抑制脂肪酸的合成。当细胞线粒体中的乙酰 CoA 和 ATP 含量丰富时，可抑制三羧酸循环中异柠檬酸脱氢酶的活性，使柠檬酸物质的量浓度升高，促进柠檬酸进入细胞质，从而促进乙酰 CoA 羧化，加速脂肪酸的合成。当生成的脂肪酸过剩时，软脂酰 CoA 不但抑制了乙酰 CoA 羧化酶的活性，而且还抑制柠檬酸从线粒体基质转运到细胞质中，抑制 NADPH 与柠檬酸的生成，从而抑制脂肪酸的合成。当生物体内糖含量高而脂肪酸含量低时，脂肪酸的合成对代谢速度最为有利。

（二）乙酰 CoA 羧化酶的共价修饰调节

乙酰 CoA 羧化酶的79、1200 及1215位的丝氨酸残基上可以偶联磷酸基团进行共价修饰，从而改变酶的活性。当79、1200 及1215位的丝氨酸残基依赖于 AMP 的蛋白激酶从而连有磷酸基团时，酶分子处于失活态；蛋白质磷酸酶可使无活性的乙酰 CoA 羧化酶的磷酸基移去，从而使它恢复活性。

（三）乙酰 CoA 羧化酶的激素调节

乙酰 CoA 羧化酶可以受到蛋白激酶和蛋白质磷酸酶的影响改变活性状态。而上述两种酶又可以受到激素的影响，参与脂肪酸合成调节的激素主要有胰高血糖素、肾上腺素和胰岛素。

第四节　类脂的代谢

一、磷脂的分解代谢

人体组织细胞内的溶酶体中，含有水解磷脂的酶类，能催化各种磷脂分解。在人体内，磷脂的降解过程与脂肪一样，也是先经磷脂酶（A_1、A_2、C 和 D）催化水解生成甘油脂肪酸磷酸及氨基醇，然后水解产物按各自不同的途径进一步分解或转化生成脂肪酸、磷酸、甘油以及胆碱或胆胺。甘油和胆胺可进一步氧化分解成二氧化碳和水，胆碱经氧化和脱甲基化生成甘氨酸，脱下的甲基可用于其他化合物的合成。水解产物胆碱、胆胺或磷酸胆碱、磷酸胆胺等也可以参加磷脂的再合成。

二、磷脂的生物合成

（一）磷脂的合成部位和原料

全身各组织细胞的内质网均含有合成磷脂的酶系。肝、肾及肠等组织最为活跃。体内磷脂根据来源不同分成：①直接由食物提供的外源性磷脂；②在各组织细胞内，经过一系列酶的催化而合成的内源性磷脂。合成的原料包括磷酸、甘油、脂肪酸、胆碱、胆胺以及丝氨酸、肌醇等。

（二）磷脂合成的基本过程

甘油磷脂的生物合成时，首先由磷酸甘油与两分子脂肪酸缩合成磷脂酸，然后以此为前体加上各种基团而形成磷脂。生物体中以磷脂酸为前体合成甘油磷脂的途径有两条。磷酯酰胆碱磷脂生物合成的两条途径共同需要CTP参与。它既是合成中间产物的必要组成，又为合成反应提供所需的能量。

① 在哺乳动物中先形成CDP-胆胺/CDP-胆碱，然后将乙醇胺转移给二酰甘油。卵磷脂（磷脂酰胆碱）及脑磷脂（磷脂酰胆胺）的合成：甘油二酯是合成卵磷脂及脑磷脂的重要中间产物，胆碱及胆胺则由活化的CDP胆碱及CDP胆胺提供。脑磷脂的合成在内质网膜上进行。见图10-12。

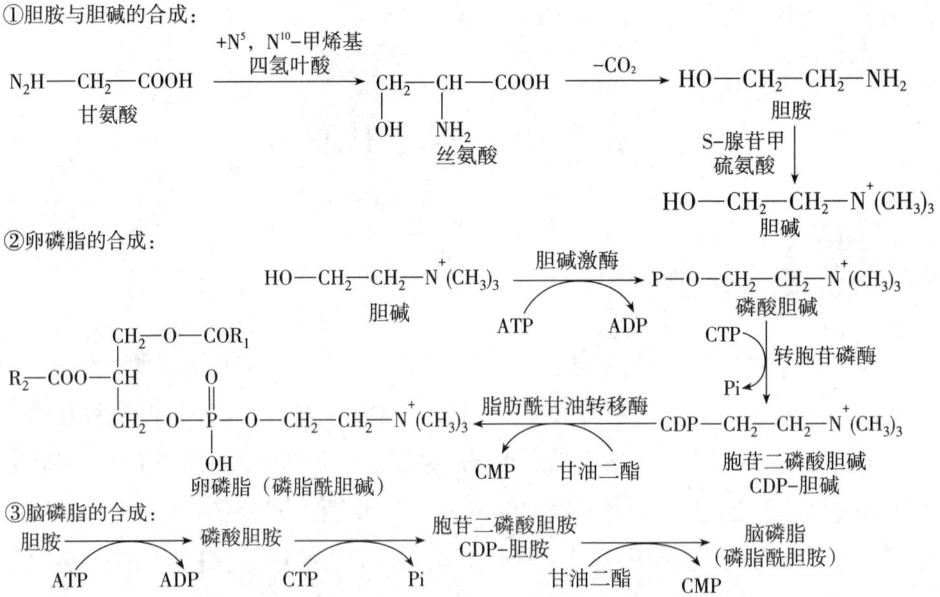

①胆胺与胆碱的合成：

$$N_2H\!-\!CH_2\!-\!COOH \xrightarrow[\text{四氢叶酸}]{+N^5,\ N^{10}\text{-甲烯基}} \underset{\substack{| \quad\ \ | \\ OH\ \ NH_2 \\ \text{丝氨酸}}}{CH_2\!-\!CH\!-\!COOH} \xrightarrow{-CO_2} HO\!-\!CH_2\!-\!CH_2\!-\!NH_2$$

甘氨酸　　　　　　　　　　　　　　　　　　　　　　　　　胆胺

$$\downarrow \text{S-腺苷甲硫氨酸}$$

$$HO\!-\!CH_2\!-\!CH_2\!-\!N^+(CH_3)_3$$
胆碱

②卵磷脂的合成：

$$HO\!-\!CH_2\!-\!CH_2\!-\!N^+(CH_3)_3 \xrightarrow[\substack{ATP\quad ADP}]{\text{胆碱激酶}} P\!-\!O\!-\!CH_2\!-\!CH_2\!-\!N^+(CH_3)_3$$

胆碱　　　　　　　　　　　　　　　　　　　　　　　磷酸胆碱

$$\text{CTP}\diagdown\ \text{转胞苷磷酶}$$
$$\text{Pi}\diagup$$

$$CDP\!-\!CH_2\!-\!CH_2\!-\!N^+(CH_3)_3$$
胞苷二磷酸胆碱 CDP-胆碱

$$\underset{\substack{CH_2\!-\!O\!-\!COR_1 \\ R_2\!-\!COO\!-\!CH \qquad O \\ CH_2\!-\!O\!-\!P\!-\!O\!-\!CH_2\!-\!CH_2\!-\!N^+(CH_3)_3 \\ OH}}{} $$

卵磷脂（磷脂酰胆碱）

脂肪酰甘油转移酶 （CMP　甘油二酯）

③脑磷脂的合成：

$$\text{胆胺} \xrightarrow[\substack{ATP\quad ADP}]{} \text{磷酸胆胺} \xrightarrow[\substack{CTP\quad Pi}]{} \substack{\text{胞苷二磷酸胆胺} \\ \text{CDP-胆胺}} \xrightarrow[\substack{\text{甘油二酯}\quad CMP}]{} \substack{\text{脑磷脂} \\ \text{（磷脂酰胆胺）}}$$

图10-12　CDP-胆胺/CDP-胆碱途径合成卵磷脂/脑磷脂

② 另外一条 CDP-甘油二酯途径相对普遍。首先，磷酸甘油二酯与 CTP 作用形成胞苷二磷酸甘油二酯（CDP-二酰甘油），然后将二酰甘油转移给丝氨酸生成丝氨酸磷脂，后直接脱羧生成脑磷脂，脑磷脂甲基化后形成卵磷脂。见图 10-13。

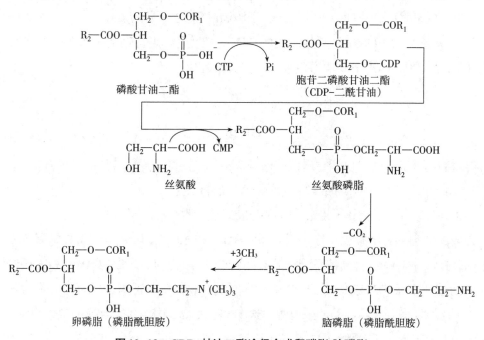

图10-13 CDP-甘油二酯途径合成卵磷脂/脑磷脂

三、胆固醇的生物合成

人体内的胆固醇，一部分来自动物性食物，称为外源性胆固醇；另一部分由体内各组织细胞合成，称为内源性胆固醇。

（一）合成部位

除成年动物脑组织及成熟红细胞外，几乎机体各组织均可合成胆固醇。肝脏是合成胆固醇的主要场所，体内胆固醇的 70% ~ 80% 由肝脏合成，胆固醇合成酶存在于胞质及滑面内质网膜上，所以胆固醇的合成也主要发生在胞质及滑面内质网膜上。

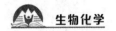

（二）合成原料

体内合成胆固醇的主要原料为乙酰CoA。乙酰CoA通过柠檬酸-丙酮酸循环进入胞质作为合成胆固醇的原料。每转运1分子乙酰CoA，需要消耗1分子ATP。在胆固醇合成时，每合成1分子胆固醇需18分子乙酰CoA、36分子ATP及16分子NADPH + H[+]。其中，乙酰CoA及ATP主要来自糖的有氧氧化及脂肪酸的β-氧化，NADPH + H[+]主要来自磷酸戊糖途径。

（三）合成的基本过程

胆固醇合成过程极其复杂，有30余步酶促反应，大致可分为4个阶段：①甲羟戊酸的合成；②异戊烯焦磷酸酯的合成；③鲨烯的合成；④胆固醇的合成。

1. 甲羟戊酸（mevalonic acid，MVA）的合成

在细胞质中，2分子乙酰CoA缩合成乙酰乙酰CoA，再与1分子乙酰CoA缩合成β-羟基-β-甲基戊二酸单酰CoA（HMG-CoA），这与酮体合成的前两步相同，HMG-CoA也是合成胆固醇和酮体的重要中间产物。之后在HMG-CoA还原酶的催化下，由NADPH + H[+]供H[+]，生成的HMG-CoA还原生成MVA。HMG-CoA还原酶是合成胆固醇的限速酶，这步反应也是胆固醇生物合成的限速步骤。

2. 异戊烯焦磷酸酯（Δ^3-isopentenyl pyrophosphate，IPP）的合成

在相关的作用下，MVA分别与2分子ATP作用，通过两次磷酸化生成5-焦磷酸甲羟戊酸。5-焦磷酸甲羟戊酸不稳定，在ATP参与下，脱羧生成活泼的IPP。

3. 鲨烯（squalene）的合成

1分子IPP先异构化生成3，3-二甲基丙烯焦磷酸酯（dimethylallyl pyrophosphate，DPP），而后2分子IPP和DPP进行首尾缩合生成二甲基辛二烯醇焦磷酸酯（geranyl pyrophosphate，GPP）和三甲基十二碳三烯焦磷酸酯（farnesyl pyrophosphate，FPP），又称焦磷酸法呢酯。最后，由2分子FPP再缩合，由NADPH供H[+]还原，脱去2分子焦磷酸，生成三十碳六烯化合物鲨烯。

4. 胆固醇的合成

鲨烯结合固体载体蛋白（SCP）转运至内质网膜上，在内质网经单加氧酶、环化酶等作用，生成羊毛脂固醇。羊毛固醇经3次脱甲基、氧化、还原以及以CO_2形式脱去3个碳原子等反应，最终生成包含27个碳原子的胆固醇。

四、胆固醇体内的转化

胆固醇在动物体内可以在 C_3 的羟基上接受脂酰 CoA 的脂酰基而酯化生成胆固醇酯，还可以在相关酶的催化下，转化成具有生理功能的胆酸及类固醇激素、维生素 D_3 等物质。

（一）转变成胆酸及其衍生物

在肝脏中，人体内约80%的胆固醇在羟化酶和脱氢酶的催化下，发生羧基化和氧化而转变为胆酸。胆酸消耗 ATP 生成胆酰 CoA，胆酰 CoA 与甘氨酸或牛磺酸结合，生成牛磺胆酸或者甘氨胆酸这两种胆汁盐。胆盐不仅对脂类和脂溶性维生素的消化吸收起促进作用，同时也是体内胆固醇最重要的排泄途径。

（二）转变成维生素 D_3

在肝脏及肠黏膜细胞内，胆固醇可转变成7-脱氢胆固醇，后者经血液循环运送至皮肤，再经紫外线照射可转变成维生素 D_3。维生素 D_3 具有显著的调节钙磷代谢的活性，能促进钙、磷的吸收，有利于骨骼的生成，对生长发育有促进作用。

（三）转变为类固醇激素

在羟化酶、脱氢酶、异构酶和裂解酶催化下，胆固醇在肾上腺皮质细胞内可转变成肾上腺皮质激素，在卵巢可转变成黄体酮及雌性激素，在睾丸可转变成睾酮等雄性激素。

五、胆固醇的排泄

胆固醇在人体内不能彻底氧化，部分胆固醇可由肝脏细胞分泌到胆管，随胆汁进入肠道，或者伴随肠黏膜脱落进入肠中。入肠后，胆固醇一部分被肠、肝循环重新吸收进入血液；一部分在肠道被细菌作用还原为粪固醇，随粪便排出体外；也有一小部分胆汁酸经肠道细菌作用后排出体外。

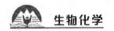

第十一章　蛋白质代谢

第一节　蛋白质的酶促降解

一、蛋白质的生物功能

1. 蛋白质是细胞组织的主要成分

蛋白质参与构成各种细胞组织，在维持细胞组织的生长、发育和修补作用方面发挥重要功能。

2. 蛋白质是生命活动的物质基础

①参与合成重要的含氮化合物，食物蛋白质的分解产物作为原料参与合成酶、核酸、抗体、血红蛋白、神经递质、蛋白质和多肽激素等重要的含氮化合物。

②蛋白质可以参与很多重要的生理功能，如肌肉收缩、物质运输、血液凝固等。

3. 蛋白质可以氧化供能

蛋白质是体内能量的来源之一，但是蛋白质的这种功能可由糖或脂肪代替，仅是蛋白质的一种次要功能。

二、氮平衡

氮平衡（nitrogen balance）是指摄入蛋白质的含氮量与排泄物中含氮量之间的关系，它反映体内蛋白质的合成与分解代谢的总结果，能体现出蛋白质在体内的代谢状况。氮平衡有三种关系。①氮总平衡。食入氮量等于排泄氮量。它表示体内蛋白质的合成与分解相当。如营养正常的成年人。②氮正平衡。食入氮量大于排泄氮量。它表示体内蛋白质合成量大于分解量。如儿童、孕妇及恢复期患者。③氮负平衡。食入氮量小于排泄氮量。它表示体内蛋白质合成量小于分解量。如营养不良及消耗性疾病患者等。

三、蛋白质的营养价值

（一）必需氨基酸（essential amino acid）

必需氨基酸是指机体不能合成或合成量少，不能满足需要，必须由食物供给的氨基酸。人体必需氨基酸有下列8种：赖氨酸、色氨酸、缬氨酸、苯丙氨酸、苏氨酸、亮氨酸、异亮氨酸、甲硫氨酸。通常认为含有必需氨基酸种类完全和数量足的蛋白质，其营养价值高，反之营养价值低。非必需氨基酸（nonessential amino acid）同样为机体所需要，但自身能合成。

（二）蛋白质营养的评价

蛋白质的营养价值（nutritional evaluation of protein）为氮的保留量占氮的吸收量的百分率，即（N保留量/N吸收量）× 100%。它取决于蛋白质所含氨基酸的种类、数量与其比例，尤其是取决于必需氨基酸的种类和数量。食物蛋白质的营养价值标准包括食物蛋白质含量、蛋白质的消化率、蛋白质的利用率三个方面。食物蛋白质所含必需氨基酸的量和比例与人体需要越相近，其被消化吸收后在体内被利用率就越高，营养价值也就越高。

（三）蛋白质的互补作用（complementary action）

蛋白质的互补作用是指营养价值较低的蛋白质混合食用，可以互相补充必需氨基酸的种类和数量，从而提高蛋白质在体内的利用率。

四、蛋白质的消化

哺乳动物需要消化外源性蛋白质来更新修补细胞组织。食物蛋白质消化可以消除食物中外源性蛋白质的种属特异性或抗原性，使大分子蛋白质变为小分子肽和氨基酸，利于吸收和被机体利用。蛋白质消化实质为外源性蛋白质经一系列水解酶催化逐步水解成寡肽和氨基酸的过程。

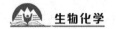
$$食物蛋白质 \xrightarrow[胃]{水解酶} 胨及多肽 \xrightarrow[肠]{水解酶} 寡肽、氨基酸$$

（一）蛋白质的水解酶

蛋白质消化依赖胃肠道中的多种水解酶，它们种类繁多，作用各有特异性。

1. 分类和功能

胃肠道中蛋白水解酶刚分泌出来时多以无催化活性的酶原形式存在。蛋白水解酶以酶原形式存在可保护组织免受其自体分解。胰腺中含有胰蛋白酶抑制剂，它能抑制胰蛋白酶的活性而有保护胰腺的作用。从胰腺中提取的胰蛋白酶抑制剂，称为抑肽酶。临床上用于治疗急性胰腺炎。酶原经过激活才能成为有活性的酶。种类和功能如下：

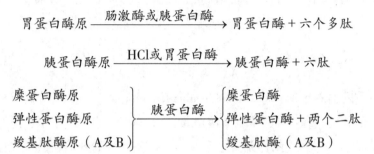

2. 蛋白水解酶的作用特异性

蛋白质水解酶类作用实质就是水解肽键，但对肽键的位置和形成肽键的氨基酸残基有选择性。肽链内切酶或内肽酶水解肽链中间位置的肽键，如胃蛋白酶、胰蛋白酶、糜蛋白酶和弹性蛋白酶等；肽链外切酶或外肽酶则水解肽链的末端肽键，如羧基肽酶和氨基肽酶等。不同的蛋白水解酶的特异性如表11-1所示。

表11-1　肠道中重要蛋白水解酶的特性

名称	所在组织	最适pH值	水解肽键种类
胃蛋白酶	胃	1.5~2.5	—酸性—CO—NH—芳族
胰蛋白酶	胰	8.0~9.0	—碱性—CO—NH—R—
糜蛋白酶	胰	8.0~9.0	—芳族—CO—NH—R—
弹性蛋白酶	胰	8.8	—脂肪族—CO—NH—R—
羧肽酶A	胰	7.4	—中性氨基酸羧基末端肽
羧肽酶B	胰	8.0	—碱性氨基酸羧基末端肽
氨基肽酶	小肠	7.0~8.5	—寡肽氨基末端肽
二肽酶	小肠	8.0	二肽的肽键

（二）蛋白质的消化过程

食物蛋白质在胃肠道经多种蛋白水解酶的共同作用，最后完全水解为寡肽和氨基酸。过程如图11-1所示。

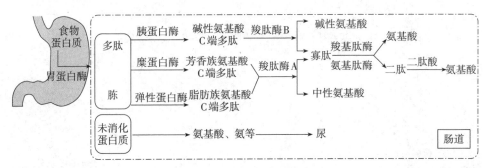

图11-1 消化过程示意图

五、肽和氨基酸的吸收

吸收的氨基酸是人体氨基酸的主要来源，该过程主要在小肠中进行。一般认为肽和氨基酸的吸收主要有两种方式。

1. 主动转运（active transport）

氨基酸的吸收过程需要 Na^+、运载蛋白、ATP和酶等参与，是耗能的主动转运过程。在肠黏膜细胞膜上具有转运氨基酸的载体蛋白，此载体蛋白与氨基酸、Na^+形成三联体，由ATP供能，将氨基酸及 Na^+ 转运入细胞，Na^+ 则利用钠泵排出细胞外。已知人体内至少有7种转运蛋白（transporter）：中性氨基酸转运蛋白、酸性氨基酸转运蛋白、碱性氨基酸转运蛋白、亚氨基酸转运蛋白、β-氨基酸转运蛋白、三肽转运蛋白及二肽转运蛋白。

2. γ-谷氨酰基循环（γ-glutamyl cycle）

小肠黏膜细胞、肾小管细胞和脑组织的氨基酸吸收由细胞膜上γ-谷氨酰转移酶的催化，通过与谷胱甘肽GSH作用而转运入细胞。其主要机理如图11-2所示。γ-谷氨酰基循环中产生的半胱氨酸、甘氨酸和谷氨酸等在ATP和酶的作用下可再生成谷胱甘肽，使氨基酸的吸收不断运转。此循环看成两个阶段，首先是谷胱甘肽对氨基酸的运转，其次是谷胱甘肽的再生。γ-谷氨酰转移酶位于细胞膜上，其余的酶均在细胞液中，同时每转运1分子氨基酸需要消耗3分子ATP。

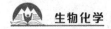
3. 其他途径

少量蛋白质可通过特殊途径直接吸收，如胞饮作用、细胞间通道或特异性受体选择吸收等。有时这些蛋白质被吸收后可导致发生变态反应或免疫反应，诱发过敏，严重时可引起休克，甚至死亡。

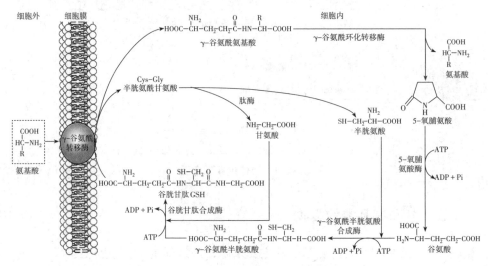

图11-2　γ-谷氨酰基循环

六、蛋白质的腐败作用

肠道细菌分解未经消化的蛋白质及没被吸收的氨基酸或小肽的过程称为蛋白质的腐败作用（putrefaction）。腐败作用是肠道细菌自身的代谢过程，以无氧分解为主，包含脱羧、脱氨、氧化、还原和水解反应等。

第二节　氨基酸的代谢

一、蛋白质降解的机制

（一）蛋白质的降解速率

蛋白质的降解速率随生理需要而变化，不同的蛋白质降解速率不同。蛋白质降解的速率用半衰期（half-life，$t_{1/2}$）表示，是指将蛋白质浓度减少到开始值的50%所需要的时间。肝中蛋白质的$t_{1/2}$短的低于30分钟，长的超过150小时，大部分蛋白质的$t_{1/2}$为1~8天。

（二）在溶酶体中蛋白质通过ATP非依赖途径被降解

溶酶体是细胞内的消化器官，主要功能是消化蛋白质。溶酶体内含有多种蛋白酶，称为组织蛋白酶，这些蛋白酶主要降解细胞外来的蛋白质、膜蛋白和胞内长寿蛋白质。但是对所降解的蛋白质选择性较差，而且此途径不需要消耗ATP。

（三）在蛋白酶体中蛋白质通过ATP依赖途径（泛素化降解途径）被降解

1. 泛素化降解途径中的重要物质

①泛素（ubiquitin，Ub）。除了细菌以外，泛素在许多不同机体和组织中被发现，因而被冠以"泛"字（来源于拉丁文ubique，英文意思为everywhere），泛素是一种由76个氨基酸构成的多肽，相对分子质量为8.45 kDa。泛素在序列上高度保守，它在细胞中通过共价键与蛋白质牢固结合，蛋白质一旦被它标记上，就会被送至蛋白酶体进行降解。

②酶E_1、酶E_2、酶E_3。泛素化蛋白质降解途径相关酶系包含三种重要的酶，即泛素活化酶（E_1）、泛素结合酶（E_2）、泛素蛋白连接酶（E_3）。E_1负责激活泛素分子，E_2负责把泛素分子绑在被降解的蛋白质上，E_3具有辨认被标记上泛素的蛋白质的功能。

③蛋白酶体（proteasome）。蛋白酶体被称为"垃圾处理厂"，它包括20S复合物和26S复合物，其中，26S复合物又由20S复合物和19S复合物组成。26S复合物是一种筒状结构，20S复合物是其在筒内的活性部位，能将蛋白质降解成多肽。19S复合物是其桶部结构的"盖子"，能识别被泛素标记的蛋白质。蛋白酶体不具备选择蛋白质的能力，只有被泛素分子标记而且被E_3识别的蛋白质才能在蛋白酶体中进行降解。

2. 泛素化降解途径的机制

由泛素介导的蛋白降解途径包含两个阶段。第一阶段：多个泛素分子与靶蛋白共价结合。首先，经泛素活化酶（E_1）活化，泛素上76位的甘氨酸与E_1上的半胱氨酸残基形成一个高能硫酯键，此过程需要消耗以ATP形式存在的能量；然后，通过转酯作用，泛素从E_1转移到泛素结合酶（E_2）的甘氨酸上，形成E_2-泛素复合物；最后，在泛素连接酶（E_3）参与下，泛素又从E_2转移到靶蛋白的赖氨酸残基上，使靶蛋白发生泛素化。循环此过程至多个泛素分子重复地附加到靶蛋白上，从而形成多泛素链分支。泛素共有7个赖氨酸残基，其中一个泛素的C端甘氨酸与相邻的泛素之间通过Lys48、Lys63或Lys29连接。第二阶段：在26S蛋白酶体中靶蛋白经历由泛素介导的蛋白水解过程。经泛素活化的靶蛋白被展平后，进入26S蛋白酶体的催化中心，在20S复合物内部蛋白被降解。靶蛋白在蛋白酶体中被多次切割，最后形成3~22个氨基酸残基的多肽。

二、氨基酸代谢库

体内氨基酸主要来自下面三种途径：①食物蛋白经消化吸收进入体内的氨基酸；②内源性组织蛋白分解产生的氨基酸；③体内代谢合成的部分非必需氨基酸。体内的氨基酸可参与下列生理活动：①合成机体的组织蛋白；②参与合成重要的含氮化合物，如嘌呤、嘧啶、肾上甲状腺素及其他蛋白质或多肽激素等；③氧化分解产生能量或转化为糖、脂肪等。外源性蛋白质经消化被吸收的氨基酸（外源性氨基酸）与体内组织蛋白质降解产生的氨基酸（内源性氨基酸）混合，构成氨基酸代谢库（metabolie pool），通过血液循环在各组织之间转运参与代谢，以保证各组织对氨基酸代谢的需要。正常情况下，体内氨基酸的来源和去路处于动态平衡。由于氨基酸不能自由通过细胞膜，所以在体内的分布是不均一的，肌肉中的氨基酸占总代谢的50%以上，肝约占10%，肾约占

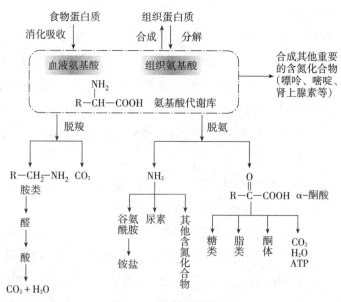

图11-3　氨基酸代谢库

4%，血浆占1%~6%。氨基酸代谢库如图11-3所示。

三、氨基酸的脱氨基作用

氨基酸的脱氨基作用主要有氧化脱氨、转氨、联合脱氨和非氧化脱氨等方式，其中以联合脱氨基最为重要。

（一）氧化脱氨作用（oxidative deamination）

氨基酸脱氨伴有氧化反应，称为氧化脱氨作用。催化氨基酸氧化脱氨的酶有两类：氨基酸氧化酶和L-谷氨酸脱氢酶。

1. 氨基酸氧化酶

氨基酸氧化酶属黄酶类，辅酶为FAD。在氧的参与下，它催化氨基酸氧化脱氨生成α-酮酸、NH_3和H_2O_2。根据氨基酸构型差异，氨基酸氧化酶也分成L-氨基酸氧化酶和D-氨基酸氧化酶。L-氨基酸氧化酶在体内分布不广，活性不高，对脱氨作用并不重要；由于体内D-氨基酸不多，故D-氨基酸氧化酶的意义不大。

2. L-谷氨酸脱氢酶

它以NAD^+或$NADP^+$为辅酶，该酶属变构酶，ATP和NADH是其变构抑制剂，ADP是其激活剂。此酶虽然分布广，但是特异性强，仅催化L-谷氨酸氧化脱氨。大多数的氨基酸需通过其他方式脱氨。

氧化脱氨作用见图11-4。

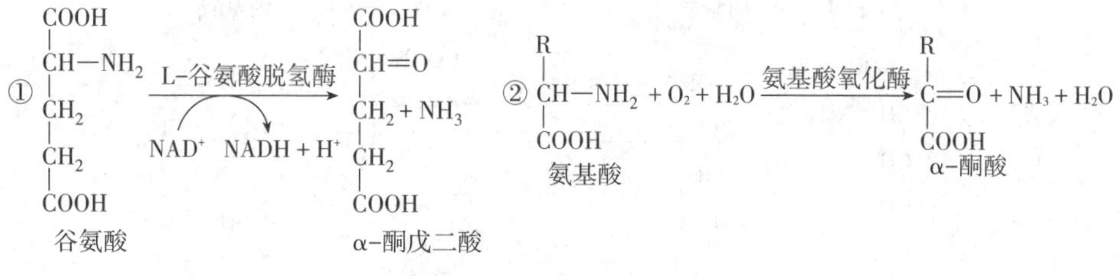

图11-4 氧化脱氨作用

（二）转氨作用（transamination）

1. 概　念

在转氨酶的作用下，氨基酸的α-氨基与α-酮酸的羰基相互交换，生成相应的新的氨基酸和α-酮酸的过程称为转氨作用或氨基移换作用。反应都是可逆的。反应的实际方向取决于四种反应物的相对浓度。α-酮酸与α-氨基酸在生物细胞中可以相互转化，转氨基作用既是氨基酸氧化分解代谢的必经之路，同时也是非必需氨基酸合成的重要途径。许多氨基酸不能通过氧化脱氨基作用直接脱去氨基，只有通过转氨基作用，先将其氨基交给α-酮戊二酸，形成谷氨酸，然后再由L-谷氨酸脱氢酶催化发生氧化脱氨基作用。

2. 转氨酶（transaminase）

催化转氨作用的酶统称为转氨酶。大多数转氨酶需要α-氨基酸作为氨基的供体，α-酮戊二酸作为氨基的受体。转氨酶的种类很多，至今已发现50种以上，广泛存在于动植物和微生物细胞的细胞质和线粒体中。不同的氨基酸各有特异的转氨酶催化其转氨反应。其中较重要的有丙氨酸转氨酶（alanine amino-transferase，ALT）和天冬氨酸转氨酶（aspartate transaminase，AST）（见图11-5）。正常时，不同组织中的ALT和AST活性各不相同，血清中的活性很低。肝组织中ALT的活性最高，心肌组织中AST的活性最高。当某种原因使细胞膜通透性增高或细胞破坏时，转氨酶可大量释放血，使血清中转氨酶活性明显升高。例如，急性肝炎患者血清ALT活性显著升高，心肌梗死患者血清AST明显上升。临床上转氨酶活性常作为疾病诊断和治疗时必要的参考指标。

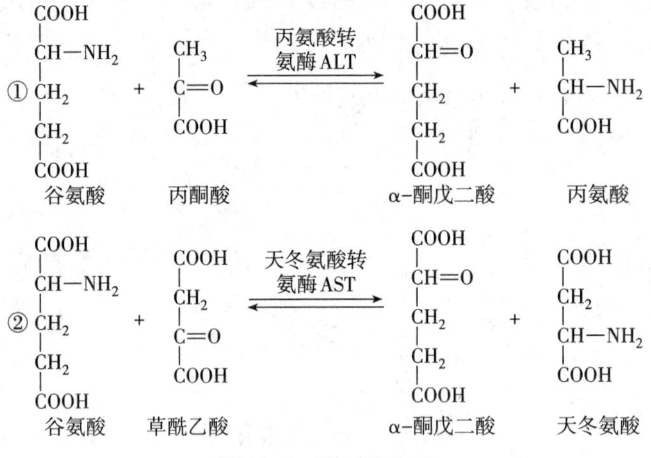

图11-5　转氨基作用

3. 转氨作用的机制

转氨酶的辅酶都是维生素 B_6 的磷酸酯——磷酸吡哆醛。磷酸吡哆醛和磷酸吡哆胺均为维生素 B_6 的磷酸酯，简易表示为—B_6—CHO、—B_6—CH_2—NH_2。在转氨基的过程中，磷酸吡哆醛能结合于转氨酶活性中心赖氨酸的ε-氨基上，先从氨基酸接受氨基转变成磷酸吡哆胺，同时氨基酸则转变成α-酮酸。磷酸吡哆胺将氨基转移给另一种α-酮酸而生成相应的氨基酸。同时，磷酸吡哆胺又变回磷酸吡哆醛。见图11-6。

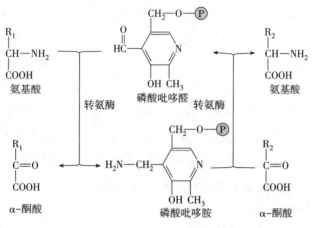

图11-6 转氨基作用的机制

（三）联合脱氨作用

联合脱氨作用是生物体内主要的氨基酸脱氨的途径，即转氨作用和脱氨作用相偶联。通过转氨作用只有氨基的转移，而无游离氨的释放，其最终结果只是一种新的氨基酸代替原来的氨基酸。联合脱氨作用有以下两种方式。

1. 以L-谷氨酸为中心的转氨作用偶联氧化脱氨作用

各种α-氨基酸（除L-谷氨酸以外）经转氨作用，先将α-氨基转移到α-酮戊二酸分子上，生成相应的α-酮酸和谷氨酸，然后谷氨酸在L-谷氨酸脱氢酶催化下进行氧化脱氨基作用，生成α-酮戊二酸，并释放出游离氨，其反应需要磷酸吡哆醛作为辅酶（见图11-7）。对于多数氨基酸，此反应顺序为：一般先转氨，然后再氧化脱氨。转氨作用的氨基受体α-酮戊二酸是氨基的传递体，并不会因为参与联合脱氨作用被消耗。反应中的L-谷氨酸脱氢酶在

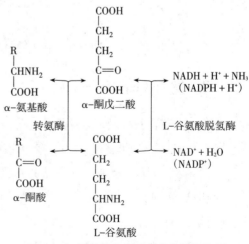

图11-7 转氨基作用偶联氧化脱氨作用

肝、肾、脑中活性最强，联合脱氨作用主要是在肝、肾等组织内进行得比较活跃，这些组织中氨基酸可通过此方式脱氨。

2. 以次黄嘌呤核苷酸为中心的转氨偶联腺嘌呤核苷酸循环脱氨作用

这是一种存在于骨骼肌中的氨基酸脱氨基方式，因为骨骼肌中L-谷氨酸脱氢酶活性较低，无法满足细胞内脱氨基需求。反应的基本过程如图11-8所示。首先，草酰乙酸在AST的催化下，经转氨作用生成天冬氨酸。然后，天冬氨酸与次黄嘌呤核苷酸（IMP）在腺苷酸代琥珀酸合成酶的催化下生成腺苷酸代琥珀酸。此反应由GTP水解一个高能磷酸键提供能量，释放出GDP + Pi。腺苷酸代琥珀酸在腺苷酸代琥珀酸裂解酶的催化下进一步生成腺嘌呤核苷酸（AMP）和延胡索酸。最终，腺苷酸脱氨酶催化AMP脱氨生成IMP，IMP可再进行如上循环。腺苷酸脱氨酶是腺嘌呤核苷酸循环的关键酶。

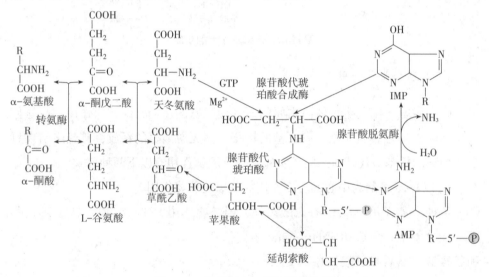

图11-8　转氨–AMP循环脱氨作用

四、氨的代谢

人体内氨有三个主要的来源：①各器官组织中氨基酸脱氨基作用产生的氨（主要来源）及胺分解产生的氨；②肠道吸收的氨以及肾小管上皮细胞分泌的氨；③外源性的氨。氨是一种强烈的神经毒物。血氨浓度升高，可导致神经组织（特别是脑组织）功能障碍，称为氨中毒。机体有较完整的解毒机制，以消除氨对机体的有害影响，方式如下：①参与尿素的合成；②谷氨酰胺的生成；③合成嘌呤、嘧啶、非必需氨基酸等重要的含氮化合物及以铵盐形式由尿排出。

（一）氨的转运

1. 丙氨酸-葡萄糖循环（alanine-glucse cycle）

如图11-9所示，肌组织中的氨基酸经转氨作用将氨基转给丙酮酸生成丙氨酸，丙氨酸经血液运输到肝后通过联合脱氨作用生成丙酮酸和谷氨酸，进一步分解释放出氨，用于合成尿素；生成的丙酮酸经糖异生作用生成葡萄糖。葡萄糖再次通过血液运到肌组织，沿糖分解途径转变为丙酮酸，再次进入循环接受氨基生成丙氨酸，此过程被称为丙氨酸-葡萄糖循环。通过此循环，肌组织中的氨以无毒的丙氨酸形式运输到肝，肝又为肌肉组织提供了生成丙氨酸的葡萄糖。

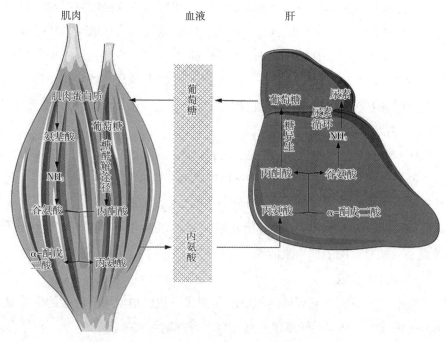

图11-9 丙氨酸-葡萄糖循环

2. 以谷氨酰胺为中心的运输方式

在脑、心和肌肉等组织中，氨基酸代谢产生的氨与谷氨酸在谷氨酰胺合成酶的作用下可生成谷氨酰胺。如图11-10所示。谷氨酰胺合成酶受产物的反馈抑制，可被α-酮戊二酸激活。在运输过程中，谷氨酰胺从脑、肌肉等组织向肝或肾运输氨。在肾脏，谷氨酰胺受谷氨酰胺酶作用水解，释出氨与肾小管中的酸结合生成铵盐由尿排出，这对调节机体的酸碱平衡有重要作用。

体内的氨以无毒形式的丙氨酸和谷氨酰胺运输，在肝脏合成尿素，或在肾

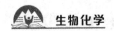

脏以铵形式排出，使氨的产生与排泄保持正常的动态平衡，氨在肝脏合成尿素是维持这个正常平衡的关键。

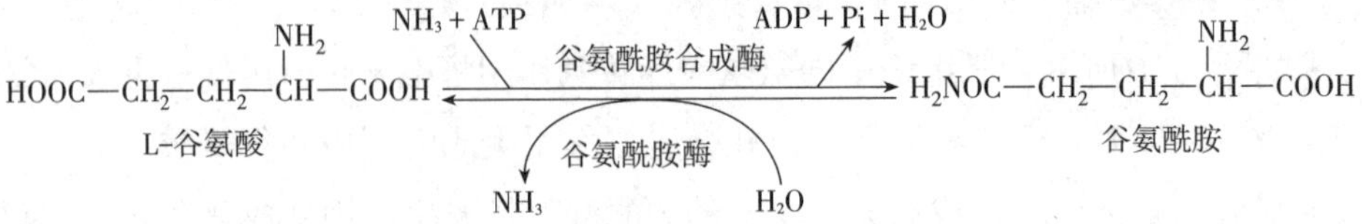

$$\text{HOOC—CH}_2\text{—CH}_2\text{—}\overset{\overset{\displaystyle NH_2}{|}}{\text{CH}}\text{—COOH} \underset{\underset{\displaystyle NH_3 \quad H_2O}{\text{谷氨酰胺酶}}}{\overset{\overset{\displaystyle NH_3 + ATP \qquad ADP + Pi + H_2O}{\text{谷氨酰胺合成酶}}}{\rightleftharpoons}} \text{H}_2\text{NOC—CH}_2\text{—CH}_2\text{—}\overset{\overset{\displaystyle NH_2}{|}}{\text{CH}}\text{—COOH}$$

L-谷氨酸　　　　　　　　　　　　　　　　　　　　　　　谷氨酰胺

图11-10　谷氨酰胺的运氨功能

(二) 尿素的合成

尿素是蛋白质分解代谢的最终无毒产物。尿素的生成也是体内氨代谢的主要途径，约占尿排出总氮量的80%。尿素合成的途径称为鸟氨酸循环或尿素循环 (urea cycle)，是由 H. Krebs 和 K. Henselcit 于1932年发现的，主要发生在动物肝细胞内。尿素的合成反应分5个步骤进行，前2步反应在线粒体中进行，后3步反应在细胞质基质中进行。其主要反应如下。

1. 氨甲酰磷酸的生成

在氨甲酰磷酸合成酶 I (carbamoyl phosphate synthetase I，CPS-I) 催化下，氨与 CO_2 结合形成高能化合物氨甲酰磷酸，反应需 ATP、Mg^{2+} 参与，此反应是不可逆的。该反应消耗2个 ATP 分子中的2个高能磷酸键，其中1个用于活化 CO_2，另1分子 ATP 则用于磷酸化氨甲酰基。CPS-I 存在于肝细胞线粒体，N-乙酰谷氨酸是此酶的变构激活剂。

2. 瓜氨酸的合成

鸟氨酸的 γ-氨基在鸟氨酸转氨甲酰酶催化下接受由氨甲酰磷酸提供的氨甲酰基形成瓜氨酸。鸟氨酸转氨甲酰酶存在于肝细胞线粒体。

3. 精氨酸代琥珀酸的合成

肝细胞线粒体合成的瓜氨酸经膜载体转运到胞质，瓜氨酸与天冬氨酸在精氨酸代琥珀酸合成酶的催化下结合形成精氨酸代琥珀酸。反应由 ATP 水解两个高能磷酸键供能。

4. 精氨酸的合成

精氨酸代琥珀酸由精氨酸代琥珀酸裂解酶催化分解为精氨酸及延胡索酸。延胡索酸可透过线粒体膜进入线粒体基质，经三羧酸循环生成苹果酸，苹果酸脱氢转化为草酰乙酸。生成物与谷氨酸进行转氨基反应，又可重新生成天冬氨酸再次参与尿素循环。延胡索酸是联系尿素循环和三羧酸循环的纽带。

5. 尿素的生成

精氨酸在精氨酸酶的作用下水解生成尿素和鸟氨酸,鸟氨酸经膜载体转运到线粒体基质,再参与尿素生成循环。鸟氨酸循环过程是:通过一次循环,生成1分子尿素,用去2分子氨,并消耗3分子ATP和4个高能磷酸键。

$$2NH_3 + CO_2 + 3ATP \longrightarrow NH_2-CO-NH_2 + AMP + 4Pi$$

尿素合成过程如图11-11所示。

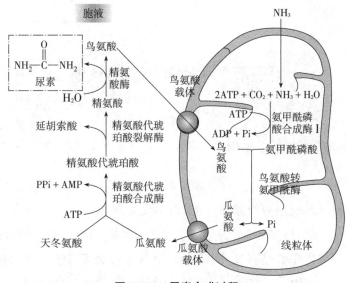

图11-11 尿素合成过程

五、氨基酸骨架的代谢

氨基酸经脱氨作用除产生氨外,还生成α-酮酸,即氨基酸的骨架。不同的氨基酸生成的各种α-酮酸可通过三方面途径进一步代谢。

(一) 合成非必需氨基酸

α-酮酸可经转氨作用或还原氨基化反应,生成相应的氨基酸。这是机体合成非必需氨基酸的重要途径。

(二) 合成糖及脂类

在体内,α-酮酸可以转变成糖及脂类。氨基酸根据转化产物的种类分为三类:①在体内可沿糖异生作用转化为糖的氨基酸称为生糖氨基酸 (glucogenic amino acid），如丙氨酸、谷氨酸、天冬氨酸、半胱氨酸等；②沿脂肪酸分解或合成途径生成酮体或脂肪酸的氨基酸为生酮氨基酸（ketogenic amino acid），如亮氨酸、赖氨酸等；③转变为糖或酮体的氨基酸为生糖兼生酮氨基酸（glucgenic and ketogenic amino acids），如酪氨酸、苯丙氨酸、异亮氨酸等。

（三）氧化产能

α-酮酸在体内可以通过三羧酸循环与生物氧化体系彻底氧化成二氧化碳、水，并放出能量供生理活动需要。

第三节　个别氨基酸的代谢

一、氨基酸的脱羧作用

体内有一部分氨基酸由氨基酸脱羧酶催化发生脱羧基作用生成相应的胺和二氧化碳。氨基酸脱羧酶的辅酶是含维生素B_6的磷酸吡哆醛。氨基酸脱羧酶的特异性较高，一般只对应一种L-氨基酸或其衍生物。产物胺类具有许多重要的生理功能，而体内积蓄过多也可引起神经系统及心血管系统等的功能紊乱。胺氧化酶可催化胺类物质的氧化，以消除其生理活性，特别是肝中此酶活性较高。

（一）谷氨酸的脱羧作用

在脑组织中，谷氨酸脱羧酶催化谷氨酸脱羧生成γ-氨基丁酸（γ-aminobutyric acid，GABA），其是中枢神经系统的主要抑制性递质。如图11-12所示。

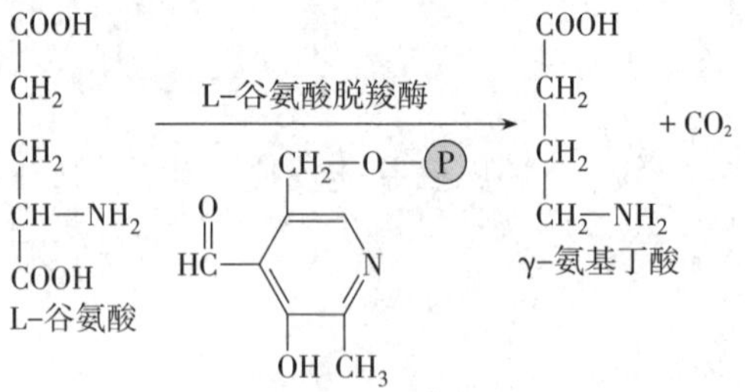

图11-12　谷氨酸的脱羧作用

（二）组氨酸的脱羧作用

组氨酸经组氨酸脱羧酶催化生成组胺。组胺具有扩张血管、降低血压、促进平滑肌收缩及胃液分泌等作用。变态反应、创伤或烧伤可释放过量的组胺。如图11-13所示。

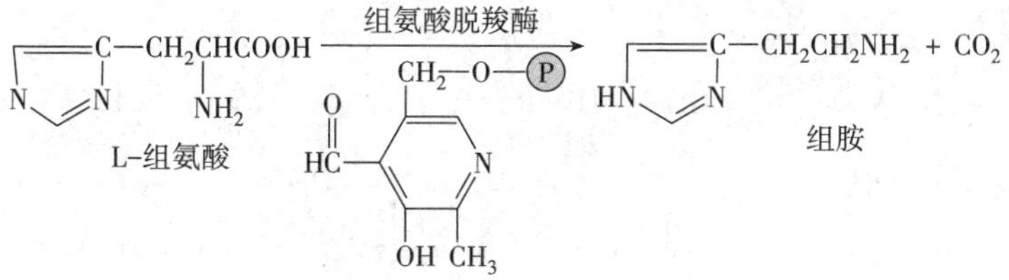

图11-13　组氨酸的脱羧作用

（三）鸟氨酸的脱羧作用

鸟氨酸在鸟氨酸脱羧酶的作用下生成腐胺，再与S-腺苷甲硫氨酸SAM反应生成精脒和精胺等多胺化合物。精脒与精胺是调节细胞生长的重要物质，能促进核酸和蛋白质的生物合成，是细胞生长及分裂所必需的。鸟氨酸脱羧酶是合成多胺的关键酶。如图11-14所示。

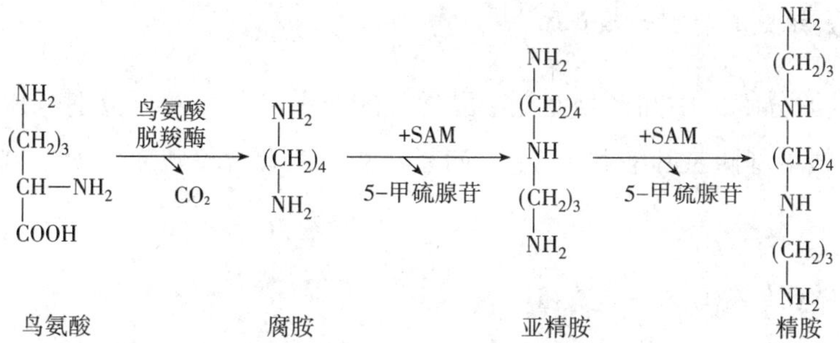

图11-14　鸟氨酸的脱羧作用

二、"一碳基团"代谢

部分氨基酸代谢会生成含一个碳原子的基团，这种基团称为"一碳基团"（one carbon unit）。"一碳基团"的转移和代谢过程，统称为"一碳基团"的代谢（CO_2的代谢除外）。体内重要的"一碳基团"有：①甲基：—CH_3；②亚甲基：—CH_2—；③次甲基：—CH＝；④甲酰基：—CH＝O；⑤羟甲基：—CH_2—OH；⑥亚氨甲基：—CH＝NH。从氨基酸分解产生的"一碳基团"不能自由存在，需与载体结合，才能参与"一碳基团"的代谢。"一碳基团"的载体主要有两种，即四氢叶酸和S-腺苷甲硫氨酸。四氢叶酸（FH_4）是"一碳基团"的主要载体，是一碳基团转移酶的辅酶。它由叶酸还原而来。FH_4分子上N^5和N^{10}是携带"一碳基团"的位置。如N^5，N^{10}—亚甲基四氢叶酸，可简写为FH_4—N^5，N^{10}—CH_2，其化学结构和简式如图11-15所示。

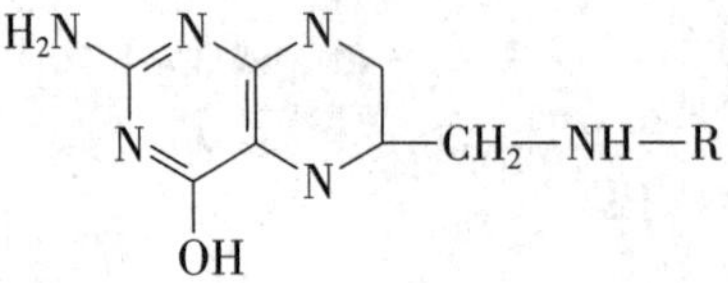

（1）5，6，7，8-四氢叶酸（FH_4） 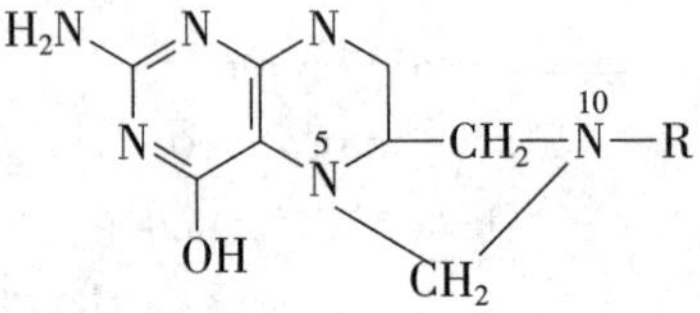　　　（2）N_5，N_{10}-亚甲基四氢叶酸

图11-15 "一碳单位"的结构式

丝氨酸、甘氨酸、组氨酸、苏氨酸、甲硫氨酸及色氨酸都可以作为"一碳基团"的供体，通过代谢反应生成"一碳基团"。

（一）甘氨酸与"一碳基团"

甘氨酸经氧化脱氨生成乙醛酸，再氧化成甲酸。甲酸和乙醛酸可分别与FH_4反应生成N^{10}-甲酰四氢叶酸和N^5，N^{10}-次甲四氢叶酸。

（二）组氨酸与"一碳基团"

组氨酸分解的中间产物亚氨甲酰谷氨酸及甲酰谷氨酸可分别与FH_4反应生成N^5-亚氨甲基四氢叶酸和N^5-甲酰四氢叶酸。两者皆可转变为N^5，N^{10}-甲基四氢叶酸。

（三）丝氨酸与"一碳基团"

丝氨酸的羟甲基与FH_4结合生成N^5，N^{10}-亚甲基四氢叶酸，同时转变为甘氨酸。FH_4—N^5，N^{10}—CH_2也可转变为FH_4—N^5，N^{10}—CH和FH_4—N^5—CH_3。

（四）甲硫氨酸与"一碳基团"

甲硫氨酸的活性形式是S-腺苷甲硫氨酸（SAM），也是"一碳基团"的载体。它参与合成胆碱、肌酸和肾上腺素等化合物的甲基化反应。在甲基移换酶的催化下，SAM将甲基转移给受体，水解生成同型半胱氨酸。同型半胱氨酸经相关酶催化从甲基四氢叶酸获得甲基，从而合成甲硫氨酸，重复上述反应过程，称为甲硫氨酸–甲基转移循环。

（五）"一碳基团"的互变

四氢叶酸"一碳基团"的几种形式在一定的条件下可以互变，但生成 N^5-甲基四氢叶酸 $FH_4—N^5—CH_3$ 的反应为不可逆反应。$FH_4—N^5—CH_3$ 在细胞内含量较高，是体内的主要存在形式。

"一碳基团"的主要生理功能是作为合成嘌呤及嘧啶的原料，在核酸生物合成中占有重要的地位。

四氢叶酸"一碳基团"参与体内核酸基本成分嘌呤和嘧啶碱的生物合成，与机体的生长、发育、繁殖和遗传等生物功能密切相关。S–腺苷甲硫氨酸"一碳基团"为体内甲基化反应的主要甲基来源，体内有50多种化合物的合成需要由S–腺苷甲硫氨酸提供甲基。"一碳基团"的代谢是蛋白质和核酸代谢相互联系的重要途径。

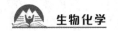

第十二章　核苷酸代谢

第一节　核酸和核苷酸的代谢

一、核酸的消化与分解

人体可以利用食物中核酸类物质的分解产物在体内合成机体生长需要的自身核酸。核酸消化分解过程如下。①食物中的核蛋白在胃中受胃酸的作用，分解成核酸与蛋白质。②在小肠中，核酸首先由胰液中的核酸酶催化，水解连接核苷酸之间的磷酸二酯键成为寡核苷酸和单核苷酸。③单核苷酸由核苷酸酶催化生成核苷和磷酸。核苷酸酶在生物体中广泛存在，其中多数是非特异性核的，对一切核苷酸都能水解。也有一些特异性核苷酸酶，如 3′-核苷酸酶只能水解 3′-核苷酸，5′-核苷酸酶只能水解 5′-核苷酸。④核苷再经酶促反应催化分解生成含氮碱基（嘌呤碱或嘧啶碱）和磷酸戊糖。核苷分解的酶有两类：一类是核苷磷酸化酶，使核苷磷酸分解成含氮碱和磷酸戊糖；另一类是核苷水解酶，使核苷分解成含氮碱和戊糖。⑤磷酸戊糖可进一步受磷酸酶催化，分解成戊糖与磷酸。⑥产生的戊糖可参与体内的戊糖代谢，嘌呤和嘧啶碱则被分解而排出体外。

二、核酸的吸收

核酸代谢生成的单核苷酸和核苷都在小肠上部吸收；其他核酸的消化产物被吸收后，由门静脉进入肝脏；未分解的核苷酸与核苷一部分可直接吸收进行分解或直接用于核酸的合成。人体中含有的核酸酶根据作用位点和对底物的选择性的不同，分类方法也不同。① 根据作用位点不同，分为外切核酸酶和内切核酸酶；② 根据核酸酶对底物的选择性不同，分为核糖核酸酶和脱氧核糖核酸酶。

第二节　碱基（嘌呤和嘧啶）的分解

一、嘌呤的分解

（一）嘌呤分解的概况

体内嘌呤核苷酸的分解代谢主要在肝脏、小肠及肾脏中进行。总体上，嘌呤核苷酸在核苷酸酶作用下水解为嘌呤核苷，嘌呤核苷在核苷酸酶作用下水解成嘌呤和戊糖。嘌呤可以在嘌呤脱氨酶作用下脱氨转化为次黄嘌呤，并进一步在黄嘌呤氧化酶作用下生成黄嘌呤和尿酸，尿酸可随尿排出体外。

（二）人体嘌呤代谢的特点

人与小鼠体内只有腺嘌呤核苷脱氨酶，不含腺嘌呤脱氨酶，故只能在腺嘌呤核苷酸或腺嘌呤核苷的水平上直接脱去氨基而转变为次黄嘌呤核苷酸和次黄嘌呤核苷，次黄嘌呤核苷再受核苷磷酸化酶的催化分解出1-磷酸核糖及次黄嘌呤。次黄嘌呤受黄嘌呤氧化酶的作用依次氧化成黄嘌呤及尿酸。其他动物（如猿、鸟类及某些爬虫类）体内有腺嘌呤脱氨酶，故其腺嘌呤不必以核苷形式先脱去氨基。人体内有鸟嘌呤脱氨酶，故鸟嘌呤核苷先经核苷磷酸化酶的作用分解生成鸟嘌呤，后者受鸟嘌呤脱氨酶的催化而脱去氨基，生成黄嘌呤。同样，最终黄嘌呤也会氧化生成尿酸。见图12-1。

（三）黄嘌呤氧化酶（xanthine oxidase）

黄嘌呤氧化酶属于黄酶类，是广泛存在于动物的肝、肠黏膜和乳腺等组织中的需氧脱氢酶，是一种多辅因子的酶，由FAD、钼原子和4个非血红素铁-硫中心组成。此酶的专一性不高，它既可将次黄嘌呤氧化为黄嘌呤，又可将黄嘌呤氧化为尿酸。

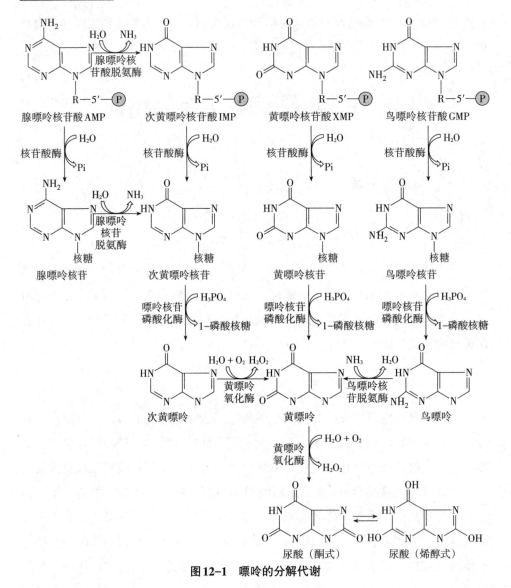

图 12-1 嘌呤的分解代谢

二、嘧啶的分解

在动物体内，嘧啶环在分解过程中被打开，并最终分解成氨、二氧化碳及水。胞嘧啶在体内先脱去氨基生成尿嘧啶，尿嘧啶经酶促催化还原成二氢尿嘧啶后，由二氢尿嘧啶酶催化氧化开环成为β-脲基丙酸，在β-脲基丙酸酶催化下再脱去氨及二氧化碳生成β-丙氨酸，再经转氨酶催化转变成丙二酸半醛，丙二酸半醛活化成丙二酰CoA，失去二氧化碳生成乙酰CoA，最终进入三羧酸循环而彻底氧化。胸腺嘧啶的分解过程与胞嘧啶近似，但其产物为琥珀酸CoA。琥珀酸CoA可参与三羧酸循环而彻底氧化。嘧啶分解产物氨与二氧化碳可合成尿素,随尿排出。胸腺嘧啶的分解产物β-氨基异丁酸有一部分可随尿排出。尿中β-氨基异丁酸排泄的多少可反映细胞及其DNA破坏的程度。见图12-2。

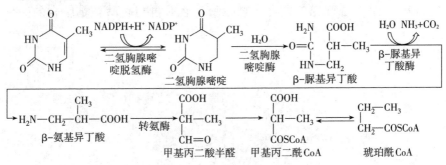

图12-2 嘧啶的分解代谢

第三节　核苷酸的生物合成

一、核糖的来源与5-磷酸核糖焦磷酸的生成

核酸的核糖来源于磷酸戊糖途径,其中的6-磷酸葡萄糖(G-6-P)经降解生成5-磷酸核糖(R-5-P)。R-5-P在特异性的磷酸核糖焦磷酸激酶的催化下,与ATP作用生成5-磷酸核糖焦磷酸(5-phosphoribosyl 1-pyrophosphate,PRPP),用于单核苷酸的合成。

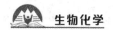

$$5\text{-磷酸核糖}(R\text{-}5\text{-}P) + ATP \xrightarrow[\text{Mg}^{2+}]{\text{磷酸核糖焦磷酸激酶}} 5\text{-磷酸核糖焦磷酸}(PRPP) + AMP$$

二、嘌呤核苷酸的从头合成途径

生物体内核苷酸的合成有两条途径。第一，利用磷酸核糖、氨基酸、一碳单位及CO_2等简单物质为原料，经过一系列酶促反应，合成核苷酸，称为从头合成途径（*de novo* synthesis）。第二，利用体内游离的碱基或核苷合成核苷酸，称为补救合成途径（salvage pathway）。两者在不同组织中的重要性各不相同，例如肝组织进行从头合成，而脑、骨髓等则进行补救合成，一般情况下，前者是合成的主要途径。

在体内，嘌呤碱核苷酸的合成一开始就沿着合成核苷酸的途径进行，利用磷酸核糖、氨基酸、一碳单位、CO_2等物质为原料，通过一系列酶促反应逐步合成次黄嘌呤核苷酸（IMP），然后转变成腺嘌呤核苷酸（AMP）和鸟嘌呤核苷酸（GMP）。而不是首先单独合成嘌呤碱，然后再与磷酸核糖结合的。见图12-3。

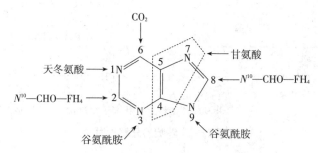

图12-3 嘌呤环合成原料

（一）IMP的合成

首先，在磷酸核糖酰胺转移酶催化下，5-磷酸核糖PRPP中C_1的焦磷酸基团被谷氨酰胺提供的酰胺基取代形成5-磷酸核糖酸（PRA），磷酸核糖酰胺转移酶为次黄嘌呤核苷酸IMP合成过程的关键酶。接下来，由甘氨酸、N^{10}-甲酰四氢叶酸提供甲酰基，谷氨酰胺氮原子转移，然后脱水环化而生成5-氨基咪唑核苷酸（AIR）。AIR通过羧基化，天冬氨酸的加合及延胡索酸的去除，留下天冬氨酸的氨基。再由N^{10}-甲酰四氢叶酸提供甲酰基，脱水环化形成IMP。上述各步反应中有四个步骤需要消耗ATP，过程详见图12-4。

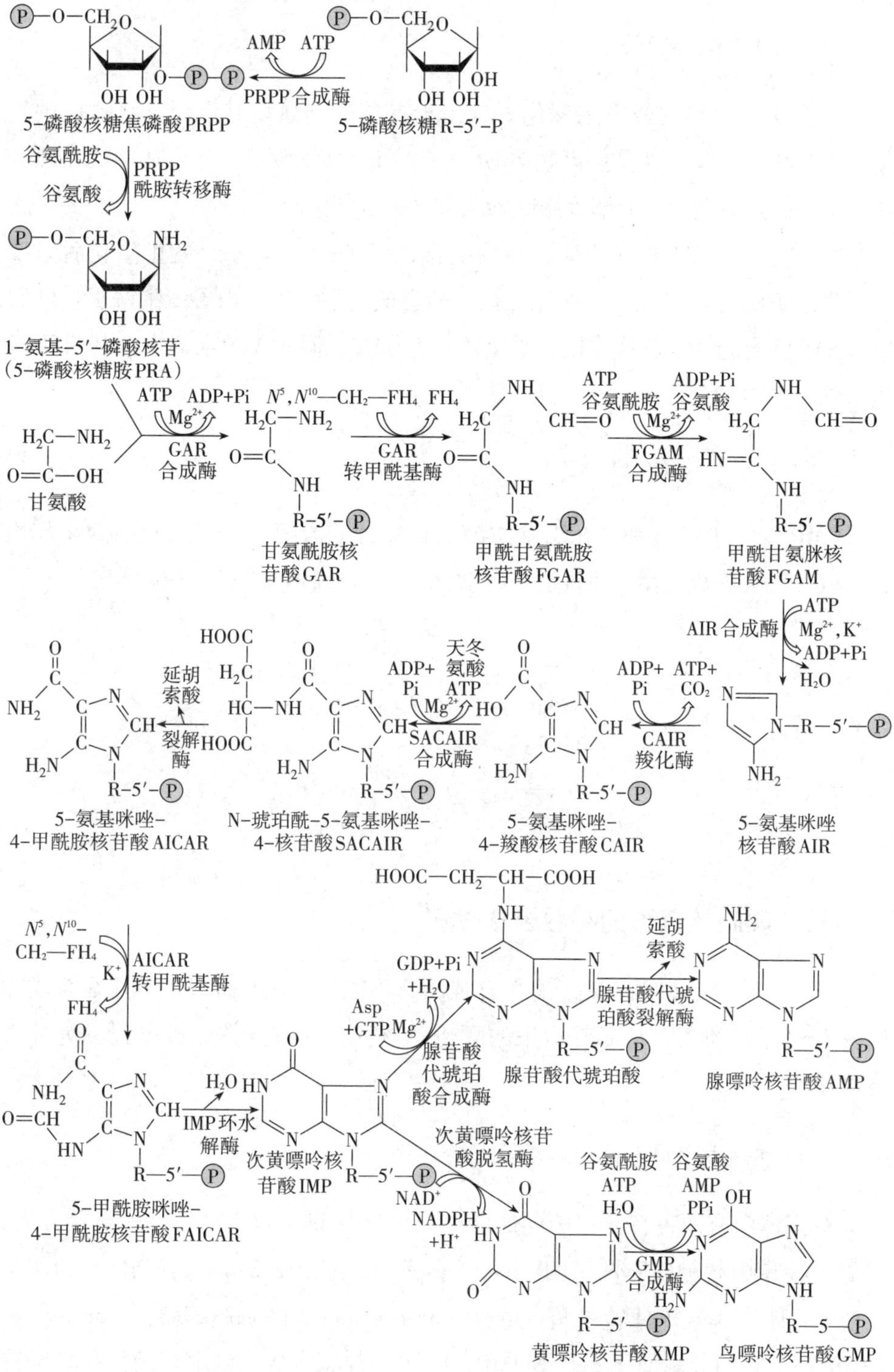

图 12-4 IMP 的从头合成，IMP 合成 AMP 及 GMP

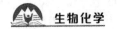

（二）AMP和GMP的合成

在腺苷代琥珀酸合成酶催化下，由天冬氨酸提供氨基，GTP水解提供能量，IMP可进一步生成腺苷代琥珀酸、GDP和无机磷酸，腺苷代琥珀酸在腺苷代琥珀酸裂解酶催化下分解为腺嘌呤核苷酸和延胡索酸。

IMP先经次黄嘌呤核苷酸脱氢酶催化，以NAD^+作辅基，发生氧化脱氢反应，生成黄嘌呤核苷酸。在鸟嘌呤核苷酸合成酶催化下，由谷氨酰胺提供酰胺氮，ATP供给能量，黄嘌呤核苷酸氨基化为GMP，同时ATP水解为AMP和无机焦磷酸。见图12-4。

（三）ATP和GTP的生成

AMP和GMP可进一步在腺苷酸激酶、鸟苷酸激酶、核苷二磷酸激酶作用下，以ATP为磷酸供体，经过两步磷酸化反应，分别生成ATP和GTP。

$$\text{AMP} \xrightarrow[\text{ATP} \quad \text{ADP}]{\text{激酶}} \text{ADP} \xrightarrow[\text{ATP} \quad \text{ADP}]{\text{激酶}} \text{ATP}$$

$$\text{GMP} \xrightarrow[\text{ATP} \quad \text{ADP}]{\text{激酶}} \text{GDP} \xrightarrow[\text{ATP} \quad \text{ADP}]{\text{激酶}} \text{GTP}$$

三、嘌呤核苷酸的补救合成途径

骨髓、脑等组织由于缺乏有关合成酶，不能按"从头合成"的途径合成嘌呤核苷酸，必须依靠从肝脏运来的嘌呤和核苷合成核苷酸，该过程称为补救合成。

（一）磷酸核糖转移酶途径合成嘌呤核苷酸

在人体内有两种特异性不同的磷酸核糖转移酶参与嘌呤核苷酸补救合成，即腺嘌呤磷酸核糖转移酶（adenine phosphoribosyl transferase，APRT）和次黄嘌呤-鸟嘌呤磷酸核糖转移酶（hypoxanthinegaunine phosphoribosyl transferase，HGPRT），它们分别催化AMP和IMP、GMP的补救合成。经上述酶催化，嘌呤碱与5-磷酸核糖焦磷酸反应生成核苷酸。过程中APRT受AMP的反馈抑制，

HGPRT受IMP与GMP的反馈抑制。

$$腺嘌呤 + PRPP \xrightarrow{APRT} 腺嘌呤核苷酸 + PPi$$

$$次黄嘌呤 + PRPP \xrightarrow{HGPRT} 次黄嘌呤核苷酸 + PPi$$

$$鸟嘌呤 + PRPP \xrightarrow{HGPRT} 鸟嘌呤核苷酸 + PPi$$

（二）核苷磷酸化酶-核苷激酶途径合成腺嘌呤核苷酸

在腺苷（或鸟苷）磷酸化酶催化下，腺嘌呤（或鸟嘌呤）可与1-磷酸核糖反应产生腺嘌呤核苷（或鸟嘌呤核苷）；在腺苷激酶催化下，腺嘌呤核苷可与ATP反应，生成腺嘌呤核苷酸。由于在生物体内尚未发现鸟苷激酶，故该途径在鸟嘌呤核苷酸补救合成中所起的作用不大。

四、尿嘧啶核苷酸的从头合成途径

同位素失踪实验结果显示，嘧啶核苷酸中嘧啶碱合成的原料为谷氨酰胺、二氧化碳和天冬氨酸。见图12-5。

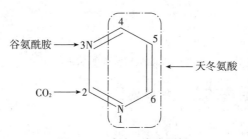

图12-5　嘧啶环合成原料

首先，在细胞质中，谷氨酰胺与二氧化碳由氨基甲酰磷酸合成酶Ⅱ催化，由ATP供应能量，合成氨基甲酰磷酸。氨基甲酰磷酸再与天冬氨酸由天冬氨酸甲酰转移酶催化生成氨甲酰天冬氨酸。氨甲酰天冬氨酸经二氢乳清酸酶催化脱氢生成乳清酸（尿嘧啶甲酸），然后再与PRPP在乳清酸磷酸核糖转移酶催化下生成乳清酸核苷酸，最后由脱羧酶作用脱羧生成尿嘧啶核苷酸。机体能将ATP的高能磷酸基团转移给UNP，而生成UDP与UTP，在CTP合成酶的催化下由谷氨酰胺提供氨基，可使UTP转变成CTP。见图12-6。

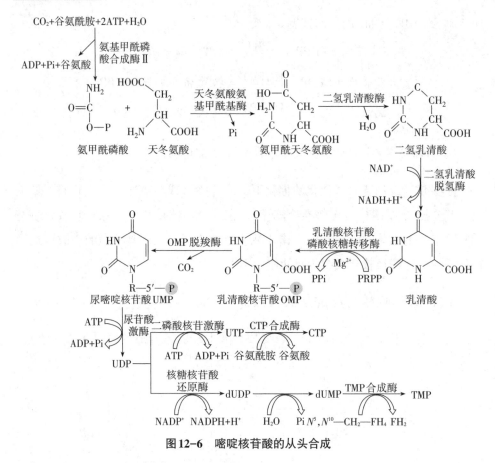

图12-6 嘧啶核苷酸的从头合成

五、嘧啶核苷酸的补救合成途径

嘧啶核苷酸的补救合成也有两条途径。①核苷磷酸化酶–核苷激酶途径：在磷酸化酶催化下，嘧啶与PRPP反应生成嘧啶核苷，嘧啶核苷通过嘧啶核苷激酶的催化而生成相应的嘧啶核苷酸。②磷酸核糖转移酶途径：在磷酸核糖转移酶催化下，嘧啶与PRPP反应生成嘧啶核苷酸和无机焦磷酸。例如尿嘧啶核苷酸可通过下列两种反应生成。但是此途径不能催化胞嘧啶进行补救合成。

$$尿嘧啶 + PRPP \xrightarrow{\text{磷酸核糖转移酶}} UMP + PPi$$

$$尿嘧啶 + 1-磷酸核糖 \underset{\text{尿苷磷酸化酶}}{\rightleftarrows} 尿嘧啶核苷 + Pi \xrightarrow[\text{ATP, } Mg^{2+}]{\text{尿苷激酶}} UMP$$

六、脱氧核糖核苷酸的合成

（一）核糖核苷二磷酸的还原

用同位素标记法证实，机体合成脱氧核苷酸的方法不是以脱氧核糖为起始物进行合成的，而是用还原方法使相应的核苷二磷酸（NDP）分子中D-核糖C_2上的羟基脱氧转变为2′-脱氧核苷二磷酸（dNDP）。体内的ADP、CDP、GDP、UDP等核苷二磷酸均可还原成dADP、dCDP、dGDP、dUDP。在生物细胞中发现2种途径可以将NADPH（来源于磷酸戊糖途径）中的H^+传递给核苷二磷酸还原酶，再由自由基反应机制将核苷二磷酸还原为脱氧核苷二磷酸（见图12-7）。

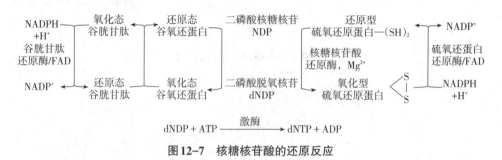

图12-7　核糖核苷酸的还原反应

1. 途径一

由谷胱甘肽还原酶、谷氧还蛋白、谷氧还蛋白还原酶、核苷二磷酸还原酶和NADPH/NADP、还原型谷胱甘肽（GSH）/氧化型谷胱甘肽（GSSG）组成的途径。在谷胱甘肽还原酶催化下，NADPH可将GSSG还原为GSH。GSH又可断裂氧化型的谷氧还蛋白的二硫键，还原为1对—SH。这对—SH的2个H^+传递给核苷二磷酸还原酶将NDP还原为dNDP。

2. 途径二

由硫氧还蛋白、硫氧还蛋白还原酶、核苷二磷酸还原酶和NADPH/NADP、FADH/FAD组成的途径。首先，NADPH中的H^+传递给硫氧还蛋白还原酶的辅基FAD，使其转变为$FADH_2$。在硫氧还蛋白还原酶催化下，$FADH_2$中的H^+可将硫氧还蛋白中的二硫键还原为1对—SH，最后由还原型的硫氧还蛋白使核苷二磷酸还原酶还原，从而发挥还原NDP的作用。

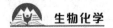

（二）脱氧胸腺嘧啶核苷酸（dTMP）的合成

由胸腺嘧啶核苷酸合成酶催化，N^5，N^{10}—CH_2—FH_4提供甲基，dUMP甲基化形成dTMP。N^5，N^{10}—CH_2—FH_4提供甲基后生成二氢叶酸（FH_2），FH_2可以再经二氢叶酸还原酶作用，由NADPH提供H^+，重新生成FH_4，FH_4又可再携带"一碳基团"参与dTMP的生物合成（见图12-8）。

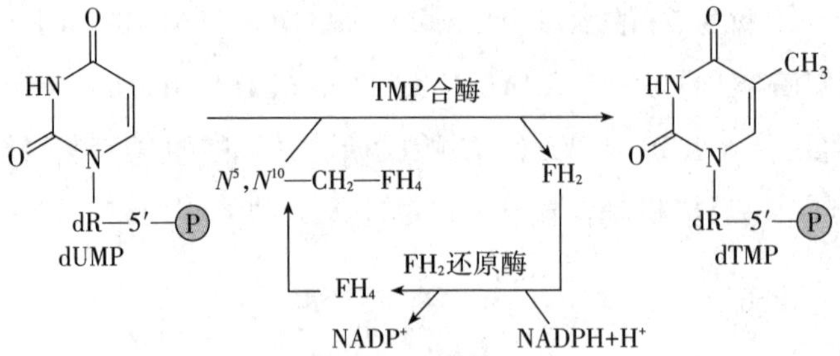

图 12-8　脱氧胸腺嘧啶核苷酸（**dTMP**）的合成

第十三章　代谢调控与物质转换

第一节　概　述

一、新陈代谢的概念

新陈代谢（metabolism）是机体与环境之间的物质和能量交换以及生物体内物质和能量的自我更新过程。它是通过消化、吸收、中间代谢和排泄四个阶段来完成的。新陈代谢过程包含物质代谢与能量代谢，生物体与外界环境之间物质的交换和生物体内物质的转变过程称为物质代谢（material metabolism），生物体与外界环境之间能量的交换和生物体内能量转换的过程称为能量代谢（energy metabolism）。体内的物质代谢与能量代谢是偶联的。一方面，机体由外界环境摄取营养物质，通过消化吸收在体内进行一系列复杂而有规律的化学变化转化为机体自身物质，即同化作用（assimilation），同化作用过程也是吸能过程；另一方面，机体自身原有的物质也不断地转化为废物而排出体外，即异化作用（dissimilation）。机体代谢还分成合成代谢和分解代谢。合成代谢（anabolism）是机体利用小分子简单结构元件合成自身复杂的大分子物质的过程。分解代谢（catabolism）是机体将从外界摄取的或自身合成或贮存的大分子物质通过一系列反应分解为二氧化碳、水和氨的过程。

机体的代谢过程互相对立、互相制约、互相联系、互相依赖。同化过程的实质是合成生物体自身物质，是以合成代谢为主的，但也包含分解代谢，可为异化作用提供物质基础；异化过程的实质是将生物体内的物质分解，所以是以分解代谢为主的，但在过程中也包含合成代谢，可为同化作用提供能量。

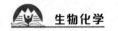

二、物质代谢的特点

（一）形成代谢网络

机体内各种物质（糖、脂、蛋白质、无机盐、维生素等）的代谢过程不是彼此孤立的，而是彼此相互联系、相互转变、相互依存、相互制约的，从而构成高度复杂的代谢网络。

（二）组织特异性

各组织器官各有特定的生理功能，生理结构往往不同，而且还含有不同的酶系种类，以适应和完成其特有的代谢途径及生理功能，即代谢具有组织特异性。例如肝在糖、脂、蛋白质代谢上具有特殊重要的作用，是人体物质代谢的枢纽。

（三）精细调节性

机体存在着一套精细、完善而又复杂的调节机制，从而保证体内各种物质代谢有条不紊，使各种物质代谢的强度、方向和速度适应体内外环境的不断变化，维持机体内环境的相对恒定及动态平衡，保障机体各项生命活动的正常进行。

（四）ATP是机体能量储存与利用的共同形式

体内能量的直接利用形式是ATP。ATP作为能量载体，使产生能量的物质分解代谢与消耗能量的合成代谢间相互偶联。

三、能量代谢

当机体从外界环境摄取营养物质进行分解代谢时，释放出能量以供一切生命活动的需要。机体内各种物质分解代谢所释放的能量一般不能直接被利用，而是以高能磷酸化合物的形式储存，当需要时，ATP等物质中的高能磷酸键分解供能。人体在清醒而安静的状态中，并处于适宜温度，同时在没有食物消化与吸收作用的情况下，所消耗的能量称为基础代谢（basal metabolism）。在这种状态下所需要的能量主要是用于维持体温及支持各种器官的基本运行。

食物在体内被氧化分解至最终产物（如二氧化碳、水和尿素）所释放的总能量以千卡计算，称为食物的卡价（或称热价）。每克糖、脂肪和蛋白质的卡价分别为4，9，4 kcal。机体与外界环境在呼吸过程中所交换的二氧化碳与氧的物质的量的比值称为呼吸商（respiratory quotient，RQ），即 $RQ = CO_2/O_2$。糖、脂肪和蛋白质的呼吸商分别为1.0，0.7和0.8。

第二节 物质代谢的相互关系

一、蛋白质与糖代谢的相互联系

糖类可转变成各种氨基酸的碳架结构。糖类进入到生物体内经过消化吸收分解为单糖，主要为葡萄糖，葡萄糖在有氧的情况下经过一系列反应可以生成丙酮酸。丙酮酸是糖类代谢的重要中间产物，丙酮酸经三羧酸循环，转变成α-酮戊二酸和草酰乙酸。丙酮酸通过氨基转移酶的作用可以生成丙氨酸，草酰乙酸可以通过氨基转移酶的作用生成天冬氨酸，天冬氨酸在天冬酰胺酶的作用下可以生成天冬酰胺。α-酮戊二酸同样可以在氨基转移酶的作用下生成谷氨酸，谷氨酸还可以在谷氨酰胺合成酶的作用下生成谷氨酰胺。糖类产生的ATP等能量又可以用于合成氨基酸和蛋白质，物质代谢总是与能量代谢相伴而行。

动物体中除亮氨酸和赖氨酸外，其余氨基酸通过脱氨作用生成相应的α-酮酸，其都能转变为中间产物，再经糖异生作用合成糖类。丙氨酸、谷氨酸和天冬氨酸脱氨后分别转变为三羧酸循环中间产物丙酮酸、α-酮戊二酸和草酰乙酸，经糖异生作用即可生成糖类。其他氨基酸则经较复杂的分子结构变化，如精氨酸、组氨酸、脯氨酸、鸟氨酸、瓜氨酸均可通过谷氨酸转变成α-酮戊二酸，再转变成糖类。苯丙氨酸、酪氨酸可以先转成延胡索酸，沿三羧酸循环变成草酰乙酸，再转变成糖类。丝氨酸、甘氨酸、苏氨酸、色氨酸、羟脯氨酸、缬氨酸、半胱氨酸等均可先转变成丙酮酸，再转变成糖类。另外，甲硫氨酸、异亮氨酸、亮氨酸（植物、微生物体内）可转变成琥珀酰CoA，再转变成糖类。

二、糖与脂类代谢的相互联系

糖转变为脂类时，先经糖酵解过程，生成磷酸二羟丙酮及丙酮酸。磷酸二

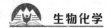

羟丙酮可还原成甘油；体内过多的糖类还可通过酵解途径生成丙酮酸，并进一步转变为乙酰 CoA，乙酰 CoA 是长链脂肪酸合成的原料，可以转变为脂肪并储存起来。此过程所需的 NADPH+H$^+$ 又可由磷酸戊糖途径供给。此外，乙酰 CoA 还可转变为胆固醇及其衍生物。

在动物体内，甘油可经磷酸化生成 α-磷酸甘油，再脱氢生成磷酸二羟丙酮，最终通过糖异生作用转变为糖类，但脂肪酸不能直接合成糖类，脂酸分解生成的乙酰 CoA 不能转变为丙酮酸。

三、蛋白质与脂类代谢的相互联系

蛋白质可以转变为脂质。在动物体内的生酮氨基酸（如亮氨酸、赖氨酸）和生酮兼生糖氨基酸（如异亮氨酸、苯丙氨酸、酪氨酸、色氨酸等）在代谢过程中能生成乙酰乙酸（酮体），然后生成乙酰 CoA，再经丙二酸单酰途径合成脂肪酸。而生糖氨基酸直接或间接生成丙酮酸，可以转变为甘油，也可以在氧化脱羧后转变为乙酰 CoA，合成胆固醇或者经丙二酸单酰 CoA 用于脂肪酸合成。丝氨酸脱羧可以转变为胆胺，胆胺在接受 S-腺苷甲硫氨酸给出的甲基后，即形成胆碱，胆胺是磷脂酰乙醇胺（脑磷脂）的组成成分，胆碱是磷脂酰胆碱（卵磷脂）的组成成分。

由脂质合成蛋白质的可能性是有限的。脂类分子中的甘油可转变为丙酮酸、草酰乙酸及 α-酮戊二酸，然后接受氨基而转变为丙氨酸、天冬氨酸及谷氨酸。脂肪酸通过 β-氧化生成乙酰 CoA，并转化为草酰乙酸和 α-酮戊二酸，从而与天冬氨酸及谷氨酸相联系。但这一过程需要消耗三羧酸循环中的有机酸，如不补充，反应将不能进行。一般来说，动物组织不会利用脂肪酸合成氨基酸。

四、核糖与糖、脂类和蛋白质代谢的相互联系

核苷酸的嘌呤和嘧啶环是由几种氨基酸作为原料合成的，核苷酸的核糖又是从糖代谢的磷酸戊糖通路而来的。核酸是遗传物质，一般不作为碳源、氮源和能源物质。但是核酸参与了蛋白质生物合成的几乎全过程，而核酸的生物合成又需要许多蛋白质因子参与作用。而且体内许多游离核苷酸在代谢中起着重要的作用。例如 ATP 是能量和磷酸基团转移的重要物质，GTP 参与蛋白质的生物合成，UTP 参与多糖的生物合成，CTP 参与磷脂的生物合成。体内许多辅酶或辅基都含有核苷酸组分，如辅酶 A、辅酶 I、辅酶 II、FAD、FMN 等。总之，

糖、脂类、蛋白质和核酸等代谢彼此相互影响、相互联系和相互转化，而这些代谢又以三羧酸循环为枢纽，其成员又是各种代谢的共同中间产物。见图13-1。

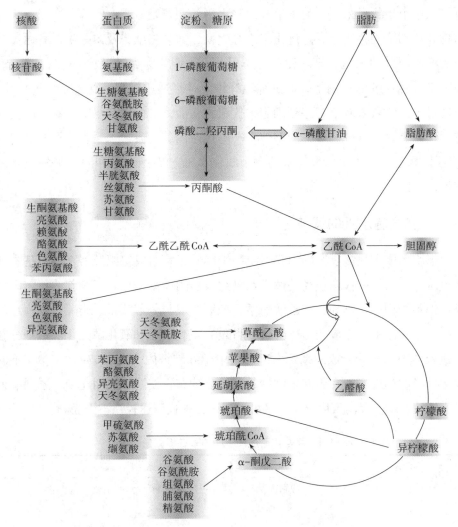

图13-1　糖、脂类、蛋白质和核酸代谢的相互关系

第三节　代谢的调节

生命活动综合复杂，必须有精确严密的调节机制才能保证正常运转。生物进化程度越高，机体的结构、代谢和生理功能越复杂，代谢调节机制也随之更为复杂。以高等动物为例，代谢调节在四个相互联系、彼此协调又各具特色的

层面上进行，即细胞水平、酶水平、激素水平和神经水平。

细胞水平代谢调节通过细胞内代谢物浓度的变化对酶的活性及含量进行调节。从整个生物界来说，酶水平和细胞水平的调节是最基本的调节方式，为动植物和单细胞生物所共有。进化至高等生物，内分泌细胞及内分泌器官通过分泌的激素对其他细胞发挥代谢调节作用，这种调节称为激素水平的代谢调节。在中枢神经系统的控制下，通过神经纤维及神经递质对靶细胞直接发生影响，或通过分泌激素来调节某些靶细胞的代谢和功能，对机体各组织、器官的代谢进行代谢整合，这种调节称为整体水平的代谢调节。激素水平和神经水平的调节是生物进化发展而完善起来的调节机制，通过细胞水平和酶水平的变化来体现。

一、细胞水平的调节

细胞形成了很多复杂的内膜系统和细胞器，是组成组织及器官的最基本功能单位。参与同一代谢途径的酶类常可组成多酶体系，分布于细胞的特定区域或亚细胞结构中。例如，糖酵解酶系、糖原合成与分解酶系、脂酸合成酶系均存在于细胞液中，三羧酸循环酶系、脂酸β-氧化酶系和氧化磷酸化酶系则分布于线粒体中，核酸合成酶系绝大部分集中于细胞核内（见表13-1）。参与不同代谢途径的相应酶类在不同细胞器的区域化分布，使同一代谢途径一系列酶促反应连续进行，提高反应速率，又可以保证各种代谢途径互不干扰。

表13-1　某些代谢途径多酶体系在细胞内的分布

多酶体系	分布	多酶体系	分布
DNA及RNA合成	细胞核	糖酵解	胞液
蛋白质合成	内质网，胞液	戊糖磷酸途径	胞液
糖原合成	胞液	糖异生	胞液
脂酸合成	胞液	脂酸β-氧化	线粒体
胆固醇合成	内质网，胞液	多种水解酶	溶酶体
磷脂合成	内质网	三羧酸循环	线粒体
血红素合成	胞液，线粒体	氧化磷酸化	线粒体
尿素合成	胞液，线粒体	呼吸链	线粒体

二、酶水平的调节

各代谢途径包含一系列酶催化的化学反应，其速率和方向是由其中一个或几个具有调节作用的关键酶的活性决定的。这些能调节代谢的酶称为调节酶或关键酶。细胞水平的代谢调节主要是通过对关键酶活性的调节来实现的。对关键酶的调节方式可分为两类。一类是通过改变酶的分子结构，从而改变细胞已有酶的活性来调节酶促的速率，此类又分为变构调节和化学修饰调节两种。该类调节作用较快，在数秒及数分钟内即可发生，又称为快速调节。另一类则是通过调节酶蛋白分子的合成或降解以改变细胞内酶的含量来调节酶促反应的速率。这类调节一般需数小时或几天才能实现，因此称为迟缓调节。

（一）酶活性调节的类型

1. 变构效应（allosteric effect）

调节物或效应物与酶分子调节中心结合后，诱导或稳定酶分子的某一构象，从而影响反应速度及代谢过程，称为变（别）构效应，也称为协同效应（cooperative effect），这种调节作用的酶称为变（别）构酶（allosteric enzyme）。凡能使酶分子发生别构作用的物质称为效应物（effector）或变（别）构剂，通常为小分子代谢物或辅因子。因别构作用导致酶活性增加的物质称为正效应物（positive effector）或别构激活剂，反之称为负效应物（negative effector）或别构抑制剂。

2. 共价修饰（covalent modification）

通过在酶蛋白某些氨基酸残基上增加或减少某些基团的办法来调节酶的活性状态的方式称为共价修饰。这种酶称为共价修饰酶，是一种代谢调节酶。绝大多数的共价修饰酶都具无活性（或低活性）和有活性（或高活性）两种形式，分别具有不同的化学基团的共价修饰状态。两种形式之间通过两种不同转换酶的催化可以互相转变。催化互变反应的转换酶在体内又受上游调节因素如激素的控制。迄今有几百种酶在翻译后都要进行化学修饰，共有下列6种类型：①磷酸化/去磷酸化；②乙酰化/去乙酰化；③腺苷酰化/去腺苷酰化；④尿苷酰化/去尿苷酰化；⑤甲基化/去甲基化；⑥S—S/SH。

酶的可逆共价修饰是调节活性的重要方式。其中最重要、最普遍的调节是对靶蛋白的磷酸化/去磷酸化作用。反应催化磷酸化反应的酶称为蛋白激酶，由

ATP供给磷酸基和能量，磷酸基转移到靶蛋白特异的丝氨酸、苏氨酸或酪氨酸残基上。蛋白的去磷酸反应由蛋白磷酸酯酶催化水解反应将磷酸脱下。它的生理效应显著，反应灵敏，节约能量，机制多样，是动植物细胞中酶化学修饰的主要形式。例如肝和肌肉中的磷酸化酶a和b，其中b型为无活性，通过激酶和ATP，使酶分子多肽链亚基丝氨酸残基经磷酸化成为有活性的磷酸化酶，使糖原分解。见表13-2。

表13-2 化学修饰所调节的酶

酶	化学修饰类型	酶活性改变
糖原磷酸化酶	磷酸化/脱磷酸	激活/抑制
磷酸化酶b激酶	磷酸化/脱磷酸	激活/抑制
糖原合酶	磷酸化/脱磷酸	抑制/激活
丙酮酸脱羧酶	磷酸化/脱磷酸	抑制/激活
磷酸果糖激酶	磷酸化/脱磷酸	抑制/激活
丙酮酸脱氢酶	磷酸化/脱磷酸	抑制/激活
HMG-CoA还原酶	磷酸化/脱磷酸	抑制/激活
HMG-CoA还原酶激酶	磷酸化/脱磷酸	激活/抑制
乙酰CoA羧化酶	磷酸化/脱磷酸	抑制/激活
脂肪细胞甘油三酯脂肪酶	磷酸化/脱磷酸	激活/抑制
黄嘌呤氧化脱氢酶	SH/—S—S—	激活/抑制

3. 酶原激活

哺乳动物消化系统的蛋白酶都是以一种非活化的前体酶原的形式存在的，必要时在其他蛋白作用下变成有活性的酶，如胰蛋白酶原、胃蛋白酶原的激活。酶原激活的特点：①酶原在需要的时间点和作用位点被激活；②由抑制剂调整激活酶的活性；③酶原激活过程会产生信号放大作用。酶的共价修饰作用迅速，并且有放大效应，因为酶的共价修饰是连锁进行的。一旦发生共价修饰，被修饰的酶又可催化另一种酶发生修饰，每修饰一次，发生一次放大效应，连锁放大后，可使极小量的调节因子产生显著的效应。这种连锁反应中一个酶被激活，连续地发生其他酶被激活，导致原始信息的放大，称为级联（cascade）系统。

（二）酶活性调节的模式

1. 抑制作用（inhibition）

变构效应、共价修饰、抑制剂等对酶活性均可产生抑制作用。有机体控制酶活力的抑制主要是反馈抑制（feedback inhibition）或负反馈（degenerative feedback）。反馈抑制作用有下述多种形式（见图13-2）。

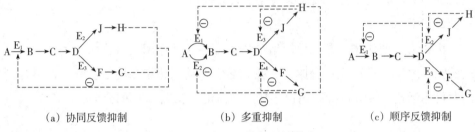

（a）协同反馈抑制　　　　　（b）多重抑制　　　　　（c）顺序反馈抑制

图13-2　各种反馈抑制的模式

① 单价反馈抑制（monovalent feedback inhibition）。线性代谢途径的终产物对催化关键步骤（通常是第一步反应）的酶活性的抑制作用称为单价反馈抑制。例如，葡萄糖的磷酸化反应中6-磷酸葡糖积累过剩时，反应就会被抑制，反应慢下来，这不仅与质量作用效应有关，还存在酶的变构调节作用。

② 协同反馈抑制（concerted end product inhibition）。几个终产物同时过剩时协同对第一个酶发生抑制作用，这称为协同作用反馈抑制。它保证在分支代谢过程中，不至于因为一个最终产物过多而造成所有其他最终产物缺乏，如从天冬氨酸合成赖氨酸、苏氨酸、甲硫氨酸的代谢中的第一个酶——天冬氨酸激酶，受到终产物苏氨酸和赖氨酸的协同反馈抑制。

③ 多重抑制（enzyme multiplicity）。在分支代谢中，在分支点之前的某个反应若由一组同工酶催化时，分支代谢的终产物分别抑制这一组同工酶中的某个酶，称为酶的多重抑制。如天冬氨酸激酶在大肠杆菌中有三种同工酶——天冬氨酸激酶AK1、AK2和AK3，它们分别被终产物赖氨酸、硫氨酸和苏氨酸所抑制。

④ 顺序反馈抑制（sequential feedback control）。终产物只分别抑制分支后自己途径中的第一个酶，导致前一步的反应产物变化，从而再抑制全合成过程第一个酶的作用，这一过程是顺序反馈抑制，也称为逐步反馈抑制（step feedback inhibition）。苯丙氨酸、酪氨酸、色氨酸分支途径分别受各自终产物抑

制。若3种终产物都过量，则分支酸即行积累。

⑤ 累积反馈抑制（cumulative feedback inhibition）。几个最终产物中任何一个产物过多时都能对某一酶发生部分抑制作用，但要达到最大效果，则必须使几个最终产物同时过多，这一过程称为累积反馈抑制。一个显著的例子就是谷氨酰胺合成酶的反馈抑制。谷氨酰胺是合成AMP、CTP、6-磷酸葡糖胺、组氨酸、氨甲酰磷酸的前体。以上几种代谢物均能部分地抑制谷氨酰胺合成酶的活力，当它们同时过多时，反馈抑制程度大大提高。

2. 激活作用

机体为了使代谢正常，也用增进酶活力的激活作用调节代谢。例如，用专一的蛋白水解酶可以激活酶原，一些无活性的酶则用激酶使之被激活，被抑制的酶可用活化剂或者抗抑制剂解除其抑制作用，金属离子可以激活许多酶。

（三）酶量的调节

酶量的调节主要表现在对酶蛋白的合成和降解的调节。当机体需要某些酶时，可以开放指导这些酶合成的基因来增加这些酶的合成，提高细胞中的酶含量。

1. 酶蛋白合成的诱导与阻遏

酶的底物、产物，激素或药物均可影响酶的合成，将加速酶合成的化合物称为酶的诱导剂（inducer），减少酶合成的化合物称为酶的阻遏剂（repressor）。诱导剂或阻遏剂在酶蛋白生物合成的转录或翻译过程中发挥作用，但影响转录较常见。

2. 酶蛋白降解

改变酶蛋白分子的降解速度也能调节细胞内酶的含量。细胞蛋白水解酶主要存在于溶酶体中，凡能改变蛋白水解酶活性或影响蛋白酶从溶酶体释出速度的因素，都可间接影响酶蛋白的降解速度。通过酶蛋白的降解调节酶的含量远不如酶的诱导和阻遏重要。除溶酶体外，细胞内还存在泛素-蛋白酶体降解系统，与细胞增殖有关的一类蛋白激酶的调节亚基即细胞周期蛋白的降解，即与此方式有关。

三、激素水平的调节

（一）蛋白质和多肽类激素

此类激素从内分泌腺分泌后，经体液循环运送到靶细胞，与膜受体结合，激活膜上的效应蛋白（如腺苷酸环化酶），生成胞内信号（如cAMP），继而由胞内信使激活有关的蛋白激酶（如PKA），通过催化细胞内蛋白质和酶的磷酸化及级联放大在代谢调节中起作用。因此，常将激素称为"第一信使"，而将cAMP称为"第二信使"。肾上腺素、胰高血糖素、促肾上腺皮质激素、甲状旁腺素等均通过这一机制起作用。

（二）类固醇激素和甲状腺素

此类激素分泌后，经血液循环运送到靶细胞，透过质膜进入靶细胞，与细胞内受体或核受体结合，形成的激素-受体蛋白复合物作用于DNA上的激素应答元件，最终通过影响蛋白质合成而影响酶活，以此对代谢进行调节。

四、神经水平的调节

高等动物通过神经系统直接对体内各器官的代谢与生理功能进行快捷有效的控制和协调，或者通过调控激素的分泌对代谢进行调节。在中枢神经系统的直接控制下间接通过激素对机体进行综合调节，称为神经-体液性调节。神经调节是最高水平的调节。例如，人在精神紧张或遭遇意外刺激时，血液中的肾上腺素水平立刻上升，促使肝糖原迅速分解使血糖增高，同时血管收缩、血压升高、脉搏和呼吸加快，为应对突发事件做好准备。

（一）激素和神经系统与代谢调节的关系

当接到特异的神经信息后，首先大脑皮层发出信号，使下丘脑附近的神经末梢分泌促释放因子或抑制因子（第一级），它们进入下丘脑的毛细血管，再经垂体门静脉系统进入垂体，促进或抑制垂体前叶促激素（第二级）的生成和分泌，这些促激素又作用于内分泌腺分泌各种外周激素（第三级），再作用于靶细胞而起到调节代谢或生理功能的效应。以上这些激素的分泌受到严格的上下级关系控制，即上级内分泌腺对下级内分泌腺的控制调节。

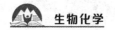
（二）负反馈作用

内分泌器官和神经系统可由上而下对代谢进行控制；反之，下一级也可以负反馈对上一级进行调控，内分泌腺分泌的激素对靶细胞的代谢或功能有调节作用，而靶细胞代谢活动结果又反过来对内分泌腺分泌激素起着调节作用。例如肾上腺皮质分泌的皮质激素（如氢化可的松）过多时，就可以反过来抑制下丘脑分泌促肾上腺皮质激素释放激素（CRH），又进一步抑制垂体前叶分泌促肾上腺皮质激素（ACTH）的分泌。若血液中ACTH含量增加，可以抑制下丘脑CRH的分泌。

激素的刺激作用和反馈作用见图13-3。

图13-3　激素的刺激作用和反馈作用

第三篇
遗传信息的物质基础与调控

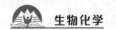

第十四章 DNA的生物合成

第一节 DNA复制概述

1953年，Watson和Crick提出了DNA双螺旋结构模型，并大胆推测了DNA复制的机制。他们说道："我们没有忽视从我们提出的特异性碱基配对可以立即提出遗传物质复制的一种可能机制。"果然在几周以后，Watson和Crick就提出了复制的半保留机制，并于1958年得到实验的证实。DNA复制过程实际是亲代双链DNA分子在DNA聚合酶等相关酶的作用下，分别以每条单链DNA分子作为模板，通过碱基互补配对原则合成出两条与亲代DNA分子完全相同的子代双链DNA分子的过程。

一、DNA的半保留复制

Watson和Crick在提出著名的DNA双螺旋结构模型后不久，就提出了半保留复制（semi-conservative replication）的设想。形成双螺旋的DNA分子的两条链可以彼此分开各自作为模板，指导子链或者新生链的合成。因此，产生的子代DNA中的一条链来自亲代，而另一条链则是以亲代链为模板合成的新链。利用这种方式进行复制的关键一步是在复制前解旋形成单链DNA，而这种推理在当时缺乏合理的科学实验证据。因此也有假说认为DNA复制是全保留复制（conservative replication）或者随机分散复制（random replication）。

为了区分这三种复制方式，1958年，Meselson和Stahl利用同位素标记法和CsCl密度梯度超速离心技术的实验研究了大肠杆菌（*E.coli*）的DNA复制，证实了DNA使用半保留复制方式的正确性。这一实验首先将$^{15}NH_4Cl$作为唯一氮源加入到*E.coli*的培养基内，经过培养使得所有*E.coli*的新生DNA单链都被^{15}N标记。随后将 *E.coli* 转移到含有 ^{14}N 的培养基中，经过不同代次的培养后，提取 *E. coli* 的 DNA 进行 CsCl 密度梯度离心，对细胞中 DNA 分子的密度进行分析。如图 14-1 所示，"0代" DNA 分子为一条密度较高的条带（DNA 分子的两条链上均含有 ^{15}N），"1代" DNA 分子为一条中间密度的条带（DNA 分子的一条链上含有 ^{15}N，而另外一条链上含有 ^{14}N），"2代" DNA 为一个中等密度条带和一个低密度条带（中密度条带为一条链含有 ^{15}N，另一条链含有 ^{14}N；低密度条带为两条链均含有 ^{14}N），"3代" DNA 中的低密度条带更加粗了。这样的实验结果与半保留复制方式恰好一致。而如果按随机分散方式复制，那么只会出现一条中等密度的双链 DNA 分子条带。如果按全保留方式复制，那么在 "0代" 时就会产生两条条带。而在此后对不同物种进行的实验研究中，也都证明了 DNA 是以这种半保留的方式进行复制的。

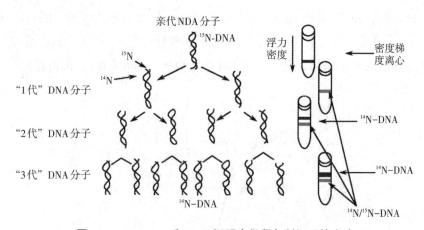

图14-1 Meselson和Stahl证明半保留复制机理的实验

二、DNA 的半不连续复制

DNA 分子的每一条单链都是由多聚脱氧核苷酸组成的，每个脱氧核苷酸又是以 $3'→5'$ 磷酸二酯键相连接而成的。因此，DNA 双链分子的线性末端极性是 $5'→3'$ 和 $3'→5'$ 反向平行的。由于这种分子极性的存在，在复制时究竟从哪一端开始，向哪一端延伸呢？经过实验验证，所有的 DNA 分子在合成时，均是按照 $5'→3'$ 的方向进行复制的。这种特定的方向性主要是由 DNA 聚合酶的底物特异性所导致的。也就是说，在 DNA 聚合酶作用下，脱氧核苷酸被加到 DNA 链的 $3'-OH$ 端，而不是加到 DNA 链的 $5'-P$ 端。因此，新链的生成方向总是 $5'→3'$ 方向，而不是 $3'→5'$ 方向。然而根据 DNA 两条链反向平行和 DNA 聚合酶聚合的这种反应特性，同时对两条链进行连续复制是不可能的。那么，DNA复制是采取半不连续复制和不连续复制中的哪种方式进行呢？日本科学家冈崎提出，新生的两条DNA单链不能同时连续合成，其中，一条新生链可以被连续合成，被称为前导链（leading strand）；另一条新生链是不能够被连续合成的，被称为后随链（lagging strand）。DNA的这种复制方式被称为半不连续复制（semi-discontinuous replication），如图14-2所示。

1968年，冈崎等人首先使用脉冲标记实验（pulse-labeling experiment）和脉冲追踪实验（pulse-chasing experiment）证明了 DNA复制为半不连续复制。使用 ^{3}H 标记的脱氧胸苷（dTTP）对被噬菌体T4的DNA进行标记，在一段时间后追踪形成的DNA产物。发现在较短时间内，首先合成的是较短的DNA小片段。随着标记时间的增长，可以检测到较大的分子出现，这些分子实际就是之前的DNA小片段被连接酶所连接形成的。其中的DNA小片段被定名为冈崎片段（Okazaki fragment）。随后的研究结果证明，DNA复制时前导链沿5′→3′方向连续合成，后随链先沿5′→3′方向合成冈崎片段，再由连接酶连接形成完整的DNA链。

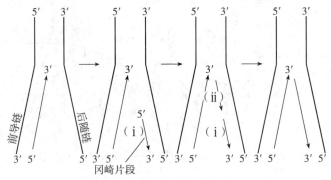

图14-2　半不连续复制

三、DNA 复制的起点和方向

复制是从DNA分子上的特定位置开始的，这一位置被称为复制原点（origin of replication）或复制起点，常用 *ori* 或者 *O* 表示。从 *ori* 开始，双链DNA局部解开，分别作为模板进行每条链的复制，所形成的结构很像叉子或者 Y 字，被称作复制叉（replication fork）。DNA复制沿着复制叉的运动方向进行，从复制原点开始到终止，形成一个个复制单位，称为复制子（replicon）。通常，原核生物（如细菌、质粒和某些病毒等）环形染色体的基因组小，DNA的复制起始于一个复制原点并进行双向复制，产生的两个复制叉在和起始原点相对的位点汇合后完成复制。而真核生物染色体 DNA 分子可以同时在多个复制起点上起始复制，称为多复制子（multireplicon）。

DNA 复制的起始点一般为 100～200 nt 的一段 DNA。研究结果发现，*E.coli* 的 *oriC* 由两种类型重复序列组成，一类是 3 个连续的 13 bp 重复序列，富含 A-T；另一类是反向重复出现 4 次的 9 bp 重复序列。如图 14-3 所示。后者主要与 Dna A 蛋白结合促进双螺旋 DNA 局部解链并暴露两条复制模板链。原核生物的环状 DNA 只有一个起始位点，其复制叉移动的速度约为 10^5 bp/min。因此，*E.coli* 的 DNA 复制一次大概需要 40 分钟。但在迅速生长的原核生物中，第一次复制尚未完成，第二次复制就可以在同一个始点重新开始，以此达到更快的繁殖速度。

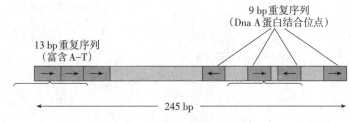

图 14-3　大肠杆菌复制起点

一般来说，复制的方向以双向居多，此时便会形成含有两个复制叉的复制泡（replication bubble），或者 DNA 复制眼（replication eye）。这一现象最早由 Gyurasits 和 Wake 等用放射性标记的实验所验证。他们先使用含低放射性 ^{3}H-dTTP 的培养基，然后换用高放射性 ^{3}H-dTTP 的培养基对枯草杆菌进行培养，之后将提取的 DNA 进行放射自显影检测，发现 DNA 分子两端的放射性标记较高，而中间低，证实了枯草杆菌基因组 DNA 的双向复制。此后，也有其他科学家不断发现其他物种的双向复制，但在自然界中仍然存在 DNA 单向复制的情况。

第二节　原核生物的 DNA 复制

一、参与原核生物 DNA 复制的相关酶

（一）DNA 聚合酶

在有适量的 DNA 和镁离子存在时，DNA 聚合酶（DNA polymerase）能催化

4种脱氧核糖核苷三磷酸合成DNA，所合成的DNA具有与天然DNA同样的化学结构和物理化学性质。反应底物为dATP、dGTP、dCTP和dTTP 4种脱氧核糖核苷三磷酸，统称为dNTP。在DNA聚合酶催化下，以有3′-羟基的核酸链为引物，dNTP被加到DNA链的末端，释放出无机焦磷酸，链延长的信息来自对应的互补链。DNA的聚合反应如图14-4所示。

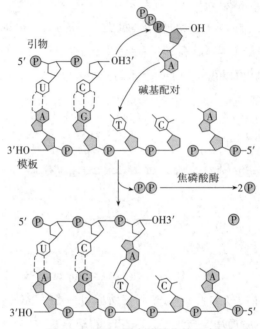

图14-4　DNA聚合酶催化的反应

在该反应中，dNTP上的α磷原子亲核攻击RNA引物链（或者具有游离3′-OH的单链DNA）的游离3′-OH，形成3′-5′-磷酸二酯键并脱下焦磷酸。聚合反应所需的能量主要来自α磷酸基与β磷酸基之间高能键的裂解，反应可逆，但随后焦磷酸的水解推动反应向右DNA的体外酶促合成必须加入少量的DNA才能进行。

综上所述，DNA聚合酶催化的反应主要特点有：①以4种dNTP作为底物；②聚合反应需要模板的指导；③反应需要引物3′-OH的存在；④DNA链的生长方向为5′→3′；⑤产物DNA的性质与模板相同。这些特点表明了DNA聚合酶合成的产物是模板的复制物。

大肠杆菌DNA聚合酶共有5种，分别用罗马数字编号，下面主要介绍功能研究得比较详细的DNA聚合酶Ⅰ、Ⅱ和Ⅲ。

1. DNA 聚合酶 I

大肠杆菌 DNA 聚合酶 I（DNA polymerase I，DNA Pol I）是第一个被发现和研究的聚合酶，在细胞中含量最为丰富。虽然它不能参与长片段 DNA 的合成，但在短片段的合成中发挥了重要的功能，如在冈崎片段 RNA 引物去除后和 DNA 起初修复中缺口的合成。聚合酶 I 由 *pol A* 基因编码，它具有正常聚合酶的 5′→3′ 聚合酶活性，此外，还具有 3′ 外切核酸酶活性和 5′ 外切核酸酶活性。3′ 外切核酸酶活性在合成 DNA 时具有校正（proof reading）的功能，提高复制的保真度（fidelity）。当正确的核苷三磷酸进入正在合成的链的末端，酶就向前移动。如果在 DNA 合成时加入与模板不配对的碱基，聚合酶 I 能够退回，通过其 3′ 核酸酶活性将错配碱基切除，为正确碱基的插入提供了保证。5′ 核酸酶活性使得聚合酶 I 具有切除小的 DNA 片段的功能，其中包括去除冈崎片段 5′ 端 RNA 引物的能力。如果使用蛋白酶处理聚合酶 I 会产生两个片段。大的片段叫 Klenow 片段，具有聚合酶 3′ 外切酶活性。Klenow 片段现广泛应用于重组 DNA 操作实验中（见图 14-5）。N 端小片段则拥有 5′ 外切酶活性。

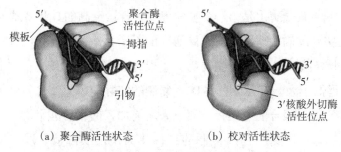

（a）聚合酶活性状态　　　　（b）校对活性状态

图 14-5　Klenow 片段的作用

聚合酶 I 的主要功能是用于修复体内 DNA 双螺旋区中的单链区，这些单链区是在 DNA 复制时或 DNA 受损伤后留下的。DNA 聚合酶 I 的 5′→3′ 核酸外切酶活性从 5′ 端切除 DNA 受损伤的部位，DNA 聚合酶 I 的 5′→3′ 聚合酶活性随之开始工作，使 DNA 链向 3′ 端延伸。这种反应过程像是一个切口在链上移动，被称为切口平移。

大肠杆菌 DNA 聚合酶 I 由一条多肽链组成，相对分子质量约为 93 kDa。1978 年 Tom Steitz 等人得到了 Klenow 酶的晶体结构，使人们对催化 DNA 合成的分子机器有了更直观的认识。该片段的主体结构分别由"拇指""手掌""手指"组成，如图 14-6 所示。值得注意的是，不仅是聚合酶 I 具有这种结构，不同的聚合酶均表现出了这种相似的结构。手掌部分是催化活性中心，其蛋白结

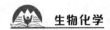

构表现出高度保守性。由β折叠形成一个"聚合酶折叠"的基序（motif）。手指区与拇指区虽然在不同DNA聚合酶中变化较大，但都执行相似的功能。拇指区通过与DNA磷酸骨架作用结合引物–模板双螺旋。拇指和手掌之间有一个长的裂缝，含有线状排列的带正电荷的氨基酸残基，便于与正在复制的DNA结合，其内部还有一个适合于DNA分子进出的通道。

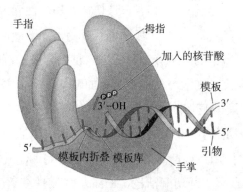

图14-6 大肠杆菌DNA聚合酶结构

尽管DNA聚合酶Ⅰ是第一个被发现并且含量最高的DNA聚合酶，但它却不是DNA的主要复制酶。随着对此酶研究的不断深入，发现该酶的一些性质不适合成为大肠杆菌DNA复制的主要酶。①聚合速率太慢。该酶催化的聚合反应最大速度远远低于大肠杆菌染色体DNA复制的实际速率。②进行性太低。所谓进行性，即在DNA聚合酶与模板分离下来之前加入的核苷酸平均数。该酶的进行性平均值远远低于参与DNA复制的DNA聚合酶的实际值。③酶量太多。据测定，每个大肠杆菌细胞含有的聚合酶Ⅰ远远超过一个大肠杆菌染色体DNA的两个复制叉复制所需要的酶量。④缺失聚合酶Ⅰ的大肠杆菌突变株照样能够生存。根据这些发现，科学家继续寻找其他种类的DNA聚合酶，并很快在上述突变株细胞中相继发现另外两种聚合酶。

2. DNA聚合酶Ⅱ

DNA聚合酶Ⅱ有5′→3′聚合酶活性中心和3′→5′外切酶活性中心，但没有5′→3′外切酶活性中心，其功能可能是参与DNA的修复。

3. DNA聚合酶Ⅲ

DNA复制中，前导链与后随链的复制均由聚合酶Ⅲ负责。与细菌其他DNA聚合酶不同，聚合酶Ⅲ是由多亚基组成的复合物。大肠杆菌聚合酶Ⅲ全酶（holoenzyme）是由10种不同多肽链形成多个亚基的复杂的复合物（见表14-1）。

α、θ、ε三个亚基组成聚合酶Ⅲ核心酶（polymerase Ⅲ core），如图14-7所示，全酶拥有两个核心酶，分别负责前导链与后随链的复制。聚合酶Ⅲ主要具有以下三个特点。①它的进行性非常高。进行性不低于500000。而DNA聚合酶Ⅰ仅合成3~200个核苷酸，即自模板上释放。②催化活性比DNA聚合酶Ⅰ高出许多，其每秒可催化1000个核苷酸聚合，而DNA聚合酶Ⅰ每秒仅能聚合16~20个核苷酸。③不但催化活性高、合成速度快，而且由于具有3′→5′外切酶活性，具有自我校对功能。

表14-1　大肠杆菌聚合酶Ⅲ全酶的组成成分

亚基			功能
全酶	pdⅢ' { 核心酶 {	α	5′→3′聚合酶活性
		ε	3′-5′外切酶活性
		θ	α和ε的装配
		τ	将全酶装配到DNA
		β	滑动钳（进行性因子）
		γ	滑动钳装载复合物
		δ	滑动钳装载复合物
		δ′	滑动钳装载复合物
		χ	滑动钳装载复合物
		ψ	滑动钳装载复合物

聚合酶Ⅲ进行性非常高的主要原因在于，聚合酶Ⅲ全酶中含有两个由β亚基组成的称为β-夹子的复合物，DNA双链可以穿过其中，并沿着DNA链滑动。核心酶中的α亚基可与β-夹子相互作用，借助β-夹子，核心酶不易从DNA模板上脱落，从而大大增强了DNA合成的持续性，使聚合酶Ⅲ能够合成更长的DNA片段。β-夹子除了与α亚基相互作用外，还可与大肠杆菌中其他聚合酶、DNA连接酶等相互作用，参与其他DNA相关过程。

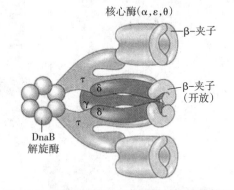

图14-7　大肠杆菌DNA聚合酶Ⅲ全酶的结构

（二）DNA解旋酶

DNA正常条件下以双螺旋分子存在，两条单链通过碱基堆积力和碱基之间的氢键来维持DNA分子双螺旋构象。但当DNA进行复制时，DNA会首先在复制原点处打开双螺旋，开始子代DNA的合成。另外，随着复制的进行，复制叉向前移动，DNA也需要不断解开双链，才能使整个复制过程得以进行。

在生物体内，DNA双链的解开这项重要的任务由DNA解旋酶（DNA helicase）负责。解旋酶是一类分子马达蛋白质（molecular motor protein），具有移位酶活性，此活性是与DNA解链紧密偶联的。移位酶活性使得它能利用水解NTP产生的能量沿核酸分子进行单向移动，同时解开双链DNA和替换结合在核酸分子上的蛋白分子（见图14-8），通常解链的速率可达1000 nt/s。解链酶在与单链DNA结合以后的移位是单向的，这种单向移动的特性被称为解链的极性。

在 E.coli 中最常用的解旋酶为DnaB，为dnaB基因的产物，是由6个亚基组成的环状结构。在解旋酶进行催化时，核酸链穿过环状解旋酶的中央通道，DnaB便可以沿着核酸链进行单向转位移动。一般来说，解旋酶与核酸链的结合需要利用开环机制，即在装载蛋白（loader）的协助下，使解旋酶打开环状结构，使核酸链进入中央通道。在大肠杆菌复制中，DnaB在DnaC的协助下才能有效地与DNA单链结合。

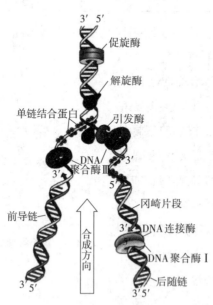

图14-8　大肠杆菌DNA复制中参与的酶

（三）单链结合蛋白

DNA解旋酶在解开DNA双链后，单链DNA如果没有得到及时的保护，非常容易通过碱基互补配对重新形成双螺旋结构。因此，在DNA双链打开后，一种蛋白质分子能够特异性识别并结合到单链的DNA上，这类蛋白质被称为单链结合蛋白（single stranded-DNA binding protein，SSB），如图14-8所示。当DNA聚合酶在模板上前进并逐个接上脱氧核苷酸时，SSB即不断脱离，又不断与新解开的链结合。*E.coli*中的SSB为四聚体，对单链DNA具有很高的亲和性，但对双链DNA和RNA没有亲和力。它们与DNA结合时有正协同作用，这主要体现在SSB会优先选择已经结合有其他SSB的DNA区域并进行结合，导致一长排的SSB结合在单链DNA上，它们的结合可进而使单链DNA被拉直，有利于DNA复制。SSB可以循环使用，在DNA的修复和重组中均有参与。

SSB对单链DNA的作用主要有三个方面：①SSB结合到单链DNA上，能有效维持模板处于单链状态；②SSB可避免单链DNA自身形成发夹结构，降低前端双螺旋的稳定性，使其易被解开；③能有效防止DNA单链自身断裂以及被核酸酶的降解。

（四）DNA拓扑异构酶

随着复制的进行，复制叉前方亲代DNA中会逐渐累积巨大的张力。虽然大多数生物基因组都维持5%～10%的负超螺旋，使DNA更易解链，有利于复制，但随着双链解开，负超螺旋逐渐被抵消，双螺旋将变得越来越紧，最终会产生正超螺旋并越来越多。如果正超螺旋没有得到及时释放，DNA双链将无法解开，阻碍复制的进行。

DNA拓扑异构酶（topoisomerase）可以解决复制时产生的正超螺旋问题，其工作原理是通过催化DNA链的断裂、旋转和再连接而改变DNA拓扑结构。大肠杆菌中的DNA旋转酶（gyrase）又称拓扑异构酶Ⅱ（topoisomerase Ⅱ），由4个亚基组成四聚体$\alpha_2\beta_2$。Ⅱ型拓扑异构酶能够去除DNA链中的正超螺旋或负超螺旋，其一次断开两条DNA链，连环数每次改变两个。其主要通过两个连续的转酯化反应断开和连接DNA主链的磷酸二酯键。在瞬时的DNA断裂状态，断点处DNA的两个5′-磷酸基末端与DNA旋转酶的两个α亚基的酪氨酸残基共价结合形成DNA-蛋白质中间体。这样就会导致断裂双链DNA的两端连接于同一个

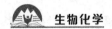

酶分子上，同时也保留了磷酸二酯键断裂时释放出来的能量。拓扑异构酶-DNA中间体一旦形成，酶便允许断开的DNA末端分离，在DNA上打开一个切口，使另一双链DNA片段通过，并利用蛋白-DNA复合物所储存的能量重新连接，从而在不改变DNA化学组成或结构的情况下改变其超螺旋结构。DNA超螺旋化依赖于DNA旋转酶中具有ATP酶性质的β亚基催化的ATP水解，以提供能量促使酶构象的复原。

大肠杆菌DNA促旋酶不仅能去除正超螺旋，还能向基因组DNA引入负超螺旋。因此，除了解决DNA复制过程的拓扑异构问题，这类酶可以清除在染色质重塑、DNA重组和转录过程中产生的正超螺旋，也能够通过调整细胞内DNA的超螺旋程度以促进DNA与蛋白质的相互作用，同时防止胞内DNA形成有害的过度超螺旋。

（五）引发酶

原核生物DNA复制时，首先要在引发酶（primase）的作用下合成RNA引物，随即在DNA聚合酶III催化下合成DNA链。接着，RNA引物在DNA聚合酶I的5′→3′外切酶作用下被切除，并用脱氧核苷酸填补缺口。由于DNA复制的半不连续性，引发酶在每一个复制叉的前导链上只需要引发一次，而由于每一个冈崎片段需要引发一次，则在后随链上需要引发多次。

大肠杆菌的引发酶就是单肽链的DnaG蛋白，相对分子质量为60 kDa，由dnaG基因编码，这种酶的进行性很低，在胞内催化合成9～14 nt长的RNA引物。该酶具有三个相对独立的结构域：N端结构域（p12）具有锌指结构，主要负责与DNA结合；C端结构域（p16）可以与复制叉内的DnaB蛋白相互作用，使引发酶被招募到复制叉上；核心结构域（p35）位于中央，具有RNA聚合酶的活性。所合成的引物与典型的RNA不同，它们在合成以后并不与模板分离，而是以氢键与模板紧密地结合。另外，引发酶单独存在时是相当不活泼的，只有在与有关蛋白质相互结合成为一个复合体时才有活性。这种复合体就称为引发体。

（六）DNA连接酶

由于DNA复制的半不连续性，前导链的合成是连续的，后随链的合成是不连续的。在后随链上DNA聚合酶先合成一段较短的DNA片段（冈崎片段），相邻的冈崎片段最后通过 DNA 连接酶的催化连接在一起，最终完成后随链的合成。DNA 连接酶不仅涉及 DNA 复制，还涉及 DNA 重组和 DNA 修复等过程。

DNA 连接酶催化双链 DNA 内相邻单链切口的 3′-OH 与 5′-P 形成磷酸酯键。在 DNA 后随链的复制中，RNA 引物被删除并补齐空缺后，靠 DNA 连接酶连接相邻的两个冈崎片段，使后随链最终成为一条完整的 DNA 链。根据与其结合的辅助因子的不同，DNA 连接酶可分为两类：一类辅助因子可以为 NAD 或 ATP，如原核生物中的 DNA 连接酶；另一类只以 ATP 作为辅助因子，如病毒、古细菌和真核生物 DNA 连接酶。

DNA 连接酶主要催化的反应过程分为如下几步。

1. 酶的活化

连接酶与 ATP 反应形成酶-AMP 中间复合物，AMP 基团与酶活性中心的赖氨酸残基结合，使连接酶的构象发生变化，形成 DNA 结合位点。

2. DNA 的腺苷酰化

AMP 基团转移到切口 DNA 5′-P 末端，产生 DNA-AMP 中间复合物。

3. 亲核进攻

5′-P 基团与相邻的 3′-OH 通过酯化反应形成磷酸二酯键，并释放出 AMP，使两个 DNA 片段得以连接。

二、原核 DNA 复制的过程

DNA 的复制是一个复杂的过程，需要多种酶及蛋白质参与才能完成。在复制叉进行的基本活动主要包括超螺旋的松旋、解旋、RNA 引物形成、DNA 链的延伸、前导链合成结束和冈崎片段的连接。

(一) 复制的起始

大肠杆菌的 DNA 复制起始阶段的反应，包括从识别复制起始区 oriC 开始，到引发体（primosome）形成结束。

复制是从 DNA 分子上的复制原点开始的，在大肠杆菌中的复制原点为 oriC。oriC 位于 gidA 和 mioC 这两个基因之间，其长度约 245 bp，包括四个 9 bp 直接或反向重复序列和三个 13 bp 直接重复序列。其中，9 bp 的重复序列是 DnaA 蛋白识别并结合的区域，因此也称为 DnaA 盒（DnaA box）；13 bp 的重复序列是复制起始区最先发生解链的区域。具体过程为 20~40 个 DnaA 蛋白各带一分子ATP识别并结合至oriC中的四个9 bp重复序列，形成一个核心，并使该区域的DNA盘绕在核心上，形成起始复合物。然后DnaA蛋白通过水解ATP获得能量，驱动解开13 bp重复序列内富含AT碱基对的DNA双链解链，形成开放起始复合物，如图14-9所示，13 bp重复序列是复制过程中第一个发生解旋的区域。

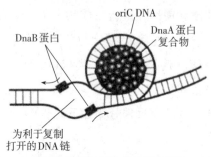

图14-9　大肠杆菌复制起始

DnaB六聚体在DnaC的帮助下结合于解链区，构成预引发体（preprimosome）。借助水解ATP产生的能量沿DNA链5'→3'方向移动，解开DNA的双链，促进大范围解链，此时，DNA双向溶解形成两个复制叉。两个DnaB蛋白各自朝相反方向催化两个复制叉的解链。同时，其他的酶和蛋白质也需要参与到这个过程中，如DNA旋转酶（拓扑异构酶Ⅱ）和单链结合蛋白，前者可消除解旋酶在解旋时所产生的正超螺旋，后者保护单链并防止双链重新形成。

接着，DnaG和其他相关蛋白被招募到复制叉上，结合形成引发体。由于前导链的合成是连续进行的，所以它的起始相对简单，DnaG会首先在前导链上按碱基配对原则合成一小段的RNA引物。而后随链的合成是不连续进行的，所以引发体在后随链上不断地与引发酶结合并解离，从而在不同部位引导引发酶催化合成RNA引物。

（二）复制的延伸

在复制的延伸（elongation）阶段，主要依靠DNA聚合酶Ⅲ起作用，催化与模板碱基正确配对的dNTP分子以dNMP的形式逐个加到新合成链的3'-OH端，使DNA链延长。这种延伸是由复制体（replisome）完成的。复制体指的是在DNA聚合酶Ⅲ加入到引发体上以后，就形成了由DNA和多种蛋白质组装成的能复制DNA的复合体。对于一个进行双向复制的复制子来说，每一个复制叉上有一个复制体，故有两个复制体。在同一个复制体内，又同时进行着前导链和后随链的合成。

　　对于前导链来说，当一个复制叉内的第一个 RNA 引物被合成以后，DNA 聚合酶Ⅲ便在引物的 3′-OH 上连续地催化前导链的合成，一直到复制的终点。

　　对于前导链来说，其合成需要 DNA 聚合酶Ⅲ的一部分暂时离开复制体，然后合成新的引物。随后，DNA 聚合酶Ⅲ重新装配，以启动下一个冈崎片段的合成。具体来说，DNA 聚合酶Ⅲ有两套核心酶，其中，一套核心酶用于连续合成前导链，而另一套核心酶合成经过环化的后随链上的冈崎片段。DNA 聚合酶Ⅲ可结合 3 个滑动夹，第一个滑动夹将一个核心酶夹在前导链上，连续合成新链。第二个滑动夹将另一个核心酶固定在后随链上来合成冈崎片段。在新的一段冈崎片段开始准备合成时，引物酶与解旋酶结合，合成一个新的 RNA 引物。接着，DNA 聚合酶Ⅲ的第三个滑动夹被装载到引物与模板的连接处，开始一个新冈崎片段的合成。如图 14-10 所示，通过这种方式，在一个复制叉内 DNA 聚合酶Ⅲ以不对称二聚体的形式同时催化前导链与后随链的合成，并使两条链的复制方向在整体上保持一致，即复制叉移动的方向，这种后随链复制的方式被称为长号模型。

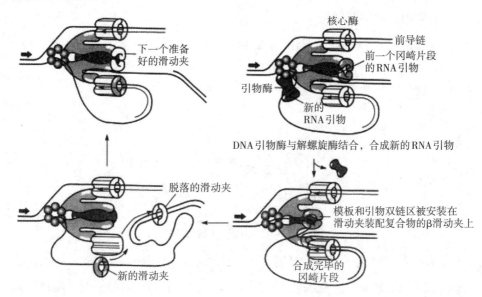

图 14-10　后随链合成的长号模型

　　每当一个新的冈崎片段合成好，DNA 聚合酶Ⅰ的 5′→3′ 外切酶活性会及时将其中的 RNA 引物切除并填补留下来的序列空白。与此同时，连接酶会将新的冈崎片段与前一个冈崎片段连接起来。

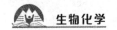

（三）复制的终止

与复制起始相似，原核生物的复制终止过程也是序列依赖性的，即复制终止发生在特定的序列上。原核生物复制的终止是顺式作用位点与反式作用蛋白共同协作的结果，顺式作用位点是指基因组DNA上能终止DNA复制的序列，反式作用蛋白指的是可以特异结合在顺式作用位点上的蛋白质。*E.coli* 质粒R6K是第一个被发现有特异性的终止位点，随后在其他原核生物中也发现了复制终止序列。

E.coli 环状染色体的两个复制叉向前推移，最终汇合点就是复制的终止位点，一般位于 *OriC* 的约180°的位置。*E.coli* 终止区域（terminus region）含有6个从 *TerA* 到 *TerF* 的终止子（terminator）位点，如图14-11所示。当两个复制叉移动到终止区域，继续分别向自身前行的方向移动，每个复制叉必须越过另一复制叉的终止点才能到达自己的终止点。其中每三个终止子位点调控一个复制叉，即 *TerE*、*TerD* 和 *TerA* 终止逆时针方向移动的复制叉，*TerF*、*TerB* 和 *TerC* 终止顺时针方向移动的复制叉。

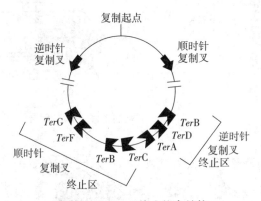

图14-11　*E.coli* 终止位点结构

与Ter位点结合的反式作用蛋白质称为Tus（terminator utilization substance），能识别和结合在终止点。Tus-Ter复合物协助阻止对面复制叉超过终点后的过量复制。如果两个复制叉前移速度相等，到达终止区后都停止复制。然而如果其中一个复制叉前移受阻，另一个复制叉复制过半后，便会受到对面Tus-Ter复合物的阻挡，来等待前一个复制叉的汇合。因此，终止子的功能是使环状染色体的两半边各自复制。

刚结束复制时的两个环状染色体是互相缠绕的状态，称为连锁体。若连锁体在细胞分裂前没有解开，会导致细胞不能分裂而死亡。大肠杆菌分开连锁环依赖于拓扑异构酶Ⅳ（属于Ⅱ型拓扑异构酶）参与和作用。该酶两个亚基分别由基因 *parC* 和 *parE* 编码。每次作用可以使 DNA 两条链断开和再连接，因而使两个连锁的闭环双链 DNA 彼此解开。其他环状染色体，包括某些真核生物病毒，复制终止也以类似的方式进行。

第三节　真核生物的DNA复制

一、真核生物DNA复制的特点

真核细胞 DNA 的复制与原核细胞在很多方面类似。二者之间主要的相似点有：①均为半保留复制和半不连续复制；②均需要解旋酶解开双螺旋，以单链 DNA 作为模板，同时由 SSB 对单链区进行保护；③均需要拓扑异构酶消除解旋时形成的正超螺旋；④均需要 RNA 作为引物；⑤新链的合成均有校对机制。

但真核细胞与原核细胞 DNA 的复制也存在较多的区别，主要包括：①原核生物为多起点复制。原核生物的复制子大而少，真核生物的复制子小而多。②真核生物复制叉移动的速度比原核要慢得多；真核生物冈崎片段的大小为 100~200 nt，也比原核生物小很多。③参与真核生物复制的 DNA 聚合酶及蛋白质因子的种类比原核细胞多而复杂。④原核细胞在第一轮复制结束之前，就可以在复制起始区启动第二轮复制。而真核细胞的复制受到严格的调控，每个细胞周期只允许复制一次。⑤真核生物需要解决核小体和染色质结构对 DNA 复制所造成的影响。⑥由于原核生物的 DNA 是环形分子，DNA 复制时不存在末端会缩短的问题。而真核生的 DNA 为线形分子，每轮复制后末端会缩短，因此需要端粒酶来解决其末端复制问题。

二、真核生物DNA聚合酶

真核生物有多种 DNA 聚合酶。从哺乳动物细胞中分离到 5 种，分别为 α、β、γ、δ、ε。真核生物与原核生物的 DNA 聚合酶的基本性质相同，均以 4 种 dNTP 为底物，并需 Mg^{2+} 激活，聚合时要求模板和引物 3′-OH 存在，链的延伸方向为 5′→3′，见表 14-2。

表14-2 真核生物主要的DNA聚合酶

性质	DNA聚合酶α	DNA聚合酶δ	DNA聚合酶ε	DNA聚合酶γ	DNA聚合酶β
亚细胞定位	细胞核	细胞核	细胞核	线粒体	细胞核
延伸能力	中等	高	高	高	低
3′-外切酶活性	无	有	有	有	无
5′-外切酶活性	无	无	无	无	无
生物学功能	引物的合成	前导链和后随链合成的主要NDA聚合酶	前导链和后随链的合成；DNA修复	线粒体DNA合成	DNA修复

　　真核细胞的核染色体复制由DNA聚合酶α和δ共同完成。DNA聚合酶α为多亚基酶，其中的一个亚基有引物合成酶活性，最大亚基具有聚合酶而无外切酶活性。聚合酶α最主要的功能是起始DNA的合成。聚合酶α中，p49和p58两个亚基共同合成一段短的RNA引物，随后聚合酶α在RNA引物上继续合成一段长度约为20 nt的DNA片段。由于聚合酶α不是高持续性的聚合酶，随后基因组DNA 的复制被持续性和复制保真度更高的聚合酶δ和聚合酶ε所代替。

　　DNA聚合酶δ有持续合成DNA链的能力和校正功能，是完成复制主要的酶。研究结果发现，DNA聚合酶δ由一个核心酶和一个或多个结合较为松散的亚基组成。核心酶由相对分子质量分别为125 kDa和50 kDa的两个不同亚基组成，大亚基具有核心酶催化活性和3′→5′外切核酸酶校正活性。小亚基虽没有催化活性，但可以与其他松散结合的亚基相互作用。一般认为，1分子DNA聚合酶α负责合成引物，DNA聚合酶δ复制后随链的合成，DNA聚合酶ε参与DNA的修复合成。

　　聚合酶δ核心酶持续性较弱，只能合成长度为10~20 nt的DNA。但当DNA聚合酶δ与持续因子增殖细胞核抗原（proliferating cell nuclear antigen，PCNA）结合后，可以增加聚合酶持续合成的能力，能延伸$5×10^4$ nt以上的DNA片段。PCNA为同源三聚体复合物，单体相对分子质量约为29 kDa，三个亚基形成一个环形结构，酷似聚合酶Ⅲ中的β夹子。PCNA环形结构中间的孔径能容纳一条双链DNA，因此也称为滑动夹亚基（sliding clamp）。夹子装载蛋白（replication factor C，RFC）能够协助DNA装到滑动夹PCNA中，这一过程需要ATP水解提供能量。

三、真核生物 DNA 的复制过程

（一）DNA 复制的起始

真核生物 DNA 复制的起始也主要包括了复制的起始点的识别、双螺旋的解开、引发体的形成及引物合成，但详细的分子机制仍未被完全阐明。

真核生物 DNA 的复制起始点又称为自主复制序列（ARS），起始识别复合物（ORC）组装于此。ORC 在起始点上的组装还不足以启动复制，必须有另一种小染色体维系蛋白（minichromosome maintenance protein，MCM）复合物参与。一旦 ORC/MCM 复合物在复制起始点结合并激活，它催化 DNA 母链分开，形成小的复制泡；复制蛋白 A（RPA）异源三聚体结合到分开的单链上，解旋酶也组装到复制泡上，使复制泡不再重新形成螺旋，便于 DNA 的合成；随之 DNA 聚合酶α识别起始位点，该酶兼有引物酶和 DNA 聚合酶活性。DNA 聚合酶α以解开的一段 DNA 为模板，首先催化 NTP 合成 8~10 nt 的一段 RNA 引物，然后它由引物酶活性转变为 DNA 聚合酶活性，以 dNTP 为原料，在 RNA 的 3′-OH 末端的基础上延长 15~30 nt，从而形成 RNA-DNA 引物。RNA-DNA 引物上的这段 DNA 称为起始 DNA（iDNA）。

（二）DNA 复制的延伸

DNA 聚合酶α不具备持续合成的能力，当 RNA-DNA 引物达到一定长度（约 40 nt）后，迅速被具有连续合成能力的 DNA 聚合酶δ和 DNA 聚合酶ε所替换，这一过程称为聚合酶转换。在这个过程中，复制因子 C（RFC）紧密结合到引物-模板接合处，DNA 聚合酶α与模板 DNA 脱离，再引发另一个新引物的合成。RFC 含有 5 个亚基（p36、p37、p38、p40、p140），其中，p140 能结合 PCNA。RFC 负责组装 PCNA 滑动夹子，通过 RFC 介导，PCNA 同源三聚体装载于 DNA 上，使 DNA 聚合酶δ获得持续聚合能力。PCNA 从 DNA 上卸载也由 RFC 来完成。然后 DNA 聚合酶δ结合到 PCNA 组成的滑动夹子上，产生 DNA-聚合酶α/δ之间的转换，DNA 聚合酶δ开始聚合底物延伸子链。

一般来说，DNA polδ负责合成后随链，DNA polε负责合成前导链。真核生物是以复制子为单位各自进行复制的，所以引物和后随链的冈崎片段都比原核生物的短。在 PCNA 和 DNA 聚合酶δ协同作用下，前导链可以持续合成达 5 ~

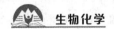

10 kb，冈崎片段最终长度为100～200 nt。当遇到前面已形成的引物–冈崎片段5′末端时，聚合酶δ/PCNA复合物从DNA上释放。真核生物DNA合成，如果从聚合酶的催化速率而言，远比原核生物慢，大概为50个dNTP/s。但真核生物为多复制子复制，因此总体的复制速度并不慢。原核生物的复制速度与其培养（营养）条件有关。而真核生物在不同器官组织、不同发育时期和不同生理状况下，复制速度大不一样。

由于真核生物具有核小体等高级结构，在复制后的DNA需要重新装配。原有的组蛋白及新合成的组蛋白结合到复制叉后的DNA链上，在真核生物DNA合成后立即组装成核小体。生化分析和复制叉的图像都表明了核小体的破坏仅局限在紧邻复制叉的一段短的区域内，复制叉的移动使核小体破坏，但是复制叉向前移动时，核小体在复制叉后新生子链上迅速形成。

（三）DNA复制的终止

真核生物DNA复制的终止过程与原核生物基本相似，也需要切除引物并将不连续的冈崎片段连接成完整的子链DNA。而真核生物DNA复制过程更为复杂，其间不仅需要连接冈崎片段，还需要连接多个复制子，且复制完成后需要立即与组蛋白组装成核小体。

引物的去除通过两个步骤，首先由RNase HI降解RNA–DNA引物中的RNA，但保留一个连接于冈崎片段上的核糖核苷酸。然后，由瓣状内切核酸酶（FEN1）除去这最后一个核苷酸。两个相邻的冈崎片段之间的空缺由DNA聚合酶δ填补，缺口则由DNA连接酶Ⅰ缝合，形成大分子DNA链。同原核生物一样，真核生物DNA复制过程中RNA引物的切除、空隙填补和DNA片段的连接在DNA链的延伸过程中就已经发生了。拓扑异构酶Ⅰ负责清除复制叉移动中形成的正超螺旋，拓扑异构酶Ⅱa和Ⅱb则负责解连环体化，促进最后的两个以共价键相连的连环体DNA分开。

两个相邻的复制叉在相遇的时候，做到无缝融合十分重要，这样才能避免多余的复制。另外，精确的终止还必须能够阻止连环体（catenane）的形成。根据对芽殖酵母的研究，其复制终止随机地发生在4 kb长的区域内。这些区域通常含有复制叉暂停元件（fork pausing element）。在裂殖酵母的交配型基因和芽殖酵母的rDNA基因内，已发现特异性的复制终止位点（replication termination site，RTS）。在RTS内，称作复制叉障碍物（replication fork barriers，RFB）的区域让终止具有方向依赖性，由此可阻滞两个相遇复制叉中的一个向对侧的移动。

Ⅱ型和Ⅰa型DNA拓扑异构酶参与复制的终止。Ⅱ型拓扑异构酶在S期与染色质结合，在中期位于着丝粒。它与终止区的结合可防止在终止区发生DNA断裂和重组。此外，还参与在含有RTS区域的终止。缺乏Ⅱ型拓扑异构酶可导致细胞分裂期间DNA的断裂。Ⅰa型拓扑异构酶的作用则有助于具相似终止位点结构的姊妹染色单体的分离。

第四节　端粒与端粒酶

真核生物DNA复制与核小体装配同步进行，复制完成后随即组合成染色体并从G2期过渡到M期。染色体DNA是线性结构。复制中冈崎片段的连接、复制子之间的连接均在线性DNA的内部完成。然而原核生物基因组是环状的，复制结束产生的主要问题是子代DNA是连接在一起修复合成的，这样会产生连锁体。真核生物是线性基因组DNA，由于聚合酶在复制两条链时采取半不连续复制。后随链在复制到基因组DNA末端时，由于5′端RNA引物的去除会产生一个缺口。DNA聚合酶在没有3′-OH存在的情况下无法合成DNA链。因此，DNA聚合酶没有能力填补最末端后随链RNA引物去除后留下的缺口。而如果缺口没有得到填补，剩下的DNA母链单链就会被核内DNase酶解，同时在下一轮DNA复制后，5′端将变得更短，多轮复制后末端变得越来越短。早期的研究者们在研究真核生物复制终止时，曾假定有一种过渡性的环状结构帮助染色体末端复制的完成，但一直未能证实这种假想环状结构的存在。与理论上的假定不同，染色体在正常生理状况下复制是可以保持其应有长度的，对此现象的研究结果表明，真核生物能够通过形成端粒（telomere）结构以及具有逆转录酶活性的端粒酶（telomerase）来防止DNA复制时后随链缩短而产生的染色体缺短。

端粒是真核生物染色体线性DNA分子的末端结构。形态学上，染色体DNA末端膨大成粒状，这是因为DNA和它的结合蛋白质紧密结合，像两顶帽子那样盖在染色体两端，端粒因而得名。在某些情况下，染色体可以断裂，这时染色体断端之间会发生融合或断端被DNA酶降解。但正常染色体不会整体地互相融合，也不会在末端出现遗传信息的丢失。可见端粒在维持染色体的稳定性和

DNA复制的完整性中有着重要的作用。在大多数真核生物中，端粒DNA序列由一定长度的重复序列组成，其DNA序列和结构非常相似，都是由一段十分简单的短的寡聚核苷酸串联重复序列组成的。端粒DNA的序列具有一定的取向特征，通常端粒的一条链上5′末端总是富含C，其互补链上3′末端总是富含G，并且富含G的3′-OH末端具有长为12～16个核苷酸的一条单链突出末端。如仓鼠和人类端粒DNA都有（T_nG_n）的重复序列，重复达数十至上百次，并能反折形成二级结构。

不同生物端粒重复序列的长度和序列不同，重复序列的长度一般为5～8 bp，但长的也可达到25 bp。不同的生物端粒的长短差异也较大，从几十个核苷酸到几万个核苷酸对不等。即便是同一种生物，不同个体之间端粒的长度也会存在差别。

端粒酶是由RNA和蛋白质组成的一种RNP，有逆转录酶活性，能利用自身携带的RNA链为模板，以反转录方式催化互补于RNA模板的后随链DNA片段合成，可以外加重复单位到5′端上，维持端粒一定的长度。

四膜虫染色体端粒酶合成端粒的具体机制如图14-12所示。

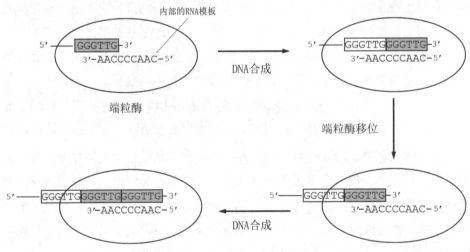

图14-12　端粒酶合成端粒的机制

①端粒酶启动端粒链富含G的3′末端和端粒酶的内部模板RNA间的杂交，端粒酶用它的RNA内的AAC为模板，填加TTG到端粒3′末端。②端粒酶转位到端粒的新3′末端，模板RNA的AAC与端粒内新掺入的TTG配对。③端粒酶利用模板DNA，加GGGTTG到端粒3′末端，使富含G的链延伸加长。④当富含G的

链足够长时，引发酶引发合成 RNA 引物，后者与端粒富含 G 的链的 3′ 末端互补。 ⑤DNA 聚合酶以新引物引发合成 DNA，填补富含 C 的端粒链内的一段空缺。⑥切除引物，在富含 G 的端粒链上又伸出 12～16 个碱基的片段，用于下一轮可能必要的合成。

端粒序列的存在对于生物体来说至关重要：①一些特异蛋白能识别并结合到端粒序列上形成特定的核蛋白结构，这种结构可以使染色体末端避免核酸酶的降解；②端粒可以防止染色体间末端连接，以及染色体末端与其他断裂片段连接；③体细胞随着分化会失去端粒酶的活性，因而端粒长度随着细胞分裂次数增多而缩短，到一定程度会引起细胞生长停滞或凋亡，因此其在调节细胞寿命中起到重要作用。

第十五章　RNA的生物合成

第一节　转录的基本概念和特点

一、转录的基本概念

DNA分子携带的遗传信息需要通过转录和翻译才能得到表达。转录（transcription）是指以DNA为模板，在依赖的 RNA 聚合酶催化下，以4种NTP（ATP、CTP、GTP和UTP）为原料合成RNA的过程。转录过程可分为起始、延伸和终止三个阶段。细胞内的各类RNA，例如mRNA、rRNA、tRNA和具有各种特殊功能的小分子RNA，都以DNA为模板，在RNA聚合酶催化下进行合成。最初转录的 RNA 产物通常都需经过一系列加工和修饰才能成为成熟的RNA分子。转录过程是DNA将遗传信息传递给蛋白质的第一步，也是关键的一步。这是因为在转录阶段进行基因表达的调控可以避免能量的浪费和合成不必要的转录产物。

RNA的生物合成主要由RNA聚合酶（RNA polymerase）来进行催化。当RNA聚合酶结合到一个称为启动子（promoter）的特殊区域时就会使转录开始进行。最先转录成RNA的一个碱基对是转录的起始点（start point）。从起始点开始，RNA 聚合酶沿着模板链不断合成RNA直到遇见终止子（terminator）。从启动子到终止子的一段DNA序列称为一个转录单位（transcription unit）。转录起始点前面的序列称为上游（upstream），后面的序列称为下游（downstream）。起始点为+1，上游的第一个核苷酸为-1，其他的以此类推。一个典型的转录单位结构如图15-1所示。

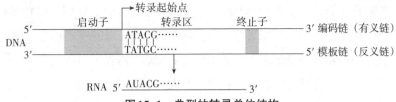

图 15-1　典型的转录单位结构

对于一个特定基因来说，通常把与转录出来的 RNA 序列相同的 DNA 链称为编码链（coding strand）或有义链（sense strand）。编码链与 RNA 的延伸方向相同，序列相同，只是 T 与 U 的区别。而另一条 DNA 链则根据碱基互补配对原则指导 RNA 合成，被称为模板链（template strand）或者反义链（antisense strand），模板链与 RNA 为反向平行互补的关系。在模板中基因信息通常是不连续的，在信息内部或者在信息之间，往往存在一些不表达的插入序列及间隔序列，这些插入序列和间隔序列一般与信息顺序一起转录。因此，新生 RNA 中的这些插入顺序或间隔顺序，有的在 RNA 转录后的"加工"过程中被删除；有一些间隔顺序被保留在 mRNA 中，作为多顺反子 mRNA 合成蛋白质时的"标点符号"，或在蛋白质合成中起调控作用。其中最典型的例子就是原核生物 mRNA 中不同顺反子之间的间隔顺序。

此外，RNA 聚合酶对模板具有选择性。不同的 RNA 聚合酶转录不同的基因，合成不同的 RNA。如真核生物 RNA 聚合酶 I，它负责 rRNA 基因的转录；聚合酶 II 负责核内不均一 RNA（hnRNA）基因的转录；聚合酶 III 负责 tRNA 基因的转录等。而且，RNA 聚合酶对 DNA 的两股链有选择性，即选择两条链中的一条作为转录的模板。

二、转录的一般特点

转录与 DNA 的复制的化学反应十分相似。两者都在酶的催化作用下以 DNA 为模板遵循碱基互补配对原则沿 5′→3′ 方向合成与模板互补的新链。不同的是，复制意在精确地拷贝基因组，而转录是把基因的遗传信息表达成 RNA，两者的功能极为不同，因而也存在一些明显的差别。转录具有以下几个特征。

① 转录具有选择性。与 DNA 复制不同的是，转录只发生在 DNA 分子上具有转录活性的区域，因而对于一个 DNA 分子来说，并不是所有的序列都能被转录。通常在生物的不同发育阶段，只有某些特定的 DNA 区域被转录。例如，一个包含 RNA 聚合酶结合部位（转录起始处，即启动子）和转录终止区（终止

子）的特定DNA部位，在这个区间内，一般认为启动子本身是不被转录的。另外，DNA两条链也并不是都被转录，不同的基因所选用的模板链是不同的。在生物体内只有DNA的一条链参与合成RNA的情况，称为不对称转录。

② 转录起始于模板的一个特定起点，并在特定的终点处终止，此转录区域称为转录单位。一个转录单位可以是一个基因（真核生物）或多个基因（原核生物）。

③ 由于在被转录的双链DNA分子中只有一条单链作为模板，因此需要DNA的解链。与DNA复制一样，转录时在转录区域内DNA双链必须部分解链，才能暴露隐藏在双螺旋内部的碱基序列，并游离出指导碱基配对的氢键供体或受体，然后以其中一条作为模板链DNA，在碱基互补配对原则的指导下进行转录反应，并与转录产物 RNA形成RNA-DNA杂合物。转录时，RNA-DNA杂合双链分子是不稳定的，RNA链在延伸过程中不断地从模板链上游离出来，随着转录向前推进释放出RNA，被转录的DNA又恢复成双链DNA。而DNA复制叉形成之后一直打开不断向两侧延伸新合成的链，与亲本链形成子链。

④ 与DNA复制一样，转录的方向总是$5' \rightarrow 3'$。

⑤ 转录以四种核糖核苷三磷酸NTPs（即ATP、GTP、CTP和UTP）作为底物，并需要辅助因子，由于在细胞中并无TTP，所以转录时不可能有T的直接参入。按照碱基互补配对原则，将DNA 中的A、G、C、T分别转录成U、C、G、A。而复制的底物是dNTP，碱基互补配对关系为G-C和A-T。

⑥ 转录的起始是由DNA分子上的启动子控制的，不需要引物的参与，而DNA 复制一定要引物的存在。这是不同于DNA复制的一个十分重要的差别。

⑦ 转录具有高度的忠实性。转录的忠实性是指一个特定基因的转录具有相对固定的起点和终点，而且转录过程严格遵守碱基互补配对规则。但是从整体来看，转录的忠实性要明显低于DNA复制。一个最主要的原因就是机体在一定程度上能够容忍转录的低忠实性。首先，转录产生的RNA通常不是贮存遗传物质的载体，而是基因的表达，因而即使转录发生错误也不会传给后代；其次，遗传密码具有简并性，使得RNA序列变化并一定导致所编码的氨基酸序列发生变化；再次，转录出的RNA分子一般比较短，出现错误的机会就低；最后，一个基因的转录物是多拷贝的，其中发生的转录错误只占少数，而细胞内有专门的质量控制系统，可降解错误的转录产物。

⑧ 转录受到严格调控。调控的位点主要发生在转录的起始阶段（详见第十七章"基因表达调控"）。

第二节 RNA聚合酶

一、原核生物RNA聚合酶

DNA依赖的RNA聚合酶（RNA Pol）能从头启动RNA链的合成。RNA聚合酶催化RNA的转录合成是以DNA为模板，以ATP、GTP、UTP和CTP为原料的，还需要Mg^{2+}和Zn^{2+}作为辅基。RNA合成的化学机制与DNA的复制合成相似。每个NTP的$3'$位和$2'$位的碳原子上都有一个羟基，在聚合酶和辅助因子的作用下，第一个NTP的$3'$-OH和下一个NTP的$5'$-P进行反应，去掉焦磷酸，形成$3'$，$5'$-磷酸二酯键。RNA聚合酶和双链DNA结合时活性最高，但是只以双链DNA中的一股DNA链为模板。新加入的核苷酸以碱基配对原则和模板的碱基互补。与第十四章的DNA聚合酶不同，RNA聚合酶能够直接启动转录起点处的两个核苷酸间形成磷酸二酯键，因而RNA链的起始合成不需要引物。

大肠杆菌的RNA聚合酶是目前研究得比较透彻的聚合酶之一。其相对分子质量为480 kDa，是由4种亚基α_2（2个α）、β、β'和σ组成的五聚体蛋白。有证据表明，大肠杆菌RNA聚合酶还有第五种亚基（ω亚基）存在，其功能不详。其他各主要亚基及功能见表15-1。

表15-1 大肠杆菌RNA聚合酶各亚基的性质和功能

亚基	基因	相对分子质量	亚基数目	功能
α	rpo A	40000	2	参与全酶的装配，与启动子上游元件和活化因子结合
β	rpo B	155000	1	结合核苷三磷酸底物，催化磷酸二酯键形成，负责转录的起始和延伸
β'	rpo C	160000	1	参与RNA聚合酶与DNA模板的结合，与转录的终止有关
σ	rpo D	32000 ~ 92000	1	识别启动子，促进转录的起始

大肠杆菌RNA Pol的4个主要亚基（α_2，β，β'）称为核心酶（core enzyme）。β亚基可以和模板DNA、产物RNA及底物核苷酸（NTP）形成交联。β亚基的编码基因rpo B的突变会影响到转录的每一阶段。利福平（rifampicin）类药物和链霉菌素（streptolydigin）为细菌的RNA聚合酶转录的抑制实验提供了证据。两种抗生素均是通过与β亚基的结合而发挥作用的，进而抑制了转录

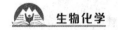

的起始。另外，β′亚基可使聚合酶结合到模板DNA上。

体外实验结果证明，核心酶能独立催化模板指导的RNA合成，但合成RNA时没有固定的起始位点。只有加入了σ亚基的酶才能在DNA的特定起始点上起始转录，可见这种亚基的功能是辨认转录起始点。σ亚基是被研究得最为清楚的亚基，它的作用是负责转录基因的选择和转录的起始，还能使RNA聚合酶与模板DNA上非特异性位点的结合常数降低为原来的万分之一，使非特异位点的酶底复合物的半衰期小于1 s。因此，σ因子的作用是帮助聚合酶对启动子进行特异性的识别并与之结合。σ亚基与核心酶共同称为全酶。细胞内的转录起始需要全酶，而转录延长阶段则仅需要核心酶。

σ因子参与转录起始，专门负责启动子的识别和结合。1988年，Helmann和Chamberlin对其结构与功能进行了详细的研究。结果发现，σ因子具有4个保守的结构域，每个结构域又可分为更小的区域。①结构域1只存在于σ^{70}因子，可分为两个亚区（1.1和1.2），1.1的主要作用是阻止σ因子单独与DNA结合（除非它与核心酶结合形成全酶）。②结构域2存在于所有的σ因子中，是σ因子最为保守的区域，又分为4个亚区（2.1~2.4），其中，2.1和2.2最为保守，参与和核心酶的相互作用；2.3在结构上类似于单链DNA结合蛋白，参与双链DNA的解旋；2.4形成α-螺旋，负责识别启动子的-10区。③结构域3参与和核心酶及DNA的结合。④结构域4可分为两个亚区（4.1和4.2），其中，4.2含有螺旋-转角-螺旋基序，负责与启动子的-35区结合。σ因子不能单独与启动子或者其他DNA序列结合，但是当它与核心酶结合后，其构象会发生变化，才能暴露出DNA结合位点具备与启动子结合的能力。

大肠杆菌内有一些不同的RNA Pol全酶，其差异主要是σ亚基的不同。目前已发现多种σ亚基，并用其相对分子质量进行命名，最常见的是σ^{70}（相对分子质量70 kDa）。σ^{70}是辨认典型转录起始点的蛋白质，大肠杆菌中的绝大多数启动子可被含有σ^{70}因子的全酶所识别并激活。但是，在不同的生长时期及当外界条件发生改变时，细菌基因的表达也不同。因此，RNA聚合酶在识别启动子时必须具有很强的灵活性。这种灵活性主要由σ因子来承担。目前在大肠杆菌内已发现了至少6种σ因子来负责不同状态下的基因转录。

二、真核生物RNA聚合酶

不同于细菌，真核细胞中有多种不同的RNA聚合酶，用于转录不同类型的

RNA，细胞核中主要为 RNA 聚合酶 I 、II 和 III（RNA Pol I 、II 和 III）（表 15-2）。几乎所有蛋白质的编码基因都是由 RNA 聚合酶 II 转录合成 mRNA 的；主体 rRNA 是由 RNA 聚合酶 I 合成的；而 tRNA，5SrRNA 是由 RNA 聚合酶 III 合成的。一些小分子 RNA 的合成需要 RNA 聚合酶 IV、V，还有线粒体、叶绿体中的 RNA 聚合酶。细胞器中 RNA 聚合酶的特性与细菌中的 RNA 聚合酶类似。

表 15-2　真核生物的三种 RNA 聚合酶

类型	细胞中的定位	对 α-鹅膏蕈碱的敏感性	功能
RNA 聚合酶 I	核仁	不敏感	5.8S、18S 和 28S rRNA 的合成
RNA 聚合酶 II	核质	高度敏感	mRNA、snoRNA、miRNA、大多数 snRNA 的合成
RNA 聚合酶 III	核质	中度敏感	5S rRNA、tRNA、没有帽子结构的 snRNA、7SL RNA、端粒酶 RNA 等的合成

第三节　原核生物转录过程

一、大肠杆菌 σ^{70} 启动子

在体外，细菌的核心酶能在 DNA 分子上的任何一点开始转录。但在细胞内，RNA 聚合酶的全酶只在基因的启动子结合并开始转录。启动子一般含有几个保守的核苷酸区域，其结构变化会影响它与 RNA 聚合酶的亲和力，从而影响转录起始，因此它是 RNA 聚合酶进行精确而有效的转录所必需的。启动子碱基序列习惯上用编码链序列表示，由左到右按 5′→3′ 方向排序。多数基因启动子位于编码 RNA 链起始端的上游。

1950 年，David Pribnow 利用足迹法确定了大肠杆菌 σ^{70} 识别启动子的序列结构。将 RNA 聚合酶全酶与被标记的 DNA 起始转录限制片段结合后，使用化学法或酶法水解标记的 DNA 片段。例如选用 DNase I 水解 DNA，由于与 RNA 聚合酶全酶结合的 DNA 部分被保护而不被水解，其余 DNA 部分则水解成长短不同的片段。水解后的 DNA 片段再经高分辨率的凝胶电泳技术分开，可以测定被结合片段 DNA 的序列，最终解析出 RNA 聚合全酶结合的启动子序列。

比较分析已研究的上百种原核生物的启动子序列可以得到一个共有序列（consensus sequence）。共有序列是指在一组 DNA 序列中特定位置上出现频率最

高的核苷酸构成的序列。这些序列具有一些共同的特征：它们一般长41~44 bp，含较多的A-T碱基对，且某些区段序列保守性较强。以最常见的σ⁷⁰识别的启动子为例，在启动子中发现了两个6 bp的共有序列，一个在-10位置，另一个在-35位置，它们之间被长为17~19个核苷酸的非特异序列所分隔。这两段保守序列的中心分别位于RNA合成起始位置上游约10，35 bp处，分别称为-10序列和-35序列（区），如图15-2所示。转录起始的第一个碱基（标记位置为+1）通常是A，其次是G。

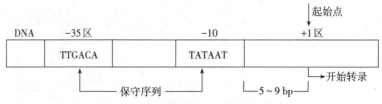

图15-2　大肠杆菌的启动子模型结构

　　-10区在许多大肠杆菌基因的启动子中都存在，其中心位于转录起始位点上游大约10 bp，由于它是由Pribnow于1975年首先发现的，也称为Pribnow框，这一序列的位置约在-4到-13。-10区是RNA聚合全酶的牢固"结合位点"，其作用是决定转录的起始位置。比较许多启动子的序列发现，-10序列中有一段共有序列TATAAT，这段共有序列的头两个碱基（TA）和最后的T最保守（见图15-2）。-10序列与转录起始位点之间间隔5~9 bp，这一间隔序列是不保守的，但间隔序列的长短很重要。

　　-35区位于-10区的上游，也是一段保守的六聚体序列，其共有序列是TTGACA。-35区被认为是RNA聚合酶最初识别的序列，在高效启动子中非常保守，又被称为Sextama区。-35序列对原核RNA聚合酶全酶有很高的亲和性，如果-35序列发生突变或缺失，它对全酶的亲和性将降低。-35序列被σ因子识别，又称作"识别位点"，这一序列决定了转录的频率。

　　必须指出的是，启动子的一致序列是综合统计了多种基因的启动子序列以后得出结果的。迄今为止，在大肠杆菌中还没有发现哪一个基因的启动子与一致序列完全一致。在两个保守序列中，-10区前两个碱基（TA）和最后一个碱基（T）最保守，而-35区的前三个碱基（TTG）最保守。一个基因的启动子序列与共有序列越相近，启动子的活性就越高，为强启动子；反之活性就越低，为弱启动子。

　　在一些转录活性超强的基因的启动子（如rRNA基因的启动子）中，在-35序列的上游还有一段富含AT的序列，称为增强元件（up-element，UP元件）。

该元件能够显著提高转录效率。实验结果证明，RNA聚合酶是通过其α亚基上的CTD与UP元件的相互作用进而加强聚合酶与启动子的结合的。

二、转录的起始

转录的起始过程是指从RNA链的第一个核苷酸合成开始到RNA聚合酶离开启动子为止的启动阶段。转录的起始主要分为模板的识别和转录的起始两个阶段。

模板识别由σ因子辨认DNA的启动子，并由RNA聚合酶与启动子结合，DNA双链打开10~20个碱基对，形成转录泡的过程。RNA聚合酶全酶首先通过扩散作用进入自由卷曲的DNA分子，与非特异性位点进行疏松且可逆的结合，其作用力是依赖RNA聚合酶的核心酶$\alpha_2\beta\beta'$对DNA的非特异的亲和力，即碱性蛋白质与酸性核酸之间的非特异性静电引力。然后通过接触、解离、再接触的机制沿DNA链迅速移动。RNA聚合酶全酶在DNA上搜寻启动子，直到σ因子发现识别位点-35区序列。这主要是因为当σ因子与核心酶结合形成全酶之后，RNA聚合酶对非特异DNA的亲和力显著降低，但与启动子的结合能力增强了100倍。体外试验结果表明，不含σ亚基的核心酶会随机地在一个基因的两条链上发生结合。当有σ亚基时，全酶能迅速找到启动子-35区，并确定正确的移动方向，与DNA结合生成较松弛的封闭型启动子复合物（closed promoter complex）。由于此步骤大都发生在-35区，当对-35区碱基序列进行改变时，这种结

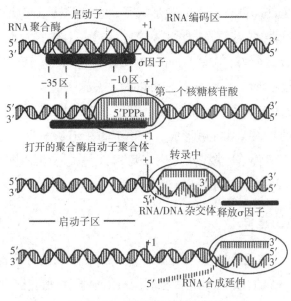

图15-3 大肠杆菌的转录起始

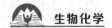

合能力就会降低，因此，总的效果是σ因子可显著提高RNA聚合酶与启动子结合的特异性。在转录的起始阶段全酶识别并与启动子结合是非常迅速的，一般认为聚合酶沿着DNA滑动直达启动子序列。聚合酶与处于双螺旋状态的启动子DNA所形成的最初复合物被称为闭合复合物（closed complex）。如图15-3所示。

闭合复合物是酶与启动子结合的一种过渡状态，此时DNA没有发生解链，聚合酶主要以离子键与DNA结合，这一结合并不十分稳定，很快围绕转录起始位点解开一小段DNA双螺旋（大小为12~17 bp），形成开放复合物（open complex），出现12~17 bp的起始转录泡（transcription bubble）。研究结果发现，-10区内含有丰富的AT碱基对，由于AT比GC的键能更弱，所以相对容易解链。从闭合复合物转变为开放复合物的异构化作用并不需要ATP水解提供能量，而是DNA-酶复合体的构象自发地转变成一种能量上更加有利的形式。

开放复合物的形成不单是DNA两条链的解链，在解旋后全酶的结构会发生改变，导致DNA的模板链进入全酶的内部，以便靠近酶的活性中心。RNA聚合酶按模板链上核苷酸的序列，以4种NTP为原料，按碱基互补原则依次与模板链上的相应碱基配对（U-A，G-C）。在起始点处，两个与模板配对的核苷酸在RNA聚合酶的催化下，前两个与模板链互补的NTP从聚合酶的次级通道进入活性中心，由活性中心催化第一个NTP的3'-OH亲核进攻第二个NTP的5'-α-P而形成第一个磷酸二酯键。一旦有了第一个磷酸二酯键，RNA-DNA-RNA聚合酶的三元复合物（ternary complex）就形成了，也就是转录起始复合物。RNA的5'端总是三磷酸嘌呤核苷酸（GTP或ATP），其中以GTP最常见。所以起始复合物是由RNA聚合酶全酶、DNA、pppGpN-OH 3'构成的。通常在转录的起始阶段会产生无效起始阶段（abortive initiation）。在这一时期，聚合酶会合成并很快释放一些长度小于10个核苷酸的RNA分子。只有当聚合酶成功地合成一条超过10个核苷酸的RNA，才能够形成一个稳定的三元复合体。σ因子在稳定的起始复合物生成后即脱落。脱落的σ因子可再次与核心酶结合并开始下一次转录，所以σ因子可反复使用于转录起始过程。

三、转录的延伸

σ因子从RNA聚合酶全酶上解离后，DNA分子和酶分子都发生构象的变化，核心酶与DNA的结合松弛允许核心酶可沿模板移动，然后按模板序列选择下一个核苷三磷酸，并将该核苷酸加到生长中的RNA链的3'-OH端，催化形成磷酸二酯键。转录延伸方向是沿 DNA 模板链的 3'→5' 方向，按碱基配对原则生成 5'→3' 的 RNA 产物。

在延伸过程中，上游 DNA 从两个钳子之间进入 RNA 聚合酶，并且在活性中心裂隙内两条链被分开并沿着不同的路径穿过酶（见图 15-4），这样可以使得长度达到约 17 个碱基对，使模板链暴露出来。模板链则穿过活性裂缝，并通过模板链通道离开。在聚合酶的后面，两条单链又重新恢复双链状态，并转变为松弛型的负超螺旋（见图 15-4）。核苷三磷酸通过其固定的通道进入活性位点，并在模板 DNA 链的引导下添加到伸长中的 RNA 链上。新生的 RNA 链只在其 3'-末端通过一段短的核苷酸序列（8 或 9 nt）与模板链形成 RNA-DNA 杂合体，其余部分则与模板链剥离，并从 RNA 出口通道离开 RNA 聚合酶，此延伸阶段将一直持续到特定序列提示聚合酶终止转录为止。研究结果还表明，在同一个 DNA 模板上，可以同时有多个 RNA 聚合酶催化转录生成新的 RNA，而且在较长的 RNA 上可以看到核糖体的附着，即在转录未完全结束的时候，就可以进行翻译。

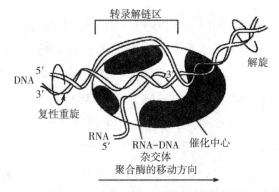

图 15-4　原核生物 RNA 聚合酶活性部位和组成的三元复合物

除了聚合功能，RNA 延伸聚合酶也具有校对功能，有焦磷酸化编辑（pyrophosphorolytic editing）和水解编辑（hydrolytic editing）两种校对机制。焦磷酸化编辑是形成磷酸二酯键的逆向反应，RNA 聚合酶通过催化焦磷酸的重新加入，使错误掺入的核糖核苷酸以核糖核苷三磷酸的形式被去除。值得注意的是，以这种方式聚合酶既可以去除错误的核苷酸，也可以去除正确的核苷酸，但因它在不匹配的地方花的时间更长，所以常能去除错误核苷酸。

在水解编辑的校对机制中，聚合酶需要倒退一个或更多的核苷酸，并切开

RNA产物，去除掉错误的序列。同时，水解编辑还需要一些Gre因子的协助。此外，Gre因子也可以作为延伸刺激因子，确保聚合酶能够有效地延伸并帮助克服转录在较难转录的序列处"停滞不前"的状态。

四、转录的终止

一旦转录开始，一般都会持续进行下去直到遇到终止子序列，就进入了终止阶段。终止的过程主要是从DNA模板上释放新生的RNA产物，RNA聚合酶与DNA解离的过程。在终止过程中，RNA聚合酶停止向正在延伸的RNA链添加核苷酸，RNA-DNA杂合链间的氢键断裂，DNA重新形成双螺旋。原核生物的转录终止机制有两种：第一种类型不需要ρ因子的参与就可以引发RNA聚合酶的终止反应，而第二种类型则需要称为ρ因子的蛋白来诱发终止反应。原核生物的两种类型终止子在终止点之前均有一个反向重复序列，其产生的RNA可形成由茎、环构成的发夹结构。

（一）非依赖ρ因子的终止

非依赖ρ因子的转录终止是通过RNA产物的特殊结构实现的。非依赖ρ因子的终止子在结构上有以下几个特征：① 在终止子上游DNA上有一个15~20个核苷酸的反向重复序列，由这段DNA转录产生的RNA容易形成发夹结构；② 茎区域内富含G-C，使茎环不易解开；③ 发夹结构末端有一段4~8个A-T碱基对的序列，即模板链为polyA，所转录产生的RNA3′端为富含U区。寡聚U-A杂合链之间的结合异常弱，为RNA-DNA杂合链的分离提供了条件。

正是因为这种特殊的结构，当RNA聚合酶转录一段反向重复序列时，新合成的RNA能够通过自身碱基配对形成一个发夹结构。目前认为，RNA链中出现的这种发夹结构，是通过扭曲、嵌入并破坏延伸复合体而导致RNA聚合酶转录暂停而引起终止的。但转录的终止并不只依赖于发夹结构，新生的RNA中可有多处发夹结构。RNA聚合酶的暂停只是为转录的终止提供了机会，如果没有终止子序列，聚合酶可以继续转录，而不发生转录的终止。此时，6个连续的U串可为RNA聚合酶与模板的解离提供信号。当聚合酶暂停合成时，RNA-DNA杂交分子即在U-A弱键结合的末端区解开，两者共同作用使RNA从三元复合物中解离出来。

（二）依赖ρ因子的终止

ρ因子是一个同源六聚体蛋白质，本质为一种RNA结合蛋白，大小为60 kDa，是RNA聚合酶的一种重要的蛋白质辅因子，在转录终止过程中发挥作用。ρ因子可识别终止位点上游50~90 bp的区域。这段RNA序列中C的含量多，G的含量少，终止发生在CUU中的某一个位置。一般而言，这种富含C少G的序列越长，依赖ρ因子的终止效率越高。研究结果发现，依赖于ρ因子的终止信号属于弱终止子，它与非依赖ρ因子的终止子同样具有茎环结构，不过模板DNA反向对称的回文结构中GC碱基对含量较少，也缺少之后的寡聚A区段（见图15-5），使RNA下游缺乏寡聚U结构。

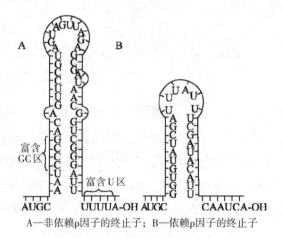

A—非依赖ρ因子的终止子；B—依赖ρ因子的终止子

图15-5 大肠杆菌中两种终止子的结构

体外实验结果表明，ρ因子的突变对转录终止的影响很大，而且不同的依赖ρ因子的终止子对ρ因子浓度的要求高低不一。在ρ因子渗漏突变时，不同终止子的反应也有所区别。ρ因子的突变可被其他的基因突变所抑制。在ρ因子突变引起的转录不能终止的菌株中，RNA聚合酶β亚基基因（rpo B）的一种突变可以恢复转录的终止。rpo B的另一种突变可减弱依赖ρ因子的转录终止，说明β亚基可能是ρ因子的作用部位。

其主要作用机制如下：RNA聚合酶转录到回文序列时发生一定时间的停顿，这时如果没有终止因子（termination factor）ρ的介导，转录将会继续进行下去。如果存在ρ因子，其会首先结合于终止子上游新生RNA链5′端的某一个可能有序列特异性或二级结构特异性的位点。由于ρ因子具有依赖于RNA的

ATP酶活性，它可以附着在新生RNA上，靠ATP水解产生的能量推动沿着$5'$→$3'$朝RNA聚合酶移动。同时ρ因子还具有解旋酶活性，利用它的解旋酶活性使RNA-DNA解链而释放转录产物，或者通过与聚合酶作用间接引起RNA释放，完成终止过程。依赖ρ因子的终止见图15-6。

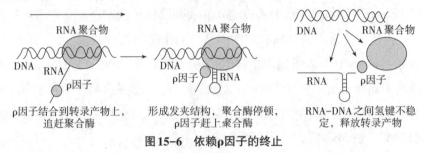

ρ因子结合到转录产物上，追赶聚合酶　　形成发夹结构，聚合酶停顿，ρ因子赶上聚合酶　　RNA-DNA之间氢键不稳定，释放转录产物

图15-6　依赖ρ因子的终止

第四节　真核生物的转录

真核生物的转录机制与原核生物的相似，不过由于其基因组远比原核生物大，且转录中有大量蛋白质因子的参与，因此真核生物的转录过程显得更复杂。真核生物的3种RNA聚合酶都有自己的启动子类型。但是真核生物RNA聚合酶自身不能识别并结合到启动子上，需要在启动子上由转录因子和RNA聚合酶装配成活性转录复合物才能起始转录，而且转录期间各种因子的作用比细菌要复杂得多。

RNA聚合酶Ⅰ主要负责转录45S前体rRNA，产生5.8S rRNA、18S rRNA和28S rRNA，在起始阶段还需要上游结合因子1（UBF1）和选择因子1（SL1）。RNA聚合酶Ⅱ主要合成mRNA，与蛋白质表达密切相关。其识别的结构基因启动子包括较多的DNA元件，可分为三部分：核心启动子、上游调控元件和远距离调控元件。RNA聚合酶Ⅲ的启动子十分复杂，一种为内部启动子，另一种为上游启动子。

第五节　转录后加工过程

除了原核生物的mRNA转录后一般不需要加工外，无论在原核生物还是真核生物中，合成的原初转录物（primary transcription）通常是没有生物学功能的，都要经过加工修饰后才能成为成熟有功能的 RNA，此过程称为 RNA 成熟或转录后加工（post-transcriptional processing）。常见的加工类型包括剪切、5′端加帽、3′端加尾、分割、拼接、修饰、编辑以及组装等。

原核生物 mRNA 一经转录通常立即作为模板进行翻译，除少数原核生物外，一般不进行转录后加工。事实上，mRNA 分子合成未完成时就在核糖体上开始翻译了，形成转录和翻译的偶联现象。然而真核生物的 mRNA 合成与蛋白质合成在时间和空间上均有间隔，mRNA 前体必须经过复杂的加工过程，而且参与 RNA 延伸的蛋白质和 RNA 加工所需要的蛋白质存在交叠。

真核生物由于存在细胞核结构，转录与翻译在时间上和空间上被分隔开来，其 RNA 前体的加工过程极为复杂。真核生物编码蛋白质的基因以单个基因作为转录单位，其转录产物是单顺反子 mRNA。真核生物的 mRNA 初始转录物即 mRNA 前体，在核内加工过程中形成分子大小不等的中间物，被称为核内不均一 RNA（heterogenous nuclear RNA，hnRNA）。hnRNA 半衰期一般很短（几分钟至 1 h 左右，而细胞质 mRNA 的半衰期一般为 1~10 h）。哺乳类动物 hnRNA 平均链长在 8000~10000 个核苷酸之间，而细胞质 mRNA 平均链长在 1800~2000 个核苷酸之间，hnRNA 链长是 mRNA 的 4~5 倍，对哺乳动物来说，大约 5% 的 hnRNA 会转变成 mRNA。

真核生物的大多数基因为断裂基因，其编码区是不连续的，被非编码区打断，含有内含子和外显子。内含子（intron）在被剪接（splicing）过程中切除，外显子被连接，如图 15-7 所示。此外，真核生物同一种前体 mRNA 通过外显子的不同连接方式可以形成两种或两种以上的 mRNA。真核生物的 mRNA 在每个

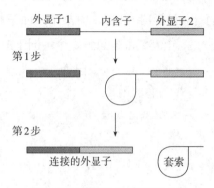

图 15-7 真核生物的剪接过程

末端还需要进行修饰（5′端加帽子结构，如图15-8所示，3′端加 polyA "尾巴"）才转变为成熟mRNA。因此对真核生物来讲，RNA的加工尤为重要。

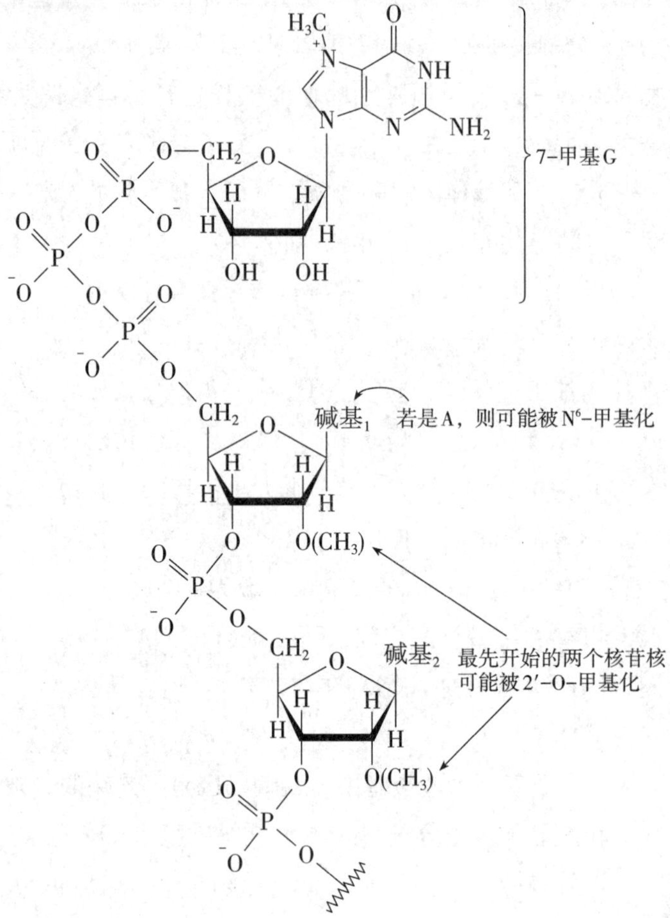

图15-8　真核生物 mRNA 5′端帽子结构

第十六章　蛋白质的生物合成

　　蛋白质的生物合成（protein biosynthesis）又被称为翻译，是指将4种核苷酸编码的基因语言准确转变成由20种氨基酸编码的蛋白质语言。蛋白质是生命活动的最终体现者，是基因表达的最终产物。因此，研究蛋白质的生物合成对于在分子水平探索生命活动的规律和治疗疾病的途径，推进蛋白质组学的发展至关重要。

　　与复制、转录相比，翻译是一个非常复杂的过程，几乎涉及细胞内所有种类的RNA和几十种蛋白质因子。翻译体系包括mRNA、tRNA和核糖体以及多种辅助因子。mRNA作为中间物质传递DNA分子上的遗传信息，是蛋白质翻译的直接模板，以其核苷酸序列决定蛋白质的氨基酸序列；tRNA在蛋白质合成中是一种"转接器"，能解读mRNA密码，并能按照模板指令转运相应的氨基酸；rRNA是核糖体的重要组成成分，能在特定位点与蛋白质结合形成核糖体，作为蛋白质合成的场所，通常也被称为"蛋白质合成工厂"。同时此过程也是细胞活动中最耗费能量的事件。例如，在一个对数生长期的细菌细胞中，反应所需能量由ATP和GTP提供，有80%的能量是专门用于蛋白质的合成的。翻译的速度很快，如大肠杆菌的蛋白质含量占细胞干重的50%，其种类超过3000种，在其细胞分裂周期的20 min内合成如此之多的蛋白质，速度是非常惊人的。

　　早期蛋白质合成的研究工作都是利用大肠杆菌的无细胞体系（cell-free-system）进行的，因此，对大肠杆菌的蛋白质合成机理是研究得最透彻的。真核生物蛋白质合成机理与大肠杆菌有不少相似之处，但也有其独特的方面。本章重点讲述以大肠杆菌为模型的原核生物的蛋白质生物合成翻译。

第一节　蛋白质合成中的tRNA

在研究蛋白质的生物合成过程中，Crick经过比较核酸和氨基酸的大小和形状后认为，它们不可能在空间上直接互补结合，因此预测可能存在一类分子转换器（adaptor），使遗传信息从核酸序列转换成氨基酸序列。后来通过实验证明，这种转换器分子是一种可溶性的RNA分子，即tRNA。在翻译过程中，氨基酸与模板mRNA的核苷酸序列之间的相互作用是通过tRNA实现的，它不但为每个三联体密码子翻译成氨基酸提供了结合体，还为准确无误地将所需氨基酸运送到核糖体上提供了运送载体。模板mRNA只能识别特异的tRNA而不能直接识别氨基酸。氨基酸必须与tRNA结合形成氨基酰-tRNA（aminoacyl-tRNA，AA-tRNA），然后，tRNA上的反密码子与mRNA上的密码子通过碱基互补配对，按照mRNA链上的密码子所决定的氨基酸顺序将氨基酸搬运到核糖体上合成蛋白质。

一、tRNA 的一级结构

现在已有数百种不同来源的tRNA一级结构被阐明。虽然这些tRNA分子各自的序列不同，但所有的tRNA都是单链核酸分子，由73～93个核苷酸组成。tRNA的3′端都以CCA-OH结束，该位点是tRNA与相应的氨基酸结合的位点；而大多数tRNA的5′端为pG。tRNA分子中含有大量稀有碱基，如假尿嘧啶核苷（Ψ），各种甲基化的嘌呤和嘧啶核苷，二氢尿嘧啶（D）和胸腺嘧啶（T）核苷等。tRNA反密码子3′端相邻位置上绝大多数是甲基化的嘌呤核苷酸。反密码子中第一位碱基也常被修饰性碱基所占据，出现频率较高的为次黄嘌呤I；而第二与第三个碱基中U、C、A、G出现的频率趋于平衡。

二、tRNA 的二级结构

单股tRNA链可通过自身折叠形成四个螺旋区形成臂和四个环的基本结构，这些结构组合在一起使tRNA分子的形状类似三叶草，故将tRNA的二级结构称为三叶草结构（cloverleaf structure）［见图16-1（a）］。沿着5′端向3′端的方向看，tRNA分子的结构共有五个比较重要的结构区域。

二氢尿嘧啶环（D环）由8~12个不配对的碱基组成，因其含有D而得名，是专一性氨基酰-tRNA合成酶的识别位点，有助于tRNA与相应氨基酸的结合。

反密码子环由7个不配对的碱基组成，是根据位于环中心部位的三联体反密码子（anticodon）命名的。每种tRNA都具有特定核苷酸序列构成的反密码子。在蛋白质的合成中，tRNA分子上的反密码子碱基与mRNA模板上的密码子碱基进行专一性的识别并配对，将所携带的氨基酸送入合成多肽链的指定位置。

可变环位于TΨC臂和反密码子臂之间。在不同的tRNA分子之间，这个环的大小不同，含3~21个碱基不等。

TΨC环由7个不配对的碱基组成，总是含5′ GTΨC 3′序列。其中，Ψ是假尿嘧啶，T是胸腺嘧啶。

氨基酸接受臂由链两端碱基配对形成的双链结构和3′末端未配对的碱基序列组成，3′末端总是以CCA序列结束，该序列的腺苷酸残基3′或2′位上的自由羟基可以被氨酰化来结合对应的氨基酸，因而这一结构被称为氨基酸接受臂。

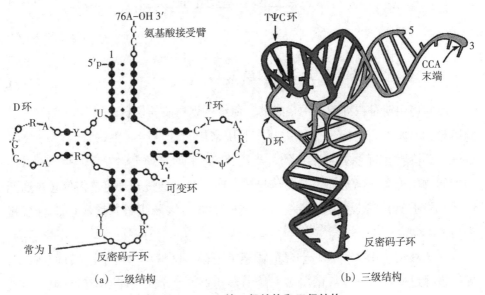

(a) 二级结构　　　　　　　　　　(b) 三级结构

图16-1　tRNA的二级结构和三级结构

三、tRNA的三级结构

X射线衍射分析结果显示，tRNA分子具有相同的倒L形空间结构［见图16-1（b）］。tRNA分子的三级结构是由其三叶草形的二级结构中未配对的碱基再形成氢键而折叠成的空间结构。在tRNA分子的三级结构中，有两个重要的功

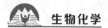

能位点，分别为氨基酸接受位点和反密码子。这两个位点处于最大限度的分离状态，这种空间结构上的特点对其生物学功能极其重要。因为在蛋白质的合成过程中，tRNA分子的氨基酸接受臂上所转运的氨基酸必须靠近位于核糖体大亚基上的多肽合成位点，而tRNA分子上的反密码子必须与小亚基上mRNA的三联体密码子相配对。如果相距过近，空间位阻将会影响tRNA与氨基酸和mRNA的结合。

tRNA的种类不像Crick预言的只有20余种。一个细胞一般有70多种不同的tRNA，负责运载20余种氨基酸。这就意味着多数氨基酸有几种不同的tRNA，被称为同工tRNA（cognate tRNA）。tRNA与其所携带的氨基酸有严格的对应关系，为表示不同的tRNA，将tRNA所运氨基酸写在其符号的右上角，如 tRNA^{Phe} 及 tRNA^{Ser} 分别表示转运苯丙氨酸（Phe）和丝氨酸（Ser）的tRNA。

第二节　密码子

一、mRNA是蛋白质合成的模板

已知蛋白质是在细胞质中合成的，而编码蛋白质的信息载体DNA却储存于细胞核内，那么，必定有某种中间物质用来传递DNA分子上的信息。在对 *E. coli* 中与乳糖代谢有关酶类的生物合成及其他生物合成研究时发现，是mRNA作为中间物质传递DNA分子上遗传信息的。DNA分子通过转录将遗传信息传递到mRNA分子上，mRNA又作为模板将其碱基顺序翻译成氨基酸顺序，合成蛋白质。

在原核细胞中，转录与翻译的体系处于同一区域，这两个过程是偶联的，即核糖体能够在mRNA从RNA聚合酶中暴露出来之时即刻开始翻译。绝大多数细菌mRNA的半衰期很短，mRNA的降解紧跟着蛋白质合成过程发生。真核细胞的转录与翻译是完全分开的，转录发生在细胞核，而翻译发生在细胞质中。真核生物的翻译速度与原核生物相比较慢，真核生物mRNA的半衰期较长。

mRNA分子中每三个相邻的核苷酸编码一种氨基酸，这三个连续的核苷酸标为三联体密码（triplet code）或密码子（codon）。每条mRNA链上的编码区由连续的、不交叉的密码子串组成，称为开放阅读框（open reading frame，

ORF）。mRNA 分子上，开放阅读框的第一个密码子称为起始密码子（initiation codon），通常为 AUG。开放阅读框的最后一个密码子通常为 UAA、UAG 和 UGA，称为终止密码子（termination codon）。终止密码子是肽链合成的终止信号，并不编码任何氨基酸。

除了上述开放阅读框，mRNA 分子通常包括位于起始密码子上游的 5′端非编码区和位于终止密码子下游的 3′端非编码区。位于两端的非编码区不编码任何氨基酸，只是携带着调节蛋白质合成的重要遗传信息，通常具有调控 mRNA 翻译的作用。

二、遗传密码的破译

1954 年，物理学家 G. Gamow 首先对遗传密码进行了探讨。他推测：mRNA 只有 4 种核苷酸，而蛋白质含有 20 种常见氨基酸，如果每一个核苷酸为一个氨基酸编码，那么只能决定 4 种氨基酸。如果每两个核苷酸为一个氨基酸编码，那么可以编码 4^2=16 种氨基酸。但不论是哪一种编码方式都不能满足需求。如果 3 个核苷酸为一个氨基酸编码，那么就可以有 4^3=64 种氨基酸，这样可能满足编码 20 种氨基酸的需要。所以推测密码子（codon）是以三联体（triplet）的方式存在的。

1961 年，Crick 等提出了确切的证据，证明三联体密码子的理论是正确的。在核苷酸序列的任意位置插入或删除一个或两个核苷酸都会引起读码框的改变，从而使基因失去活性；但是如果插入或删除三个核苷酸，或者插入几个后又删除与此数目相同的几个核苷酸，读码框可以保持不变，也不影响基因的表达。

在 Crick 等提出遗传信息在核酸分子上以非重叠、无标点及三联体的方式编码的同时，Nirenberg 等用人工合成的 mRNA 在无细胞蛋白质合成系统中寻找氨基酸与三联体密码的对应关系。他们早期以多聚尿嘧啶核苷酸（poly U）作为 mRNA，并补充其他的必需成分，合成的肽链是多聚苯丙氨酸（poly Phe）。由此推断 UUU 是苯丙氨酸的密码子，这是第一个被破译的密码子。此后，又用同样的方法破译出 Lys 和 Pro 的密码子分别为 AAA，CCC。但由于 GGG 容易形成三股螺旋，后来使用另外的方法才证明了 GGG 编码 Gly。Nirenberg 合成 RNA 链时使用的是多核苷酸磷酸化酶（polynucleotide phosphorylase）。这个酶在正常生理条件下的作用是打断 RNA 链，形成核苷二磷酸。但是在核苷二磷酸浓度高

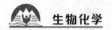

时，也可以催化逆反应，在核苷酸之间形成3′-5′磷酸二酯键，从而合成RNA。

同时，有机化学家Khorana合成了具有确切碱基顺序的多聚核糖核苷酸。以poly（UC）作为模板，则序列为UCUCUC……这个序列有2个开放阅读框，或者从U开始，或者从C开始。但无论从何处开始，都得到-Ser-Leu-相间的多肽链。Khorana的试验进一步证实了每个密码子由三个核苷酸组成，但由于不能确定翻译起始的确切位点，还是不能确认到底哪一个密码子对应于哪一个氨基酸。

1964年，Nirenberg的实验有了突破性进展。他用三核苷酸取代mRNA，三核苷酸可以与相应的氨基酰-tRNA分子一起结合在核糖体上，形成一个三元复合物。例如，CCC只与脯氨基酰-tRNA和核糖体形成复合物。所以，用这种核糖体结合技术可以直接测出三联体所对应的氨基酸。但是Nirenberg使用的三核苷酸还是随机的片段。Khorana将自己的方法与Nirenberg的方法结合，很快破译了约50个密码子。最终于1964年完全确定了编码20种氨基酸的密码子。在64个密码子中，AUG既是Met的密码子，也是起始密码子。还有3个密码子是终止密码子，包括UAA、UAG和UGA，这些发现也包括了其他实验室的工作。见图16-2。

第二联

	U	C	A	G	
U	UUU UUC } Phe UUA UUG } Leu	UCU UCC UCA UCG } Ser	UAU UAC } Tyr UAA Stop UAG Stop	UGU UGC } Cys UGA Stop UGG Trp	U C A G
C	CUU CUC CUA CUG } Leu	CUU CCC CCA CCG } Pro	CAU CAC } His CAA CAG } Gln	CGU CGC CGA CGG } Arg	U C A G
A	AUU AUC AUA } Ile AUG Met	ACU ACC ACA ACG } Thr	AAU AAC } Asn AAA AAG } Lys	AGU AGC } Ser AGA AGG } Arg	U C A G
G	GUU GUC GUA GUG } Val	GCU GCC GCA GCG } Ala	GAU GAC } Asp GAA GAG } Glu	GGU GGC GGA GGG } Gly	U C A G

第一联（左）　第三联（右）

图16-2　三联密码子

三、密码子的性质

（一）密码子的连续性

在mRNA链上，从起始信号到终止信号，密码子的排列是连续的，它们之间既没有重叠，也不存在间隔，所以翻译时一定是从起始密码子开始，按一定ORF连续读下去，直至遇到终止密码子停止。插入或删除一个核苷酸就会使这以后的读码发生错位，称为移码突变（frameshift mutation）。

（二）起始密码子与终止密码子

AUG是大多数生物的起始密码子，同时也是Met的密码子，因此新生肽链的第一个氨基酸都是Met（或fMet）。在原核细胞中，$fMet-tRNA_i^{fMet}$（$tRNA_i$表示起始tRNA，即initiator tRNA）和IF-2解读起始部位的AUG，与核糖体小亚基作用形成30S复合物。$Met-tRNA^{Met}$与延长因子EF-Tu作用，解读mRNA内部的AUG。

UAA、UAG、UGA是终止密码，不代表任何氨基酸，也称为无意义密码子。终止密码子由释放因子识别，例如在原核细胞中，RF1识别UAA和UAG，RF2识别UAA和UGA。在各种生物体中，这三种终止密码子都被使用，而且在某些基因中有时连续使用两个终止密码子，可以更有效地终止多肽链的延伸合成。

（三）密码子的简并性

生物体总共有64个三联体密码子，除3个终止密码子（UAA，UGA和UAG）外，其余61个密码子编码20种氨基酸，因此，许多氨基酸不止一个遗传密码子。同一种氨基酸具有两个或更多密码子的现象称为密码子的简并性（degeneracy）。而对应于同一种氨基酸的不同密码子称为同义密码子（synonymous codon）或简并密码子（degenerate codon）。Trp和Met只有1个密码子，Phe、Tyr、His、Gln、Glu、Asn、Asp、Lys、Cys各有2个密码子，Ile有3个密码子，Val、Pro、Thr、Ala、Gly各有4个密码子，Leu、Arg、Ser各有6个密码子。通常来说，氨基酸的密码子越多，该氨基酸残基在蛋白质中存在的频率越高。

遗传密码的简并性往往只表现在密码子的第三位碱基上，通常是一种嘌呤代替另一种嘌呤，或者是一种嘧啶代替另一种嘧啶。但是前两位碱基通常是相同的，所以说密码子的专一性主要取决于前两位碱基。密码子的简并性使得那些即使密码子中碱基被改变但仍然能编码原氨基酸的可能性大为提高。密码子的简并性也使DNA分子上碱基组成有较大余地的变动，如细菌DNA中G+C含量变动很大，但不同G+C含量的细菌却可以编码出相同的多肽链。所以密码简并性在物种的稳定上起着重要的作用。一般来说，氨基酸的密码子数目与该氨基酸在蛋白质合成中的使用频率有关，越是常用的氨基酸，其密码子数目就越多，只有精氨酸（Arg）是个例外，尽管它有4个同义密码子，但它在蛋白质中出现的频率并不高。遗传密码是在生命起源的早期形成的，如果氨基酸的密码子数目与其在蛋白质中的使用频率有关，那么应对应于原始蛋白质中氨基酸的出现频率。

在蛋白质合成过程中，由于密码子的简并性，一种氨基酸可以对应多种密码子，也就需要多个tRNA来识别这些不同的密码子，即所谓多个tRNA代表一种氨基酸，将这种能携带相同氨基酸的tRNA称为同工受体tRNA（isoaccepting tRNAs）。

（四）密码子的摆动性

在蛋白质的合成中，氨基酰–tRNA的反密码子通过碱基配对与mRNA上的密码子相互作用，将正确的氨基酸加入到合成的多肽链中。由于碱基配对是反平行的，所以，反密码子5′端的第一位碱基与密码子3′端的最后一位碱基配对（见图16–3）。

生物体如何解决多个密码子编码同一氨基酸这个问题呢？一种方式可能是同一个氨基酸具有多个同工tRNA，每个都对应特定的密码子。同时Crick又以其卓有远见的理论预见了实验结果，提出了"摆动假说"（wobble hypothesis）。他推测密码子的前两位碱基必须按照碱基配对原则与反密码子严格配对，但是密码子的最后一位碱基可以从其正常位置发生"摆动"与反密码子形成非正常配对。

研究结果发现"摆动"具有的一些规律：①反密码子的第一个碱基为A或C时，只能识别1种密码子；②反密码子的第一个碱基为U或G时，可以识别2种密码子；③当反密码子的第一位为修饰性碱基如I（次黄嘌呤）时，则可识别3种密码子（见表16–1）。

密码子与反密码子之间的这种摆动性可以减少突变频率，从已知结构的

tRNA中发现其反密码子第1位碱基为C、G、U、I，没有A，显然I由A转变而来。摆动性的意义在于，当第3位碱基发生突变时，仍然能翻译出正确的氨基酸，使合成的多肽具有生物学活性，这在生物进化上表现出了积极性。

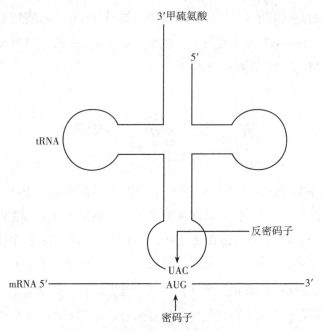

3′甲硫氨酸

5′

tRNA

反密码子

UAC

mRNA 5′ ——————————————— AUG ——————————— 3′

密码子

图16-3 密码子与反密码子的配对

表16-1 密码子、反密码子配对的变偶性

tRNA反密码子的第1位碱基	I	U	G	A	C
mRNA密码子的第3位碱基	U、C、A	A、G	U、C	U	G

（五）密码子的通用性与例外

各种不同的生物，从细菌到高等哺乳动物，无论在体外还是在体内，几乎都通用同一套遗传密码，称为密码的通用性（universality）。将兔网织红细胞的多聚核糖体与*E. coli*的氨基酰-tRNA及其他蛋白质合成因子一起反应合成的是血红蛋白，说明*E. coli* tRNA上的反密码子可以正确阅读兔血红蛋白mRNA的编码序列。这种交叉试验在其他生物中也进行过，如烟草花叶病毒的RNA可在*E. coli*无细胞体系中指导病毒外壳蛋白的合成。20世纪70年代后对各种生物的基因组进行了大规模的测序，其结果也充分证明了遗传密码的通用性。遗传密码的通用性说明地球上各种生物间在进化上存在着亲缘关系。

但是线粒体DNA（mtDNA）的编码方式与通用遗传密码有所不同，其特殊

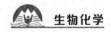

的摆动规则使得22种tRNA就能识别全部氨基酸密码子，而正常情况下至少需要32种tRNA。除了线粒体以外，某些生物也有少量特殊密码子，如通常意义的终止密码子UGA在支原体中编码Trp。一些原生动物的终止密码子UAA和UAG编码谷氨酰胺（Gln）。另外，还发现亮氨酸（Leu）对应的密码子（CUG）在假丝酵母（Candida）中却变成了丝氨酸（Ser）的密码子。这些发现说明密码子通用性是相对的，是有例外存在的。

第三节　rRNA 与核糖体

核糖体（ribosome）又称核蛋白体，由rRNA（ribosomal RNA）和核糖体蛋白质组成，是细胞内进行蛋白质合成的场所。在原核细胞中，它可以游离的形式存在，也可与mRNA结合成串珠状的多核糖体（polysome），平均每个细胞约含有2万个核糖体，约占整个细胞干重的25%。真核细胞中的核糖体既可游离存在，也可以与细胞内质网相结合，形成粗糙内质网。每个真核细胞所含核糖体的数目要多得多，为$10^6 \sim 10^7$个。线粒体、叶绿体及细胞核内也有自己的核糖体。

一、核糖体的结构

不论何种来源的核糖体均由rRNA和一定数量的蛋白质组成，其共同特征是rRNA的含量比蛋白质高。原核生物核糖体由约2/3的rRNA及1/3的蛋白质组成，真核生物核糖体中rRNA占3/5，蛋白质占2/5。虽然核糖体在体内的量很多，但在蛋白质合成的间隙，它们均以大亚基和小亚基的形式分散存在于细胞质中，而只有在蛋白质合成过程中，才装配成完整的核糖体。其中，大亚基大约是小亚基的两倍大小，而每个亚基又由几十种蛋白质和几种rRNA组成。大肠杆菌和其他原核生物的核糖体为70S，相对分子质量为2.5×10^6 Da。核糖体由大、小两个亚基组成。原核生物的核糖体的小亚基大小为30S，是由一条含有1540个碱基的16S rRNA和21个蛋白质亚基（命名为：S_1, …, S_{21}）组成的蛋白质复合体；大亚基则为50S，是由一条含有2900个碱基的23S rRNA和一条含有120碱基的5S rRNA及33个蛋白质亚基（命名为：L_1, …, L_{33}）等组成的蛋白质复合体。高等生物的核糖体为80S，由60S大亚基和40S小亚基组成，大亚基包含5S、5.8S和28S三种rRNA及49种蛋白质，小亚基包含18S rRNA（含有1900个碱基）和33种蛋白质（命名为：S_1，…，S_{33}）。

原核生物与真核生物的核糖体总体结构很相似，特别是负责与mRNA结合的小亚基更是如此。约有一半的核苷酸形成链内碱基对，整个分子约有60个螺旋。未配对的部分形成突环，一些分子内长距离的互补使相隔很远的突环之间形成碱基配对，构成复杂的多环多臂结构。不同生物的RNA序列也有一定的相关性，特别是甲基化位点和形成二级结构的配对碱基。原核生物的5S rRNA和真核生物的5.8S rRNA分子都有许多配对的碱基，因此其序列亦高度保守。所以，在研究生物进化上，常用5S（5.8S）rRNA的碱基序列差异来推算进化的年代。细菌核蛋白体与真核生物核蛋白体如图16-4所示。

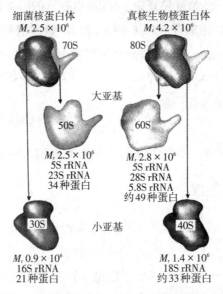

图16-4　细菌核蛋白体与真核生物核蛋白体

二、核糖体rRNA的功能

核糖体像一个小工厂沿着mRNA进行移动，以极快的速度合成肽链。在辅助因子的协助下，核糖体拥有蛋白质合成各个阶段所需要的全部酶活性。氨基酰-tRNA以极快的速度进入核糖体，卸下氨基酸后又以极快的速度离开核糖体。各种辅助因子也周期性地与核糖体结合或解离。在细胞内，rRNA与蛋白质组成核糖核蛋白复合体（ribonucleoprotein，RNP），即核糖体。其中的rRNA不仅是重要的结构成分，也是核糖体发挥重要生理功能的主要元件。各类rRNA

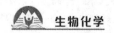

的组成和功能如下。

对于原核生物rRNA来说，16S rRNA能与mRNA 5′端翻译起始区富含嘌呤的序列互补，表明其在识别与结合mRNA上可以发挥重要作用。近3′端有一段与23S rRNA互补的序列，在大小亚基的结合中可能起重要作用。此外，16S rRNA还与P位和A位的tRNA反密码子直接作用。大肠杆菌23S rRNA具有与5S rRNA上互补的序列，还有约20个蛋白质结合位点，这些互补序列和结合位点在组装50S大亚基时具有重要作用。23S rRNA也同时具有与tRNA$_{Met}$序列互补的区域，在核糖体大亚基结合tRNA$_{Met}$时起到关键作用。5S rRNA的序列中有一段CGAAC保守序列，与tRNA分子TΨC环上的GTΨCG序列能够互补，在识别tRNA中起重要作用。另外还存在一段与23S rRNA互补的区域，这是5S rRNA与50S大亚基相互作用的重要位点，主要起到维持结构的作用。

对于真核生物rRNA来说，5.8S rRNA是真核生物特有的rRNA，功能可能类似于原核生物的5S rRNA，含有与原核生物5SrRNA中的保守序列CGAAC相同的序列，可能是与tRNA相互作用时所需的序列。18S rRNA的3′端与大肠杆菌16S rRNA有50个碱基的同源序列，功能可能类似于原核生物的16S rRNA。

从以上分析可以看出rRNA与tRNA及mRNA之间的相互关系，以及不同的rRNA之间的关系，这种关系是建立在序列互补或同源基础上的。

三、核糖体的装配

1968年，人类首次完成了大肠杆菌核糖体小亚基由其rRNA和蛋白质在体外的重新组装。重组装只需16S rRNA和21种蛋白质，而不需要加入其他组分（如酶或特殊因子），表明这是一个"自我组装"（self-assembly）的过程。这种自我组装是以rRNA为主导的自动装配过程，其驱动力是疏水键、氢键、离子键及碱基堆积之间的相互作用等。自我组装具有一定的顺序性，即各亚基中所含的蛋白质在自动装配的过程中有特定的先后顺序，同时各组分的加入又表现出一定的协同性，先加入的组分会促进后面的组分的组装。

四、核糖体的活性位点

核糖体是细胞内进行蛋白质合成的场所。虽然不同生物核糖体的大小有些差异，但功能却是基本相同的。在蛋白质合成过程中，核糖体必须先与mRNA结合，并按5′→3′方向沿mRNA移动，每次移动一个密码子，添加一个氨基酸。核糖体上若干个不可缺少的活性位点为蛋白质多肽链的合成提供了基础：mRNA 结合部位（小亚基的 16S rRNA3′ 端富含嘧啶区），新加入的氨基酰-tRNA 结合位点（aminoacyl site，A 位），肽酰-tRNA 结合位点（peptidyl site，P 位），卸载 tRNA 排出位点（exit site，E 位），肽酰基转移部位及形成肽键的部位（肽酰基转移酶中心）。此外，还有转位因子 EF-G、延伸因子 EF-Tu 和 5S rRNA 位点等，这几个位点均在 50S 亚基上。

mRNA 结合位点位于 30S 亚基的头部。30S 亚基与 mRNA 的起始结合，必须依赖于有功能的 SI 蛋白。P 位大部分位于 30S 亚基，小部分位于 50S 亚基。P 位能够与起始 tRNA（fMet-tRNA^{fMet}）相结合。A 位点近 P 位，A 位主要在 50S 亚基上。肽基转移酶活性位点位于 P 位和 A 位的连接处，靠近 tRNA 的接受臂。见图 16-5。

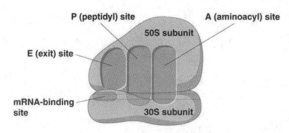

图 16-5　核糖体的活性位点

第四节　翻译的过程

蛋白质生物合成包括上百种不同的蛋白因子及 30 多种 RNA 分子的共同参与。整个翻译过程包括肽链合成的起始（initiation）、延伸（elongation）和终止（termination）三个主要阶段。

一、氨基酸的活化

氨基酸在用于合成多肽链之前必须先经过活化，并与相应的 tRNA 结合，这个过程由氨基酰-tRNA 合成酶（amino acyl-tRNA synthetase）催化。反应消耗 ATP 生成 AMP 和焦磷酸，焦磷酸很快被分解，推动氨基酰-tRNA 的生成。

$$AA + tRNA + ATP \longrightarrow AA\text{-}tRNA + AMP + PPi$$

氨基酰-tRNA 合成酶能够识别特定氨基酸和运载该氨基酸的一组同工

tRNA，故多数细胞有20种不同的氨基酰-tRNA合成酶。不同的tRNA有不同的碱基组成和空间结构，容易被酶识别。氨基酰-tRNA合成酶能够区分细胞中的40多种形状相似的tRNA分子，主要是由于该酶能识别tRNA分子中的鉴别元件，即tRNA上特殊的核苷酸序列。鉴别元件又被称为RNA的个性（identity），也有人称之为第二套遗传密码；结构差异较大的氨基酸不难区分，识别结构相似的氨基酸比较难。但氨基酰-tRNA合成酶既有高度的特异性，又有严格的校对（editing）功能，可准确识别不同的氨基酸。每个氨基酰-tRNA合成酶都有两个位点，即底物结合位点和水解位点。利用这两个位点进行两次底物特异性识别，可以大大增强酶的特异性。例如，异亮氨酸只比缬氨酸多一个甲烯基团，在Ile-tRNA合成酶分子上，很有可能使错误的Val进入底物结合位点，发生与ATP的连接反应，形成复合物E^{Ile}-Val-AMP。但这个复合物会被水解位点识别并水解，重新分离出Val，因此E^{Ile}-Val不会错误地与tRNA结合。相当于在底物结合位点产生的误差可以在后一阶段被校正，只形成正确的氨基酰-tRNA。

二、合成的起始

（一）起始tRNA与起始密码子的识别

在原核细胞中，起始密码子AUG编码甲酰甲硫氨酸（fMet）。一般细胞中只有两种tRNA可携带甲硫氨酸，其中，$tRNA_i^{fMet}$可携带甲酰甲硫氨酸，与起始密码子AUG结合，而$tRNA^{Met}$可携带游离甲硫氨酸，加入到肽链合成中。$tRNA_i^{Met}$首先与Met结合，然后在Met的—NH_2上产生甲酰化作用从而封闭了这个氨基，这个氨基酰-tRNA被缩写为$fMet-tRNA_i^{fMet}$。如果是在mRNA的内部编码的Met，那么由$tRNA^{Met}$携带，生成$Met-tRNA^{Met}$。这两种tRNA的识别由参与蛋白质合成的起始和延伸因子决定，起始因子识别$tRNA_i^{fMet}$，而延伸因子识别$tRNA^{Met}$。只有一种甲硫氨基酰-tRNA合成酶参与这两种甲硫氨基酰-tRNA的合成。在细菌中，N端的甲酰基一般在合成15~30个氨基酸后由甲酰基酶除去。

真核生物中，蛋白质合成的起始tRNA用$tRNA_i$表示，肽链延伸中的tRNA用$tRNA^{Met}$表示。真核生物蛋白质合成的起始氨基酰-$tRNA_i$就是$Met-tRNA_i^{Met}$，并不被甲酰化。原核生物和真核生物的蛋白质合成在几个方面是相同的，其主要的不同在起始阶段，在下面的内容中将分别介绍。

（二）起始复合物的组装

1. 原核生物蛋白质合成的起始

原核生物蛋白质合成的起始主要是70S核糖体复合物的形成，在大肠杆菌中，起始过程涉及核糖体30S亚基，fMet-tRNA$_i^{Met}$，mRNA，以及3种可溶性起始因子（initiation factor）：IF-1，IF-2和IF-3，还有1个GTP分子。翻译发生在70S核糖体上，不过当它们完成了一条多肽链的合成之后，核糖体每次都会解离成30S和50S亚单位。

在mRNA上存在一段SD序列（shine-dalgarno sequence），该序列指的是原核生物mRNA起始密码子AUG上游4~7个核苷酸以外的一段5′-UAAGGAGG-3′保守核苷酸序列，是mRNA与核糖体识别、结合的位点。它能够与核糖体小亚基16SrRNA的3′-AUUCCUCC-5′保守序列反向互补，使核糖体能判定翻译起始位点。起始复合物与70S核糖体形成的三个步骤如下（见图16-6）。

① 三元复合物的形成。IF-1、IF-3与游离的30S亚基结合，从而防止30S亚基在没有与mRNA结合前就结合50S亚基，形成无活性核糖体。然后，IF-3-30S复合物利用mRNA分子

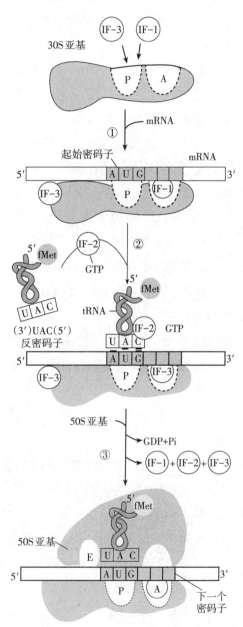

图16-6 大肠杆菌起始复合物的形成

上的核糖体结合位点（RBS），附着到mRNA上形成IF-3-30S-mRNA三元复合物。

② 30S起始复合物的形成。在IF-2与GTP的帮助下，fMet-tRNA$_i^{Met}$结合到小亚基上，并进入小亚基的P位。此时，tRNA上的反密码子与mRNA上的起始密码子AUG配对，形成30S起始复合物。IF-3的作用在于保持大小亚基彼此分离状态。

③ 70S起始复合物的形成。在30S复合物与50S大亚基结合之前，IF-1和IF-3相继从复合物脱落，随后GTP水解成GDP，IF-2离开复合物，fMet-tRNA$_i^{Met}$留在P位点。IF-2的解离使核糖体构象改变，形成70S起始复合物。

如图16-6所示，组装后的核糖体有两个tRNA结合位点，分别称为A位和P位。两个位点均位于小亚基的凹槽处，含有正在被翻译的相邻密码子。起始过程的主要结果是将起始tRNA置于P位。值得注意的是，只有起始tRNA能进入该位点，其他tRNA必须进入A位。

2. 真核生物蛋白质合成的起始

真核生物蛋白质生物合成的起始与原核生物有一些相似之处，但是也存在一些差异：第一，蛋白质合成起始于Met，而不是原核的fMet；第二，真核生物mRNA没有SD序列，但其mRNA具有m'GpppNp帽子结构可与核糖体的40S亚基结合，通过滑动扫描寻找AUG起始密码子；第三，真核细胞的核糖体为80S；第四，真核细胞蛋白质合成的起始因子种类多，目前已发现真核生物的起始因子有9种，用符号eIF表示；第五，形成起始复合物需要依赖于RNA的ATP酶和解链酶消除mRNA的二级结构。起始过程不仅需要GTP，而且需要ATP。

图16-7显示了真核生物蛋白质合成的起始阶段的步骤和相关因子，整个过程包括以下3个主要步骤。

① 43S前起始复合物的形成。eIF3与40S亚基结合形成一个43S亚基。同时，起始tRNA、GTP和eIF2三者结合成一个三元复合物，并通过eIF3等的作用，与43S亚基结合形成43S前起始复合物。此时，起始tRNA正好处于P位。

② 48S前起始复合物的形成。由mRNA及5′帽子结合蛋白、eIF4B和eIF4F等共同构成一个mRNA复合物。mRNA复合物与43S前起始复合物作用，形成48S前起始复合物。在此过程中需水解1分子ATP以提供能量。

③ 80S起始复合物的形成。在eIF5B替换掉eIF1、eIF2、eIF3和eIF5，并水解GTP。这样才能使40S与60S两个亚基结合起来，最终形成80S起始复合物。

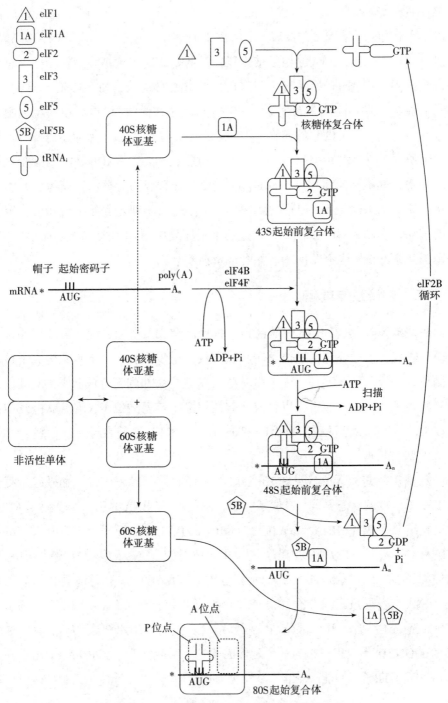

图16-7 真核生物蛋白质合成的起始

由于真核生物mRNA上没有SD序列，所以选择起始密码子的机制与原核生物的不同。Kozak 提出了扫描假说，结合了起始 tRNA 的 40S 亚基，附着到 mRNA 的 5′端帽子结构，并沿着 mRNA 向下游移动，直至找到合适的 AUG 起始密码子。真核生物 mRNA 的帽子结构能促进起始反应，这是因为核糖体上有专一位点或因子识别 mRNA 帽子，使 mRNA 与核糖体结合，如果没有 5′端帽子，翻译活性会下降。此外，真核生物 mRNA3′端的多聚 A 尾巴也会参与翻译起始复合物的形成。真正的起始密码并不一定总是第一个 AUG，因为还需要有正确的上下游序列（5′CCRCCAUGG3′），R 代表嘌呤。如发现 AUG 密码子处于这样的序列中，就不再向前移动，而是与 60S 亚基结合成为完整的核糖体，开始合成蛋白质。如果这个 AUG 的临近序列不大合适，40S 亚基起始复合物就会继续向前移动，在碰到下一个位于较合适的临近序列中的 AUG 时停下来而形成 80S 亚基核糖体，并从这个 AUG 上开始合成蛋白质。

三、翻译延伸过程

翻译延伸阶段是 mRNA 编码区指导核糖体合成肽链的过程。翻译延伸是一个循环过程，该循环包括进位、转肽、移位三个步骤。这三个步骤构成了核糖体循环，每经历一次循环，一个氨基酸残基就会添加到新合成肽链的 C 端，周而复始地延伸，使多肽链得以合成，起始甲酰甲硫氨酸位于 N 端。肽链延伸消耗 GTP，并且需要翻译延伸因子 EF-Tu，EF-Ts 和 EF-G 的参与。

1. 进位反应

氨酰 RNA 进入 A 位（见图 16-8）。在翻译起始阶段完成时，翻译起始复合物上三个位点的状态不同：E 位是空的；P 位对应 mRNA 的第一个密码子 AUG，并已经结合了 fMet-tRNA$_i^{Met}$；A 位对应 mRNA 的第二个密码子，但没有对应的氨基酰-tRNA。哪一个氨基酰 tRNA 进位由 A 位对应 mRNA 的第二个密码子决定。延伸因子 EF-Tu 结合 GTP 形成二元复合物 EF-Tu-GTP，然后该复合物与氨基酰-tRNA 结合形成三元复合物。该复合物进入核糖体 A 位，tRNA 反密码子与 mRNA 密码子结合，其他部位与大亚基结合。同时 GTP 水解成 GDP 和 Pi，导致 EF-Tu-GDP 游离出来，在另一个延伸因子 EF-Ts 催化下，GTP 取代 GDP 重新生成 EF-Tu-GTP，以便能够结合下一个氨基酰-tRNA。

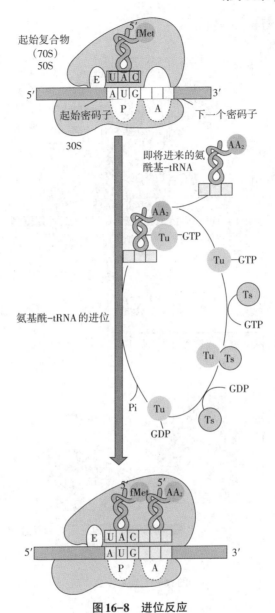

图16-8 进位反应

2. 转肽反应

转肽（transpeptidation）包括转位和肽键的形成，催化这个过程的酶是肽酰基转移酶（peptidyl translerase）。P位上tRNA携带的甲酰甲硫氨酸（或肽酰）能够转移并结合到A位上新进入的氨基酰-tRNA上。反应过程是氨基酰-tRNA上氨基酸的氨基对肽酰-tRNA的羧基进行亲核攻击，使羧基与氨基形成肽键。该过程既不消耗高能磷酸化合物，也不需要翻译延伸因子。肽键生成后，P位为空载tRNA。见图16-9。

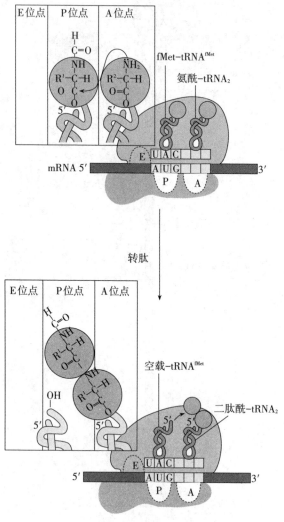

图16-9　转肽反应

3. 移位反应

移位是一耗能过程。具体过程是EF-G（移位酶）和GTP的复合体与核糖体结合后，卸载的tRNA从P位点解离，肽酰-tRNA从A位点移至P位点，mRNA相对于核糖体移动一个密码子。最后GDP和EF-G被释放，而后者将被再利用。移位后，空载tRNA从P位移到E位再脱离核糖体。在腾空的A位点上将出现一个新密码子，并开始下一次延伸循环。见图16-10。

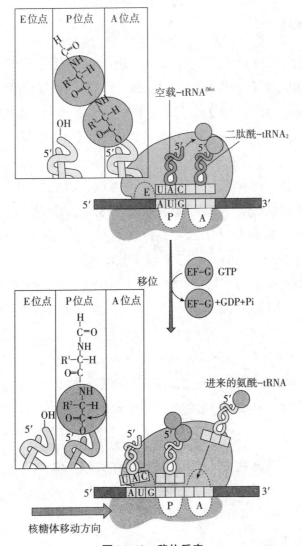

图16-10 移位反应

综上所述，蛋白质合成的延伸阶段是一个包括三个步骤的循环过程，每次循环都会在新生肽的C端连接一个氨基酸，直到遇到终止密码子。新生的肽链不断延伸，并穿过核糖体大亚基的一个肽链通道（exit channel）离开核糖体。该通道主要由rRNA形成，可容纳约50个氨基酸。蛋白质合成是一个高度耗能的过程。每活化一分子氨基酸要消耗2个高能磷酸键（来自ATP），每一次延伸循环在进位和移位时又各消耗1个高能磷酸键（来自GTP）。因此在多肽链上每连接一个氨基酸要消耗4个高能磷酸键。

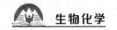

四、翻译终止

当mRNA的终止密码子（UAA、UAG、UGA 中的任何一个）出现在核糖体A位时，没有相应的氨酰-tRNA 能与之结合，这时终止释放因子（release factor，RF）便会结合上去。释放因子RF-1和RF-2的构象很像tRNA，各有一个肽反密码子（peptide anticodon），其中之一进入核糖体A位并与终止密码子结合释放肽链。RF-3不识别终止密码子，它与GTP结合可激活RF-1或RF-2。RF-1或RF-2与终止密码子结合，不仅阻止了氨基酰-tRNA进入A位，同时也改变了肽酰转移酶的活性，使得该酶能够将肽酰-tRNA水解为肽链和空载的tRNA。

细胞可以通过以下两种机制提高翻译效率。

1. 形成多核糖体（polysome，又称多聚核糖体）

在绝大多数情况下，一个mRNA 分子上会结合不止一个核糖体，相邻核糖体间隔约80 nt，形成多核糖体。一个色氨酸操纵子mRNA可同时结合约30个核糖体。

2. 形成核糖体循环（ribosome cycle）

一个核糖体在完成一轮翻译之后解离成亚基，可以在mRNA的5′端重新形成翻译起始复合物，启动新一轮翻译，形成核糖体循环。

第五节　蛋白质的折叠和修饰

一、蛋白质折叠

蛋白质折叠（protein folding）是指有不确定构象的新生肽通过有序折叠形成有天然构象的功能蛋白的过程。蛋白质的一级结构是其构象的基础。自然界中的某些蛋白质具有自发获得其各自天然构象的能力，这种折叠被称为"自组装"（self-assembly）。但是，在大多数情况下，蛋白质折叠需要特定的环境，一般依赖于多肽链所处环境的溶剂、离子强度、环境温度和酸碱度等。实验结果证明，大多数蛋白质多肽链在体内的折叠是在各种辅助蛋白的协助下进行的。已经阐明的辅助蛋白有折叠酶类和分子伴侣等。分子伴侣是一类蛋白质家族，它们可以在细胞内帮助蛋白质折叠。通常情况下，可以在蛋白质转运的过程中，保持蛋白质的去折叠状态；而在受胁迫的细胞内帮助蛋白质进行正确的折叠，并阻止形成错误的折叠，抑制聚沉；同时，伴侣分子还可以为执行校验功能进行再折叠。

二、翻译后修饰

翻译后修饰（post-translational modification）是指新生肽链在细胞质、细胞质中的内质网或高尔基复合体中被一系列的修饰酶进行修饰。这些修饰能够改变蛋白质的结构、性质、活性、分布、稳定性，以及与其他分子的相互作用。实际上，所有蛋白质在合成后一直经历着各种加工与修饰，直至最后被分解。这些修饰包括糖基化修饰（glycosylation）、磷酸化修饰、乙酰基化修饰、蛋白酶对蛋白质分子进行部分酶解等。各项修饰进行的时机和场所不尽相同，在蛋白质多肽链的合成、定向运输或分泌、参与细胞代谢、最终被分解过程中都可能进行。

（一）肽键水解和肽段切除

由核糖体合成的肽链称为前体蛋白（preprotein）新生肽（nascent peptide）。酶原激活及许多新生肽在形成有天然构象的蛋白质时都要进行特异切割，即由蛋白酶水解特定肽键，切除末端信号肽、内部肽段、末端氨基酸，或者水解成一系列活性片段，这种水解是不可逆的。

1. 末端加工

新生肽的N端都是fMet（原核生物）或Met（真核生物），但许多成熟蛋白质的N端都是其他氨基酸。新生肽N端的N-fMet或Met都被一种氨肽酶切除了（原核生物先由脱甲酰基酶脱甲酰基），这一事件发生在翻译延伸阶段，此时新生肽长10~15 AA。此外，有些新生肽切除了含N-甲酰蛋氨酸或蛋氨酸的一个肽段。例如：①大肠杆菌错配修复蛋白MutH和翻译起始因子IF-1、IF-3在合成后切除了N端的N-fMet；②人组蛋白、肌红蛋白在合成后切除了N端的蛋氨酸；③人溶菌酶C在合成后切除了N端的一个十八肽；④膜蛋白、分泌蛋白前体的N端有一段信号肽，该信号肽在完成使命后也被切除。很多蛋白质C端也有氨基酸或肽段被切除。例如，人肠碱性磷酸酶的C端切除一个二十五肽，人三种Ras蛋白的C端均切除一个三肽。

2. 蛋白激活

参与食物消化的许多酶及血液循环中的凝血系统、纤溶系统的各种因子必

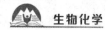

须被激活才能起作用，其激活过程就是蛋白酶水解过程。蛋白酶水解还参与蛋白质及肽类信号分子的形成。如转化生长因子-β、表皮生长因子和胰岛素都是从大的前体肽加工形成的。

人胰岛素基因产物经历了前胰岛素原（preproinsulin，Metl～Asn110）→胰岛素原（proinsulin，Phe25～Asn110）→胰岛素（insulin）的翻译后修饰过程。前胰岛素原为含有110个氨基酸的肽链，在翻译后修饰过程中先后切除信号肽（Metl～Ala24）、连接肽1（Arg55～Arg56）、C肽（Glu57～GIn87，又称前肽、前导肽，propeptide）、连接肽2（Lys88~Arg89），得到由A链（Gly90～Asn110）和B链（Phe25～Thr54）构成的活性胰岛素。

多聚蛋白（polyprotein）加工得到一组功能蛋白。人UBC基因编码一个含有685个氨基酸的多聚泛素（Ub，-Val685），水解得到9分子泛素，第685号是缬氨酸。人UBA52基因编码一个含有128个氨基酸的多聚蛋白，水解得到一分子泛素和一分子核糖体大亚基蛋白L40。

（二）氨基酸修饰

蛋白质是用20种标准氨基酸合成的，然而目前在各种蛋白质中还发现了上百种非标准氨基酸，它们是标准氨基酸翻译后修饰的产物，对蛋白质功能至关重要。氨基酸修饰包括羟化、甲基化、羧化、磷酸化、甲酰化、乙酰化、酰基化、异戊二烯化、核苷酸化等。 修饰的意义是改变蛋白质溶解度、稳定性、活性、亚细胞定位、与其他蛋白质的作用等。

1. 羟化（hydroxylation）

例如组蛋白Lys甲基化是基因表达调控的一个环节，影响到染色质重塑、基因转录、基因印记。此外，蛋白质可以通过N端甲基化抗蛋白酶水解，延长寿命。

2. 羧化（carboxylation）

如凝血酶原谷氨酸γ-羧化：（凝血酶原）-谷氨酸 + CO_2 + O_2 + 维生素K→（凝血酶原）-γ-羧基谷氨酸 + 2，3-环氧维生素K，反应由依赖维生素K的γ-羧化酶催化。

3. 磷酸化（phosphorylation）

真核蛋白至少有30%是磷蛋白。磷酸化主要发生在特定丝氨酸、苏氨酸或酪氨酸残基的R基羟基上，比例为1800：200：1。磷酸化产生以下效应：①许多酶和其他功能蛋白的化学修饰调节，例如糖原磷酸化酶 b 磷酸化激活，糖原合酶 a 磷酸化抑制，晚期组蛋白 H1 的磷酸化促进染色质凝集；②磷酸基成为蛋白质的识别标志和停泊位点；③磷酸化改变蛋白质寿命，例如 p27 蛋白磷酸化后被泛素-蛋白酶体系统降解；④磷的储存形式，例如牛奶酪蛋白磷酸化。

（三）蛋白质糖基化

生物体内多数蛋白质都是结合蛋白质，其中以糖蛋白居多，分泌蛋白和膜蛋白几乎都是糖蛋白。糖蛋白所含的糖基是在翻译后修饰阶段加接的，这一加接过程称为糖基化（glycosylation）。

1. 糖基功能

①活性必需：对介导某些蛋白质的生物活性起直接作用，例如人绒毛膜促性腺激素（HCG）、红细胞生成素（EPO）。②定向运输：帮助目的蛋白到达其功能场所，例如溶酶体酶的运输。③分子识别：直接参与配体-受体识别、底物-酶结合，例如某些细胞因子受体与细胞因子的识别。④结构稳定：寡糖有助于稳定蛋白质构象，保护其免受蛋白酶攻击，延长寿命。⑤易于溶解：增加蛋白质的水溶性。⑥定向嵌膜：避免膜蛋白在运输和起作用时翻转（flip-flop）。

红细胞生成素（EPO）由肾分泌，可以刺激红细胞生成。EPO 含 165 AA，有 3 个 Asn 和一个 Ser 被糖基化，糖占 EPO 相对分子质量的 40%，其作用是稳定 EPO，未糖基化 EPO 活性仅为糖基化 EPO 的 10%，其从血液中快速经肾清除。重组 EPO 已用于治疗贫血，但也被运动员用于增加红细胞数量，提高运氧力。违禁药物实验室可以应用等电聚焦技术鉴别某些重组 EPO，因为其糖基化程度不同于天然 EPO。

2. 糖基化机制

糖基化机制包括单糖基化和寡糖基化，均有 N-糖基化和 O-糖基化两种形式。

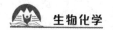

第十七章　基因表达调控

第一节　基因表达调控相关概论和一般规律

基因表达（gene expression）是指基因指导下转录形成具有功能的RNA以及翻译出蛋白质的过程。不同的生物的基因组复杂程度不同，DNA分子所携带的基因也从数千到几十万个不等，而对应表达出来的产物更是多种多样。但是生物体在生命活动中并不是同时将其所携带的遗传信息全部表达出来，并且不同基因表达的强度也不完全一致。例如，肝细胞是基因表达活跃的一种细胞，但即使在蛋白质合成活跃的肝细胞中，处于表达状态的基因也不超过总基因的五分之一。因此总体来说，每个细胞中，每个基因组编码蛋白质的种类和数量千差万别。就算是单细胞的细菌在不同生存环境下，其形态和功能也完全不同。在各种生物体中，称上述仅表达部分基因的现象为基因的差异表达。其产生的主要原因是在细胞生长过程中，每个阶段对基因产物的需求各不相同，有时较高，有时较低。这样就需要从基因表达水平来进行对应的调整，即在细胞生长、发育期间的不同时期实现不同的表达，或者关闭表达。比如，与植物开花相关的基因也只有在开花前才打开，而在根、茎、叶等生长时则关闭。基因的差异表达是生命体完成自身的生长发育、适应多变环境的有力保障。

在不同时期和不同条件下基因表达的开启或关闭叫作基因表达调控（regulation of gene expression）。在生命过程的所有阶段都进行表达，在同一生物个体的不同组织细胞中持续表达，不受调控的一类基因被称为看家基因（housekeep gene），其表达称为组成型表达（constitutive expression）；表达易受内外界环境变化的影响，即在信号刺激下，表现出基因表达的上调（诱导表达）或下调（阻遏表达）的一类基因，称为可调基因（regulated gene），其表达称为可调型表达（regulated expression）。基因表达与调控可以发生在多种层次上：①DNA水平的调控；②转录水平的调控；③转录后加工水平的调控；④翻译水平的调控；⑤翻译后加工水平的调控。一般说来，最常见的调控类型出现在转录水平。这是因为通过控制DNA转录出RNA的产量，可以控制功能RNA的数量，尤其是翻译模板mRNA的数量，进而调控翻译的效率。这是一种最经济有效的办法，可以最大限度上避免合成各种元件和材料的浪费。这也是生物在长期进化过程中优先选择的重要调控方式。

原核细胞的基因组通常小于真核细胞，且它们的染色体结构也相对简单，因此两者在基因的转录调控机制上也表现出一定的差异。比如，原核细胞的转录和翻译可在同一时间和位置上发生，基因调节主要在转录水平上进行。原核生物主要借助基因的开闭调节基因的表达，以此来应对环境的变化。真核生物的基因组比原核生物来说更为复杂，生长过程也更复杂。因此真核生物采取了不同于原核生物的调节策略，其基因表达调控更加复杂、更加精细和微妙。

第二节　原核生物的基因表达调控

一、原核生物基因表达调控的相关概念

基因表达是指储存遗传信息的基因经过转录、翻译合成特定RNA或蛋白质，进而发挥其生物功能的整个过程。值得注意的是，并非所有基因表达过程都产生蛋白质，例如rRNA、tRNA编码基因转录合成RNA的过程也属于基因表达。在生命活动过程中并非所有基因都表达，而是有些基因进行表达，形成其基因表达的特异产物，用以产生维持细胞结构或代谢所需要的蛋白质或酶类。某些基因会被关闭，不进行表达，而要在适当的时候才进行表达。这个调节的过程就是基因表达调控。

（一）顺式作用元件与反式作用因子

顺式作用元件（cis-acting element），又称分子内作用元件，是存在于DNA分子上的一些与基因转录调控有关的特殊序列。反式作用因子（trans-acting factor），指的是一些与基因表达调控有关的蛋白质因子。反式作用因子与顺式

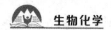

作用元件之间可以相互作用，达到对特定基因进行调控的目的。原核生物中的反式作用因子主要分为特异因子、激活蛋白和阻遏蛋白。

（二）调控蛋白（激活蛋白和阻遏蛋白）

调节基因所表达的调控蛋白可以影响结构基因的表达，按其调控效果可以分为两种。

1. 正调节蛋白（positive regulator protein）

正调节蛋白是促进某些结构基因表达的激活蛋白（activator protein）。无辅基诱导蛋白（apoinducer）也属于正调节蛋白。

2. 负调节蛋白（negative regulator protein）

负调节蛋白是阻止某些结构基因表达的阻遏蛋白（repressor）。

调控蛋白往往是多亚基的别构酶，可以通过变构方式来改变其活性，包括：

① 活化态，在此状态下，调控蛋白具有能够与DNA结合的蛋白或复合物的构象；

② 失活态，在此状态下的调控蛋白丧失与DNA结合的能力。

（三）效应物

效应物是一类刺激调控蛋白改变活性状态的小分子信号物质或别构剂，按其调控效果可以分为两种。

1. 诱导物（inducer）

诱导物是诱导调控蛋白活性状态改变，最终有利于结构基因表达的物质。

2. 辅阻遏物（corepressor）

辅阻遏物是让调控蛋白活性状态改变，最终可以阻止结构基因表达的物质。

（四）具体调控模式

正调控系统和负调控系统是根据在调节蛋白不存在的情况下，操纵子对于新加入的调节蛋白的响应情况来定义的。无论是正调控还是负调控，都可以通过调节蛋白与小分子物质（诱导物和辅阻遏物）的相互作用而达到诱导状态或阻遏状态。图17-1总结了4种简单类型的控制网络。

1. 负调控诱导型

阻遏蛋白一般为活化态，当诱导物出现时，它与阻遏蛋白结合形成失活态的复合物，复合物不与DNA结合，则RNA聚合酶可以顺利进行转录，结构基因开启转录。

2. 正调控诱导型

激活蛋白一般为失活态，当诱导物出现时，它与激活蛋白结合成活化态的复合物，复合物能够与DNA相结合，促进RNA聚合酶的高活性转录，结构基因大量表达。

3. 负调控阻遏型

阻遏蛋白一般为失活态，当辅阻遏物出现时，它与阻遏蛋白结合形成活化态复合物，该复合物与DNA结合，阻挡RNA聚合酶对结构基因的转录，结构基因关闭表达。

4. 正调控阻遏型

激活蛋白为活化态，当辅阻遏物出现时，它与激活蛋白结合形成失活态的复合物，复合物不能与DNA结合，RNA聚合酶缺少转录的激活因素，则结构基因关闭表达。

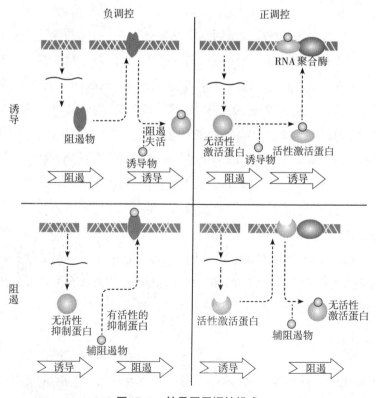

图 17-1 转录因子调控模式

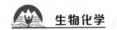

二、DNA重排对转录的影响

DNA重排是指某些基因片段改变原来的顺序，重新排列组合后形成一个新的转录单位。由于调控元件与受控基因之间的距离和方向改变，改变了原有基因的表达水平。鼠伤寒沙门菌是一种可以引起人体或其他哺乳动物呕吐和腹泻的致病菌，其细胞外周的鞭毛蛋白是宿主对其实施免疫监视的一种主要抗原。为了逃避免疫监视，鼠伤寒沙门菌会采用选择性表达H1和H2型两种鞭毛蛋白中的一种来逃避免疫监视。如果宿主产生了针对一种鞭毛蛋白的抗体，鼠伤寒沙门菌会发生鞭毛相转变（phasevariation）（1相和2相之间的转变）。此种相变可以保护细菌抵抗宿主免疫系统的进攻。发生相变的细菌仍能生存和增殖，直到免疫系统对新型的鞭毛蛋白产生免疫应答。

三、操纵子

（一）操纵子概述

操纵子学说是关于原核生物基因结构及其表达调控机制的学说。操纵子学说最初的提出者是法国巴斯德研究院的Jacob和Monod，为表彰他们对分子水平认识基因表达调控机制的贡献，这两位科学家被授予了1965年的诺贝尔奖。操纵子是原核生物DNA分子中的转录单位，由结构基因、调节基因、操纵序列以及启动子序列组成。操纵子中编码功能性蛋白质或RNA的基因称为结构基因（structural gene）。一个操纵子中的多个结构基因成簇串联排列，在单一启动子作用下启动转录；调节基因（regulator gene）是指能够编码合成参与基因表达调控的蛋白质的基因序列，通常位于受调节基因的上游；操纵序列（operator）是操纵子上一段与启动子相邻或重叠的特异的DNA序列，能够调控下游结构基因的转录。

通常，由调节基因表达出的调节蛋白与效应物结合后可改变受其调控的操纵子的转录状态，即操纵子在调节蛋白（激活蛋白/阻遏蛋白）以及效应物（诱导物/辅阻遏物）的共同调控下，表现出丰富的转录调控作用。

（二）乳糖操纵子

大肠杆菌的乳糖操纵子（lactose operon）是第一个被阐明的操纵子。在 *E. coli* 繁殖过程中，如果培养基中同时存在葡萄糖和乳糖，大肠杆菌将优先利用葡萄糖。当葡萄糖代谢完后，细胞会短暂停止生长。大约1小时后，大肠杆菌开始利用乳糖，恢复生长，这种现象也称为"二度生长"现象。当大肠杆菌生长在没有乳糖的培养基中，细胞内参与乳糖分解代谢的三种酶，即β-半乳糖苷酶、乳糖通透酶（lactose permease）和半乳糖苷转乙酰基酶（thiogalactoside transacetylase）就很少，平均每个细胞只有0.5~5个β-半乳糖苷酶分子。可是一旦在培养基中加入乳糖或乳糖类似物，在几分钟内，细胞中的β-半乳糖苷酶分子数量就会骤增至5000个，有时甚至可占细菌可溶性蛋白的5%~10%。与此同时，其他两种酶的分子数也迅速提高。

1. 乳糖操纵子的结构

（1）乳糖操纵子的结构基因。

乳糖操纵子的结构基因如图17-2所示。①β-半乳糖苷酶基因（lacZ），其编码的多肽能够以四聚体的形式组成一个蛋白四聚体——β-半乳糖苷酶。β-半乳糖苷酶能够催化乳糖生成别乳糖，或将乳糖水解成葡萄糖和半乳糖。②乳糖通透酶基因（lacY），其编码的蛋白为乳糖通透酶，能够有效地帮助细胞外的乳糖转运进入大肠杆菌。③半乳糖苷转乙酰基酶基因（lacA），其编码的蛋白为半乳糖苷转乙酰基酶，具有催化乙酰辅酶A上的乙酰基转移到β-半乳糖苷分子上，形成乙酰半乳糖的功能。这3个结构基因在乳糖操纵子中成簇排列，共同受到上游控制元件的调控。

（2）乳糖操纵子的调控区。

乳糖操纵子的调控区：①乳糖操纵子的操纵序列位于结构基因和启动子之间（见图17-2），当操纵序列与对应的阻遏蛋白结合后，可能阻碍RNA聚合酶与启动序列的结合；②启动子区，大肠杆菌乳糖操纵子的启动子lacP位于操纵序列lacO的上游（见图17-2），启动序列可以被RNA聚合酶识别，并与之结合来启动转录。乳糖操纵子的三个结构基因共用上游的启动子P_{lac}，保证了转录后3个结构基因的信息存在于同一个多顺反子mRNA上。

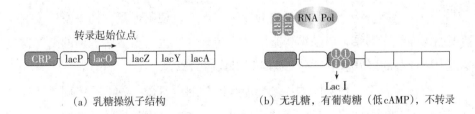

（a）乳糖操纵子结构　　　　　　（b）无乳糖，有葡萄糖（低cAMP），不转录

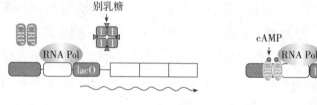

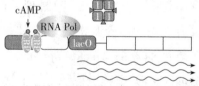

(c) 有乳糖，有葡萄糖（低cAMP），低转录　　(d) 有乳糖，有葡萄糖（高cAMP），高转录

图17-2　乳糖操纵子调控机制

在乳糖操纵子的上游还存在着调节基因lacⅠ。该基因与其后的结构基因相邻，但它处于自身独立的转录单位之中，不受乳糖操纵子中调控基因的调控，可以独立地进行转录。实验结果证实，乳糖操纵子的阻遏蛋白（lac repressor）是由4个相同的亚基构成的四聚体蛋白，可结合于操纵序列，使得操纵子受阻遏而处于关闭状态。除了阻遏蛋白外，还有另外一个重要的蛋白分子参与了乳糖操纵子的转录调控：分解代谢物基因激活蛋白（catabolite gene activation protein，CAP），又称为环腺苷酸受体蛋白（cAMP receptor protein，CRP）。该蛋白通过与分布于lacP上游的CRP结合位点结合，介导lacZYA基因的正性调节。

2. 乳糖操纵子的调控策略

（1）阻遏蛋白的负性调控。

阻遏蛋白lacI由4个相同的亚基组成，每个亚基的相对分子质量为38 kDa。如果利用胰蛋白酶对其结构和功能进行消化分析可以发现，阻遏蛋白单体由三个主要部分构成，包括能识别并结合操纵序列DNA的N端、能结合诱导物的核心区和能将4个单体结合为四聚体的C端。lacI同四聚体通过与操纵序列的结合来介导乳糖效应。当培养基中没有乳糖时，阻遏蛋白lacI与lacO结合，亲和力是与其他序列结合的10^6~10^7倍，具有高度特异性。在没有乳糖时，RNA聚合酶是可以结合在启动子上的。但是阻遏蛋白的存在，使它不能顺利地通过启动子区域，因此转录被抑制（见图17-2）。当在培养基中只有乳糖时，乳糖作为lac操纵子的诱导物，结合在阻遏蛋白的变构位点上，使阻遏蛋白构象发生改变从而不能与操纵序列结合启动结构基因进行转录，产生大量分解乳糖的酶。这就是当大肠杆菌的培养基中只有乳糖时利用乳糖的原因。

这种诱导属于一种协同诱导。当加入诱导剂后，微生物几乎能同时诱导几种酶的合成。值得注意的是，在这个操纵子体系中，真正的诱导剂并非乳糖本身，而是别乳糖。异丙基-β-D-硫代半乳糖苷（isopropyl thiogalactoside，IPTG）与自然的β-半乳糖苷相似，其半乳糖苷键中用硫代替了氧，失去了水解活性，但IPTG同样可以与阻遏蛋白结合，是lac基因簇十分有效的诱导物，诱导乳糖操纵子的转录。因此被实验室广泛应用作为重组蛋白表达的诱导剂。通常情况下，即使乳糖操纵子处于关闭状态，也存在调控的渗漏现象。乳糖操纵子基因在极低水平上表达，仍然合成极少量相应的酶，能够将痕量的乳糖转变成别乳糖。因此，只要极少的诱导物开启了第一次转录，细胞就能像"滚雪球"一样迅速积累诱导物，完全开启乳糖操纵子表达。

（2）CRP的正性调控。

乳糖操纵子除受到阻遏蛋白的负调控以外，还受到CRP的正调控。正调控是在对大肠杆菌的另外一种代谢现象，即葡萄糖效应（glucose effect）的研究中发现的。葡萄糖效应指的是葡萄糖的存在能够阻止大肠杆菌对其他糖类的利用。研究结果发现，菌株内cAMP的浓度能影响到β-半乳糖苷酶的合成速率，并且这一过程也与CRP相关。

乳糖操纵子的启动子是一个弱启动子，其与RNA聚合酶的结合是比较弱的。cAMP可以结合到CRP上形成cAMP-CRP复合物，该复合物可以使得RNA聚合酶更容易与启动子结合，从而有效地增强转录，使之提高约50倍。葡萄糖的降解产物能降低细胞内cAMP的含量，当向乳糖培养基中加入葡萄糖时，造成cAMP浓度降低，CRP便不能结合在启动子上。此时即使有乳糖存在，使阻遏蛋白脱离了乳糖操纵子的操纵序列，也不能很有效地启动转录，所以仍不能利用乳糖（见图17-2）。

总而言之，乳糖操纵子存在两种调节方式：乳糖阻遏蛋白介导负性调节因素，CRP介导正性调节因素。两种调节机制根据存在的碳源性质及水平协调乳糖操纵子的表达。倘若有葡萄糖存在，细菌优先选择葡萄糖供应能量。葡萄糖通过降低cAMP浓度，阻碍cAMP与CRP结合而抑制乳糖操纵子转录，使细菌只能利用葡萄糖。在没有葡萄糖而只有乳糖的条件下，阻遏蛋白与O序列解离，CRP结合cAMP后与乳糖操纵子的CRP位点结合，激活转录，使细菌利用乳糖作为能量来源。

（三）色氨酸操纵子

色氨酸是构成蛋白质的必要组分，但一般的环境难以给细菌提供足够的色氨酸，因此，细菌若要生存繁殖下去，通常需要自身历经若干步骤来合成色氨酸。而当环境能够提供足够的色氨酸时，细菌就会充分利用外界的色氨酸，减少或停止合成色氨酸，以节约能量。这种根据培养基中色氨酸浓度高低的调控是由色氨酸操纵子（trp operon）完成的。色氨酸操纵子是一个典型的能被最终合成产物所阻遏的操纵子，即为可阻遏操纵子（repressible operon）。

1. 色氨酸操纵子的结构

色氨酸的合成分5步完成。每个环节需要一种酶，编码这5种酶的基因紧密串联在一起，被转录在一条多顺反子 mRNA 上，分别为 trpE、trpD、trpC、trpB、trpA。在色氨酸操纵子结构基因上游包括了启动子 trpP、操纵序列 trpO 和一个特殊的区域。这个特殊的区域长 162 bp，它包括两部分：前导区（leader）和衰减子（attenuator）区，分别定名为 trpL 和 trpa，注意此处的 trpa 应与结构基因的 trpA 基因区分开。trpa 是编码衰减子的 DNA 序列。启动子位于 $-40 \sim +18$，而操纵序列整体位于启动子内并具有 20 bp 的反向重复序列，因此，操纵序列与活性阻遏物的结合将会排斥 RNA 聚合酶与启动子的结合。色氨酸操纵子中产生阻遏物的基因是 trpR，该基因距 trp 基因簇较远。

2. 阻遏蛋白的负调控

调控基因 trpR 的位置远离色氨酸操纵子，在自身的启动子作用下，以组成型方式低水平表达二聚体阻遏蛋白 R。当环境中没有色氨酸存在时，阻遏蛋白 R 不能与操纵序列结合，对转录无抑制作用。因此，色氨酸操纵子能够被 RNA 聚合酶转录。当环境能提供足够浓度的色氨酸时，色氨酸可以与阻遏蛋白 R 结合形成复合物，与 trpO 特异性紧密结合，阻遏结构基因的转录。因而这是属于一种负调控可阻遏的操纵子，即这种操纵子通常是开放转录的，效应物色氨酸作为辅阻遏物作用时则阻遏关闭转录（见图17-3）。

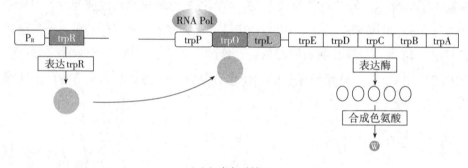

（a）色氨酸缺乏

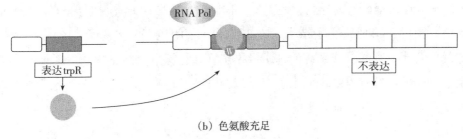

（b）色氨酸充足

图17-3 色氨酸操纵子负调控机制

3. 衰减子的作用

研究结果发现，当mRNA合成起始以后，除非培养基中完全没有色氨酸，转录总是在色氨酸操纵子mRNA的5′端trpE基因的起始密码前长为162 bp的前导序列区域终止，并产生一个仅有139个核苷酸的RNA分子同时终止转录。因为转录终止发生在这一区域，并且这种终止是被调节的，这个区域就被称为衰减子或弱化子。研究这段引起终止的mRNA碱基序列，发现该序列有4段富含GC区，GC区段之间容易形成4个茎环结构，分别用1、2、3和4来表示。其中，1区和2区可以进行碱基配对，2区和3区可以配对，3区和4区可以配对。而当2区和3区配对时，3区和4区不能配对。当3区和4区配对时，会形成典型的不依赖于ρ因子的终止子结构，即回文序列中富含GC碱基对，在回文的下游有8个连续的U。这个总长为28 bp的强终止子就是衰减子的核心部分，也称为衰减子序列（见图17-4）。

然而衰减子序列本身不能实现衰减作用，而是通过对前导序列上14个氨基酸的前导肽（leader peptide）的翻译才得以实现在操序列和trpE基因之间有一段162 bp的前导序列（leader sequence），可以与合成色氨酸的结构基因共同转录为mRNA。分析这段前导肽序列，发现它包括起始密码子AUG和终止密码子UGA，编码了一个14个氨基酸残基的多肽，它的合成直接影响到衰减子结构的形成。另外，该多肽有一个明显的特点，在第10位和第11位有连续的两个色氨酸密码子（见图17-4）。当培养基中色氨酸的浓度很低时，形成的负载色氨酸的tRNA^{Trp}也会非常少，因此在进行前导肽翻译时，核糖体通过两个相邻色氨酸密码子的速度就会很慢。这样直到4区被转录完成时，核糖体才进行到1区（或停留在两个相邻的Trp密码子处）。这样的结构是有利于2-3区形成有效配对，而不形成3-4区配对的。因而不能形成上述的终止子结构，转录可继续进行。当培养基中色氨酸浓度较高时，核糖体可顺利通过在1区的两个相邻的色氨酸密码子，连续地翻译前导肽，使2-3区不能产生有效的配对。这样一来，3-4区就会自由配对形成终止子结构，终止转录，关闭色氨酸操纵子（见图17-4）。细菌中其他氨基酸合成系统的许多操纵子（如组氨酸、苏氨酸、亮氨酸、异亮氨酸、苯丙氨酸等操纵子）中也有类似的衰减子存在，正是若干个连续的氨基酸密码子调控了蛋白质的合成。

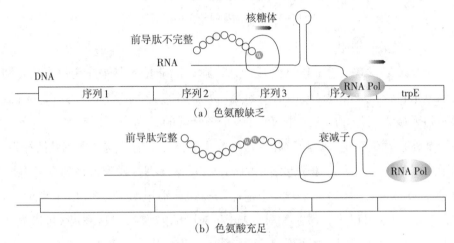

(a) 色氨酸缺乏

(b) 色氨酸充足

图17-4　色氨酸操纵子衰减调控机制

（四）阿拉伯糖操纵子

大肠杆菌能够以阿拉伯糖作为碳源，通过利用阿拉伯糖代谢酶系将这种五碳糖转变成磷酸戊糖代谢的中间产物木酮糖-5-磷酸加以利用。阿拉伯糖操纵子主要利用AraC蛋白调节结构基因的表达，是大肠杆菌中较为复杂的一个操纵子模型。阿拉伯糖操纵子是一个既能进行正调控，又能进行负调控作用的调控系统。

1. 阿拉伯糖操纵子的结构

阿拉伯糖操纵子的结构如图17-5所示。

（1）结构基因。

大肠杆菌将阿拉伯糖代谢为木酮糖-5-磷酸需要3种酶：L-核酮糖激酶、L-阿拉伯糖异构酶和L-5-磷酸核酮糖差向异构酶。这些酶分别由相应的结构基因 *araB*、*araA* 和 *araD* 所编码，成簇排列于阿拉伯糖操纵子中，由启动子 P_{BAD} 负责起始转录。

（2）操纵序列。

阿拉伯糖操纵子中存在多个操纵序列，这也是实现其多重复杂调控机制的基础。AraC 蛋白由调节基因 *araC* 所编码，具有自己独立的启动子 P_c，且由 P_c 起始的 *araC* 的转录方向与 P_{BAD} 起始的结构基因的转录方向相反。AraC 调节蛋白在阿拉伯糖操纵子中有四个结合位点，包括 $araO_1$ 和 $araO_2$，$araI_1$ 和 $araI_2$，它们都在启动子 P_{BAD} 上游。在 $araI_1$ 上游的 P_c 位点，同时也是 CRP 结合位点。在阿拉伯糖操纵子中，cAMP-CRP 复合物结合于 CRP 结合位点被证实和在乳糖操纵子中一样对操纵子起正向调控。在这些操纵序列中，$araO_1$ 与 P_c 存在一定程度的重叠，介导 AraC 对自身的转录调控。$araO_2$ 与 $araI_1$ 联合介导调节蛋白 AraC 对阿拉伯糖操纵子的负向调控。

2. 阿拉伯糖操纵子的调控策略

（1）阿拉伯糖操纵子的正负调控。

AraC 蛋白是调控阿拉伯糖操纵子表达的重要调节蛋白。它具有两种不同的功能构象，即起阻遏的构象形式（P_r）和起诱导作用的构象形式（P_i），能够进行正、负双重调节。AraC 蛋白与阿拉伯糖结合后形成 P_i，可以促进 *araBAD* 的转录。而 P_r 是不与阿拉伯糖结合时的单独 AraC 蛋白的构象，它是负调控因子，可与操纵位点 $araO_1$ 相结合，阻止 *araBAD* 的转录。cAMP-CRP 复合物对阿拉伯糖操纵子的转录调控的协同作用也是不可或缺的。

当环境中葡萄糖充足而阿拉伯糖水平较低时，未结合阿拉伯糖的单体 AraC 以 P_r 构象存在，形成二聚体，其中一个单体与位点 $araO_2$ 结合，一个单体与 $araI_1$ 结合，使得这两个距离较远的位点之间的 194 bp 的 DNA 弯曲环化，这样的环状结构称为阻遏环（repression loop）。阻遏环可以阻遏 P_{BAD} 启动子负责的 *araBAD* 基因的转录。当环境中阿拉伯糖充足而葡萄糖匮乏时，AraC 可以与阿拉伯糖结合，导致构象发生变化，转换为 P_i 构象。P_i 构象的 AraC 与 $araO_2$ 位点解离，且以二聚体的形式结合到 $araI_1$ 和 $araI_2$ 两个邻近位点上，促使之前形成的阻遏环被破坏。当葡萄糖和阿拉伯糖都存在且水平较高时，与乳糖操纵子类似，阿拉伯糖操纵子也处于阻遏状态。此时，虽然 AraC 蛋白可以结合阿拉伯糖以 P_i 构象存在，不结合于 $araO_2$ 位点，但此时 cAMP 水平极低，没有形成足够的 cAMP-CRP 复合物结合于 CRP 位点，*araBAD* 基因的转录不会被激活。

（2）阿拉伯糖 AraC 蛋白的自体调控。

$araO_1$ 处于 AraC 蛋白基因启动子 P_c 的上游，*araC* 基因是由 P_c 开始向左边进行转录的。因此，操纵序列 $araO_1$ 正好处于可以调控 $araC$ 基因转录的位置，这表明它可以调节 AraC 蛋白自身的合成。当 AraC 蛋白的表达过量时，AraC 蛋白会以 P_i 形式与 $araO_1$ 位点结合，从而阻碍 RNA 聚合酶与 P_c 启动子区结合，终止 AraC 蛋白的转录。这种由一种蛋白调控其自身合成过程的机制称为自体调控（见图17-5）。

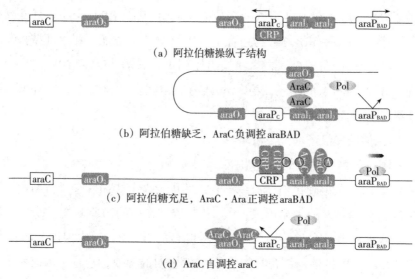

(a) 阿拉伯糖操纵子结构

(b) 阿拉伯糖缺乏，AraC 负调控 araBAD

(c) 阿拉伯糖充足，AraC·Ara 正调控 araBAD

(d) AraC 自调控 araC

图 17-5　阿拉伯糖操纵子调控机制

四、翻译水平

（一）mRNA 二级结构对基因表达的调控

mRNA 的二级结构可以在不同的水平上对基因表达进行调控，如前面所讲过的内容，在转录水平上采用 mRNA 的二级结构进行调控的有终止子和衰减子。除了转录水平上的调控，mRNA 自身的二级结构对翻译也具有影响。通常 mRNA（单链）分子自身回折产生许多双链结构，经计算，原核生物有约66%的核苷酸以双链结构的形式存在。正是这种双链结构会导致 mRNA 的二级结构和功能的变化。遗传信息翻译成多肽链起始于 mRNA 上的核糖体结合位点（RBS）。mRNA 的翻译能力主要受控于 5′端的 SD 序列，因为核糖体的 30S 亚基必须与 mRNA 结合才能开始翻译，所以要求 mRNA 5′端要有一定的空间结构。SD 序列的微小变化往往就会导致表达效率上百倍甚至上千倍的差异。强的控制部位会使翻译起始频率较高，反之则翻译频率低。

（二）mRNA稳定性对翻译的调控

mRNA分子自身回折产生的茎环结构是研究得较为深入的mRNA稳定性调控元件。通过形成可以抵抗RNA在3′端降解的二级结构，来降低mRNA的降解，可以增加其表达量。相反地，能够降低mRNA 3′端稳定性的二级结构会减少该mRNA的表达量。另外，也有其他方式影响mRNA的稳定性。例如，已发现E.coli中广泛存在由pcnB基因编码的poly（A）聚合酶催化的mRNA多聚腺苷酸化，而且这poly（A）催化加速了mRNA的降解。

（三）稀有密码子对翻译的调控

mRNA采用的密码子系统也会影响其翻译速度。大多数氨基酸由于密码子的简并性而具有不止一种密码子，它们对应的tRNA的丰度也差别很大，因此采用常用密码子比例高的mRNA翻译速度快，而稀有密码子的mRNA翻译速度慢。

（四）反义RNA对翻译的调控

反义RNA是指与目的DNA或RNA序列互补的RNA片段。反义RNA与特定的mRNA结合的位点通常是SD序列、起始密码子AUG和部分N端的密码子，从而抑制mRNA的翻译，所以又称这类RNA为干扰mRNA的互补RNA（mRNA-interfering complementary RNA，micRNA）。反义RNA主要通过以下三种方式调控翻译：①在复制水平上，反义RNA可与引物RNA互补结合，抑制DNA复制，从而控制DNA的复制频率；②反义RNA还可以与mRNA 5′端互补结合，形成双链结构，由于所形成的双螺旋结构成为内切酶的特异底物，使与其结合的RNA变得不稳定；③在翻译水平上，反义RNA与目的基因的5′ UTR或翻译起始区的SD序列互补结合形成RNA–RNA二聚体，使mRNA不能与核糖体结合，使核糖体脱落，而阻止了翻译的起始过程。

（五）蛋白质合成的自体调控

对某些特定的基因产物来说，细胞对它们的需求量经常发生较大的变化，这就要求相应基因的转录速率必须与这种需求相一致。对这类基因的表达调控的方式之一就是基因表达的自体调控（autoregulation）或自身调节。翻译水平的自体调控是指一个基因的表达产物蛋白质或者RNA反过来控制自身基因的表

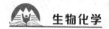

达翻译。这是一种和转录调控类似的形式，自体调控的特点是每个自体调控专一，调控蛋白只作用于负责指导自身合成的mRNA。自体调控可以是正调控，也可以是负调控。负的自体调控是指某一基因表达的产物是该基因的抑制剂。

（六）严紧反应

当细菌处于氨基酸等营养缺乏时，会关闭RNA合成及蛋白质合成的基因，使合成代谢水平下降，以节约资源和能量来渡过困难时期。这种因营养匮乏，生物在异常信号的刺激下产生的一系列生理生化反应称作严紧反应（stringent response）或叫严紧应答。严紧反应会导致细菌关闭许多生理活动，进而导致生长速度下降。

五、核开关

核开关（riboswitch）或叫"核糖开关"，是一种mRNA所形成的调控基因表达的结构，最早是由R. Breaker等人提出的。核开关是一种通过结合小分子代谢物而调控基因表达的mRNA元件，一般位于mRNA 5′端，可以不依赖任何蛋白质因子而直接结合小分子代谢物，继而发生构象重排，调节mRNA的延伸和翻译。核开关所控制的基因通常是编码代谢物合成或转移相关的蛋白质的结构基因。能与mRNA结合的小分子效应物往往是该代谢途径的产物。

第三节　真核生物的基因表达调控

一、真核生物的基因表达调控的主要特点

原核生物借助基因的开闭应对环境的变化。相比之下，真核生物在进化上比原核生物高级，具有更加复杂的细胞结构、更庞大的基因组和更复杂的染色体结构，因此真核基因的表达相比原核基因要复杂得多，调控系统也更为完善。真核基因表达调控的最显著特征是能在特定时间和特定的细胞中激活特定的基因，从而实现"预定"的、有序的、不可逆转的分化和发育过程，并使生物的组织和器官在一定的环境条件范围内保持正常功能。

真核生物基因表达调控与原核的不同点主要体现在真核基因表达调控的环

节更多；转录与翻译间隔进行，具有多种原核生物没有的调控机制；个体发育复杂，具有调控基因特异性表达的机制等。具体如下。

① 真核生物主要形成以核小体为单位的染色质结构，因此不同的活性染色体结构对基因表达会具有调控作用，如DNA拓扑结构的变化、DNA碱基修饰的变化、组蛋白的变化等。

② 随着核被膜的出现，转录和翻译在时间和空间上被分隔开来，转录产物及翻译产物需经历复杂的加工与转运过程，由此形成真核基因表达多层次的调控系统。

③ 真核细胞拥有庞大的基因组，且基因内部多被内含子所割裂，其编码区是不连续的，转录后需要通过剪接才能产生成熟的遗传信息，而且基因与基因之间也常被大段的非编码序列所分隔，这些都无疑会影响到基因的转录活性，产生新的不同于原核生物基因表达调控的作用点。

④ 正调控在真核生物的基因表达中占主导地位，且一个真核基因通常有多个调控序列，需要多个激活物。

二、染色体水平上的调控

（一）染色质结构对基因转录的影响

染色质是细胞核中基因组DNA与蛋白质构成的复合体。染色质的基本结构单位是核小体。一般而言，松散染色质中的基因才可以活跃转录，但并非所有处于常染色质中的基因都能表达。染色体中的某些区域在分裂后期不像其他部分解旋松开，仍保持紧凑折叠的结构，在间期核中仍可以看到其浓集的斑块，称为异染色质（heterochromatin），其中的基因不能转录表达。

染色质的结构对基因转录起着重要的调控作用，其松弛和伸张的状态能够使DNA调控序列更容易接触转录调节因子，通常具有活化基因转录的功能。但若是一个紧凑有序的染色质结构，则会对转录起到抑制作用。这种染色质结构改变的过程称为染色质重塑（chromatin remodeling）。染色体重塑包括染色体和单个核小体内发生的任何变化，是染色质功能状态改变的结构基础，是染色质从阻遏状态到活性状态的重要步骤。

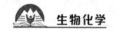

（二）组蛋白的修饰作用

组蛋白H1及核心组蛋白共同参与核小体的组装和凝聚。组蛋白的功能除了包装染色体DNA，还是基因活性的重要调控因子。发生在特殊的氨基酸残基上的乙酰化、甲基化或磷酸化等修饰，可以改变蛋白分子的表面电荷，影响核小体乃至染色质的结构，调节基因的活性。

1. 核心组蛋白的乙酰化

组蛋白是比较小的碱性蛋白质，大约20%的氨基酸是Lys和Arg。乙酰化是最早发现的与转录活性有关的组蛋白修饰，主要发生在组蛋白H3和H4的N端比较保守的赖氨酸残基上。乙酰化对染色质结构重塑和转录具有重要的影响，组蛋白的高乙酰化是活跃转录染色质的一个标志，而低乙酰化则是转录抑制的标志。

乙酰化是可逆的，被两组作用相反的酶所控制：乙酰化由组蛋白乙酰基转移酶（histone acetyltransferase，HAT）催化，而去乙酰化则由组蛋白去乙酰基酶（histone deacetylase，HDAC）催化。核心组蛋白的N端暴露于核小体之外，活跃地参与DNA–蛋白质之间的相互作用。在组蛋白乙酰转移酶的作用下，由乙酰辅酶A为供体，可以将组蛋白的赖氨酸残基（或丝氨酸残基）乙酰化。一般来说，在有活性的染色质中乙酰化程度较高，而在没有活性的染色质中乙酰化程度很低；组蛋白去乙酰酶则具有与乙酰转移酶相反的作用，该酶可以对乙酰化的组蛋白进行去乙酰基修饰，恢复组蛋白与DNA的紧密结合能力。所以去乙酰化可以使染色质的转录活性下降直至消失，实际发现许多转录辅阻遏物的功能正是通过HDAC活性来实现的。

2. 组蛋白的甲基化

组蛋白中，Lys和Arg残基的甲基化修饰可以调节组蛋白的结构，从而改变组蛋白与组蛋白之间、组蛋白与DNA之间的静电力作用，导致染色质结构的变化。与乙酰化修饰不同的是，Lys的甲基化修饰有单甲基化、双甲基化和三甲基化三种形式，而Arg只能被单甲基化或双甲基化；Lys甲基化修饰并不影响原来侧链基团所带的正电荷；甲基化对基因的表达既可以起到激活的作用，又可以起到阻遏的作用。

3. 组蛋白的泛素化和磷酸化

组蛋白的泛素化和磷酸化也影响染色质结构，从而影响基因表达。组蛋白的泛素化影响蛋白质的稳定性。一般认为，组蛋白对转录的抑制作用主要是通过维持染色质高级结构的稳定性来实现的。组蛋白的泛素化主要发生在 Lys 上，可以将 HDAC 和异染色质结合蛋白 1（heterochromatin protein 1，HP1）招募过来，从而阻遏基因的表达。组蛋白 H1 的磷酸化与去磷酸化也直接影响染色质的活性。组蛋白在多种蛋白激酶的作用下可以发生磷酸化修饰，直接将负电荷引入到组蛋白分子中，降低组蛋白与 DNA 的亲和力，从而使染色质疏松，影响染色质的活性。

4. DNA 甲基化的调控作用

DNA 甲基化现象广泛存在于细菌、植物和哺乳动物中，是 DNA 的一种天然的修饰方式。卫星 DNA 常常更易被甲基化。真核生物中，唯一的甲基化碱基是 5-甲基胞嘧啶。在较高等的真核细胞 DNA 中有少量的约为 2%~7% 的胞嘧啶残基被甲基化，而且甲基化多发生在 5′-CG-3′ 二核苷酸对（被称为 CpG）中的 C 上。甲基化程度与基因表达活性呈明显的负相关性。DNA 甲基化程度高，基因表达水平降低。

三、DNA 水平上的调控

在个体发育过程中，用来转录生成 RNA 的 DNA 模板也会发生规律性变化，从而控制基因表达和生物的发育。真核生物可以通过基因丢失、基因扩增和基因重排等方式删除或变换某些基因从而改变它们的活性。显然，这种调控方式与转录和翻译水平上的调控不同，因为它是从根本上使基因组发生了改变。

（一）基因丢失

基因丢失（gene elimination）是指在有些低等真核生物的细胞分化过程中，将一些不需要的基因片段或整条染色体丢失的现象。通过基因丢失的方式，可以抑制那些特异分化细胞中不需要的基因的表达活性。这种关闭基因表达的调控方式主要存在于一些原生动物、线虫、昆虫和甲壳类动物的个体发育中。对这些物种而言，在个体发育和细胞分化过程中，部分体细胞常常有选择地丢掉整条或部分染色体，只有将来分化产生生殖细胞的那些细胞才能够一直保持着整套的染色体。在癌细胞中常有基因丢失的现象。早在 20 世纪 60 年代，有人将癌细胞与正常成纤维细胞进行融合，所获杂种细胞的后代

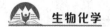

只要保留某些正常亲本染色体时就可以表现为正常表型，但随着染色质的丢失，又可重新出现恶变细胞，这一现象表明癌细胞中丢失了某些抑制肿瘤发生的基因。

（二）基因扩增

在真核生物细胞中，存在部分DNA序列的独自过量合成，而且这种过量复制的现象在多种类型的细胞和发育阶段都能发生，这种局部DNA独立于染色体其他部分而被过量合成的过程，称作基因扩增（gene amplification）。基因扩增使细胞在短期内产生大量专一基因产物以满足生长发育的需要，是基因活性调控的一种方式。个体发育或系统发生中的倍性增加在植物中是普遍存在的现象。基因组拷贝数增加使可供遗传重组的物质增多，这可能构成了加速基因进化、基因组重组和最终物种形成的一种方式。

（三）基因重排

基因重排（gene rearrangement），又被称为DNA重排，是通过基因的转座、DNA的断裂错接而改变原来的顺序，重新排列组合，成为一个新的转录单位。基因重排广泛存在于动物、植物和微生物的体细胞基因组中。基因重排可以使一个基因更换调控元件，从而提高表达效率；也可以使表达的基因发生切换，由表达一种基因转为表达另一种基因；还可以形成新的基因，使产物呈现多样性。

人类免疫球蛋白是由2条轻链和2条重链组成的，每条链都能划分为可变区（V区）和恒定区（C区），其结构差异完全取决于可变区的不同。轻链和重链是由不同染色体上的不同基因编码的，但同一轻链或重链的可变区基因家族V和恒定区基因家族C却位于同一染色体上。可变区和恒定区是由连接区（J区）连接组成的，V、C和J基因片段在胚胎细胞中相隔较远。在淋巴细胞分化发育过程中，编码产生免疫球蛋白的细胞通过染色体内DNA重组把这3个相隔较远的基因片段连接在一起。编码完整免疫球蛋白的基因编码V区的基因很多，而只有少数几个基因编码C区，将原来分开的几百个不同的可变区基因经选择、组合和交换，与恒定区基因一起构成稳定的特异性较高的完整免疫球蛋白编码的可表达基因（见图17-6）。

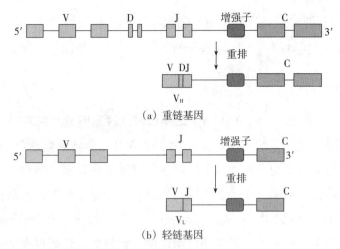

（a）重链基因

（b）轻链基因

图 17-6 免疫球蛋白基因重排

四、转录水平上的调控

由于真核生物细胞具有高度的分化性及基因组结构的复杂性，因而在转录水平的调控上除了表现出与原核生物存在相似点外，也具有自身的特点。真核生物基因表达调控具有多层次性，除了需要活化染色质，还需要活化基因，即转录水平的调节，而且转录水平的调控是真核生物基因表达调控中最关键的调控阶段。在转录水平的调节中，真核细胞基因表达调节受控于基因调控的顺式作用元件，同时又受到一系列反式作用因子的调控，两者共同控制着基因转录的起始。

（一）顺式作用元件

"顺"与"反"的概念来源于顺反测验（cis-trans test），当同一基因内的两个突变位于一条染色体时，双倍体杂合子表现为野生型，这时突变的排列方式称为顺式构型；当两条染色体上各自带有一个这样的突变，则双倍体杂合子的表型为突变型，这时两个突变处于反式构型。由此确定的遗传功能单位即顺反子，通常被视为基因的同义词。

在基因表达调节过程中，顺反构型的定义得到了延伸：具有调节功能的特定 DNA 序列只能影响同一分子中的相关基因，发生在一个序列中的突变不会改变其他染色体上等位基因的表达，这样的序列被称为顺式作用元件，一般没有转录功能。其中起正调控作用的顺式作用元件有启动子（promoter）和增强子

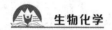

（enhancer），也包括起负调控作用的沉默子（silencer）和另外一种特殊的调控元件绝缘子（insulator）。这些DNA序列多位于基因的旁侧及内含子中，不参与编码蛋白质。

1. 增强子

增强子指的是能使同一条DNA上的基因转录频率明显增加的DNA序列，一般位于靶基因上游或下游远端1~4 kb处，个别可远离转录起始点30 kb。在病毒与真核细胞基因中均发现增强子的存在。增强子的效应很明显，一般能使基因转录频率增加10~200倍，有的甚至可以高达上千倍。例如，人珠蛋白基因的表达水平在巨细胞病毒（cytomegalovirus，CMV）增强子作用下可提高600~1000倍。增强子也是由若干机能组件组成的，此机能组件既可在增强子也可在启动子中出现。从机能上讲，没有增强子的存在，启动子通常不能表现活性；没有启动子时，增强子也无法发挥作用。

2. 沉默子

沉默子（silencer）是一类负性转录调控元件，与增强子的作用恰恰相反。当沉默子结合反式作用因子时，对基因的转录发挥抑制作用。已有的证据显示，沉默子与相应的反式作用因子结合后可以使正调控系统失效。沉默子的作用机制可能与增强子类似，不受距离和方向的限制，只是效应与增强子相反。在酵母基因、人β-珠蛋白基因簇中的ε基因、T淋巴细胞的T抗原受体和T淋巴细胞辅助受体CD4/CD8等基因上均发现了沉默子。但通常沉默子的分布较少见。有些DNA的序列既可以起到增强子的作用，也可以起到沉默子的作用，这主要取决于细胞内转录因子的性质。

3. 绝缘子

绝缘子（insulator）能阻止正调控或者负调控信号在染色体上的传递，阻断包括增强子、沉默子等的作用，使其他元件的作用范围被限制在一定结构域之内。绝缘子本身对基因的表达既没有正效应也没有负效应，属于中性的转录调节顺式元件。通常位于基因旁侧的非编码区，因此又称为边界元件。

（二）反式作用因子

一些以反式作用方式调控靶基因的RNA，如siRNA和miRNA，也可称作反式作用因子。参与转录的反式作用因子一般具有不同的功能区域，但至少包含两个结构域：一个是识别和结合DNA特异序列的结构域，为DNA结合结构域

（DNA binding domain，BD）；另一个是通过与其他蛋白质的相互作用起激活转录作用的结构域，为转录激活结构域（transcription activating domain，AD）。此外，许多转录因子含有介导蛋白质二聚化的位点，二聚体的形成对它们行使功能具有重要意义。多数基序含有一个能够插入DNA大沟的片段，能识别大沟的碱基序列。这种识别依赖于转录因子与DNA之间复杂的分子间作用力，包括磷酸基团与带正电荷残基之间的离子键、亲水性氨基酸与磷酸基/糖/碱基之间的氢键、芳香氨基酸同碱基间的堆积作用以及非极性氨基酸与碱基形成的疏水相互作用等，综合多个较弱的非共价键之间的作用力，可使DNA-蛋白质的结合具有很高的强度和特异性。

尽管这些转录因子的结构千差万别，但根据DNA结合结构域的氨基酸序列和肽链的空间排布，仍可归纳出若干具有典型特征的结构模式。结合结构域中的α螺旋或β折叠形成不同的特定组合，形成特殊的基序。例如螺旋-转角-螺旋、锌指、亮氨酸拉链和螺旋-环-螺旋最为普遍，占已知转录因子的80%。

1. DNA结合结构域

（1）螺旋-转角-螺旋。

螺旋-转角-螺旋（helix-turn-helix，HTH）结构是最先在原核生物中发现的一种DNA结合结构基序。HTH的结构特点是长约20个氨基酸，分为两段，各有一个α螺旋，两个α螺旋相互垂直。两段螺旋之间由4个氨基酸的β转角相连（见图17-7）。一个α螺旋被称为识别螺旋区（DNA recognition helix），负责直接与DNA双螺旋中的大沟接触，以识别并结合特异性的顺式作用元件；另一个螺旋没有碱基特异性，与DNA磷酸戊糖链骨架接触，有助于识别螺旋在空间上采取合适的取向，更有利于转录因子与DNA的结合。HTH蛋白与DNA结合时可形成对称的同二聚体。

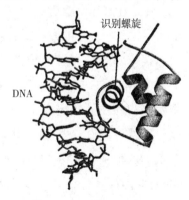

图17-7　螺旋-转角-螺旋

（2）锌指结构。

"锌指"（zinc finger）这个名称来源于它特殊的结构。它的结构特点是由基部突起的环形肽段回折成手指状，并通过中间的锌离子来形成和维持这一结构（如图17-8所示）。含有锌指结构的蛋白被称为锌指蛋白，锌指蛋白是哺乳动物细胞中种类最多的蛋白质。对多数蛋白而言，几个锌指基序常由长7~8

个残基的连接肽段串联在一起，3段α螺旋（即3个锌指基序）恰好能填满1个螺距之间的DNA大沟，其中每段螺旋可在2个位点与DNA发生序列特异性的结合。

不同的氨基酸残基与锌离子配位，形成不同类型的锌指模型。例如，2Cys/2His和2Cys/2Cys，前者为Ⅰ型，后者为Ⅱ型锌指。Ⅰ型结构的"指"由23个氨基酸组成，"指"与"指"之间通常由7~8个氨基酸连接，比如TFⅢA和Spl。在Ⅱ型锌指中，锌离子通过与四个Cys形成配位键，即每个指在Cys四分体的中央带有一个锌原子。

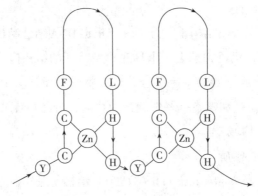

图17-8　锌指一级结构

（3）亮氨酸拉链。

亮氨酸拉链（leucine zipper）是某些转录因子使用的与DNA进行结合的一种二聚体基序。亮氨酸拉链的侧翼是DNA结合功能区，含有很多赖氨酸和精氨酸。这些赖氨酸和精氨酸组成了DNA结合区，可以识别特异的DNA序列，并以同源或异源二聚体的形式与DNA结合。该基序形成的螺旋具有双亲性，其一侧有疏水基团（包括亮氨酸），另一侧表面带有电荷。因此两个蛋白单体可以通过亮氨酸在α-螺旋的疏水侧相互作用形成拉链样结构，实现蛋白单体的二聚化（见图17-9）。参与组成的两个亚基中任何一个基因发生突变，都不能形成二聚体，也不能结合DNA和促进转录。许多

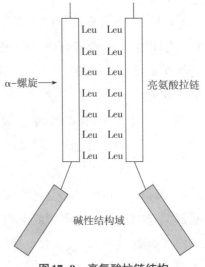

图17-9　亮氨酸拉链结构

转录因子中都存在亮氨酸拉链结构，例如酵母转录因子激活因子GCN4、哺乳动物转录因子C/EBP等。

（4）螺旋-环-螺旋。

具有螺旋-环-螺旋（helix-loop-helix，HLH）基序的DNA结合蛋白与以亮氨酸拉链为DNA结合结构域的蛋白比较类似：二者都以二聚体的形式发挥作用，并且以碱性氨基酸序列与DNA特异性序列结合。以HLH作为DNA结合结构域的单体蛋白由两部分组成，包括一段由60个左右的氨基酸组成的螺旋-环-螺旋结构和位于其中长螺旋一侧的负责与DNA结合的碱性氨基酸区域，长约为15个氨基酸，其中有6个氨基酸为碱性。HLH结构中的螺旋由15~16个氨基酸组成，其中富含Leu和Phe等疏水氨基酸，形成α-螺旋的疏水侧结构。两个α-螺旋通过一段环状结构相连接，一般由12~28个氨基酸组成。同源或异源的以螺旋-环-螺旋作为DNA结合结构域的蛋白单体，通过α-螺旋上的疏水氨基酸残基相互作用形成二聚体，进而引发碱性氨基酸区域与DNA大沟的相互作用。

2. 转录激活结构域

反式因子的转录激活结构域（activation domain，AD）是指独立于其DNA结合结构域之外的具有转录激活功能的结构域，它们都是反式作用因子发挥功能所必需的。反式作用因子的转录激活结构域不仅在结构上独立于DNA结合结构域，而且在功能上也保持相对的独立性。如果只具有单独的DNA结合结构域，虽然可以与启动子结合，但却不能够激活转录。转录激活结构域可以按照不同的结构特征分为以下三种常见的类型：①富含酸性氨基酸的激活域；②富含谷氨酰胺的转录激活结构域；③富含脯氨酸的转录激活结构域。

有些转录因子虽然具有很强的起始转录的活性，但并不具有上述三种氨基。转录激活结构域的主要功能是通过与转录基本装置相互作用而提高转录水平。

五、转录后加工水平上的调控

在真核细胞中，基因转录的初级产物为核内不均一RNA（hnRNA），需要经过5′和3′端修饰、剪接和编辑等加工过程，才能成为成熟的信使mRNA，然后被运送出细胞核进行翻译。这样，来自同样一个基因的初始转录本有可能产生不同的成熟mRNA，最终翻译出不同的蛋白质，也就为遗传信息的表达提供了更灵活的选择。

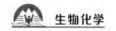

（一）可变剪接

大多数真核基因转录产生的mRNA前体是按一种方式剪接产生出一种mRNA，因而只产生一种蛋白质。在剪接的过程中，各种U-snRNP分别识别5′供体位点和3′受体位点，通过剪接体将5′剪接点与离它最近的下游3′剪接点进行连接，依次去除所有的内含子，产生一种成熟的mRNA。但高等真核细胞的基因中往往不止一个内含子，这时某个内含子的5′剪接点可能会与不同内含子的3′剪接点进行连接，因此会产生出两种或更多种不同的mRNA，该过程被称为可变剪接或者选择性剪接（alternative splicing）。1977年，W. Gilbert提出了可变剪接的概念。到目前为止，一共发现了数百种有可变剪接的基因，推测高级真核细胞生物约5%的基因有可变剪接。

（二）RNA编辑

RNA编辑是由Benne等人在1986年首先发现的除RNA剪接外的另一种加工方式，目前已知从病毒到高等动植物，从细胞核到叶绿体和线粒体等细胞器，从tRNA到rRNA、mRNA甚至snRNA，都有RNA编辑的存在。RNA编辑同可变剪接一样，可以使一个基因序列产生几种不同的蛋白质。RNA编辑（RNA editing）指的是通过改变、插入或删除转录后的mRNA特定部位的碱基而改变其核苷酸序列。这种编辑方式可造成读码框的改变，如出现终止密码等改变，使翻译生成的蛋白质在氨基酸的组成上不同于基因序列中的编码信息。RNA编辑的结果使得遗传信息被扩大了，这可能是生物在长期进化过程中形成的更经济有效地扩展原有遗传信息的机制，使生物更好地适应生存环境。常见的RNA编辑包括U→C，C→U，以及U的插入或缺失、多个G或C的插入等。

（三）mRNA转运上的调控

成熟的mRNA必须从细胞核运输到细胞质中才有可能接触核糖体并得以表达。该转运过程是一个激活的过程，由核被膜核苷酸三磷酸酶水解核内三磷酸核苷酸以提供转运所需的能量。一半左右的RNA在合成后就在核中被降解掉，其余大部分RNA将滞留于核中，能转运出细胞核的RNA只占RNA合成总量的小部分。研究结果发现，snRNPs对于mRNA在细胞核中的滞留是很重要的。

六、翻译及翻译后加工水平上的调控

翻译是指蛋白质的生物合成过程，涉及非常多种的RNA和蛋白质，以及它们之间的相互作用，是生物中最为保守的和耗费细胞能量最多的事件之一。基因转录的各种mRNA并不都能翻译成蛋白质，并且不同细胞中能够被翻译的mRNA也不一致，最终导致不同细胞具有不同的蛋白质。在蛋白质合成水平上的控制，是真核生物基因表达调控的重要环节。翻译水平的调节主要是控制mRNA的稳定性、mRNA翻译起始的调控和选择性翻译。mRNA 5′端和3′端所含有的非翻译区（untranslated region，UTR）是影响翻译过程的主要调节位点。由于一个蛋白质的合成通常需要上百种蛋白质和RNA的共同参与，翻译水平的调控也涉及RNA和多种蛋白质因子之间的相互作用。

（一）mRNA稳定性对翻译的调控

作为翻译的模板，mRNA在细胞中的浓度将直接影响蛋白质的合成速度。而mRNA的浓度同时由转录速率和其稳定性决定。调节mRNA的稳定性是翻译水平调节基因表达的主要机制之一。影响mRNA稳定性的因素有许多，包括5′端帽子结构、3′端poly A尾、5′非翻译区、3′非翻译区、顺式作用元件、反式作用因子等。

（二）mRNA翻译起始的调控

蛋白质生物合成中起始阶段最为复杂，在真核生物中这一过程有许多相关因子参与。5′端非编码区（5′-untranslated region，5′UTR）对翻译起始起着比较重要的调控作用。真核细胞通过mRNA 5′帽子结构中的化学修饰招募核糖体，与mRNA的5′UTR密切相关。5′UTR通常不到100个核苷酸，其中存在多种RNA结构元件，如小结构元件、核开关、内部核糖体进入位点（IRES）等，在翻译过程中发挥着重要的作用。

（三）翻译后修饰的调控

多肽链在翻译后可以历经多种加工方式，进而对合成的蛋白具有进一步的调控作用。这些方式主要可以归为两类。①通过蛋白酶专一性水解多肽链中的一个或几个肽键，或进行选择性的拼接等，进而形成具有生物活性的蛋白质。

这种加工方式往往是不可逆的，能够改变蛋白质的品种及数量。②将某些小分子化合物与蛋白质中特定的氨基酸残基进行连接或去除，这些修饰方式往往是可逆的，主要通过改变蛋白质的构象来调控蛋白质的活性大小，包括泛素化、磷酸化等。

第十八章　基因重组

第一节　基因重组概论

DNA分子内或分子间发生遗传信息的重新组合，称为遗传重组或基因重排。重组的产物称为重组DNA（recombinant DNA）。DNA重组广泛存在于各类生物体。DNA作为遗传物质，除具有高度的保守性之外，还具有一定的变异性和流动性。自然界不同物种或个体之间的DNA重组和基因转移是引起基因变异和物种演变的基础，也是生物进化的推动力。

真核生物基因组之间的重组多发生在减数分裂时同源染色体之间的交换时期。在大部分高等生物（如人类和显花植物）中，细胞都是二倍体，其染色体内的基因是成对存在的，称为等位基因，性母细胞通过减数分裂的形式进行细胞分裂。在减数分裂时，通过同源染色体的交换和非同源染色体的独立分配，使子代细胞的遗传信息产生了重新组合；细菌及噬菌体的基因组为单倍体，来自不同亲代的两组DNA之间可通过多种形式进行遗传重组。

基因重组有广义和狭义之分。广义的基因重组是指任何产生新的基因组合从而造成基因型变化的过程，包括独立分配和交换，如上述减数分裂过程中所发生的基因重组。狭义的基因重组仅指涉及DNA分子内的断裂并重新连接而致基因重新组合的过程，即基因交换。DNA重组主要有3种类型：同源重组（homologous recombination）、位点特异性重组（site specific recombination）和转座重组（transposition recombination）。同源重组发生在DNA的同源序列之间，调节这一过程的蛋白质是同源性依赖的。位点特异性重组的重组对之间无须同源性，调节这一过程的蛋白质在供体和受体分子中识别短的特异DNA序列，也就是说，在供体和受体位点之间存在同源性。转座重组不需要同源性，调节这一

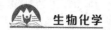

过程的蛋白质识别重组分子中的转座因子，受体位点在序列上相对非特异，重组过程将可转座因子整合到宿主DNA中。

DNA重组对生物进化、物种多样性和种群内的遗传多样性起着关键的作用。虽然基因突变对生物进化也起重要作用，然而突变的概率很低，且多数是有害的。如果生物只有突变没有重组，在积累有利突变的同时，不可避免地积累许多难以摆脱的有害突变。有利突变会与有害突变一起被淘汰，新的优良基因很难保留。DNA重组的意义是能迅速增加群体的遗传多样性（diversity），使有利突变与不利突变分开，通过优化组合（optimization）积累有意义的遗传信息。此外，DNA重组还参与许多重要的生物学过程，它为DNA损伤或复制障碍提供了修复机制。某些生物的基因表达还受到DNA重组的调节。

第二节　基因重组的主要方式及特点

一、同源重组

DNA同源序列间发生的重组叫同源重组，它是由两条同源区的DNA分子通过配对、链的断裂和再连接，进而产生的片段之间的交换（crossing over）。在减数分裂前期，参与联会的同源染色体实际上各自已经复制形成了两条姐妹染色单体，因而出现由四条染色单体构成的四分体。在四分体的某些位置，非姐妹染色单体之间可以发生交换。通过有性生殖繁衍的后代往往具有与双亲不同的遗传组成。这种变异除了源自减数分裂过程中双亲染色体的自由组合以外，绝大部分的变异来源于同源染色体之间的同源重组。这个过程改变了父源和母源染色体上基因的组成，使后代个体中出现非亲本型的重组染色体。这些新组合使得后代个体能获得比亲本更具有优势的存活机会，因此这种重组型具有更为广泛的生物学意义。

同源重组分子模型是由Holliday等在1964年提出的，Holliday模型能够较好地解释同源重组现象。简要过程如下。

① 两条同源染色体DNA分子相互靠近并形成联会。

② 两条方向相同的单链在相应的位置切断形成缺口，产生单链DNA区域。

③ 被切开的链交叉，并与另一个分子的同源链连接，分子弯曲形成Holliday连接。由于其形状很像字母χ（chi），也可以被称作χ结构或Holliday中间体。

④ Holliday中间体形成后必须进行拆分，使连接在一起的两条DNA分子又恢复到彼此分开的双螺旋分子状态。拆分时是从中间体的中心切断的，然后由DNA连接酶重新连接，将Holliday交叉拆分成两个独立的DNA双链。

两条DNA分子之间形成的交叉点可以沿DNA移动，称为分支迁移（branch migration），迁移速度一般为30 bp/s。迁移过程中两条DNA分子之间交叉互补的同源单链发生相互置换，迁移方向可以朝向DNA分子的任意一端。在重组部位每个双链中均有一段DNA链来自另一条双链中的相对应链，这一部分称为异源双链（hetero duplex）。

拆分需要核酸内切酶在交叉点处形成一对拆分口，然后由DNA连接酶连接。由于交联在一起的联结体不断地处在空间重排和异构化之中，切口可能发生在两对同源链中的任意一对上。根据链裂断的方式不同，得到的重组产物各异。如图18-1所示，水平方向的切割（WE裂解），产生的重组体交换了DNA的一个小片段，称补丁重组体（patch recombinant heteroduplex）；垂直方向的切割（NS裂解），产生的重组体有一条链由两个DNA分子的链拼接而成，称为

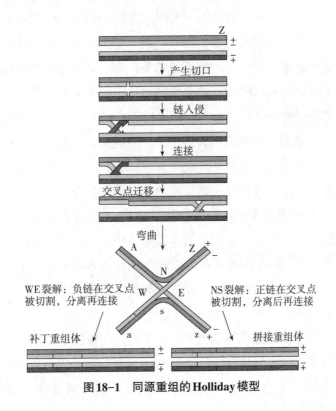

图18-1 同源重组的Holliday模型

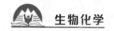

拼接重组体（splice recombinant heteroduplex）。

Holliday 模型能够较好地解释同源重组，后来的研究中在电镜下看到了 Holliday 中间体的结构，是对 Holliday 模型强有力的支持。当然，后来提出的同源重组分子模型能更好地解释同源重组，但这些分子模型都是以 Holliday 模型为基础提出来的。如 Meselson Radding 模型为应用较广泛的模型之一，该模型解释 Holliday 结构产生的机制如下：①在 DNA 分子的一条单链上形成一个缺口，3' 端复制并置换出一段游离的链，被置换的链侵入另一条同向平行的单链并取代互补链，形成一个 D 形环；②D 环被切除；③两条链旋转产生两条交换的单链，即 Holliday 连接。

相对而言，同源重组的过程很精确，一个核苷酸的差错都会造成基因失活。同源重组的分子基础是 DNA 链间配对，通过碱基配对才能找到正确位置，进行链的交换。另外，同源性并不意味着序列全相同，DNA 分子只需要含有一段碱基序列基本类似的同源区，即使相互间略有差异，仍然可以发生重组。实验结果表明，两 DNA 分子的序列同源区足够长才能发生同源重组，而如果同源区太短，那么很难发生重组。例如，大肠杆菌活体重组要求至少有一段 20~40 bp 的序列相同，枯草芽孢杆菌基因与质粒重组要求同源区大于 70 bp。

同源重组参与了许多重要的生物学过程，是生物体基本的重组方式。DNA 的复制、重组和重组修复三个过程密切相关，许多有关的酶和辅助因子都是共用的。同源重组也在基因的加工、整合和转化中起着重要的作用。比如，同源重组过程中的基因转换途径在细胞中可以被用来修复基因组中出现的 DNA 双链断裂。这种 DNA 修复可以导致适应性突变，也就是说，处于静止状态的细胞依然可以根据环境逆境信号（如某种抗生素环境中）发生定向突变，使细胞能够适应所在的环境，而且这种突变是可以稳定遗传的。再如，同源重组在正常的细胞周期过程中也发挥至关重要的作用。在 DNA 复制完成之后，通常在两条 DNA 分子之间引入交叉，这种交叉通常发生在两条姐妹染色体之间，可以形成二聚体基因组。多聚体基因组不能使染色体正常地分配到子代细胞中，可以导致细胞通过分裂出现多倍体、单体、三体等非整倍体基因组。而这对于生物而言是非常有害的。

此外，现在发现在健康的真核生物细胞内，线粒体中通常都带有成百上千的线粒体 DNA 分子。正常情况下，这些 DNA 分子应该是完全一致的。但是在某些情况下，有些线粒体 DNA 分子发生了改变，这种情况通常被称为"异质化",常见于某些疾病细胞中。目前研究结果发现这个过程可能与同源重组有关的基因突变有关。

二、位点特异性重组

位点特异性重组（site specific recombination）指非同源DNA的特异片段间的交换，由能识别特异DNA序列的蛋白质介导，并不需要RecA或单链DNA。位点特异性重组广泛存在于各类细胞中，有着特殊的作用，包括某些基因表达的调节，发育过程中程序性DNA重排，以及某些病毒和质粒DNA复制循环过程中发生的整合与切除等。位点特异性重组需要特异的DNA位点，它受一些特定的特异的酶和辅助因子的催化，在特定DNA位点上进行相互交换过程。位点特异性重组一般不会引起DNA的缺失，也不需要合成新的DNA，两个DNA分子之间进行的交换是通过简单的DNA断裂和重连实现的。参与重组的两个DNA片段是双向互换的。DNA分子可以发生一次、两次或多次的片段交换过程，交换的次数会影响最终产物的性质。

位点特异性重组与同源重组的区别有两点。①对于同源重组，其DNA的切断是完全随机的，从而发动交叉重组。而位点特异性重组是在某些特异DNA区域处发生重组。②同源重组后在染色体内的DNA序列一般都仍按原来的次序排列。但是在位点特异性重组中，DNA区域的相对位置发生了移动，也就是DNA序列发生重排，组合得到新的结构。位点特异性重组的结果决定于重组位点的位置和方向，有4种不同的方式。当重组位点位于相同的DNA分子上时，重组过程发生单个位点交换；当重组位点位于不同的DNA分子上时，重组过程发生双位点交换；在同一条染色体DNA分子内，当重组位点以相同方向存在时，重组结果发生倒位，如图18-2（a）所示；当重组位点以相同方向存在于同一染色体的DNA分子内，重组发生切除，如图18-2（b）所示。

位点特异重组是生物在进化过程中获得的一种在特定的DNA位点之间进行的DNA重排事件，该过程依赖于拓扑异构酶Ⅱ的活性，改变了DNA分子之间的拓扑学性质。在DNA分子重排过程中，重组酶（recombinase）可以特异地催化重组DNA分子之间双链的瞬时断裂和其后的重新连接。重组酶通常是由10多个亚基组成的寡聚体，作用于两个重组位点的4条链上，使DNA链断开产生$3'$-PO_4与$5'$-OH，$3'$端与酶形成磷酸酪氨酸或磷酸丝氨酸键。这种暂时的蛋白质-DNA连接可以在DNA链重新连接时无须靠水解高能化合物提供能量。重组的两个DNA分子，先断裂两条链，交错连接，此时形成中间联结体，然后另两条链断裂并交错连接，使联结体分开。有些重组酶使4条链同时断裂并连接，不产生中间物。参与位点特异性重组的醋氨酸重组酶家族有140多个成员，如整合酶、E.coli 的 XerD 蛋白、酵母的 FLP 蛋白等。这一类重组酶通常由 300～400 个氨基酸残基组成，有两个保守的结构域。

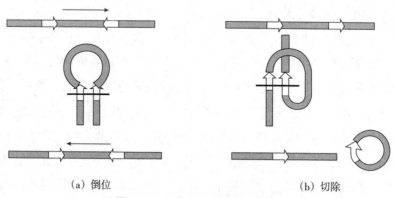

(a) 倒位　　　　　　　　　　　　　　(b) 切除

图18-2　位点特异性重组示意图

目前研究得较清楚的位点特异性重组系统是λ噬菌体DNA在宿主染色体上的整合与切除。λ噬菌体感染大肠杆菌细胞后，有两种生长方式（裂解生长和溶源生长），二者的最初过程是相同的，都要求早期基因的表达，为裂解和溶源途径的歧化做好准备。两种生活周期的选择取决于CI和Cro蛋白相互拮抗的结果。如果Cro蛋白占优势，噬菌体即进入繁殖周期；如果CI蛋白占优势，溶源状态就得到建立和维持。λ噬菌体在裂解和溶源周期中的DNA物理状态是不同的。在裂解周期，DNA以环状分子独立存在于细菌的细胞质中，而溶源状态的λDNA整合在细菌的染色体中，成为原噬菌体。这两种状态通过位点特异性重组可以相互转变。原噬菌体可随宿主染色体一起复制并传递给后代，但在紫外线照射或升温等因素诱导下，原噬菌体可被切除下来，进入裂解途径，释放出噬菌体颗粒。

λ噬菌体的整合和切除均需要通过细菌DNA和λ噬菌体DNA上特定位点之间的重组而实现，这些特定位点称为附着位点（attachment site），简写为 att。因此，λ噬菌体的整合和切除是一种位点特异性重组过程，这些附着位点就是位点特异性重组的特异DNA位点。在λ噬菌体和宿主均有相应的附着位点 att。大肠杆菌染色体有高度特异性的附着位点供λ噬菌体DNA整合，称为 attB，由B、O、B′三部分组成。λ噬菌体的重组位点称为 attP，attP 由P、O、P′三部分组成，其两翼的序列非常重要，因为它们含有重组蛋白质的结合位点。重组时，λ噬菌体和宿主两条DNA的O序列区域配对。整合需要的重组酶由λ噬菌体编码，称为λ整合酶（λintegrase，λInt）。整合酶作用于POP′和BOB′序列，分别交错7 bp将两DNA分子切开，然后再交互连接，噬菌体DNA被整合插入到宿主DNA中后，整合的原噬菌体两侧各形成一个附着位点，分别称为*attL*和*attR*。切除反应发生在原噬菌体两端的*attL*（BOP′）和*attR*（POB′）之间，需要将原噬菌体两侧的附着位点联结在一起，因此，除Int蛋白和整合宿主因子（INF）外，还需要噬菌体编码的切除酶Xis蛋白。见图18-3。

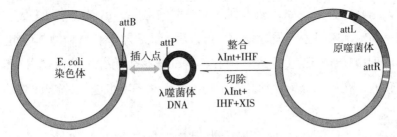

图18-3　λ噬菌体的整合和切除

　抗体的多样性是通过基同重排形成的。在B细胞发育过程中，V、D和J通过位点特异性重组连在一起，形成Ig的转录单位。免疫球蛋白进行V（D）J重组时，首先由重组激活基因1/2（recombination activating gene-1/2）表达的重组激活酶1/重组激活酶2复合体（RAG1/RAG2）与重组信号序列（recombination signal sequences，RSS）结合，并使编码序列与重组信号序列之间的双链断裂，在编码序列的末端形成发夹结构。然后，RSS形成环状结构脱离复合体，形成两个黏性末端。最后由DNA依赖性蛋白激酶（DNA dependent protein kinase，DNA-PK）和DNA连接酶填补缺口并连接切口，完成重组。由于在连接前连接位点可以进行多样化的切割加工，进一步增加了免疫球蛋白的多样性。

三、DNA 的转座

　DNA 的转座（transposition），是一种由可移位因子（transposable element）介导的遗传重组现象。与同源重组相比，转座现象发生的频率虽然要低得多，但它仍然有着十分重要的生物学意义，这不仅因为它能说明在细菌中发现的许多基因缺失和倒位现象，而且它常常被应用于突变体的构建。转座子（transposon，Tn）是存在于染色体DNA上可自主复制和移位的一段DNA序列。转座子最初是由 Barbara McClintock 于20世纪40年代后期，在印第安玉米的遗传学研究中发现的，当时称为控制元件（controlling element）。1983年，McClintock被授予诺贝尔生理学或医学奖，距离她公布玉米控制因子的时间已有32年之久。目前已知，转座子广泛存在于地球所有生物体内，人类基因组中约有35%以上的序列为转座子序列，其中大部分与疾病相关。与前两种重组不同的是，转座子的靶点与转座子之间不需要序列的同源性。接受转座子的靶位点绝大多数是随机的，但也可能具有一定的倾向性（如存在一致序列或热点），具体是哪一种，与转座子本身的性质有关。

转座子的插入可改变附近基因的活性。比如插入到一个基因的内部，有可能导致该基因的失活；如果插入到一个基因的上游，也许会导致基因的激活。对某些生物的基因组序列进行分析，可以看到人、小鼠和水稻的基因组大概有40%的序列由转座子衍生而来，但在低等的真核生物和细菌内仅占1%~5%。这说明转座子在从低等生物到高等生物的基因和基因组进化过程中曾发挥过十分重要的作用。

现有的转座子都有在基因组中增加其拷贝数的能力。一种方式是通过在转座过程中转座子的复制；另一种是从染色体已完成复制的部位转座到尚未复制的部位，然后随着染色体再复制。非复制型的转座子借助后一种方式扩增。转座子分为两大类：插入序列（insertion sequence，IS）和复合型转座子（composite transposon）。

（一）插入序列

插入序列是最简单的转座子，简称IS因子，它不含有任何宿主基因。目前已发现的IS序列有10余种，如IS1、IS2等。IS因子属于一种较小的转座子，长度一般为750~1550 bp，只含有满足自身转座所需要的因子，如至少有一个编码转座酶的基因。IS因子的两端都具有一段反向重复序列（IR）。IS因子本身不具表型效应，只有当它转座到某一基因附近或插入某一基因内部后，引起该基因失活或产生极性效应时，才判断其存在，所引起的效应与其插入的位置和方向有关。IS因子都是可以独立存在的单元，带有介导自移动的蛋白质，也可作为其他转座子的组成部分。最早被鉴定的转座元件是细菌操纵子中的自主插入序大约为1 kb的小片段，中间带有编码自身转座的转座酶基因，两端是短的IR。

（二）复合型转座子

复合型转座子（composite transposon）长度为 4.5~20 kb，除了含转座酶基因序列和转座酶识别位点之外，还含与转座无关的其他基因序列，这些基因常常赋予宿主细胞某种表型，例如抗性基因赋予宿主细胞抗药性，Tn3 转座子就是一种含氨苄青霉素抗性基因（编码β-内酰胺酶）的复合型转座子。

第四篇
常用生物化学与分子生物学技术

第十九章　PCR技术

第一节　概　述

一、PCR的基本原理

聚合酶链式反应（polymerase chain reaction，PCR）技术，是20世纪80年代发展起来的一种在体外对特定的DNA片段进行高效扩增的技术，由美国Cetus公司的技术人员Kary Mullis建立，该技术可以将特定的微量靶DNA片段于数小时内扩增至十万乃至百万倍。PCR技术的创立对于分子生物学的发展具有不可估量的价值，它以敏感度高、特异性强、产率高、重复性好以及快速简便等优点迅速成为分子生物学研究中应用最为广泛的方法。

PCR技术的基本原理类似于DNA的体内复制过程，即以拟扩增的DNA分子为模板，以一对分别与模板5′端和3′端相互互补的寡核苷酸片段为引物，以四种dNTP为原料，由DNA聚合酶按照半保留复制的机制沿着模板链延伸而合成新的DNA，不断重复这一过程，即可使目的DNA分子得到扩增。PCR反应体系的基本成分包括：模板DNA、引物、四种dNTP、耐热性DNA聚合酶以及含有Mg^{2+}的缓冲液。

PCR的基本反应步骤包括变性、退火和延伸三个基本过程。①模板DNA的变性：经加热至95℃左右一定时间后，模板DNA双链变性解离成为单链，以便它与引物结合，为下轮反应做准备。②模板DNA与引物的退火（复性）：模板DNA经加热变性成单链后，将反应体系的温度下降至适宜温度（约55℃左右），引物与模板DNA单链的互补序列配对结合。③引物的延伸：与DNA模板结合的引物在DNA聚合酶的作用下，以dNTP为反应原料、靶序列为模板，按碱基配对与半保留复制原理，合成一条新的与模板DNA链互补的新链。上述三个步骤称为一个循环，约需2～4分钟，每一循环新合成的DNA片段继续作为下一轮反应的模板，经多次（25～40次）循环，约1～3 h，即可将引物靶向的特定区域的DNA片段迅速扩增至上百万倍（见图19-1）。

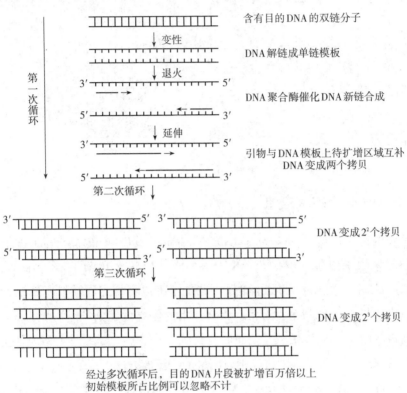

经过多次循环后，目的DNA片段被扩增百万倍以上
初始模板所占比例可以忽略不计

图19-1 PCR反应扩增示意图

二、常见的PCR衍生技术

近年来，随着分子生物学的快速发展，PCR技术本身也不断发展，通过和已有的其他分子生物学技术结合，进而形成多种PCR衍生技术，以满足各种需要和用途。

（一）反转录PCR

反转录PCR（reverse transcription-PCR，RT-PCR）是将RNA的反转录反应和PCR反应联合应用的一种技术，即首先以RNA为模板，在反转录酶的作用下合成互补DNA（complementary DNA，cDNA），再以cDNA为模板，通过PCR反应来扩增目的基因。由此可见，常规的PCR主要是以DNA为模板来进行扩增的，而RT-PCR通过将反转录和常规的PCR技术联合，即可实现对RNA模板的间接扩增。

RT-PCR技术目前已成为基因定性和定量分析的最常用技术之一。譬如真核基因的cDNA克隆、对真核基因在mRNA水平上的表达分析以及临床上对病毒RNA的检测分析等。

（二）多重PCR

多重PCR（multiplex PCR）是指在一个PCR反应中同时加入多组引物，同时扩增同一DNA模板或不同DNA模板中的多个区域，通常每对引物所扩增的产物序列长短不一。因为常规PCR一般只用一对引物扩增DNA模板中的一个区域，因此多重PCR实际上是在一个反应体系中进行多个单一的PCR反应，具有信息量多、省时、节约成本等优点，在临床疾病诊断中尤其具有重要价值，可以利用同一份患者样本对多个致病基因进行检测。

（三）原位PCR

原位PCR（in situ PCR）由Hasse等于1990年建立，它将PCR技术和原位杂交技术两种技术有机结合起来，充分利用了PCR技术的高效特异敏感与原位杂交的细胞定位特点。该技术是在福尔马林固定、石蜡包埋的组织切片或细胞涂片上的单个细胞内进行的PCR反应，然后用特异性探针进行原位杂交，即可检测出待测DNA或RNA是否在该组织或细胞中存在。原位PCR既能分辨鉴定带有靶序列的细胞，又能标出靶序列在细胞内的位置，对于在分子和细胞水平上研究疾病的发病机制和临床过程及病理的转归有重要实用价值。

三、定量PCR

定量PCR（quantitative PCR，Q-PCR），也称实时PCR（real-time PCR），或（quantitative real-time PCR），是指在PCR反应体系中加入荧光基团，通过检测PCR反应管内荧光信号的变化来实时监测整个PCR反应进程，并由此对反应体系中的模板进行精确定量的方法。因为该技术需要使用荧光染料，故也称实时荧光定量PCR或荧光定量PCR。

定量PCR技术于1996年由美国Applied Biosystems公司推出，作为一种新

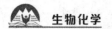

型的PCR技术，实时定量PCR技术克服了常规PCR采用终点法定量的缺陷，并具有快速、灵敏度高和避免交叉污染等特点，目前已经广泛应用于生物医学各个领域。

（一）定量PCR的原理

从本质上来讲，PCR是DNA聚合酶催化的酶促反应，因此其同样具有酶促反应动力学的特点。一般来讲，PCR的反应过程可以大致分为三个阶段。

1. 指数扩增期

在早期阶段，PCR反应体系中各种成分的量非常充足，PCR产物的量以2^n的指数增长方式迅速增加，称为指数扩增期。

2. 非指数扩增期

随着PCR反应体系中dNTP原料、DNA聚合酶和引物等的不断减少，PCR扩增效率降低，扩增产物量的增加速度有所下降，不再呈指数增长方式，称为非指数扩增期或趋向平台期。

3. 平台期

最后反应体系的各种原料几近耗尽，PCR产物的量不再增加，称为平台期。

扩增产物的量主要取决于三个因素，包括初始模板DNA的量、PCR扩增效率以及循环次数。可用如下数学关系式描述：

$$X_n = X_0(1 + Ex)^n \tag{19-1}$$

其中，n代表循环数，X_n为第n次循环后的产物量，X_0为初始模板量，Ex为扩增效率。

在实时荧光定量PCR过程中，由于加入了荧光染料，因此可通过荧光信号强度变化监测产物量的变化，每经过一个循环，仪器自动收集一个荧光强度信号，PCR过程完成后，以循环数为横坐标，以荧光信号强度为纵坐标，即可绘制出一条扩增曲线（见图19-2）。该扩增曲线可分为三个阶段：①荧光背景信号阶段（即基线期）；②荧光信号指数扩

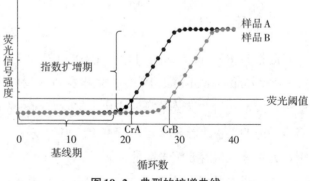

图19-2　典型的扩增曲线

增阶段（即对数期）；③平台期。

定量PCR理论中，特别引入了循环阈值的概念。循环阈值（cycle threshold，C_t）是指在PCR扩增过程中，扩增产物的荧光信号达到设定的荧光阈值时所经历的循环数。荧光阈值（threshold）一般以PCR反应的前15个循环的荧光信号作为荧光本底信号（baseline），缺省设置是3～15个循环的荧光信号的标准偏差的10倍。通俗地理解，荧光阈值实际上就是荧光信号开始由本底信号进入指数增长阶段的拐点时的荧光信号强度。

根据PCR的动力学原理，达到C_t值时的产物量为

$$X_{C_t} = X_0(1 + Ex)^{C_t} \qquad (19\text{-}2)$$

两边同时取对数，则得

$$\log X_{C_t} = \log X_0(1 + Ex)^{C_t} \qquad (19\text{-}3)$$

简单运算，则为

$$\log X_0 = -C_t \times \log(1 + Ex) + \log X_{C_t} \qquad (19\text{-}4)$$

其中，X_{C_t}为荧光信号达到阈值线时扩增产物的量，阈值线一旦设定后，它可视为一个常数；Ex为常变数，即Ex在PCR反应中的某一个循环中是一个常数，在不同的循环数中，Ex的数值不同。

由此可以推出：起始模板量的对数值与其C_t值成线性关系，这就是定量PCR的精确定量的重要依据。起始模板量越多，则C_t值越小。

综上，实时定量PCR技术的基本原理就是将荧光信号强弱与PCR扩增情况结合在一起，通过监测PCR反应管内荧光信号的变化来实时检测PCR反应进行的情况，因为反应管内的荧光信号强度到达设定阈值所经历的循环数即C_t值与扩增的起始模板量存在线性对数关系，所以可以对扩增样品中的目的基因的模板量进行准确的绝对和/或相对定量。而常规的PCR技术只能对PCR扩增的终产物进行定量和定性分析，无法对起始模板准确定量，也无法对扩增反应实时监测。

（二）常见的定量PCR技术

在实际应用中，一般按照定量PCR中是否使用探针，可以区分为不使用探针的非探针类实时定量PCR和使用探针的探针类实时定量PCR。

1. 非探针类实时定量PCR

该类定量PCR方法和常规PCR的主要不同之处在于加入了能与双链DNA结

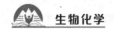

合的荧光染料，由此来实现对PCR过程中产物量的全程监测。由于其成本低廉，近年来得到很快的发展，技术日益完善，得到了大量应用。

最常用的荧光染料为SYBR Green，能结合到DNA双螺旋小沟区域。该染料处于游离状态未与DNA结合时，荧光信号强度较低，一旦与双链DNA结合之后，荧光信号强度大大增强，约为游离状态的1000倍，而荧光信号的强度和结合的双链DNA的量成正比。因此，可以将其加入PCR反应体系中，用来实时监测PCR产物量的多少。

2. 探针类实时定量PCR

和非探针类实时定量PCR方法相比，该类定量PCR方法不是通过向反应体系中加入荧光染料产生荧光信号，而是通过使用探针来产生荧光信号。探针除了能产生荧光信号用于监测PCR进程之外，还能和模板DNA待扩增区域结合，因此大大提高了PCR的特异性。

目前，该类定量PCR中常用的探针类型包括TaqMan探针和分子信标探针等。此处仅以常用的TaqMan探针为例进行介绍。

TaqMan探针是最早用于实时荧光PCR的探针，属于水解类探针，由Applied Biosyste公司推出，在TaqMan探针法的定量PCR反应体系中，包括一对引物和一条TaqMan探针。和引物一样，探针也是一条寡核苷酸链，也能与模板DNA特异性地结合，且其结合位点在两条引物之间。探针的5′-端标记荧光报告基团（reporter，R），3′-端标记荧光淬灭基团（quencher，Q）。常见的用于5′-端标记的荧光报告基团包括FAM、HEX、VIC等荧光染料，用于3′-端标记的荧光淬灭基团包括TAMRA荧光染料和BHG系列非荧光染料。在反应初始即当探针完整时，荧光报告基团与荧光淬灭基团的距离较近，导致两个基团之间发生非放射性荧光能量转移，即荧光共振能量转移（fluorescence resonance energy transfer，FRET）现象，此时荧光报告基团在激发因素下发出的激发荧光被荧光淬灭基团所吸收，从而不发出荧光。此时仪器检测不到荧光信号。而在PCR扩增时，当Taq DNA聚合酶在沿着模板链合成延伸新链的过程中遇到与模板互补结合的探针时，TaqDNA聚合酶会发挥其5′–3′外切酶活性，从探针的5′端对其进行水解，使报告基团与淬灭基团分离，从而破坏了两个基团之间的FRET，导致荧光报告基团在激发因素下发出的激发荧光不再被荧光淬灭基团所吸收，进而发出荧光。此时仪器将检测到相应的荧光信号（见图19–3）。这样每扩增一次，就对应有一个游离的荧光分子（报告基团）形成，借此实现荧光信号的累积与PCR产物的形成完全同步，因此对荧光信号进行检测就可以实时监控PCR的过程，准确定量PCR的起始拷贝数。

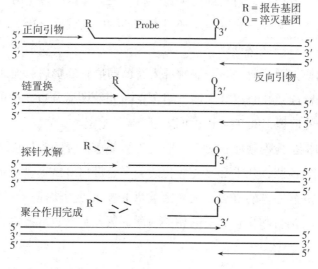

图19-3　TaqMan探针的荧光信号发生机制

第二节　PCR技术的应用

在分子生物学技术中，PCR技术是一项应用最为广泛和最具生命力的分子生物学技术。此处仅从生物医学研究和诊断应用两个方面进行简要介绍。

一、PCR在生物医学研究方面的应用

目前，在从事分子水平操作的生物医学研究实验室，几乎无一例外地都要用到PCR技术。研究者可以利用各种各样的PCR技术对DNA或RNA进行扩增，以进行定性和定量分析。

二、PCR在体外诊断方面的应用

PCR技术最早之所以受到众多商业公司的重视就是因为其在诊断方面的应用，如今，随着荧光定量PCR技术的建立与完善，因其定量精确、特异性高的优势，已经广泛地应用到了医学临床诊断、法医刑侦、检验检疫等各个领域。

在临床诊断方面，主要用于临床疾病早期诊断。PCR技术不仅可以用于先

天性单基因遗传病的检测，也可以用于肿瘤等多基因疾病的检测，还可以用于感染性疾病病原体的检测。不仅可以实现对靶标基因进行突变等定性分析，还可以利用定量PCR技术进行精确的定量分析。在器官组织移植时，还可以进行快速的HLA分型。另外，PCR技术还可用于药物疗效观察、预后判断、流行病学调查等。

在法医刑侦方面，通过对犯罪嫌疑人遗留的痕量的精斑、血斑和毛发等样品中的核酸进行选择性的PCR扩增，结合DNA指纹图谱分析，即可快速锁定案件真凶。同样的道理，PCR技术也可以用于亲子鉴定。

在动植物检验检疫领域，对于目前进出境要求检疫的各种动植物传染病及寄生虫病原体的检测，几乎都有商业化的荧光定量PCR试剂盒可供使用，较之传统的分离培养病原体的方法，荧光定量PCR技术更为快捷、灵敏和特异。此外，对于食品、饲料和化妆品等的相关检测，荧光定量PCR技术也发挥了重要作用。

第二十章　基因文库的构建与筛选

第一节　概　述

文库的英文名称是 library，指图书管理系统；基因文库（也称 DNA 文库）是指某一生物体全部或部分基因的集合，像一个没有目录的"基因图书馆"。某个生物的基因组 DNA 或 cDNA 片段与适当的载体在体外重组后，转化宿主细胞，并通过一定的选择机制筛选后得到大量的阳性菌落（或噬菌体），所有菌落或噬菌体的集合即为该生物的基因文库（gene library）。基因文库由外源 DNA 片段、载体和宿主 3 个部分组成。随着基因组时代的到来，基因文库也出现了多元化的表现形式，固定外源 DNA 片段群体的载体既可以是分子克隆载体，也可以是克隆载体以外的媒介，如 DNA 芯片中的芯片和高通量 DNA 测序中的微珠等可固定和控制文库的固相载体。

高等生物的基因组十分复杂，单个基因在基因组或某个特定发育阶段或特定组织中所占比例很小。哺乳动物单倍体基因组大约含有 3×10^9 个碱基对，一个 3000 bp 的 DNA 片段只占基因组总 DNA 的百万分之一。同样，一种稀有 mRNA 可能只占总 mRNA 的十万分之一或百万分之一。因此，要想从庞大的基因组中分离某个特定的未知序列基因并进行遗传操作是很难的，必须构建基因文库对该基因进行体外扩增，利用一些文库筛选技术获得包含该基因的阳性克隆，然后对阳性克隆进行分析。

构建基因文库的基本程序包括：提取研究对象基因组 DNA，制备合适大小的 DNA 片段，或提取组织或器官的 mRNA 并反转录成 cDNA；DNA 片段或 cDNA 与经特殊处理的载体连接形成重组 DNA；重组 DNA 转化宿主细胞或体外包装后侵染受体菌；阳性重组菌落或噬菌斑的选择。构建基因文库的目的是筛选出感

兴趣的目的基因，常用的文库筛选方法有核酸探针杂交法、抗体免疫法和差异杂交法等，必须根据所研究基因的各种信息，如表达丰度、蛋白质特性和DNA序列等，以及基因文库的特点和类型选择适当的筛选方法。

按照外源DNA片段的来源，可将基因文库分为基因组DNA文库（genomic DNA library）和cDNA文库（complementary DNA library）。

基因组DNA文库是指将某生物体的全部基因组DNA用限制性内切酶或机械力量切割成一定长度范围的DNA片段，再与合适的载体在体外重组并转化相应的宿主细胞获得的所有阳性菌落。其实质就是采用"化整为零"策略，将庞大的基因组分解成一段，每段包含一个或几个基因。

cDNA文库中的外源DNA片段是互补DNA（complementary DNA，cDNA）。cDNA是由生物的某一特定器官或特定发育时期细胞内的mRNA经体外反转录后形成的。也就是说，cDNA文库代表生物的某一特定器官或特定发育时期细胞内转录水平上的基因群体。由于基因表达具有组织和发育时期特异性，因此，cDNA文库所代表的基因也具有同样的时空特性，它仅包含所选材料在特定时期里所表达的基因，并不能包括该生物的全部基因，且这些基因在表达丰度上存在很大差异。

基因组文库与cDNA文库最大的区别在于cDNA文库具有时空特异性。cDNA文库反映了特定组织（或器官）在某种特定环境条件下基因的表达谱，因此对研究基因的表达、调控及基因间互作是非常有用的。由于mRNA是基因转录加工后的产物，因此不包含基因间间隔序列、内含子及基因的调控区。而基因组文库包含了基因的全部信息，如编码区及非编码区、内含子和外显子、启动子及其所包含的调控序列等。

由于基因组DNA文库和cDNA文库性质不同，用途也不同，因此在实际应用中应根据研究的目的选择构建和利用何种文库。如果研究的目标不是表达的基因，而是控制基因表达的调控序列或在mRNA分子中不存在的另外一些特定序列（如内含子），那么只能选用基因组DNA文库来研究。而对于原核生物来说，由于没有内含子和mRNA的poly（A）尾，因此没有必要同时也不便于构建cDNA文库，主要通过构建基因组文库来克隆目的基因。总的说来，两种文库都在基因的分离与克隆领域应用广泛，其中在结构基因组研究中，全基因组物理图谱构建和测序等工作都离不开基因组DNA文库，而cDNA文库在注释基因和研究基因的功能方面应用更多。随着基因组数据的累积越来越多，通过构建基因文库来克隆单个基因已不是主要目的，更多的是用来获得大片段基因组DNA，构建覆盖生物体基因组的物理图谱、基因组测序以及研究基因的表达谱等。

随着社会分工和社会服务的发展，一些模式生物的基因文库已经制成了商业化的试剂或工具，同时用户也可以向服务机构订制所需要的文库。

第二节　基因组DNA文库的构建

一、基因组DNA文库的类型和发展

用于构建基因文库的载体主要有质粒、噬菌体、黏粒及人工染色体等。根据特征，这些载体可以分为两类：一类是基于噬菌体基因组改建的，利用了噬菌体的包装效率高和杂交筛选背景低的优点；另一类是经改造的质粒载体和人工染色体。构建大片段基因组DNA文库的载体主要有λ噬菌体载体、黏粒载体、细菌人工染色体载体（BAC）、酵母人工染色体载体（YAC）、P1噬菌体载体和P1人工染色体载体（PAC）。载体的类型决定了插入片段的大小和用途。各类载体适于构建不同的基因文库，满足不同的研究目的。下面分别描述各类文库。

（一）基因组文库的类型

1. 质粒文库

质粒是最早用于构建基因组文库的载体，现已发展了数十种适用于基因克隆、表达和测序等不同目的的质粒载体。质粒载体所容纳的外源DNA片段一般在10 kb以内。这类基因组DNA文库一般应用于"鸟枪法"全基因组测序研究和构建亚克隆文库或亚基因组文库。

2. 噬菌体文库

噬菌体文库是以细菌噬菌体基因组衍生的一系列载体系统构建的，常用的有λ噬菌体载体、M13单链噬菌体载体、P1噬菌体载体及由噬菌体衍生的质粒载体（phagemid）。M13载体所容纳的外源片段较小，一般用于构建cDNA文库或BAC和PAC亚克隆文库。

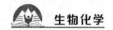

噬菌体文库中应用最广的是λ噬菌体。由于其有利于利用分子杂交的方法进行筛选，用λ噬菌体构建的基因组DNA文库在小基因组物种的基因克隆中起着重要的作用。

3. 黏粒文库

黏粒又称柯斯质粒，是由λ噬菌体的cos序列、质粒的复制序列及抗生素抗性基因构建而成的一类特殊的质粒载体。黏粒载体和噬菌体载体类似，主要用于构建小基因组物种的基因组DNA文库。有时也采用这类系统构建大基因组物种的基因组DNA文库，利用它们在筛选上的优势来分离单个基因或构建一定区间范围的亚基因组DNA文库等。

4. 人工染色体文库

人工染色体文库包括酵母人工染色体文库、细菌人工染色体文库和P1人工染色体文库，也称为大片段基因组DNA文库，容纳的外源DNA片段为100 kb～1 Mb。主要用于大基因组物种的基因克隆、物理图谱构建和基因组测序等，在基因组研究中的应用越来越广泛。

5. 亚基因组文库

亚基因组文库是相对于基因组文库提出的，文库的对象不是全基因组范围，而是基因组的某一区段，如基因组DNA某一特定大小酶切片段的组合、一条染色体或更小的区段（如一个YAC或BAC克隆等）。在基因组研究中，有时通过Southern杂交可以判断出携带目的基因的DNA片段大小，此时可以利用该酶对基因组DNA进行消化并回收这一大小的DNA片段来构建文库进行基因的筛选；也可以利用原位杂交等技术将基因定位于某一条染色体，然后通过显微切割的方法分离单条染色体来构建亚基因组文库；还可以先将基因定位于一个YAC或BAC克隆，再构建该克隆的亚基因组文库。一般而言，亚基因组文库主要应用在基因组较小的物种基因克隆或大基因组物种的后期研究。

（二）基因组文库的发展

基因组DNA文库系统的发展是基于研究的需要而不断开发和改良的，当主要用于分离自己感兴趣的包含一个基因或几个串联在一起的基因时，质粒、λ噬菌体和黏粒载体就可以满足其要求。但随着研究目的和手段的变化，装载容量更大的BAC文库等便成了在基因组研究中更为常用的工具，同时广泛应用于高通量测序和芯片分析的专用文库。

二、文库的代表性和随机性

为保证能从基因组文库中筛选到某个特定的基因，基因组文库必须具有一定的代表性和随机性。所谓代表性，是指文库中所有克隆所携带的DNA片段可以覆盖整个基因组，也就是说，可以从该文库中分离任何一段基因组DNA。代表性是衡量文库质量的一个重要指标。在文库构建过程中通常采用以下两个策略来提高文库的代表性：一是采用部分酶切或随机切割的方法来打断染色体DNA，以保证克隆的随机性，保证每段基因组DNA在文库中出现的频率均等；二是增加文库的总容量，也就是重组克隆的数量，以提高覆盖基因组的倍数，文库总容量由外源片段的平均长度和重组克隆的数量共同决定，外源片段的长度受所选用的载体系统限制。从经济的角度考虑，重组克隆的数量并不是越多越好，因此选用一个合适的重组克隆数量是很有必要的。为预测一个完整基因组文库应包含克隆的数目，Clark和Carbon于1975年提出如下计算公式：

$$N = \ln(1-p)/\ln(1-f)$$

其中，N代表一个基因组文库所包含的重组克隆个数；p表示所期望的目的基因在文库中出现的概率；f表示重组克隆平均插入片段的长度和基因组DNA总长的比值。

以大肠杆菌为例，其基因组大小约为4.6 Mb，若$p = 99\%$，平均插入片段大小为20 kb，$f = 2$ kb/4600 kb，则$N = 1057$，即当期望值从一个平均插入片段为20 kb的大肠杆菌基因组文库中筛选到任意一个感兴趣的基因的概率达到99%时，该基因组文库至少应包含1057个重组克隆。人类基因组核苷酸总长度为3×10^9 bp，如果以同样的要求来构建一个基因组文库，那么需要克隆数$N = 6.9 \times 10^5$。由此可以看出，当基因组较小时，只需要较少数目的克隆即可筛选到目的基因；而当基因组很大时，所需要的克隆数是一个天文数字，在实际操作中是很困难的。对于基因组较大的生物，应该选择装载能力更大的载体系统，这样可以大大减少所需克隆的数目。因此，选择合适的载体系统和挑取一定数量的阳性克隆是构建基因组DNA文库时首先要考虑的问题。

三、基因组DNA文库的构建流程

基因组DNA文库的构建流程相对简单，但需要很多特殊的处理以及必要的仪器设备，尤其是构建插入大片段基因组文库，如BAC、PAC和YAC文库。基

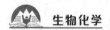

因组文库成功的关键都体现在操作细节上。基因组 DNA 文库的构建程序包含 5 个部分：①载体的制备；②高纯度大相对分子质量基因组 DNA 的提取；③高纯度大相对分子质量基因组 DNA 的部分酶切与脉冲电泳分级分离；④载体与外源片段的连接与转化或侵染宿主细胞；⑤重组克隆的挑取和保存。构建噬菌体文库如 P1 等的程序稍有不同，连接产物不用电转化的方法转化宿主，而是采用包装蛋白进行包装并侵染宿主。最后还要对文库的质量进行检测。

基因组 DNA 文库的构建方法、原理和思路都比较简单，综合起来主要是高质量的载体、完整的基因组 DNA 提取方法和高效的转化或体外包装体系的结合。然而，要构建一个高质量的大片段 DNA 文库并不容易，如何在操作中最大限度地减少 DNA 片段的外部剪切因素是成功的关键所在。有关操作细节可参考《分子克隆实验指南》等实验手册和工具书。

第三节　cDNA 文库的构建

一、cDNA 文库的特征和发展

将来自真核生物的 mRNA 体外反转录成 cDNA，与载体连接并转化大肠杆菌的过程，称为 cDNA 文库的构建。由于真核生物基因组大，结构复杂，含有大量的非编码区、基因间间隔序列和重复序列等，直接利用基因组文库有时很难分离到目的基因片段。即使分离到 DNA 片段，也必须同其 cDNA 序列进行比较，从而确定该基因的编码区、非编码区、翻译产物和调控序列。mRNA 是基因转录加工后的产物，不含有内含子和其他调控序列，结构相对简单，且只在特定的组织器官、发育时期表达。因此，在某些情况下从 cDNA 文库分离基因比从基因组文库中分离基因更具优势。此外，mRNA 决定了功能蛋白的初始肽链的翻译，可以用来研究蛋白质的功能。自 20 世纪 70 年代中期首次合成 cDNA 以来，运用 cDNA 文库进行基因克隆和基因功能研究发展很快，cDNA 文库已成为分子生物学研究的一种基本工具。

基因的表达具有时空性和表达量上的差异。时空性取决于 cDNA 文库的取材。构建 cDNA 文库时，最好选取目的基因表达最高的发育时期或这一时期的特殊组织。表达量的差异决定了构建的 cDNA 文库是否要具有合适的容量。在一定时期的单个细胞中，约有50万个mRNA分子，可能代表了1万～2万个基因。根据基因表达的丰度可以将这些mRNA分成 3类：高丰度、中等丰度和低丰度。其中，高丰度的mRNA约有几十种，每个细胞中可能含有5000个拷贝；中等丰度的mRNA分子可能含有1000～2000种，每个细胞含有约200～300个拷贝；低丰度的mRNA种类最多，但每个细胞仅含有1～15个拷贝左右。根据Clark-Carbon的计算公式，如果要从文库中筛选到每个细胞只含1个mRNA分子的基因（期望值$p = 0.99$），cDNA文库应包含$5 \times 10^6 \sim 1 \times 10^7$个重组子，而对于高丰度或中等丰度基因，文库包含$10^5$个克隆就足够了。早期的cDNA文库多以噬菌体为克隆载体，主要用于筛选单个目的基因。

随着分子生物学研究的发展，构建cDNA文库的目的发生了重大转变。构建cDNA文库的一个重要用途是研究特定器官或组织或发育时期基因的表达谱，发现新基因，或寻找差异表达的基因，或发现基因的单核苷酸多态性（single nucleotide polymorphism，SNP）。通过大规模测定cDNA序列还可获得表达序列标签（expresscd sequence tag，EST）；随着高通量测序技术的普及，获取全长转录组信息的工作越来越多；通过扣除杂交文库来寻找差异表达的基因越来越受到人们的重视。

二、cDNA文库的构建

cDNA文库的构建共分4步：①mRNA分离；②第一链cDNA的合成；③第二链cDNA的合成；④双链cDNA克隆进质粒或噬菌体载体并导入宿主中繁殖。见图20-1。

（一）mRNA分离

mRNA是构建cDNA文库的起始材料，总RNA绝大多数是tRNA和rRNA，而mRNA只占总RNA的1%～5%，mRNA的质量分数取决于细胞类型和细胞的生理状态。在单个哺乳动物细胞中，大约有36万个mRNA分子，约1.2万种不同的mRNA，有些mRNA分子占细胞mRNA的3%，而有些mRNA分子只占不到0.01%。这些"稀有"或"低丰度"mRNA分子多达1.1万种，在每个细胞中只有5～15个分子，占基因总数的45%。由于mRNA在总RNA中所占比例很小，因此从总RNA中富集mRNA是构建cDNA文库的一个重要步骤。通过降低rRNA和tRNA的质量分数，可大大提高筛选到目的基因的可能性。

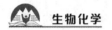

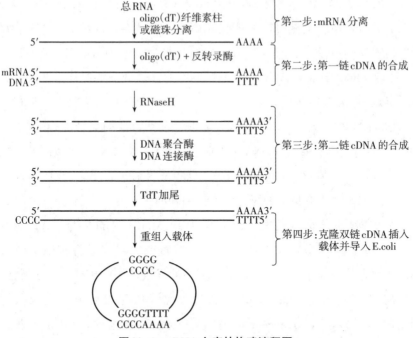

图20-1　cDNA文库的构建流程图

　　真核生物mRNA的3′端都含有一段poly（A）尾巴，这是真核生物mRNA的一个重要特征。目前各种分离纯化mRNA的方法正是利用了这一特征。纯化mRNA的方法都是在固体支持物表面共价结合一核苷组成的寡核苷酸oligo（dT）链，oligo（dT）与mRNA的poly（A）尾巴杂交，将mRNA固定在固体支持物表面，进而可将mRNA从其他组分中分离出来。由于oligo（dT）链和poly（A）都不长，杂交可形成的杂合双链在高盐离子浓度下可以保持，在低盐离子浓度下或较高温度下就会分开，利用这一性质从RNA组分中分离纯化出mRNA。

　　原核生物的mRNA由于没有poly（A）尾巴，一般不构建cDNA文库，加上原核生物的基因组总体上没有内含子，基因组序列与mRNA的序列是共线性的，因此也没有构建cDNA文库的必要。但在分析原核生物的表达谱时，也需要构建其cDNA文库。只不过在富集mRNA时主要通过去除总RNA中的rRNA等方式来实现。

　　（二）第一链cDNA的合成

　　由mRNA到cDNA的过程称为反转录，由反转录酶催化。常用的反转录酶有2种，即AMV（来自禽成髓细胞瘤病毒）和Mo-MLV（来自Moloey鼠白血病病毒），二者都是依赖于RNA的DNA聚合酶，有5'-3'DNA聚合酶活性。目前常用的反转录酶多是通过点突变去掉了RNase H活性的Mo-MLV。

反转录酶依赖RNA的DNA聚合酶，合成DNA时需要引物引导。常用的引物主要有oligo(dT)引物和随机引物。oligo(dT)引物一般包含15~30个脱氧胸腺嘧啶核苷和一段带有稀有酶切位点的寡核苷酸片段，随机引物一般是包含6~10个碱基的寡核苷酸短片段。

oligo(dT)引导的cDNA合成是在反应体系中加入高浓度的oligo(dT)引物，oligo(dT)引物与mRNA 3'端的poly(A)配对，引导反转录酶以mRNA为模板合成第一链cDNA，这种cDNA合成的方法在cDNA文库构建中应用极为普遍。由于cDNA末端存在较长的poly(A)，对后续的cDNA测序会产生一定影响。

随机引物引导的cDNA合成是采用6~10个随机碱基的寡核苷酸短片段来锚定mRAN并作为反转录的起点。由于随机引物可能在一条mRNA链上有多个结合位点而从多个位点同时发生反转录，比较容易合成特长的mRNA分子的5'端序列。由于随机引物法难以合成完整的cDNA片段，因而不适合构建cDNA文库，一般用于RT-PCR和5'-RACE。

（三）第二链cDNA的合成

cDNA第二链的合成就是将上一步形成的mRNA-cDNA杂合双链变成互补双链cDNA的过程。cDNA第二链合成的方法大致有4种：自身引导合成法、置换合成法、引导合成法和引物-衔接头合成法。

1. 自身引导合成法

自身引导法合成cDNA第二链的过程见图20-2，首先用氢氧化钠消化杂合双链中的mRNA链，解离的第一链cDNA的3'端就会形成一个发夹环（发夹环的产生是第一链cDNA合成时的特性，原因至今未知，据推测可能是与帽子的特殊结构相关），并引导DNA聚合酶复制出第二链，此时形成的双链之间是连接在一起的，再利用S1核酸酶将连接处（仅该位点处为单链结构）切断形成平末端结构。这样的处理要求很高纯度的S1核酸酶，否则容易导致双链分子的降解从而丧失部分序列。1982年前，自身引导合成法是cDNA合成中的常用方法，但由于S1核酸酶的操作很难控制，经常导致cDNA大量损失，现在已经不常使用。

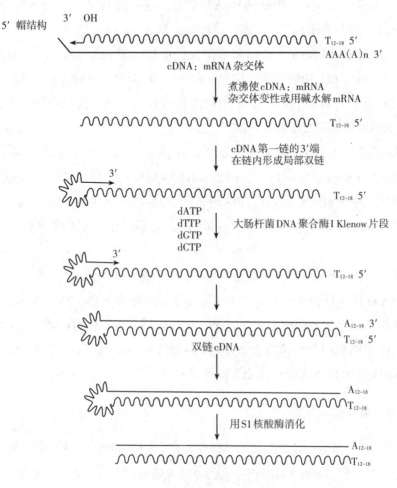

图20-2　自身引导法合成第二链cDNA

2. 置换合成法

置换合成法的过程见图20-3，它由一组酶共同控制，包括RNase H、大肠杆菌DNA聚合酶Ⅰ和DNA连接酶。在mRNA-cDNA杂交双链中，RNase H在mRNA链上切出很多切口，产生很多小片段，大肠杆菌DNA聚合酶Ⅰ以这些小片段为合成第二链cDNA片段。这些cDNA片段进而在DNA连接酶的作用下连接成一条链cDNA的第二链。遗留在5′端的一段很小的mRNA也被大肠杆菌DNA聚合酶Ⅰ的5′-3′外切核酸酶和RNase H降解，暴露出与第一链cDNA对应的3′端部分序列。同时，大肠杆菌DNA聚合酶Ⅰ的5′-3′外切核酸酶的活性可将暴露出的第一链 cDNA 的 3′端部分消化掉，形成平末端或接近平末端。这种方法合成的 cDNA 在 5′端存在几个核苷酸缺失，但一般不影响编码区的完整。

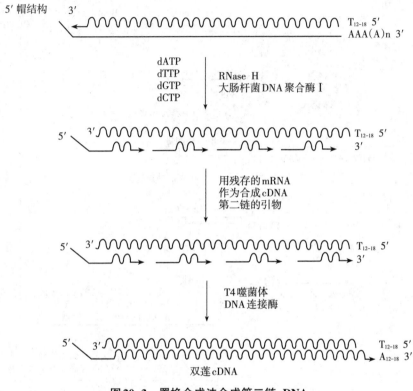

图20-3　置换合成法合成第二链cDNA

3. 引导合成法

引导合成法是由 Okayama 和 Berg 提出的，其基本过程见图 20-4，首先制备一端带有 poly(dG) 的片段 II 和带有 poly(dT) 的载体片段 I，并用片段 I 来代替 oligo(dT) 进行 cDNA 第一链的合成，在第一链 cDNA 合成后直接采用末端转移酶在第一链 cDNA 的 3′端加上一段 poly(dC) 的尾巴，同时用限制性内切酶创造出一个黏末端，与片段 II 一起形成环化体，这种环化了的杂合双链在 RNase H、大肠杆菌 DNA 聚合酶 I 和 DNA 连接酶的作用下合成与载体联系在一起的双链 cDNA。其主要特点是合成全长 cDNA 的比例较高，但操作比较复杂，形成的 cDNA 克隆中都带有一段 poly(dC)/(dA)，对重组子的复制和测序都不利。

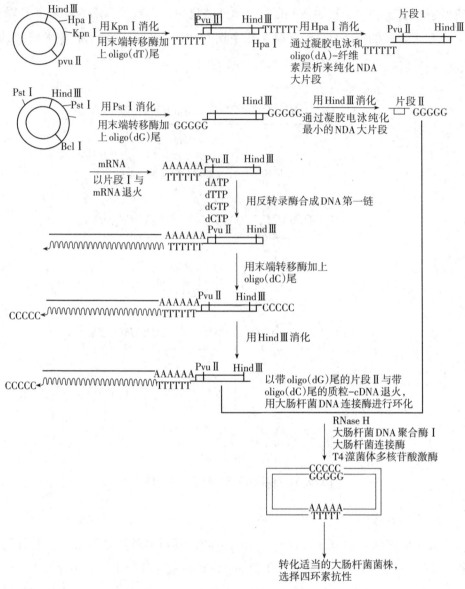

图20-4　引导合成法合成第二链cDNA

4. 引物-衔接头合成法

引物-衔接头合成法是由引导合成法改进而来的。第一链cDNA合成后直接采用末端转移酶(TdT)在第一链cDNA的3′端加上一段poly(dC)的尾巴，然后用一段带接头序列的poly(dG)短核苷酸链作引物合成互补的cDNA链，接头序列可以是适用于PCR扩增的特异序列或方便克隆的酶切位点序列。这一方法目前已经发展成PCR法构建cDNA文库的常用方法。

（四）双链cDNA克隆进质粒或噬菌体载体并导入宿主中繁殖

由于平末端连接的效率低，双链cDNA在和载体连接之前，要经过同聚物加尾、加接头等一系列处理，其中，添加带有限制性酶切位点接头是最常用的方法。

双链cDNA在连接之前最好经过cDNA分级分离，回收大于500 bp的cDNA用于连接。cDNA文库的载体选择和基因组DNA文库有些类似，只是不用考虑外源片段的长度，因为一般cDNA的长度范围多在0.5～8 kb，常用的质粒载体或噬菌体类载体都能满足要求。一般而言，噬菌体cDNA文库比质粒文库筛选方便，如单个培养皿内可以铺展更多的重组子，复制用于杂交的膜方便、快捷，而且杂交背景低等。但质粒文库在后续操作上更加方便且用途更广。

三、cDNA文库均一化处理

将构建好的独立cDNA文库进行均一化处理，可将其中表达丰度高或较高的组分去除一部分，从而制备均一化cDNA文库（normalized cDNA library），这样的文库中各克隆出现的随机性相对一致。在一个经过均一化处理的cDNA文库中，丰度高或较高的cDNA的比例之和仅为4.6%，低丰度表达的克隆在文库中的比例高达95.4%。

构建均一化cDNA文库主要有两条途径，即基因组DNA饱和杂交法和基于复性动力学原理的均一化方法。

前者利用不同表达水平的基因对应的基因组拷贝数相对一致的特点，可以对cDNA文库进行均一化。首先，将基因组DNA用限制性内切酶消化固定，消化后的基因组DNA变性为相对较短的单链且最大可能地覆盖基因组；然后，分离纯化独立cDNA文库的混合质粒；最后，文库DNA与固定的基因组DNA充分饱和杂交，固定住相应的cDNA，并将它洗脱重新转化受体菌。

后者基于复性动力学原理，双链DNA在加热变性后再复性形成双链DNA的速率遵循二次复性动力学原理（second-order kinetics），即与组分中的单链DNA的浓度相关。cDNA文库中高丰度cDNA复性所需的时间较短，低丰度cDNA复性所需的时间较长，通过控制复性时间可使高丰度cDNA复性成双链状态，而低丰度cDNA仍保持单链状态，利用羟基磷灰石柱很容易将单链和双链cDNA分开。再用得到的单链cDNA转化宿主细菌，即可得到均一化cDNA文库。

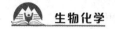

四、全长 cDNA 文库

全长 cDNA 在基因克隆和基因功能定性研究中有很重要的作用，但用置换合成法、引导合成法以及引物-衔接头合成法构建的 cDNA 文库中，全长 cDNA 克隆的比例比较低，因此提高 cDNA 文库中全长 cDNA 比例即构建全长 cDNA 文库（full-length cDNA library）就显得非常重要。

导致 cDNA 不完整有多方面的原因，cDNA 第二链合成过程中聚合酶的外切核酸酶活性是一个重要原因。此外，至少还有两种因素。第一是 mRNA 的降解，mRNA 很容易从 5′端开始降解，涉及的因素有很多，包括起始的生物材料、抽提和纯化过程中 RNase 的污染、机械断裂等。第二是反转录酶的合成特性，即便是去除了 RNase H 活性的反转录酶在反转录全长的 mRNA 时，其合成的也是全长和非全长反转录产物的混合物，这一方面与 mRNA 分子的结构有关，也与反转录酶从转录复合体上脱落有关。因此，要想构建真正意义上的全长 cDNA 文库，不仅要考虑如何确保第二链的完整合成，还要考虑如何避开反转录或 mRNA 本身的影响。从理论上分析，如果有一种方法能够在合成 cDNA 之后对全长 cDNA 进行选择，就可以大幅度提高全长 cDNA 克隆的比例。目前发展的全长 cDNA 文库构建方法都是根据这种思路设计的。下面选择 3 个具有代表性的例子来进行进一步的阐述。

（一）SMART 法构建全长 cDNA 文库

SMART（switching mechanism at 5′ end of RNA transcript）方法在第一链 cDNA 合成时，由于反转录酶带有末端转移酶的活性，当其到达 mRNA 5′端时，会自动在第一链 cDNA 的 3′端加上几个 d(C)。加入带有 3 个 d(G) 的特异性引物，该引物会与全长 cDNA 第一链互补结合，然后继续以该引物为模板合成互补链（见图 20-5）。该法聪明地利用了反转录过程中用接头锚定的方法，与传统的方法相比，全长 cDNA 的比例得到大幅提高。在第一链 cDNA 分子中，出现 3 个 d(C) 的概率相对较高。但由于其仅是靠 3 个 d(G) 来锚定的，因而由于错配造成假全长 cDNA 的可能性也较大，所以该法还不是理想的全长 cDNA 文库构建的方法。但由于其已经商品化，操作起来方便，目前应用非常广泛。

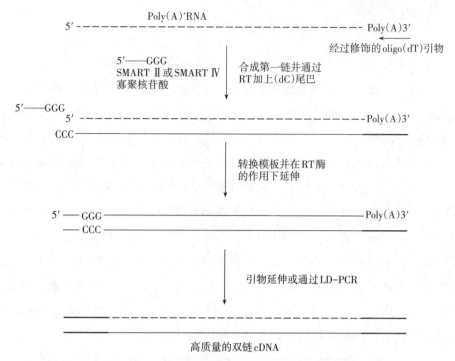

图 20-5 　 **SMART 技术构建全长 cDNA 文库的基本原理**

（二）Cap-Trapper 法构建全长 cDNA 文库

在利用 Cap-Trapper 法克隆全长 cDNA 时，使用了生物素标记和甲基化标记。首先利用 3′端锚定碱基的 oligo(dT) 引物引导合成第一链 cDNA。合成第一链 cDNA 时用 dm^5 CTP 代替 dCTP，使所有的胞嘧啶都被 5-甲基-dCTP 取代，以保护 cDNA 不被随后的限制性内切酶消化。其次在 mRNA 的 5′和 3′端标记上生物素，并用 RNase Ⅰ消化单链 RNA。由于全长第一链 cDNA 与 mRNA 形成的杂合双链分子中不存在单链 mRNA，而不完整的第一链 cDNA 与 mRNA 形成的杂合双链分子中 mRNA 的 5′端仍然处于单链状态，可以用 RNase Ⅰ将单链部分的 mRNA 消化掉，从而也将标记的生物素切割掉。然后利用偶联了生物素抗体的磁珠分离出生长的 cRNA-mRNA 杂合双链，水解 mRNA 链后再利用加尾法在第一链 cDNA 末端加上 oligo(dG)，并合成第二链 cDNA。最后用合适的限制性内切酶消化双链 cDNA，与载体连接，包装后感染大肠杆菌即可以获得全长 cDNA 文库。利用这种方法构建的全长 cDNA 文库中有 88.1%～95% 的克隆包含了 ATG。

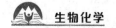

（三）烟草酸焦磷酸酶法构建全长cDNA文库

近年来开发的烟草酸焦磷酸酶法（tobacco acid pyrophosphatase，TAP）自一诞生就被广泛应用于构建各种全长cDNA文库。TAP能特异地识别真核生物mRNA的5′端帽子结构并将其去除，暴露出切口5′端的磷酸基团，可以在该切口处连接一段特异的接头来引导cDNA第二链的合成。其基本原理如图20-6所示。在反转录合成第一链前对mRNA进行去磷酸化处理，使不完整的mRNA分子中暴露的5′端磷酸被去掉；然后在反应中加入TAP，特异性地去掉完整mRNA分子5′端的帽子结构，暴露出5′端磷酸基团。在T4 RNA连接酶的作用下，可以在5′端连接上一段特异的RNA接头。不完整的mRNA分子中由于缺少磷酸基团而不能连接上接头，因此只有添加了接头的全长mRNA分子才能在该接头引导下合成第二链cDNA，从理论上讲，用此方法合成的cDNA都是全长的cDNA。在cDNA第二链合成时，可以通过对应RNA接头的序列和oligo(T)中的序列，设计引物作巢式PCR将完整cDNA扩增出来。

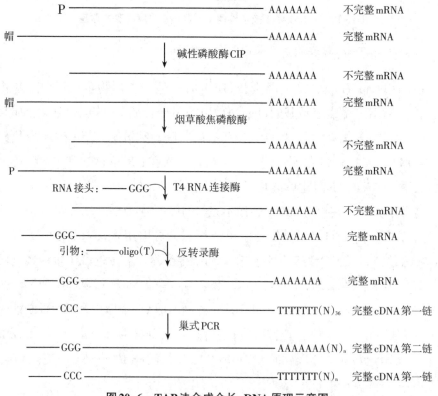

图20-6　TAP法合成全长cDNA原理示意图

除了上面介绍的几类文库之外，表达载体和全长 cDNA 文库的结合产生了表达 cDNA 文库，可以在蛋白质水平对基因进行免疫学筛选。将表达文库与酵母双杂交系统结合使用，利用酵母作宿主的融合蛋白 cDNA 文库已经成为蛋白质组学研究的重要工具。上述文库构建策略都是基于连接酶将外源 cDNA 片段和载体连接在一起的，为提高连接效率，都存在着利用酶切来创造黏末端的操作。

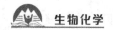

第二十一章　互作分子筛选技术

第一节　概　述

　　一般来说，从基因文库中筛选目的基因的难易程度主要取决于所采用的基因克隆和目的基因的性质与来源。如果目的基因是原核生物的特殊功能基因（如抗性基因、杀虫基因或是启动子/复制子等功能元件），就很容易通过这些基因的特殊功能来筛选。而真核生物的基因筛选要复杂得多。为了解决类似的筛选问题，已经发展了一系列方便快捷、可靠性高的筛选方法，包括特异性探针的核酸杂交、特异性抗原的免疫学检测和PCR筛选法等。下面就这些具体的策略分别进行介绍。

第二节　表型筛选法

　　表型筛选法就是在宿主菌（如大肠杆菌）中表达目的基因，使宿主产生新的表型或使宿主恢复其突变基因的表型来筛选目的基因。表型筛选法对具有明显形态学特征或比较容易检测生化性状的基因筛选是非常有效的，比如与营养缺陷型相关的基因和抗生素抗性基因，该方法要求宿主为不携带该目的基因或是该基因的缺失突变体。

　　由于该法要求筛选的基因在宿主（一般是原核生物或酵母）中表达，而真核生物编码的基因，尤其是基因组DNA编码的基因很难在原核宿主中表达，因此表型筛选法主要用于原核生物的基因筛选。经过长期的积累，原核生物（尤其是大肠杆菌）已经拥有相当数量的表型突变体，且已经作了详尽的研究。目前，在酵母中也已经成功运用该法鉴定了一些未知功能的基因，如编码拟南芥的脂肪酸延长酶1（fatty acid elongase 1，FAE1）基因，其cDNA在酵母中表达可导致芥酸的合成。另外，表型筛选法还可用在一些基因功能元件（如启动子、复制起点），如将DNA片段与不含启动子的报告基因连接构建文库，可以根据文库中报告基因的表达来筛选相应的启动子元件。

第三节　杂交筛选和PCR筛选

当目的基因是未知功能的基因或一些不能在原核生物中表达的真核生物的基因时，可以利用核酸探针来筛选。探针的来源成为筛选的核心。探针可以根据该基因的部分序列、同源基因片段或不完整的蛋白质产物（例如，通过测定其N–末端氨基酸序列设计简并寡核苷酸引物）来设计，或利用遗传定位的性质通过与基因紧密连锁的一些分子标记设计探针。杂交筛选法是应用最为广泛的筛选目的基因克隆的一种方法，常用的有菌落杂交和噬菌斑杂交，相关的杂交技术在前面的章节中有详细的阐述。分子杂交的灵敏度很高，因此为减少假阳性出现的概率，探针的特异性要非常高。

当用已知基因为大片段DNA文库中筛选目的基因时，还可以采用更加简单快捷的方法——混合池PCR筛选法。首先，根据已知序列设计基因特异性引物，然后将文库质粒（也可以直接是细菌）进行有序的混合。如果一个文库贮藏在10个384孔培养板中，先将整个文库以培养板为单位混合，构成10个"主混合池"；再将这10个培养板分别按"行"和"列"混合，构成16个"行混合池"和24个"列混合池"。以10个"主混合池"为模板进行的PCR反应可以确定阳性克隆所在的培养板，以"行混合池"和"列混合池"为模板进行的PCR可以确定阳性克隆在各个培养板上所在的行和列。这样，通过50个PCR反应，即可从3840个克隆中筛选出阳性克隆。在具体应用中，一旦"主混合池""行混合池""列混合池"构建好以后，PCR筛选将非常方便，每天可以作大量的PCR反应，筛选大量的标记。

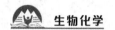

第四节 免疫筛选

如果能得到目的基因产物对应的抗体，就可以通过免疫学方法来筛选。免疫筛选法和核酸杂交的方法类似，只是其使用的探针不是核酸，而是特异性抗体。适合免疫杂交法筛选的外源基因首先要在宿主细胞中存在抗原蛋白的表达，用于筛选的DNA文库必须是表达文库，通常是原核生物的基因组DNA文库和真核生物的cDNA表达文库（如用λgtl 1作载体构建的文库）。而且，所检测的对象为宿主中不编码的基因或宿主中缺失表达的基因。

根据检测方法的不同，免疫筛选法可以分为两种方式：原位检测和免疫沉淀检测。这些方法最突出的优点是能够检测在宿主细胞中不产生任何表型特征的基因。

原位检测与菌落或噬菌斑的原位杂交相似，通常将菌落或噬菌斑原位影印到固相支持膜（如硝酸纤维素膜），原位溶解菌落释放出抗原蛋白。以下的操作就像Western杂交一样，将抗体与固定了抗原蛋白的膜杂交，使抗原与抗体发生反应并结合在一起，然后将标记的第二种抗体与之反应，这样就可以通过对标记物的检测，找到阳性克隆子。

免疫沉淀检测法是在培养基中添加特异性的抗体，如果有菌落分泌出对应的抗原蛋白，抗原-抗体结合形成的沉淀会在菌落周围形成白色圆圈。这种方法主要用于检测分泌蛋白。

第五节 酵母双杂交系统

酵母双杂交系统简称双杂交系统（two-hybrid system），也叫相互作用陷阱（interaction trap），是根据真核生物转录调控的特点创建的一种体内鉴定基因的方法。其筛选的基因不是"探针"的直接编码物，而是能够与其相互作用的蛋白质的编码基因，即筛选与已知基因的产物发生相互作用的蛋白的编码基因。

双杂交系统的基本原理来自对酵母转录激活因子（transcriptional activator）GAL4的认识。许多真核生物转录激活因子有两个功能域：一是DNA结合结构域（binding domain，BD），可与DNA序列的特定位点即上游激活序列（upstream activating sequence，UAS）结合；二是转录激活结构域（activation domain，AD），协助RNA聚合酶Ⅱ复合体激活UAS下游基因的转录。这两个结构域的功能是独立的。正常情况下它们都是同一种蛋白质的组成部分，缺一不可，但如果利用DNA重组技术把它们彼此分开并放置在同一宿主中表达，也不能激活相关基因的转录，其原因是由于它们彼此之间在空间上存在一定距离，会直接发生相互作用。如果能将它们空间上的距离拉近，就可以形成有功能的转录激活因子，从而启动下游基因的转录。酵母双杂交理论就是建立在此原理上的，利用融合蛋白的策略，将蛋白X与BD融合、蛋白Y与AD融合，将它们导入酵母细胞中共表达，若X与Y相互作用，则会导致BD和AD在空间上接近，形成一个有功能的转录激活因子，激活下游报告基因的表达。X为已知蛋白，使要筛选的"探针X"与BD构建融合蛋白BD-X（通常称为诱饵，bait），并以含有BD-X融合蛋白基因和报告基因的细胞为构建文库的受体菌；而将所要筛选的对象Y与AD构建成融合蛋白AD-Y的cDNA文库（即将目的cDNA与AD基因构建融合基因文库），通常称AD-Y为猎物（prey），当Y基因产物能与X基因产物发生作用时，就可启动报告基因的表达（见图21-1）。

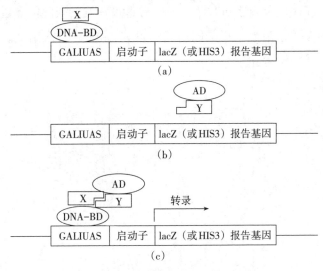

图21-1 酵母双杂交体系原理示意图

如图21-1所示，（a）为GAL4的BD和蛋白质X形成的融合蛋白同GAL1的UAS序列结合，但由于没有AD的结合，所以不能激活报告基因的转录；（b）为GAL4的AD与蛋白质Y形成的融合蛋白在没有BD结合时，也不能激活报告基因

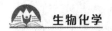
的转录；（c）为 BD-X 和 AD-Y 的相互作用重建了 GAL4 的功能，使 AD 激活启动子从而引发报告基因的转录。

　　酵母双杂交系统为研究蛋白质间的互作提供了很好的工具。酵母双杂交系统也存在一些局限性，其中的一个主要问题是"假阳性"。由于某些蛋白质本身具有转录激活功能（如转录因子）或在酵母内表达时具有转录激活作用，因此，两个融合基因的表达产物无须特异结合就能启动转录。另外，有些蛋白质表面有对其他蛋白质的低亲和区，容易与诱饵蛋白等多个蛋白形成蛋白质复合体，引起报告基因表达，使酵母出现相应的表型，产生假阳性结果。另一个问题是，酵母双杂交系统要求相互作用启动转录的蛋白质位于细胞核内，因此要求研究的蛋白质也位于核内才能激活报告基因，在应用上具有局限性。为克服这些不足，近年来对该系统作了改进。

第六节　克隆基因的验证和分析

　　前面已经描述了几种常见的基因克隆的筛选方法，但在基因克隆过程中，利用这些方法都存在假阳性的问题，因此对直接筛选的克隆需要进一步作阳性鉴定，常用的方法包括酶切指纹围谱、Southern 杂交、二次杂交、体外表达蛋白和 DNA 序列分析法等。

第二十二章 流式细胞分离技术

第一节 概 述

流式细胞术（flow cytometry）是20世纪60年代后期开始发展起来的利用流式细胞仪（flow cytometer）快速定量分析细胞群的物理化学特征以及根据这些物理化学特征精确分选细胞的新技术，主要包括流式分析和流式分选两部分。流式细胞仪通过接收激光照射液流内细胞后的散射光信号和荧光信号反映细胞的物理化学特征，如细胞的大小、颗粒度和抗原分子的表达情况等。流式细胞仪的出现和流式细胞术的发展是多学科领域共同发展的结晶，其中涉及细胞与分子生物学和生物技术、单克隆抗体技术、激光技术、荧光化学、光电子物理、流体力学、计算机技术等。

流式细胞术主要应用于生命科学的基础研究，尤其是免疫学、细胞生物学和分子生物学。20世纪80年代后期开始应用于临床，应用流式细胞术测定外周血CD4 T细胞的数量能用于监测HIV感染者疾病的进展，开启了流式细胞术应用于临床的新纪元。随后，利用流式分选干细胞过继回输用于疾病的治疗，进一步拓展了流式细胞术的临床应用。现在流式细胞术还能辅助多种疾病的诊断，尤其是白血病的诊断和分型。

一、原 理

特定波长的激光束直接照射到高压驱动的液流内的细胞，产生的光信号被多个接收器接收，一个是在激光束直线方向上接收到的散射光信号（前向角散射），其他是在激光束垂直方向上接收到的光信号，包括散射光信号（侧向角散射）和荧光信号。液流中悬浮的直径 0.2～150 μm 的细胞或颗粒能够使激光束

发生散射，细胞上结合的荧光素被激光激发后能够发射荧光。散射光信号和荧光信号被相应的接收器接收，根据接收到的信号的强弱波动就能反映出每个细胞的物理化学特征。

二、流式细胞仪的三大要素

流式细胞仪的三大要素为流式细胞仪、样品细胞和荧光染料或者荧光素偶联抗体。流式细胞术是在流式细胞仪上操作的，流式细胞仪根据其功能的不同可以分为分析型流式细胞仪和分选型流式细胞仪，前者只能流式分析，不能分选纯化目标细胞，后者能够同时进行流式分析和流式分选。

流式细胞术检测的对象是细胞，而且是呈独立状态的悬浮于液体中的细胞，即单细胞悬液。流式细胞术不能直接检测组织块中的细胞，要检测脏器或组织中的细胞，必须先用各种方法将脏器或组织制备成单细胞悬液，然后标记上荧光素偶联抗体，才能被流式细胞仪检测。流式细胞术不能直接检测分子，但是用人工合成的颗粒代替细胞，然后将该分子的抗体与人工颗粒结合，可以间接检测分子，如用CBA法检测细胞因子等。

流式细胞术可以定量检测样品细胞的物理化学特征，其定量是以光信号为基础的，通过分析接收到的激光照射到细胞后的散射光信号和荧光信号完成定量分析。样品细胞只有标记荧光染料或者荧光素偶联抗体进而被特定波长的激光照射后才能发射特定波长的荧光信号，从而得到样品细胞表达某抗原分子的强弱情况等化学特征，否则只能通过分析散射光信号得到样品细胞的体积大小和颗粒度等物理特征。

三、光指示系统

流式细胞术是一种定量技术，任何一种定量技术都有其指示系统，流式细胞术的指示系统是光信号，流式细胞术通过检测细胞经激光照射后收集到的光信号间接反映细胞的物理化学特征。接收到的光信号主要有散射光信号和荧光信号两种，散射光信号是激光照射到细胞后发生散射形成的，散射光的波长与激光的波长相同；荧光信号是细胞上结合的荧光素被激光激发后产生的，一般来说，荧光信号的波长要长于激发它的激光的波长，流式细胞仪通过光路系统将荧光信号根据波长的不同分成不同的部分，不同波长的荧光分别进入各自的接收器被流式细胞仪接收和分析。流式细胞术通过分析散射光信号来反映细胞大小和颗粒度等物理特征，通过分析荧光信号来反映细胞表达抗原、合成细胞因子等化学特征。

四、群体信息

流式细胞术关注的是细胞的群体信息，如有多少比例的细胞表达某重要的抗原分子或者合成某重要的细胞因子等，而并非关注其中某一个细胞的特性。所以，流式细胞术得到的经常是一个比例值（如阳性比例），或者平均荧光强度等群体信息。

五、FACS

荧光驱动的细胞分选（fluorescence-activated cell sorting，FACS）最初于1972年被提出，指的是荧光驱动的细胞分选的新技术。FACS后来被BD公司（第一个将流式细胞仪商业化的公司）注册为商标，用于标识与流式细胞术相关的设备和试剂。现在，FACS已经被广泛接受，其含义也已经发生了变化，目前FACS通常指流式细胞仪和流式细胞术。

六、Hi-D FACS

高维流式细胞术（high-dimensional FACS，Hi-D FACS）是指多参数同时使用的流式细胞术。最初的流式细胞仪只配备有1个激光器，只能使用2个参数，一个是散射光信号，另一个是荧光信号。随着流式细胞仪的快速发展，激光器数目、可分析的参数或荧光通道数目也随之增加，从普遍使用的2个激光器（488 nm和635 nm激光器）、4色荧光（FITC、PE、PerCP和APC）以及前向角散射和侧向角散射的6参数分析，发展到4个激光器、16色荧光、18参数同时分析。Hi-D FACS就是指可同时进行4色、6参数以上分析的流式细胞术，多用于细胞亚群的精确界定与分析，如对人外周血T细胞和B细胞亚群的精确界定。

Hi-D FACS最大的优点是能提供细胞表面多种抗原分子的相互关系图，从而更加精确地界定一种细胞亚群，发现不同细胞亚群之间的表型差异等。而且，Hi-D FACS可以同时测定胞内的细胞因子合成、激酶的激活、代谢物质的变化等多种信息，进一步从功能上研究不同的细胞亚群。但Hi-D FACS同时检测的荧光通道数较多，需准确调节各通道之间的补偿，对技术要求更高；由于

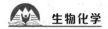

其中所含的信息量非常大，错误信息掺杂的概率也相应增加，所以数据分析时需格外注意，下结论时需非常慎重，一般需采用不同的标记方案多次互相印证才能得出重要结论。

七、FACS与单克隆抗体技术

1975年由Kohler和Milstein创建的杂交瘤技术和由此发展起来的单克隆抗体技术促进了FACS的发展和广泛应用。杂交瘤能够产生几乎所有的单克隆抗体，每一种单克隆抗体都能与相应的抗原特异性结合，而且单克隆抗体与各种荧光素的偶联方法比较简便，从而在理论上可提供几乎所有的、用于FACS的荧光素偶联单克隆抗体。目前已有几百种商品化的荧光素偶联单克隆抗体用于FACS的基础研究和临床应用。单克隆抗体技术促进了FACS的发展，FACS反过来也促进了单克隆抗体技术的发展。单纯细胞融合法产生的杂交瘤细胞中含有大量无抗体分泌能力的细胞，常规培养很难从中得到纯的分泌单克隆抗体的杂交瘤细胞，而联合利用FACS可进一步分选出其中分泌单克隆抗体的杂交瘤细胞，然后克隆扩增。事实上，很多杂交瘤克隆就是通过这种方法被挽救得到的，所以，FACS和单克隆抗体技术可相互促进、共同发展。

八、Logicle数据形式

Logicle数据形式又称为双向指数（bi-exponential）数据形式，是一种新的流式图数轴的数据表示形式，是在经典的对数（logarithmic）数据表示形式基础上发展而来的。Logicle数据是将检测到的荧光信号值减去非特异性荧光信号值，然后以对数形式显示。经典的对数值都是正数，但Logicle数据可能是零或者负数，所以其流式图数轴的起点不是零，而是负数。Logicle数据形式有利于验证荧光通道之间的补偿是否调节得当，补偿调节得当时，阴性细胞群的平均荧光值为零，细胞平均分布于零值线的两侧，基本呈对称分布。如果阴性细胞多数位于零值线以上，说明补偿调节不够；相反，如果阴性细胞多数位于零值线以下，说明补偿调节过度。

第二节 流式细胞仪的工作原理

流式细胞仪的原理，简而言之就是一定波长的激光束直接照射到高压驱动的液流内的细胞，产生的光信号被多个接收器接收，一个是在激光束直线方向上接收到的前向角散射光信号，其他的是在激光束垂直方向上接收到的光信号，包括侧向角散射光信号和荧光信号。液流中悬浮的细胞能够使激光束发生散射，而细胞上结合的荧光素被激光激发后能够发射波长高于激发光的荧光，散射光信号和荧光信号被相应的接收器接收，接收到的信号强弱就能反映出每个细胞的物理和化学特征。

各种型号的流式细胞仪虽然差别较大，但其基本结构却是相同的，一般可以分为几个系统，包括液流系统、光路系统、检测分析系统和分选系统。分析型流式细胞仪主要由前面3个系统组成，分选型流式细胞仪比分析型流式细胞仪多了一个分选系统。

一、液流系统

流式细胞仪的液流系统由两套紧密联系而又相互独立的液流组成，即鞘液流和样品流。鞘液流从鞘液桶开始，流经专门的管道进入喷嘴，经喷嘴的小孔形成稳定的可见液流。一般来说，分析型流式细胞仪的这部分液流在机器内部，正常工作条件下看不到，工程师调节光路将机器外壳打开时可以看到；而分选型流式细胞仪的这部分液流是可见的，因为需要调节液流和激光的相对位置使激光正好照射到液流的中央，从而得到最强的散射光和荧光信号，或者需要调节液流与废液收集孔的相对位置，使可见液流正好经废液收集孔的中央进入废液管道。在没有样品流参与时（未上样时），该可见液流都是由鞘液流组成的。最后，可见液流通过下方的废液收集孔经废液管道流入废液桶。

样品流是上样分析的含有样品细胞的液体流，样品流开始于样品管，经过特定的专门管道进入喷嘴，然后与鞘液一起从喷嘴口射出形成可见液流，最后经废液孔流入废液桶。可见液流是从喷嘴口到废液收集孔这一段的液流，直接暴露在空气中。这段液流是最重要的液流，因为激光正好照射在这段液流的某一点（固定光路的流式细胞仪除外），然后仪器接收细胞经激光照射后的散射光

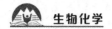

和荧光信号进行分析。对于分选型流式细胞仪，这段液流则更为重要，因为分选过程就是在这段液流内实现的。

待机时，即没有上样分析样品细胞时，可见液流都由鞘液流组成；上样时，可见液流由鞘液流和样品流两部分组成。上样分析时，鞘液流和样品流虽然互相接触，却泾渭分明，并没有互相混合在一起，而是形成层流，样品流在中间，鞘液流在外围，而且两者所受的压力也不一样。

一般情况下，样品流的压力要高于鞘液流，这样有利于层流的维持，从而保证可见液流的稳定，确保待分析的细胞一直处于中央的样品流内。激光束光线非常集中，其直径并不能覆盖整个可见液流，而是直接对准可见液流中央的样品流，待分析的细胞就位于样品流内，如果样品流与鞘液流互相混合，那么细胞就可能位于周围的鞘液流内，无法被激光照射，也就无法进行分析，从而影响实验结果。

喷嘴（nozzle）也称流动室，是流式细胞仪的重要组成元件之一，其主要功能是形成非常细的可见液流，使细胞以单个串状形式排列于可见液流中，从而让激光依次照射每个细胞，分析所有细胞的数据。喷嘴出口的孔径非常小，在高压状态下使液流形成非常细的高速液流，而且要求液流维持层流，不形成湍流，其工艺是非常精细的。喷嘴的孔径根据待分析的细胞的大小不同具有不同的规格，一般有 70，85，100 μm。最为常用的是 70 μm 的喷嘴，适用于体积较小的血细胞，以及脾脏和淋巴结的免疫细胞等；而体积较大的细胞如肿瘤细胞、脏器实质细胞等需选用孔径较大的喷嘴。

因为在特定的时间点，激光只能照射到一个细胞，分析一个细胞的各项物理化学指标，而样品中的细胞量却非常大，要在短时间内分析完大量的细胞，就要求可见液流的流速非常高。流速越高，单位时间内流经激光照射点的细胞量越多，实验所需时间越短，流式细胞仪的分析速度就越快。流式细胞仪通过给鞘液和样品施加高压，某些型号的流式细胞仪还给废液桶施加负压，从而实现可见液流的高速流动。

虽然由同一个空气压缩机给鞘液和样品加压，但是鞘液和样品得到的压力不一样，一般情况下，样品正压要高于鞘液正压，这样有利于可见液流层流的保持与稳定。同时，操作者可以通过调节样品正压与鞘液正压之差来控制上样的速度。样品正压与鞘液正压之差越大，可见液流中样品流的直径就越大，单位时间内流经同一个截面的液体量就越多，流过的细胞也就越多，单位时间内分析的细胞就越多，上样分析速度就越大。

二、光路系统

光路系统光信号包括散射光信号和荧光信号，是流式细胞仪的灵魂。流式细胞仪分析细胞是以激光照射细胞后接收到的光信号为基础的，所以光路系统是流式细胞仪的灵魂系统。要想较好地掌握、理解流式细胞仪，就必须先熟悉光路系统。

光路系统始于激光器，激光器是流式细胞仪的必需组成元件之一。不同型号和用途的流式细胞仪配备的激光器差别较大，但是必须至少有一个激光器。激光器的分类方法有很多，最常用的分类方法是根据其发射的激光的波长来分的，如488 nm的蓝激光器就能发出488 nm的激光，它是最常用的激光器，所有型号的流式细胞仪一般都配备有此激光器，其他常用的还有635 nm的红激光器、405 nm的紫激光器和355 nm的紫外激光器等。

除了以上几种常用的激光器外，还有532 nm的绿激光器，绿激光器激发PE和PE-Cy5荧光素的效果要好于常规的488 nm蓝激光器。此外，最新开发的还有560 nm的黄激光器和610 nm的橙激光器，这些激光器可以激发红荧光蛋白（red fluorescent protein）和Katusha等新的荧光素。

激光照射到样品流中的细胞后会产生散射光，如果细胞上结合有荧光素，而这种荧光素刚好可以被这种波长的激光激发，荧光素就会向四周发射荧光。流式细胞仪采集的光信号就包括散射光信号和荧光信号两种。散射光信号包括正对激光方向接收的前向角散射光（forward scatter，FSC）和与激光方向在同一个水平面并与激光成90°角的侧向角散射光（side scatter，SSC）。荧光素向四周发射荧光，理论上各个方向上接收的荧光信号都应该是相同的，为了仪器设计方便，荧光信号在与激光方向同一个水平面并与激光束成90°角的方向被接收，即与SSC相同。

流式细胞仪在侧面90°角接收到的SSC和各荧光信号是混合在一起的，流式细胞仪需通过光路系统，根据波长的不同将SSC和来源于不同荧光素的荧光信号分开，由不同的接收通道接收，然后根据信号的强弱间接反映细胞的物理化学特性。

光路系统由一系列的透镜、滤光片和小孔组成，根据波长的不同分离各种光信号，其中滤光片最为重要。滤光片根据功能主要可以分为长通滤片、短通

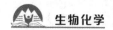

滤片和带通滤片3种。长通滤片（long pass filter）：波长大于特定波长的光可以通过，波长小于该波长的光被反射；短通滤片（short pass filter）：波长小于特定波长的光可以通过，波长大于该波长的光被反射；带通滤片（band pass filter）：波长在某特定范围的光可以通过，波长在该范围以外的光被反射。

三、检测分析系统

流式细胞仪的检测分析系统就是以通道为单位将细胞的各个通道的光信号汇总分析，最后得出样品群体中细胞的物理化学特征。要理解通道这个概念，就必须提到光电倍增管（photomultiplier tuber，PMT），通过滤光片根据波长的不同分离的光信号最后进入各自的通道。顾名思义，光电倍增管主要有两大作用。①将光信号转变为电子信号。流式细胞仪依靠计算机处理分析大量的信息，而分析的信号必须是电子信号。②在将光信号转变为电子信号时，通过一定比例将信号放大。流式细胞仪分析处理信息是以单个细胞为单位的，一个细胞的散射光和荧光信号均较弱，而且流式细胞仪只是在一个方向上收集，并不是将所有的散射光和荧光信号集中后收集，所以如果不将信号放大，计算机可能无法有效分析这些电子信号。光电倍增管连接光路系统和计算机分析处理系统，起着关键的桥梁作用。

流式细胞仪的通道根据光信号性质的不同可以分为散射光通道和荧光通道。散射光通道是接收散射光的通道，就是前向角散射光（FSC）通道和侧向角散射光（SSC）通道，FSC通道和SSC通道各分配到一个光电倍增管。基本上所有的流式细胞仪都会有这两个通道，因为它们所描述的是细胞的两个非常基本和重要的物理信息。荧光通道是接收细胞上结合的各荧光素所发射的荧光信号的通道，一个荧光通道也各自分配到一个光电倍增管。

荧光通道的命名主要有两种方式。

第一种是FL（fluorescence）加数字命名，通道排序的一般原则是：①如果有多个激光器，那么光信号来源于488 nm激光器的先排序，来源于紫外激光器或紫激光器的次之，最后为红激光器；②光信号来源于同一个激光器的通道根据接收的荧光信号的波长从小到大排列。这种排序的原则只是推荐使用的，并非强制的，用户可以根据自己的习惯给不同的荧光通道排序。

第二种命名方式是该通道接收的荧光主要来源于哪个荧光素就根据该荧光素的名称来命名。如常见的FITC通道，接收488 nm激光激发的、波长在510～

550 nm的荧光信号，FITC荧光素被488 nm激光激发后的荧光信号则刚好被该通道所接收。所以，当细胞被标记FITC偶联抗体时，该通道所代表的信号就是FITC的信号，该通道接收到的荧光信号越强，表示细胞上结合的FITC荧光素就越多。

散射光信号和荧光信号经光电倍增管转变为电子信号时是以电子脉冲或者说电子波的形式被计算机系统接收和分析的。电子波之间比较大小主要有3种方式，即电子波的长度H、宽度W和面积A。一般来说，电子波的这3个参数中的任何一个都足以间接反映该电子波的大小，从而反映其所代表的光信号的大小。也就是说，越强的光信号以相同的倍数转成电子信号时，其H、W和A就越大。

检测分析系统的另一个重要组成部分是计算机分析系统。计算机分析系统通过特定的软件实时反映收集到的信息，并且控制流式细胞仪的工作，用户也是通过计算机系统操控流式细胞仪，并且分析采集到的信息。每种型号的流式细胞仪都有相应的软件来操控与分析，软件虽然千差万别，但基本内容是相似的，一般操作比较简单。

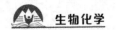

第二十三章 动物模型的建立及意义

第一节 概 述

转基因生物是指利用基因工程技术将DNA进行人为改造而得到的特定目的的生物，通常是将分离克隆的单个或一组具有特殊功能（如抗病虫害、增加营养成分）的DNA片段转移到某一种生物体的DNA中，如得到抗腐烂番茄、抗除草剂棉花、抗病毒黄瓜和马铃薯以及抗虫玉米等，从而提供更多更好的理想产品。转基因生物生产加工成的食品称为转基因食品，如转基因大豆以及由其制成的豆制品都是转基因食品。

转基因技术可将植物、动物、微生物和人类之间的基因进行随意的剪切、拼接、重组基因，从而控制合成新的蛋白质，表达出新的生物性状或功能，培育出新品种的转基因生物。目前，已在10多种农作物上实现了目标基因的表达。

转基因影响动物性状，如果转基因能够遗传给子代，就会形成转基因动物系或群体。转基因自诞生以来，一直是生命科学研究和讨论的热点，随着研究的不断深入和实验技术的不断完善，转基因技术得到了更广泛的应用，几乎每年都有令人瞩目的研究成果报道，有些转基因成果已经进入实用化和商业化的开发阶段。

第二节 转基因动物

转基因动物（transgenic animal）就是用DNA重组技术把外源基因导入动物

体内，使外源基因与动物本身的基因整合在一起，在动物体内得到表达，并能稳定地遗传给后代。稳定整合到动物染色体基因组的外源基因称为转基因（transgene）。

外源基因一般由两个区域组成，即启动调节区和蛋白质编码区。启动调节区可以使蛋白质编码区进行组织特异性表达。蛋白质编码基因包括生长素基因、多产基因、促卵素基因、高泌乳量基因、瘦肉型基因、角蛋白基因、抗寄生虫基因、抗病毒基因等。

转基因动物的关键技术是DNA重组和目的基因导入动物胚胎干细胞。研发转基因动物的重要里程碑事件如表23-1所示。

表23-1 研发转基因动物的重要里程碑事件

作者	年份	重大突破
Gordon 等	1980	应用原核注射技术首度获得基因改造小鼠
Brinster 等	1982	首度将MT-rGH融合基因借由原核注射技术注入小鼠胚并成功获得生长快速且体积硕大基因改造小鼠
Hammer 等	1985	借由原核注射技术首度获得生长快速基因改造家畜成功出生
Gordon 等	1987	证明可借由乳腺特异性表现策略进行药用重组蛋白质生产
Simons 等	1988	产出世界第一头具备"生物反应器"功能的基因改造绵羊
Ebert 等	1991	第一头具备"生物反应器"功能的基因改造乳山羊、基因改造猪
Wall 等	1991	基因改造乳牛陆续问世
Krimperfort 等	1994	基因改造动物所产生的基因改造产物开始进入临床前测试
Lin	1996	首度提出借由原核基因注射技术进行基因改造的概念
Schneike 等	1997	第一头用动物复制技术产生的基因改造绵羊问世
Lee 等	2003	第一头用动物复制技术产生的基因改造猪问世
Shen 等	2004	第一头用动物复制技术产生的基因改造乳牛及基因改造乳羊问世

一、转基因动物技术的基本原理

转基因动物培育的基本原理是运用分子生物学和胚胎工程的技术，将外源目的基因在体外扩增和加工，再导入动物的早期胚胎细胞中，使其整合到染色体上，当胚胎被移植到代孕动物的输卵管或子宫中后，发育成携带有外源基因的转基因动物。

建立转基因动物时，外源基因可能只整合入动物的部分组织细胞的基因组中，也可能整合进动物所有组织细胞的基因组中。只有部分组织细胞的基因组

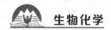

中整合有外源基因的动物，称为嵌合体动物（chimera animal），这类动物只有当外源基因整合进去的部分组织细胞恰为生殖细胞时，才能将其携带的外源基因遗传给子代；否则，外源基因将不能传给子代。培育转基因动物的关键技术包括外源目的基因的制备、外源目的基因的有效导入、胚胎培养与移植、外源目的基因表达的检测等。

（一）目的基因的制备

目的基因制备的方法有很多。

取病毒、细菌、体细胞或肿瘤细胞的DNA，用限制性核酸内切酶或外切酶把DNA切割成若干小片段，然后把这些小片段利用DNA连接酶分别放入载体中，并建成载体克隆。基因的片段可随载体复制，有时亦可表达，用DNA或抗体探针做分子杂交试验或ELISA试验筛选出带有理想基因的克隆，再把理想基因载体放入大肠杆菌等宿主细胞中扩大、增殖或采用PCR的方法扩增。对扩增的DNA片段进行适当修饰，例如将一个单一的基因与经选择的启动子重组合，然后进行转移，或将特定的控制序列连接到目的基因的结构序列上，从而创造一个新的重组基因，然后进行转移。

反转录法得到cDNA。以mRNA为模板，通过反转录得到cDNA，即编码蛋白的核酸序列。

人工合成DNA片段。理想基因也可用人工合成的办法获得，要合成一特定的基因，就是要合成具有一定排列顺序的DNA。由于蛋白质合成不是直接以DNA为模板，而是以DNA的副本mRNA作为模板，在RNA中，需要用尿嘧啶（U）代替胸腺嘧啶（T）。

目的基因的克隆也可以通过聚合酶链反应扩增特定基因片段。目的基因的克隆可以通过载体方式进行，通常选择质粒作为载体。将目的基因与质粒结合形成重组子，然后转化至大肠杆菌，扩增质粒，再分离纯化重组质粒DNA，用适当的限制性内切核酸酶消化，制备成线状基因片段备用。

（二）目的基因的表达、整合、鉴定和检测

从假孕母鼠产下的幼鼠尾尖提取DNA，用PCR、Southern印迹、FISH等方法在染色体及基因水平上进行整合鉴定，并通过Northern印迹和Western印迹等方法在转录及蛋白质水平上进行表达检测。经检测获得阳性Founder小鼠（首建鼠）。

（三）建 系

将阳性 Founder 小鼠与同一品系的正常小鼠交配，检测 F1 代仔鼠的阳性率，当繁殖到阳性率为 50% 左右时，即基本上可以判断出外源目的基因为单一位点的整合。经扩大繁殖，从中选择外源目的基因表达效果好、适应性好的转基因小鼠进行近亲繁殖。然后从子代中选择理想的纯合子个体进行全同胞兄妹交配，建立遗传基因小鼠近交系。

二、转基因动物的模型建立

目前世界上已报道的研究转基因动物的方法可分为三种：物理方法、化学方法和生物方法。物理方法主要包括显微注射法、电击法、超声波法、冻融法、基因枪法等，其中，显微注射法用得最普遍。化学方法主要包括磷酸钙沉淀法、多聚阳离子试剂法、脂质体包埋和 DEAE-葡聚糖法等。生物方法主要包括反转录病毒感染法、精子载体法、原生质介导法、细胞融合法、ES 细胞法及人工染色质法。

这三种方法各有优缺点，可根据不同研究的需要选择合适的方法。

（一）显微注射法

Jaenish 于 1974 年建立的核显微注射法是动物转基因技术中最常用的方法，1982 年 Palmiter 等就是利用显微注射法将 DNA 片段与生长激素基因融合的质粒导入小鼠受精卵，并移植给受体而产生 6 只比同窝仔鼠生长快一倍的超级小鼠，从此该方法被广泛使用，随即世界各国普遍开展了转基因动物的研究。

显微注射法的基本过程是：利用管尖极细的玻璃微量注射针（0.1～0.5 μm），将外源基因注入受精卵的原核中，使外源基因整合到受体细胞的基因组内，再通过胚胎移植将整合了外源基因的受精卵移植到受体动物的子宫内发育，从而获得转基因动物。它是目前基因转移效率较高的一种基因转移方法，外源基因的长度不受限制，可达 100 kb；实验周期相对比较短，是建立转基因动物的极为重要的方法。下面以转基因小鼠为例说明显微注射法的基本过程。

1. 实验动物的准备

① 结扎公鼠。受结扎的公鼠需 8 周以上，对种系无特殊要求，结扎输精管。在正式实验前，结扎公鼠需与性成熟的雌性小鼠合笼饲养使其交配，反复

交配两次或三次，经检查雌体有阴道栓，但均不怀孕，证明结扎成功，反之说明结扎失败。

②假孕母鼠。选择6周龄左右的性成熟鼠，对种系无特殊要求。将挑选好的成年健康母鼠与结扎公鼠进行合笼交配，12小时有阴道栓的即可作假孕母鼠待用。

③供卵母鼠。一般用4～6周的母鼠作为超排卵供体，在对遗传背景有特殊要求的情况下，供卵母鼠需选择种系，如果无特殊遗传背景的要求，一般用杂交F1受精卵。让母鼠和种公鼠进行合笼交配，12小时有阴道栓的即可作供卵母鼠。

2. 基因导入

处死有阴道栓的雌鼠，把完整的输卵管带一小段子宫剪下，置于PBS平衡盐溶液中，在解剖镜下找出输卵管伞部，用注射器将受精卵冲出，立即将卵子换进新鲜培养液内洗涤3次或4次，用培养液保存，置CO_2培养箱备用，可用于显微注射。显微注射需用显微操作仪，用来控制显微持卵针和显微注射针。取已制备好的受精卵细胞和外源DNA悬液，在倒置显微镜下做显微注射。

注射时先用持卵针吸住受精卵，再用注射针吸取外源DNA悬液，然后推动注射针使其刺入受精卵的雄原核，将基因溶液慢慢注入，可见核膜明显膨大、边界清晰，说明注射成功，立即快速拔出针头，防止核内物质或包质流出。一般50%～80%的受精卵在显微注射后仍保持健康。

3. 胚胎移植

注射完所有的卵后，筛选出健康的卵，移植至受孕后0.5天的假孕鼠的输卵管内。将假孕母鼠麻醉解剖小鼠，将转基因受精卵植入假孕母鼠输卵管内，发育20天形成小鼠。

显微注射法是对单细胞的胚胎进行基因操作，任何DNA顺序都可直接导入原核，导入的外源DNA在卵裂前与受体基因组整合，在后代中就会出现1%～3%的转基因动物，效率虽然不高，但结果相当稳定。全世界已在各种动物身上进行了上万次的试验，都能生产出转基因动物。该方法的缺点是效率低、外源基因插入位点的随机性造成表达结果不确定性、动物利用率低等，在反刍动物试验中还存在着繁殖周期长、有较强的时间限制、需要大量的供体和受体动物等特点。

（二）反转录病毒感染法

反转录病毒具有高效感染宿主细胞并可高度整合DNA的特性。以反转录病毒作为载体，把带有外源基因的反转录病毒载体DNA包装成高感染滴度病毒颗粒，感染发育早期的胚胎，将外源基因导入宿主的染色体内的方法称为反转录病毒感染法。感染胚胎后，将感染的桑椹期胚胎细胞导入子宫，可发育成携带外源基因的子代动物。

反转录病毒感染法的主要过程如下。

1. 反转录病毒载体的构建

将反转录病毒的反式作用序列、编码病毒的包装蛋白的基因切割下来，构建成反转录病毒载体，使外源基因取代反转录病毒的顺式作用序列构建成重组病毒DNA。通常将禽类和鼠类的反转录病毒作为载体。

2. 选择和培养包装细胞系

将切割下来的反式作用序列转入特定选择的细胞，整合到特定细胞的染色体上构成包装细胞。它能为反转录病毒载体提供包装蛋白，决定着重组病毒效价及其宿主范围。包装蛋白基因无须自己构建，可购买。

3. 重组反转录病毒导入包装细胞

载体转染包装细胞后，将载体DNA转录的RNA和包装细胞表达的病毒蛋白包装成具有感染性的重组颗粒。

4. 收集病毒颗粒

收集病毒颗粒用于转染早期胚胎。

5. 细胞转化

用重组病毒颗粒感染靶细胞，使细胞转化。

目前，反转录病毒载体培育的转基因动物主要是小鼠和家禽，是制备转基因鸡最有效和最成功的方法。此法的优点是操作简单，重组反转录病毒可同时感染大量胚胎，感染后的整合率高，外源DNA在受体细胞基因组中的整合通常是单拷贝的，不需要昂贵的显微注射设备。不足之处是由于选用的受体是早期胚胎，不是受精卵，致使外源DNA在动物各种组织中的分布不均，不易整合到生殖细胞中；对病毒衣壳的大小有限制，目的基因不宜超过10 kb，否则影响细胞活性和稳定性，而且被导入的外源DNA的大小一般不超过15 kb，否则很难整合到胚胎细胞中。

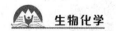

（三）体细胞核移植方法

体细胞核移植又称体细胞克隆，在体外培养的体细胞中将外源基因导入，筛选获得带转基因的细胞，将带转基因的体细胞核植入去核卵母细胞构成重建胚，重构胚胎移植到假孕母体，进行妊娠、分娩，产生的仔畜就是转基因动物。

体细胞核移植主要有两条技术路线：罗斯林技术和檀香山技术。核移植技术的主要步骤是：受体细胞的选择与去核；供体细胞的选择与移植；核卵重组技术；卵母细胞的激活与细胞融合。核移植技术操作过程中的关键步骤是卵母细胞的激活及其与核供体的融合。

1997年，英国Roshilin研究所的Wilmut等成功地克隆出世界首例体细胞核移植的后代——克隆羊"多莉"，为培养转基因动物提供了新方法，是克隆技术领域研究的巨大突破。"多莉"的诞生在世界各国的科学界、政界乃至宗教界都引起了强烈反响，并引发了一场由克隆人所衍生的道德问题的讨论。克隆技术的巨大理论意义和实用价值促使科学家们加快了研究的步伐，从而使动物克隆技术的研究与开发进入一个高潮。但目前体细胞核移植法成功率较低，技术不够完善，体细胞核移植过程中的核质互作，体细胞核移植技术依旧存在一些问题，这制约了该技术在各个领域的生产应用。

（四）精子载体法

精子载体法就是将外源基因与精子共同培养，将外源基因导入成熟的精子，进而将外源基因导入受精卵中，使外源基因整合到动物的染色体中。这种转基因动物的产生可以通过体外受精或人工受精完成。外源DNA导入精细胞的方法有外源DNA与精子共育法、体外电穿孔导入法和脂质体介导法。

精子载体法最早在1971年由Brackett等首先在兔子中证实，证实精子具有吸附结合外源DNA的能力，并能在受精时将外源DNA带入卵母细胞中。1989年，意大利的Lavitrano等首先利用小鼠活精子作为载体，进行转基因而获得转基因小鼠。他们利用小鼠精子作为载体，使精子与CAT基因混合，当精子头部吸收CAT基因后，再与成熟的卵子进行体外受精，得到的胚胎植入受体鼠的输卵管内，受体鼠体外受精有30%为阳性个体，而且在转基因家系的后代个体的组织器官中，特别是在尾组织和肌肉组织中可检测到CAT基因的表达。

精子载体法操作简单、方便且经济的特点，为医学、药物学、畜牧业等领域提供了一条新的基因转移途径。精子载体法几乎可以在所有动物上应用，成本低、效率高、对卵原核无损害，利用该技术可以生产特定目的和用途的转基因动物。

（五）胚胎干细胞法

胚胎干细胞（embryonic stem cell，ES细胞）是指从哺乳动物囊胚期内的细胞团中分离出尚未分化的胚胎细胞，这种细胞具有发育的潜能性，能够分化出各种组织。体外培养ES细胞，利用基因转移技术将外源基因DNA转入ES细胞，经体外培养、筛选和鉴定，将所获得的ES细胞经过囊胚腔注射等与受体囊胚细胞混合，并植入假孕母体子宫继续发育产生嵌合体，再通过杂交成为纯合体。胚胎干细胞法的基本过程如下。

① ES细胞的获得：培养发育至一定时期的胚胎，剥离和分散内细胞团，再培养，再分离、扩散、鉴定。

② 外源基因的导入：利用基因打靶技术，将外源基因导入ES细胞，然后进行体外培养、筛选和鉴定。

③ 囊胚期胚胎的获得，作为ES细胞的移植受体。

④ 将ES细胞注入囊胚期胚胎，成为嵌合体。

⑤ 植入假孕受体动物子宫内，培育出转基因动物。

胚胎干细胞法在细胞中实现遗传修饰，遗传修饰能力强且十分精确，外源基因整合率高，基因转移操作简便，但目前可用于该系统的ES细胞系只来源于小鼠，适用物种少。此外，动物育种需经过嵌合体途径，实验周期较长。

三、转基因敲除小鼠的模型建立

基因敲除小鼠已经成为现代生命科学基础研究和药物研发领域不可或缺的实验动物模型，在生命科学、人类医药和健康研究领域中发挥着重要的作用。基于胚胎干细胞的基因打靶技术、EGE技术（基于Crispr Cas 9技术）是当下比较热门的基因敲除小鼠制备技术。

（一）基于胚胎干细胞的基因打靶技术制备基因敲除小鼠的流程

① 课题设计，订购课题BAC菌。

② 按照课题设计，完成打靶载体设计和构建。

③将重组载体电转到胚胎干细胞中，用G418筛选转染后的胚胎干细胞，得到阳性克隆。

④进一步通过PCR和Southern blot杂交技术（基因敲除小鼠检测金标准）对上一步得到的阳性克隆进行筛选，得到稳定整合外源基因的胚胎干细胞阳性克隆。

⑤将胚胎干细胞阳性克隆注射到小鼠囊胚中，并植入到假孕小鼠的子宫内。

⑥得到嵌合鼠，并获得F1阳性杂合子小鼠。

基于胚胎干细胞的基因打靶技术制备基因敲除小鼠是目前为止唯一可以满足几乎所有基因组修饰要求的打靶技术，但目前只应用在小鼠的基因敲除上，而且其周期长、工作量大。

（二）利用EGE技术（基于Crispr Cas 9技术）制备基因敲除小鼠的流程

①设计构建识别靶序列的sgRNA。

②设计构建致靶基因切割的EGE系统载体质粒。

③利用UCA试剂盒对sgRNA/Cas 9进行活性检测。

④设计构建打靶载体。

⑤体外转录sgRNA/Cas 9 mRNA。

⑥小鼠受精卵原核注射sgRNA/Cas 9 mRNA和打靶载体。

⑦获得F0代小鼠，利用PCR对F0代小鼠进行基因型鉴定。

⑧获得F1代小鼠，利用PCR和Southern blot杂交技术（基因敲除小鼠检测金标准）对F1代小鼠进行基因型鉴定。

虽然EGE技术（基于Crispr Cas 9技术）制备基因敲除小鼠看似比基于胚胎干细胞的基因打靶技术制备基因敲除小鼠流程烦琐，但其实不然，EGE技术（基于Crispr Cas 9技术）系统构建简单，基因敲除/敲入效率高，速度快，可实现多基因、多物种基因敲除/敲入，最快2个月即可得到F0代阳性鼠，5个月得到F1代杂合子小鼠。

四、转基因动物的检测

携带有外源基因的受精卵移植到受体动物后，出生的动物是否是转基因动物必须通过鉴定才能确定。目前，转基因检测方法有很多，主要是基于外源基因表达蛋白的检测和外源核酸的检测。通常采用基因水平的DNA印迹法（Southern blot）和聚合酶链反应（PCR）检测转基因动物。Southern bolt检测灵敏度高，但操作烦琐；PCR技术因为快速、方便、灵敏度和特异性高等特点在转基因检测方面应用较多。

以转基因小鼠的检测为例，首先进行转基因小鼠基因组DNA的制备，并不是所有具有外源基因的小鼠都能具有表现型，在传代过程中也可能产生基因的丢失，因此，对于带有外源基因的小鼠需通过检测分析确认其是否具有相应的表现型。待假孕母鼠产出幼仔后，从幼鼠尾巴提取基因组DNA，然后通过PCR鉴定方法确认为PCR阳性的幼仔则为转基因小鼠。

五、转基因动物的应用

（一）在基因表达与功能等生命科学基础研究中的应用

转基因动物技术是研究分析复杂的生物学过程的强有力工具，是研究基因功能与表型的最有效手段，可解决横跨生物医学、生物学应用和农业生产等科学领域的问题。转基因技术已成为一个交叉学科，被认为是扩充基因表达、调节和功能的工具。

转基因动物是研究基因结构与功能、基因表达与调控的常用模型，可用于观察目的基因在胚胎不同发育阶段的特异性表达、关闭及调控机制，了解组织特异性表达中调控顺序的作用。此外，转基因动物还可用于识别动物发育过程中的基因及其活动，也可以测出与动物发育相关的未知基因的表达，研究目的基因在宿主动物中的组织特异性表达，了解基因顺式调控元件在基因组织特异性表达中的作用，将不同外源基因转入宿主动物受精卵或早期胚胎干细胞可以观察研究目的基因在胚胎不同发育阶段的特异表达、关闭及调控机制。

（二）在人类疾病治疗中的应用

目前医学工作者认为几乎所有人类疾病（除外伤之外）均与遗传基因相关，说明研究人类遗传与疾病的关系是非常重要的。利用转基因制造的各种遗传病的动物模型，对人类遗传疾病的研究带来了极大的方便。小鼠与人类基因的同源性很高，因此，转基因小鼠模型被广泛应用于医学基础理论的研究。人们可以通过基因剔除技术排除其他基因的影响，从而检测特定的遗传改变所产

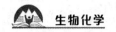

生的效应，以确定致病基因的功能和致病机理，阐明其结构及其在染色体上的定位，弄清人类基因组调节控制人体各种遗传性状的规律，从而进行科学的诊治。目前，在培育人类遗传疾病模型动物方面已经培育出了动脉粥样硬化、镰状红细胞贫血、初老期痴呆症、自身免疫病、淋巴组织生成、真皮炎及前列腺癌小鼠等多种疾病的模型动物。

肿瘤基因的发现是近年来肿瘤学研究的重大突破，实验结果证明，各种脊椎动物都携带肿瘤基因，在通常情况下并不引起细胞癌变，只有在某些条件下才能被激活使癌细胞增生而导致癌变。建立带有肿瘤基因的转基因动物可研究组织对肿瘤基因转化活性敏感、肿瘤形成与其基因的关系、肿瘤基因生长分化影响等。利用转基因技术建立的肿瘤动物模型能很好地模拟体内的生理、病理环境，与所要研究肿瘤的发生过程具有较好的一致性，而且可模拟部分癌前病变，极大地丰富了研究人员对肿瘤相关基因的了解。

在心血管领域中，各种调节心血管功能的因子如转脂蛋白、转纤维蛋白溶酶源等都可通过建立如动脉粥样硬化、突发性高血压、静脉闭塞等转基因动物来了解其生理功能及作用。例如，建立了携带与动脉粥样硬化相关人基因的脂蛋白脂酶转基因兔、卵磷脂−胆固醇酰基转移酶转基因兔，以及载脂蛋白 A1、B、a、E2、E3 等转基因兔，成为研究人脂蛋白代谢和动脉粥样硬化一种独特的工具。

在皮肤病领域，转基因动物广泛应用于银屑病的病因和发病机制的研究。利用转基因小鼠的表皮表达靶基因的能力，建立人类遗传性皮肤病及其异常皮肤病动物模型，在分子水平上了解这些疾病的发病机理，对疫苗研制、药物筛选等诸多项目的研究具有重要意义。

用转基因动物这一生物高新技术来建立人类疾病的各种转基因动物模型，研究外源基因在整体动物中的表达调控规律，对人类疾病的病因、发病机制和治疗学将会起到极大的促进作用。目前，转基因动物模型主要用于疾病发病机制的研究和检测新的治疗方案并进行药效评价、药物筛选。随着转基因技术与实验动物这一交叉学科的发展，转基因动物模型将在实验生理学、药理学等领域得到更加广泛的应用。

虽然转基因动物模型具有传统的动物模型无法比拟的优点，但现已建立的疾病转基因动物模型存在着疾病转基因动物模型品系过少（主要是小鼠）、转基因动物模型"失真"以及转基因动物技术难度大等缺点。人类疾病转基因动物模型仍需进行多方位的完善和改进，以便今后在人类疾病的防治研究中起更重要的作用。

（三）在人类器官移植与制备中的应用

异种器官移植有可能是解决世界范围内普遍存在的器官短缺的有效途径，人类器官移植已拯救了成千上万人的生命，但长期以来移植供体来源一直严重不足。经美国FDA批准，1997年已经开始重组移植体的临床试验，欧洲国家已经将重组猪的心脏、肾、肝及神经细胞移植给相应器官衰竭的晚期患者及帕金森病患者，但寿命很短。

在人用器官供体培育方面，最早是用小鼠进行实验，目前对器官供体动物研究较多的是猪。猪的生物学特性与人类极为相似，组织相容性抗原SLA与HLA具有较高的同源性，并且猪作为人类器官移植的供体动物具有妊娠期短、产仔数多、后代生长快等特点，而且猪的器官大小、解剖生理特点与人类相似，来代替患者的某些器官具有更大的可能性。2006年，多不饱和脂肪酸转基因克隆猪培育成功，现在已经生产出了可为人类提供器官的转基因猪。

移植的主要障碍在于免疫排斥，从"源头"剔除导致人类排异反应的相关分子，修复人体的缺损器官，是解决全球性移植器官短缺的途径。随着异种器官移植的进一步研究，将有更多、更完善的改造器官应用于人类疾病的治疗。

（四）在生物制药研究中的应用

生物制药的主要目标是比较经济地生产能够从易获取的液体（如发酵液、乳汁、尿或血液）中提取的贵重人用（或兽用）治疗蛋白。而用转基因动物进行生物制药，目前主要的途径是从大动物的乳汁中获取，其所表达的外源蛋白不会影响转基因动物本身的生理代谢过程；而且在乳汁中所表达的蛋白质具有稳定的生物活性，有的可直接用乳汁作为治疗所需的终产品。因此，人们将转基因动物的乳腺称为生物反应器。乳腺生物反应器好比在动物身上建"药厂"，可以源源不断地获得目的基因的产品，可极大地降低成本和投资风险。从乳汁生产来考虑，首选动物一般是牛、山羊、绵羊、猪和家兔。目前已在下列动物的乳汁中生产出一些人类蛋白质药物。牛：抗凝血酶、纤维蛋白原、人血清白蛋白、胶原蛋白、乳铁蛋白、糖基转移酶、蛋白C等；山羊：抗凝血酶原、抗胰蛋白酶、血清白蛋白、组织纤溶源激活因子、单克隆抗体等；绵羊：抗胰蛋

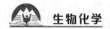

白酶、凝血因子IX、蛋白C；猪：凝血因子IX、蛋白C、纤维蛋白原、血红蛋白。

近年来利用转基因动物-乳腺生物反应器来研制药物是基因工程发展史上的又一新阶段，这种技术成本低、周期短、效益好，具有极大的潜力和广阔的前景，将成为21世纪生物技术研究开发领域最具生命力的热点之一。2009年，高比例的抗原特异性人源抗体的转染色体牛的出生，是转基因动物生产药用蛋白的又一个里程碑。

可以预料，在不久的将来，将有更多的基因工程产品被研制和生产出来，新一代生物技术医药产品将为防治主要传染病、肿瘤和心脑血管疾病等作出贡献。

（五）在动物育种中的应用

转基因动物技术为动物品种改良提供了新途径，转基因育种具有周期短、成本低、效益明显的特点，目前已成功用于提高动物生长速度、改良动物肉质和乳质、增强动物抗病能力等方面。据 *Biotechnology News*（1998）报道，美国农业部的研究采用胰岛素样生长因子-1（IGF-1）基因，培育出脂肪减少、瘦肉增加的新品种猪。法国国家卫生及医学研究学院的研究人员已生产出乳汁中乳糖成分减少50%～80%的转基因鼠，并计划将这项技术用于牛以改造牛奶成分。环球基因药物公司等正致力于用转基因奶牛生产人乳铁蛋白，实现动物生产人乳的愿望。动物育种主要应用在以下几个方面。

1. 提高动物的抗病能力

通过克隆特定基因组中的某些编码片段，对之加以一定形式的修饰以后转入畜禽基因组，如果转基因在宿主基因组能得以表达，那么畜禽对该种病毒的感染应具有一定的抵抗能力，或能够减轻该种病毒侵染时对机体带来的危害。1993年，Suetlali等将编码小鼠黏病毒抗性蛋白（Mxl蛋白）的cDNA的三种构件分别整合到猪的染色体中，获得抗流感病毒的转基因猪；Clements等将绵羊髓鞘脱落病毒的表壳蛋白基因（Eve）转入绵羊，获得的转基因动物抗病力明显提高。

2005年，Donovan等获得乳腺中表达溶葡球菌酶的转基因牛，经检测，转基因牛被葡萄球菌感染的概率大大降低；2007年，Helen Sang和Lillico等利用慢病毒载体和卵清蛋白基因的调控序列在转基因鸡输卵管中特异表达了两种治疗性蛋白，并成功获得生殖系遗传，目前正采用RNA干扰、RNA诱捕、转入抗病毒基因（如Mx）等方法进行抗禽流感转基因鸡的研究。

转基因动物的抗病育种，目前较有应用价值的候选基因包括干扰素基因、抗流感病毒基因、反义核酸、MHC基因、核酶、病毒衣壳蛋白基因及病毒中和性单克隆抗体基因，这些基因的克隆片段可通过细胞显微注射、精子载体法、胚胎干细胞组建、体细胞克隆和反转录病毒载体法等基因方法重组于动物的细胞内获得表达，增强抗病功能，培养特定的转基因动物。现在已培育成功流感病毒（Mx）的转基因猪。我国将核酸抗猪瘟育种列入"863"计划，并成功获得转移抗猪瘟病毒核酶的转基因猪。

2. 提高动物生长性能

导入生长激素基因、生长激素释放因子基因和类胰岛素生长因子等基因，可提高动物生长速度。Palmiter将大鼠的GH基因导入小鼠基因组得到巨型小鼠之后，牛、绵羊以及人的GH基因也先后被导入小鼠基因组，得到的转基因小鼠生长速度达到对照组小鼠的4倍。1985年，Hammer等首次利用显微注射技术将人的生长激素基因导入猪受精卵中，获得一头转基因猪，与同窝非转基因猪比较，生长速度显著提高，胴体脂肪率明显降低。1989年，Pursel等把牛的生长激素基因转入猪体内，其生长速度也明显提高；使用类胰岛素生长因子1（IGF-1）的基因构建转基因猪也可以加快猪的生长速度。1990年，中国农业大学培育的转基因猪生长速度超过对照组40%。1985年，中国科学院水生生物所的朱作言等首次将人的生长激素基因（hGH）转入金鱼体内，F1代转基因金鱼的生长速度为非转基因金鱼的两倍。1986年，法国的Chourrout等用小鼠MT启动子驱动hGH基因的cDNA片段在虹鳟鱼体内表达，构建了转基因虹鳟鱼。转基因动物不仅可以培育出体积大、生长快的动物，而且可以降低饲料成本，提高经济效益。

3. 提高动物产毛性能

利用转基因技术培育绵羊和山羊新品种，可提高毛产量和品质。如将细菌的丝氨酸转移酶基因（SAT）、D-乙酰丝氨硫化氢解酶基因（DAS）导入羊体内，可将二硫化物转化为半胱氨酸，提高角蛋白的合成量，改善羊毛性能。1991年，Nancarrow等把来自优质羊毛的一种A2蛋白的主要成分（半胱氨酸）基因导入绵羊原核期胚胎，得到的转基因羊的产毛率明显提高。1995年，Bulcock等把人类胰岛素生长因子21（IGF-21）的基因转入受体羊的原核胚，得到转基因羊的产毛率也有很大提高。1998年，Bawden等将毛角蛋白Ⅱ型中间细丝

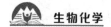

基因导入绵羊基因组并使其在皮质中特异表达，结果是：转基因羊毛光泽亮丽，羊毛中羊毛脂的含量得到明显提高。2005年，Amdas和Briegel将生长激素基因转入绵羊基因组中，发现转基因羊的生长速度和羊毛质量均较对照组显著提高。

4. 改善乳品性能

通过改变动物的遗传组分，改善奶的营养成分或生理生化特性。利用转基因的方法在牛和羊的乳腺中表达目的蛋白，制备不同特性的转基因奶以使其满足更多人的需求。牛奶中含有的乳糖会使一部分人由于过多饮用而造成腹部不适，通过敲除合成乳糖的α-乳白蛋白位点或在乳腺中表达乳糖酶，均可以降低乳中乳糖的含量，而乳的成分和产量基本不受影响，这深受糖尿病患者和那些不能分解乳糖的人们的欢迎。剔除β-乳球蛋白消除过敏原可以生产不引起人过敏反应的牛奶，转入乳铁蛋白基因可以生产含有大量人乳铁蛋白的"人源化牛奶"。2006年，美国科学家Maga等培育出乳汁中分泌有人溶菌酶的转基因山羊，有人溶菌酶基因的山羊奶可以预防婴幼儿腹泻等疾病。

六、转基因动物研究中存在的问题与展望

转基因技术发展到今天已经走过了20多个春秋，转基因动物产业化已取得了突破性进展。2006年，美国GTC公司利用羊乳腺反应器生产的重组人抗凝血酶Ⅲ（ATryn）获准在欧洲上市，成为世界上第一例成功上市的转基因动物乳腺生物反应器药物，开启了转基因动物制药的新纪元。2009年，重组人抗凝血酶Ⅲ（ATryn）获准进入美国市场，转基因动物制药正逐步走向商业化。目前已能从转基因动物乳腺中生产贵重药物蛋白，如人血清白蛋白、长效组织纤溶酶原激活剂（TPA）、人血红蛋白等40多种产品。2008年7月，国务院常务会议审议并原则通过了转基因生物新品种培育科技重大专项，投入资金约200亿元，转基因动物新品种培育已经得到了我国政府的高度重视。

转基因动物的研究和应用将是21世纪生物工程技术领域最活跃、最具有应用价值的项目之一。它将给人类的医药卫生、生物材料、家畜改良等领域带来革命性的变化，尤其是在乳腺生物反应器生产药物方面，产生的经济效益和社会效益更是难以估量的。可以相信，未来的5～10年，转基因动物及其产品必将进入全面产业化阶段，转基因动物乳腺生物反应器产业将成为颇具高额利润的新型行业。在改良家畜方面，转基因技术在新的世纪也将成为培育动物新品

种的革命性途径之一。

转基因技术目前还存在诸多问题。

转基因表达水平低，许多转基因的表达受其宿主染色体上整合位点的影响，往往出现异位表达和个体发育不适宜阶段表达、表达能力或基因表达的组织特异性低，从而使大部分转基因表达水平极低，极少部分基因表达水平过高。

转基因在宿主基因组中的行为难以控制，转基因随机整合于动物的基因组中，可能会引起宿主细胞染色体的插入突变，还会造成插入位点的基因片段丢失、插入位点周围序列的倍增及基因的转移，也可能激活正常状态下处于关闭状态的基因。

制作转基因动物的效率低，这是目前几乎所有从事转基因动物研究的实验室都面临的问题，也是制约着这项技术广泛应用的关键。传统伦理也是一种挑战，对人类的生存有一定的负面作用等。当然，我们不能因为这些缺点的存在就否定转基因技术的研究价值。因为它作为一种新兴的生物技术，配合其他相关的生物技术将具有广阔的应用前景。随着这一技术日趋成熟，许多问题有望逐步得到解决。

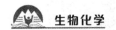

第二十四章　胞内抗体的构建与应用

第一节　概　述

　　胞内抗体（cytoplasme antibody）是在蛋白质水平封闭特定基因功能的一种方法。将针对特定致病基因所表达的产物蛋白的抗体基因导入并表达于病变细胞，使相应蛋白不能进入特定的细胞区域中发挥作用，或者阻止了该蛋白与细胞内其他物质的相互作用，从而封闭了该蛋白的功能，使之不能致病。胞内抗体主要是指在细胞内合成并作用于细胞内组分的抗体，亦称内抗体（intra-body）。

　　胞内抗体是近几年发展起来的具有良好应用前景的抗体工程领域。胞内抗体可追溯到1988年Morgan等用显微注射的方法将成熟抗体导入非淋巴细胞内使靶蛋白暂时失活。随着细胞信号转导和抗体工程技术的发展，诞生了胞内抗体技术。胞内抗体是指在细胞内表达并被定位于亚细胞区室（如胞核、胞浆或某些细胞器），与特定的靶分子作用（干扰或阻断靶分子的加工、分泌或功能）从而发挥其生物学功能的一类新的工程抗体。胞内抗体是继反义核酸、核酶和显性负突变技术后又一巧妙的基因治疗策略，同时又是用于表型敲除研究的又一有力工具，不同于以上技术，可作用于各种靶分子（只要靶分子能诱导产生抗体）。胞内抗体技术主要应用在抑制病毒复制特别是HIV-1复制、肿瘤基因治疗方面，已经逐渐拓展到中枢神经系统疾病、移植排斥和自身免疫性疾病等领域。

第二节 胞内抗体的构建策略

胞内抗体研究主要集中在单链抗体（由15个氨基酸的连接肽将重链可变区与轻链可变区连接形成），还有少量研究用Fab。单链抗体轻重链可变区基因可通过提取杂交瘤细胞mRNA后用RT-PCR获得，也可通过筛选噬菌体抗体库获得，不同的是前者得到的是鼠源基因，后者获得的是人源化或人源基因。与以前的工程抗体不同，胞内抗体发挥其生物学功能在细胞内，怎样才能使合成的抗体不分泌到胞外呢？细胞信号转导技术的发展使这一设想成为现实。只要在单链抗体的N端加亚细胞区室定位信号和C端加滞留信号肽即可。细胞内表达单链抗体还需借助载体并转染到细胞内，常用的载体包括腺病毒及腺相关病毒、单纯疱疹病毒和逆转录病毒载体等，可根据需要选择。

第三节 胞内抗体的医学应用

一、抑制 HIV-1 复制

抗HIV-1是胞内抗体技术诞生后的一个重要的应用领域。HIV-1属于kentivirus亚科成员，基因组包括3个结构基因，即gag（group antigen）、pol（polymerase）、env（envelope），以及某些蛋白的编码基因，如调节蛋白Rev、Tat、Nef，参与病毒成熟和释放蛋白Vif、Vpu、Vpr。HIV-1引起AIDS，至今还没有好的治疗方法，胞内抗体用于抗HIV-1复制涉及病毒在细胞内复制的多个环节，显示了良好的前景。将已报道的抗HIV-1的胞内抗体简单介绍如下：抗包膜糖蛋白gpl60的scFv105，通过抑制gq160裂解成成熟的gpl20/gp41发挥作用从而抑制外壳蛋白的成熟和功能；Tat是反式激活蛋白，为HIV-1生命周期所必需。针对Tat蛋白的外显子1和2构建了两种细胞内抗体，即scFv Tatl和scFv Tat2，稳定转染scFv Tatl后的淋巴细胞对HIV-1感染具有抵抗力，而scFv Tat2无明显作用。可能的原因是外显子1为Tat发挥其反式激活作用所必需，而外显子2为非必需。实验还显示，在scFv Tatl的C末端添加入轻链kappa的恒定区，增加了抗体的稳定性。逆转录酶（RT）和整合酶（IN）是由pol编码的HIV-1早期必需的蛋白，RT使病毒RNA逆转录为DNA，IN使DNA整合到宿主染色体上。抗RT和IN的细胞内抗体通过结合RT和IN而抑制酶的活性，从而发挥抑制病毒复制的生物学效应。PI7包括两个亚细胞定位信号，使它参与病毒早期和晚期感染两个阶段，在感染早期负责病毒整合前复合体转运到细胞核内，晚期与病毒颗粒的装配有关，R. Levin等在CD4 T细胞中的细胞质中用双顺反子表达抗PI7的Fab，实验结果明显抑制HIV-1的感染，细胞释放的病毒颗粒的感染性也明显减低。Vif是HIV-1编码的与病毒复制和感染相关的重要蛋白，存在于胞浆中，以一种不明的机制参与病毒的组装，因此Vif被认为是在病毒组装和逆转录水平抑制病毒感染的候选蛋白。Goncalves等用逆转录病毒载体含抗Vif胞内抗体基因转染外周血单核细胞，显示对HIV-1病毒具有抗性。Tat是HIV-1生命周期所必需的一种反式激活蛋白，它通过与转录延伸因子的亚单位人cyclinT1作用然后共同结合到转录激活反应元件RNA上从而激活病毒转录。

二、胞内抗体与肿瘤的相关性

经重组DNA技术及真核表达载体的构建，可使胞内抗体在肿瘤细胞特定的亚细胞器中表达并且靶向抗原底物。目前研究较多的主要靶蛋白包括表皮生长因子受体超家族（EGFR、ErbB-2、ErbB-3、ErbB-4）、白细胞介素2受体（IL-2R）、Ras蛋白、叶酸受体（FR）、抑癌蛋白p53、Bcl-2蛋白、c-Myb蛋白以及IV型胶原酶等与肿瘤发生发展各个阶段密切相关的重要蛋白质。

IL-2R是一种异源三聚体，由a、b和g链组成。它在许多T细胞和B细胞白血病细胞中均有过度表达，尤其是在T细胞白血病病毒（HTLV-1）相关成人T细胞白血病中。研究发现，内质网滞留型胞内抗体可通过在内质网中结合IL-2R从而有效阻断其向细胞表面的运输。Richardson等构建了抗IL-2Ra的ScFv，转入Jurkat T细胞中，在细胞内表达的ScFv Tac完全抑制细胞表面的IL-2R表达，其机制可能是在内质网中将表达的受体链降解。ScFv胞内抗体为考察IL-2R在T细胞活化、IL-2信号转导和白血病细胞生长抑制研究提供了一个有价值的工具。

ErbB-2跨膜蛋白是在肿瘤细胞表面过度表达的酪氨酸激酶受体，通过胞内抗体在内质网内可使ErbB-2的表面表达明显降低，导致生长停滞和细胞向非转化型显性型逆转。由于受体酪氨酸激酶家族在调节细胞生长和分化中起重要作用，它们也就成为抗癌治疗的新的靶标。Alvarez 等把抗 ErbB-2 的 ScFv-5R 亚克隆转入逆转录病毒载体，导入小鼠成纤维细胞 NIH/3T3 中，结果显示该抗体与 ErbB-2 结合并阻止了其通过内质网的转运，表现为细胞中含磷酸酪氨酸的蛋白质密度降低和转化表型的逆转。内质网靶向的针对 HER-2 细胞外结构域的胞内抗体抑制了细胞表面 HER-2 的表达和细胞增殖，并诱导细胞凋亡，对肿瘤细胞克隆生成具有较强的抑制作用。利用带有抗 ErbB-2 的单链抗体基因的重组腺病毒，可使腹腔内接种人类 ErbB-2 过度表达的卵巢癌小鼠的存活期得到显著延长，为胞内抗体技术应用于临床基因治疗打下了基础。

三、胞内抗体的应用前景

胞内抗体技术作为一种新的基因治疗手段，在肿瘤、HIV/AIDS 的治疗方面展示了广泛的应用前景，在移植排斥、某些遗传性疾病的治疗方面也显示了潜在的应用前景。作为研究分子功能的手段，相比基因敲除来说有自己的优势，后者不能用于非蛋白质分子以及细胞生长必需的那些分子的功能研究，而胞内抗体技术却可以做到。尽管胞内抗体技术在一些疑难疾病像肿瘤、AIDS 等的治疗方面显示了好的应用前景，但也存在一些问题，如抗靶分子的抗体基因如何到特定的组织细胞内，使用于治疗的细胞体内有足够的基因剂量，载体的研究还需有长足的进展；胞内抗体基因在细胞内能不能持久稳定地表达以达到足够的细胞内浓度；胞内抗体的毒性和免疫原性问题，鼠源抗体基因可能有免疫原性，可通过人源化解决。

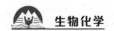

第二十五章 与疾病相关基因的克隆与基因诊疗

第一节 疾病的基因诊断

20世纪50年代，DNA双螺旋结构被阐明，遗传的分子机理——DNA复制、遗传密码、遗传信息传递的中心法则、作为遗传的基本单位和细胞工程蓝图的基因以及基因表达的调控——相继被认识。人们已完全认识到DNA和它所包含的基因在生物的进化和生命过程中的作用。DNA重组技术的诞生进一步推动了分子生物学、医学和整个生命科学的进步，在基因组的改造、核酸序列分析、分子进化分析、分子免疫学、基因克隆、基因诊断和基因治疗等方面不断取得新的突破，为人类获得了打开生命奥秘和防病治病"魔盒"的金钥匙，为分子遗传学和育种学以及医学遗传学研究开辟了崭新的途径。

在现代医学研究实践中，早期检测发现内源性或外源性生物大分子存在及其结构或表达变化，可为疾病的预防、预测、诊断、治疗和转归提供重要的医疗信息和决策依据。传统的疾病诊断方法大多为"表型诊断"，以疾病或病原体的表型为依据，如患者的症状、血尿各项指标的变化，或物理检查的异常结果，然而表型的改变在许多情况下不是特异的，而且是在疾病发生一定时间后才出现的，因此常不能及时做出明确的诊断。现知各种表型的改变是由基因异常造成的，也就是说，基因的改变是引起疾病的根本原因。正是在这种情况下，现代分子诊断技术得以问世。近几年来，分子诊断技术的迅速发展对医学科学的进步产生了巨大的推动作用。人类对疾病的诊断不再限于检测体液中蛋白质、糖类或其他物质浓度的改变，而是可以应用分子生物学技术，从DNA水平检测与分析若干疾病发生的原因、追踪疾病发展过程，也能够对感染的病原微生物进行鉴别、分类以及筛选有效的治疗药物等。因此，现代分子诊断技术对人类健康发挥着重要的作用。

一、基因诊断的含义

人类对于"大多数疾病的病因在于基因"的认识已达成共识。这种认识拓宽了医学检验理论的研究与应用范畴。从基因水平上看，人类疾病的发生主要包括两种类型：①内源基因变异，由于先天遗传和后天内外环境因素的影响，人类的基因结构及表达的各个环节都可以发生异常，从而导致疾病；②外源基因的入侵，各种病原体感染人体后，其特异的基因被带入人体并在体内增殖引起各种疾病。

基因诊断（gene diagnosis）正是基于基因与疾病的相互关系，利用现代生物学和分子遗传学的技术方法，直接从 DNA 水平来探测基因的存在，分析基因的类型和缺陷及其表达功能是否异常，从而达到诊断疾病的一种方法。基因诊断有时也称为分子诊断或 DNA 诊断（DNA diagnosis），是继形态学、生物化学和免疫学诊断之后的第四代诊断技术，它的诞生和发展得益于分子生物学理论和技术的迅速发展。基因诊断是病因的诊断，既特异又灵敏，对揭示尚未出现症状时与疾病相关的基因状态，从而可以对表型正常的携带者及某种疾病的易感者做出诊断和预测，特别对确定有遗传疾病家族史的个体或产前的胎儿是否携带致病基因的检测具有指导意义。

二、基因诊断的原理及特点

（一）基因诊断的原理

生物体的各种性质和特征都是由它所含的遗传物质决定的。从理论上讲，任何一个决定特定生物学特性的 DNA 序列都应该是独特的，它的序列或结构发生改变都可能使生物体的遗传性状发生改变。例如，实验已经证明细菌的病原性就是由于细菌表达了某个或某些对人畜有害的基因而形成的。而且，某个关键基因的改变就可能使生物体的遗传疾病发生。因此，这些与生物异常表型密切相关的基因可以作为专一性的诊断标记，这就是 DNA 诊断的理论基础。

从遗传信息表达的中心法则上看，疾病的发生不仅与基因结构的变异有关，而且与其表达功能异常有关。基因诊断的基本原理就是检测相关基因的结构及其表达功能特别是 RNA 产物是否正常（见图 25-1）。由于 DNA 的突变、缺失、插入、倒位和基因融合等均可造成相关基因结构变异，因此，可以通过各种手段直接从DNA水平上检测上述的变化或利用连锁方法进行分析，这就是DNA诊断。

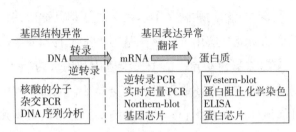

图25-1　生物中心法则及分子诊断方法

（二）基因诊断的特点

与传统的诊断方法比较，基因诊断有以下几个特点。①以探测基因为目标，属于"病因诊断"，针对性强，特异性高。②由于检测技术十分敏感，故诊断灵敏度相当高。③由于基因探针或引物可为任何来源、任何种类，所以适应性强，诊断范围广。④在感染性疾病的基因诊断中，不仅可检出正在生长的病原体，也能检出潜伏的病原体；既能确定既往感染，也能确定现行感染；既能诊断普通菌株或病毒，也能检出变异株；同时，能对那些不容易体外培养（如产毒性大肠杆菌）和不能在实验室安全培养（如立克次体）的病原体做出诊断，所以大大扩大了诊断范围。

三、基因诊断的方法

1978年，Kan和Dozy首先应用羊水细胞DNA限制性片段长度多态性（restriction fragment length polymorphism，RFLP）做镰刀状细胞贫血病的产前诊断，从而开创了DNA诊断的新技术。三十多年来，DNA诊断技术取得了飞速的发展，建立了以核酸分子杂交、聚合酶链式反应（PCR）和序列分析为基础的多种多样的检测方法，这些检测方法可以用于遗传疾病、肿瘤、传染性疾病等的诊断。

（一）基因诊断的常用方法

常用的检测致病基因结构异常的方法有下列几种。

①斑点杂交：将DNA样品的溶液点在滤膜上，变性、中和、干燥固定等

（见图25-2）。标记的探针直接和滤膜上的核酸杂交，再用放射自显影或其他方法检测杂交结果。根据待测DNA样本与标记的探针杂交的图谱，可以判断目标基因或相关的DNA片段是否存在，根据杂交点的强度可以了解待测基因的数量。因为没有电泳和转移的过程，操作过程完成较快。但结果不能提供核酸样品片段大小的信息，也无法区分样品溶液中存在的不同靶序列。

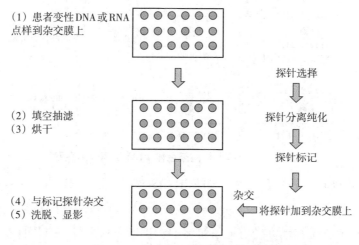

图25-2　斑点杂交检测疾病的原理

斑点杂交很适于同时分析多个样品，而且便于杂交条件的研究确定，对同一样品通过不断改变探针设计、杂交与洗脱条件，可以获得最佳实验参数。大多数情况下作为一种半定量方法用于不同样品中核酸相对含量的估计，而且可用于区分序列接近的多基因家族中的不同基因，仅仅是一个碱基的不同，其区分也不成问题。

②等位基因特异的寡核苷酸探针（allele-specific oligonucleotide probe，ASO probe）杂交，是一种以杂交为基础对已知基因点突变的检测技术。根据点突变位点上下游核苷酸序列，合成15～20个寡核苷酸片段，其中包含发生突变的碱基，经放射性核素或地高辛标记后作为探针，在严格杂交条件下，只有该点突变的DNA样本才出现杂交点，即使只有一个碱基不配对，也不可能形成杂交点。一般需合成正常基因的同一序列和同一大小的寡核苷酸片段作为野生型对照探针。如果受检的DNA样本只能与突变ASO探针杂交，不与正常ASO探针杂交，说明受检两条染色体上的基因都发生了这种突变，为突变纯合子；如果既能与突变ASO探针，又能与正常ASO探针杂交，说明一条染色体上的基因发生了突变，另一条染色体上为正常基因，为这种突变基因的杂合子；如果只能

与正常 ASO 探针杂交，不能与突变 ASO 杂交，说明受检者不存在该种突变基因。如图 25-3 所示。图中，AA、AS、SS 分别代表纯合野生型、纯合突变型、杂合型。

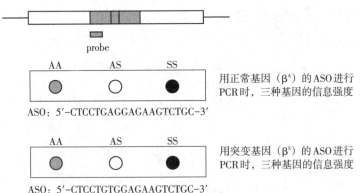

用正常基因（βᴬ）的 ASO 进行 PCR 时，三种基因的信息强度

ASO：5′-CTCCTGAGGAGAAGTCTGC-3′

用突变基因（βˢ）的 ASO 进行 PCR 时，三种基因的信息强度

ASO：5′-CTCCTGTGGAGAAGTCTGC-3′

图 25-3　ASO 探针检测染色体上 β 等位基因点突变

③ 若与 PCR 方法联合应用，即 PCR-ASO 探针法（PCR-allele specific oligonucleotide probe，PCR-ASO probe）杂交，是一种检测基因点突变的简便方法。先用 PCR 方法扩增突变点上下游序列，扩增产物再与 ASO 探针杂交，即可明确诊断是否有突变及突变是纯合子还是杂合子。此法对一些已知突变类型的遗传病，如地中海贫血、苯丙酮尿症等纯合子和杂合子的诊断很方便。也可分析癌基因如 H-ras 和抑癌基因如 p53 的点突变。

④ 单链构象多态性（single strand conformation polymorphism，SSCP）是一种基于单链 DNA 构象差别的点突变检测方法。相同长度的单链 DNA 如果顺序不同，甚至单个碱基不同，就会形成不同的构象，在非变性聚丙酰胺凝胶电泳时速度就不同，若单链 DNA 用放射性核素标记，显影后即可区分电泳条带。一般先设计引物对突变点所在外显子进行扩增，PCR 产物经变性成单链后进行电泳分离时，靶 DNA 中若发生单个碱基替换等改变时，就会出现泳动变位（mobility shift）。PCR/SSCP 方法能快速、灵敏、有效地检测 DNA 突变点，多用于鉴定是否存在突变及诊断未知突变。此法可用来检测点突变的遗传疾病，如苯丙酮尿症、血友病等，以及点突变的癌基因和抑癌基因。

⑤ 限制性内切酶图谱（restriction map）：如果 DNA 突变后改变了某一核酸限制性内切酶的识别位点，使原来某一识别位点消失，或形成了新的识别位点，那么相应限制性内切酶片段的长度和数目就会发生改变。一般来说，基因组 DNA 经该种限制性内切酶水解，再做 Southern 印迹，根据杂交片段的图谱，

可诊断该点突变。

限制性核酸内切酶分析技术是病原变异、毒株鉴别、分型及了解基因结构和进行流行病学研究的有效方法，对动物检疫有很重要的实用意义，尤其对区别进出境动物及动物产品携带病毒是疫苗毒还是野毒，以及推论其是本地毒还是外来毒有很重要的意义。

⑥限制性片段长度多态性：遗传连锁分析生物个体间DNA的序列存在差异，据估计，每100~200个核苷酸中便有1个发生突变，这种现象称为DNA多态性。由DNA的多态性，致使DNA分子的限制酶切位点及数目发生改变，用限制酶切割基因组时，就产生了DNA限制性片段长度多态性。现在多采用PCR-RFLP法研究基因的限制性片段长度多态性。图25-4表明了利用RFLP诊断镰刀性贫血病的原理，此法可用于诊断甲型血友病、苯丙酮尿症、亨廷顿舞蹈病等。

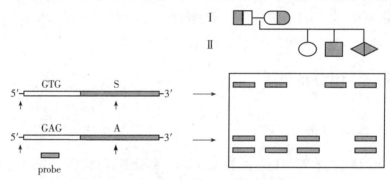

图25-4　镰刀性贫血病的RFLP诊断

⑦基因芯片法（micro array）又称为DNA微探针阵列。它是集成了大量的密集排列的已知的序列探针，通过与被标记的若干靶核酸序列互补匹配，与芯片特定位点上的探针杂交，利用基因芯片杂交图像，确定杂交探针的位置，便可根据碱基互补匹配的原理确定靶基因的序列。这一技术已用于基因多态性的检测。对多态性和突变检测型基因芯片采用多色荧光探针杂交技术，可以大大提高芯片的准确性、定量及检测范围。应用高密度基因芯片检测单碱基多态性，为分析SNPs提供了便捷的方法。

DNA序列分析对与致病有关的DNA片段进行序列测定，是诊断基因异常（已知和未知）最直接和准确的方法。

（二）RNA诊断

RNA诊断是以mRNA为检测对象，通过对待测基因的转录产物进行定性、

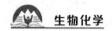

定量分析，确定其剪接、加工的缺陷及外显子的变异，以判断基因转录效率的高低，以及转录物的大小及正常与否，从而对疾病做出诊断。常用方法有RNA点突变、Northern blotting、定量逆转录PCR、mRNA差异显示PCR技术。

1. RNA印迹（Northern blotting）

RNA印迹是检测基因是否表达及表达产物mRNA的大小的可靠方法，根据杂交条带的强度，可以判断基因表达的效率。

2. RT-PCR

RT-PCR是一种检测基因表达产物mRNA灵敏的方法，若与荧光定量PCR结合，可对RT-PCR产物量进行准确测定。

3. mRNA差异显示PCR技术（DDRT-PCR）

DDRT-PCR是在转录水平上研究基因表达差异的有效方法。该技术在分析基因表达差异、绘制遗传图谱、分离特异性表达基因和疾病等方面具有特殊的优势，因此一经建立就被广泛应用，并取得了可喜的成果。

四、基因诊断的应用

（一）感染性疾病

过去对感染性疾病（infectious diseases）的诊断一般都涉及两个过程：第一，先要对病原物质进行培养，培养后再分析它的生理学特性；第二，确定它到底是哪一类的病原物，是病毒、细菌还是其他的物质。这种方法经过长期的实践证明是比较有效的而且检测到的病原物质相对来说也比较特异。但是传统的诊断程序现在也遇到了越来越多的问题，例如诊断的成本高、速度慢、效率低。另外，如果病原体生长特别慢或者根本无法通过人工培养的方法获得，被感染的患者的临床诊断就非常困难，因而容易使患者失去最佳治疗时期。感染性疾病的基因诊断方法与传统的诊断方法相比，具有高度的敏感性和特异性，且简便、快捷。目前，商品化的诊断试剂盒已经在病毒、细菌、支原体、衣原体、立克次体及寄生虫感染诊断中得到了广泛应用。

另外，基因诊断可对患者血中的病原体定量检测，对临床评价抗病毒治疗效果、指导用药、明确病毒复制状态及传染性有重要价值。如定量PCR仪，应用实时在线检测反应管中的荧光信号变化进行病原体DNA的定量，结果更为准确可靠，产物检测始终在密闭状态下进行，有效地解决了产物污染这一难题。

基因诊断还可检测出病毒变异或因机体免疫状态异常等原因不能测出相应抗原和抗体的病毒感染。

1. 病原体诊断

（1）病毒性感染。

多种病毒性感染都可采用基因诊断检测相应的病原体，如人乳头瘤病毒（HPV，双链DNA病毒）难以用传统病毒培养和血清学技术检测，用核酸杂交、PCR等基因诊断方法则可迅速准确地检出HPV感染并同时进行分型。再加肝炎病毒的检测，HBV（乙型肝炎病毒）的血清学检测方法已被广泛地应用于临床，但其测定的只是病毒的抗原成分和机体对HBV抗原的反应，基因诊断则可直接检测病毒本身，有其独特的优越性。首先，它高度敏感，可在血清学方法阳性之前就获得诊断，这在献血人员的筛选中尤为重要，基因诊断方法可将HBV、HCV（丙型肝炎病毒）、HIV（人类免疫缺陷病毒）的窗口期分别由血清学方法的60，70，40 d缩短到49，11，15 d，在防止输血后肝炎的发生中有着重大的意义。基因诊断还可用于人类巨细胞病毒、人类疱疹病毒、可萨奇病毒、脊髓灰质类病毒、腺病毒、乳头状病毒等。例如SARS冠状病毒，在基因组（RNA）序列确定后，便很快建立了RT-PCR的基因诊断法。

（2）细菌性感染。

可应用基因诊断检测多种致病性的细菌，如结核病是长期以来严重威胁人类特别是发展中国家人民生命健康的常见病，传统的实验室诊断依赖痰涂片镜检和结核杆菌的培养与鉴定，但阳性率不高，所需时间长。目前应用PCR技术建立诊断方法，敏感度可达到少至100个细菌的水平，且应用针对在结核分枝杆菌中拷贝存在的特异性重复序列引物，即使菌株发生变异，也能准确检出。此外，如痢疾性大肠杆菌、霍乱弧菌、淋球菌、绿脓杆菌、幽门螺杆菌、脑膜炎奈瑟菌等也可以用基因诊断进行快速检测。

其他病原微生物或寄生虫疾病等，如衣原体、支原体、真菌性感染、恶性疟原虫、克鲁斯锥虫、利什曼原虫、血吸虫、弓形虫等都有基因诊断的方法。

2. 治疗过程中的检测

（1）疗效监测。

以乙型肝炎抗病毒治疗为例，目前，乙型肝炎抗病毒治疗主要应用核苷类似物和干扰素，这些药物治疗慢性乙肝患者后能够有效地抑制患者体内HBV-DNA复制，使HBV-DNA水平下降，HBeAg转阴，肝组织学明显改善。但这些

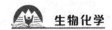

药物都能够引起病毒变异从而导致耐药，故迫切需要一种切实可行的可靠手段观察跟踪其治疗情况。以PCR和基因芯片为主的核酸分析技术能对HBV的DNA进行定量检测和变异分析，为乙肝治疗提供客观数据，及时反映病毒载量和病情，是"病情分析、疗效观察、预后判断、新药验证"的最好的检测手段。同样的道理，在艾滋病、结核病和其他传染病治疗中，基因诊断均发挥了重要作用。

（2）药物基因组学。

每个人由于遗传背景的不同，对药物的利用、代谢及敏感性均有差异，采用基因芯片检测病人的相关基因信息，对临床医师为病人选择具有较佳疗效、较安全、较经济的药物提供了依据。因此，基因诊断已经成为药物基因组学的重要内容和手段。

总之，基因诊断技术在医学领域的应用已越来越被人们所认识，它在进行传染病疫情监测病原体诊断、治疗药物选择和疗效检测等方面具有十分重要的作用，必将为传染病的防控和诊治作出重大贡献。

（二）遗传疾病

基因诊断本身是在分子遗传学的基础上发展起来的，在遗传病的诊断方面成绩较为突出，也较有发展前途，对许多已明确致病基因及其突变类型的遗传病诊断效果良好。依据造成遗传性疾病的原因又可以将其区分成：单一基因缺陷的遗传疾病、染色体变异所引起的遗传疾病、由多重基因共同影响所造成的遗传疾病及线粒体基因的变异所引起的疾病。如果能够在DNA水平上尽早地诊断发现某种遗传疾病，那么人们就可以知道自己或其后代是否安全，因此DNA诊断分析可以用来发现和鉴定遗传物质是否异常，用于严重遗传疾病的产前诊断以及症状发生前的早期诊断。现在已实现基因诊断的遗传病已不下百种，下面仅举几例加以说明。

1. 血红蛋白病的基因诊断

地中海贫血（地贫）是世界上最常见和发生率最高的一种单基因遗传疾病（monogenic disease），是一种或几种珠蛋白合成障碍导致α类与β类珠蛋白不平衡造成的，临床以贫血、黄疸、肝脾肿大及特殊外貌为特征，最常见的有两类：α-地贫和β-地贫。

大多数α-地中海贫血是由于珠蛋白基因缺失所致，也有部分病例是由于碱基突变造成的。应用DNA限制性内切酶酶谱分析法，或用PCR检测α-珠蛋白基因有无缺失及其mRNA水平的方法进行诊断。β-地中海贫血的分子基础不同于α-地中海贫血，β-珠蛋白基因通常并不缺失，而是由于基因点突变或个别碱基的插入或缺失。每一民族和人群β-珠蛋白基因点突变部位不尽相同，都有特定的类型谱。

2. 苯丙酮尿症的诊断

苯丙酮尿症是一种常见的常染色体隐性遗传病，其病因的分子基础是苯丙氨酸羟化酶基因点突变，可针对突变的类型应用PCR方法与RFLP联合检测。

3. 杜氏肌营养不良症

约65%的杜氏肌营养不良症患者有X染色体和Xp21.2-21.3区抗肌萎缩蛋白基因内部DNA片段的缺失和重复，由此导致移码突变，用针对Xp21区各不同部分的多种DNA探针、内切酶酶谱分析、多重PCR等方法均可诊断出抗肌萎缩蛋白基因的异常。

(三) 恶性肿瘤

从根本上说，癌症是细胞水平上的一种遗传性紊乱，是一种基因性疾病。从正常细胞发展成癌细胞，一个基本的变化是细胞的生长失去控制。细胞生长受两类基因控制：第一类为抑制细胞生长的基因，称为"癌抑制基因"；第二类为促进细胞生长的基因，称为"细胞癌基因"。正常情况下，两类基因协同调控，使细胞生长处于平衡状态。如果抑制细胞生长的基因减弱，或者促进细胞生长的基因增强，都会使这一平衡失调，导致癌症的发生。

癌细胞与正常细胞相比较，DNA分子无差异或差异不大（点突变），但在表达和调控方面发生了很大变化。因此，肿瘤的基因分析包括基因结构和基因表达及调控水平的分析。肿瘤是一类多基因病，其发展过程复杂，临床表现多样，涉及多个基因的变化并与多种因素有关，因而相对于感染性疾病及单基因遗传病来说，肿瘤的基因诊断难度大得多。但肿瘤的发生和发展从根本上离不开基因的变化，所以基因诊断在肿瘤疾病中也有广阔的前景。其重要表现有以下几方面：肿瘤的早期诊断及鉴别诊断；肿瘤的分级、分期及预后的判断；微小病灶、转移灶及血中残留癌细胞的识别检测；肿瘤治疗效果的评价。对于恶性肿瘤细胞中原癌基因或抑癌基因出现的点突变，其检测方法与遗传疾病基因诊断相同。常用的方法包括探针杂交法（Southern blotting 或 Northern blotting）、RFLP分析及PCR法等。

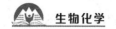
五、问题及展望

人类基因组测序计划的完成、疾病基因和疾病相关基因的克隆及其功能研究的进展，为基因诊断带来了空前的机遇。一般而言，某一致病基因被发现以后，几个月内即可被用于诊断，而疾病相关基因一般也只需要2～3年就可被用作评估患病风险。美国《自然遗传学》杂志曾发表报告认为：针对传染病的分子诊断技术是未来5～10年内最有希望为改善世界各国特别是发展中国家人们的健康状况作出贡献的十大关键生物技术之一。但是，目前基因诊断由于缺乏标准化、难以进行质量控制等问题，分子诊断的结果难以进行比较。然而，随着后基因组学的不断深入和分子诊断技术的不断更新，尤其是临床医学各学科与分子遗传学、分子生物学和仪器分析学等其他学科不断交叉和互相渗透，人们对生物大分子和疾病关系的理解也会越来越深入，分子诊断将在对疾病的诊断、预防和治疗方面发挥日益重要的作用，极大地推动现代临床诊断医学的发展。

第二节　疾病的基因治疗

分子生物学的产生和发展使人们对自身疾病的认识进入到了微观世界。许多疾病最终是由于细胞染色体中某些基因的变异所致的。现在已经知道的由单基因缺陷引起的人类疾病就有4000多种，而许多常见疾病的，如恶性肿瘤、高血压、糖尿病等的发生，都是环境因子（如化学物质、病毒或其他微生物、营养条件）以及体内的各种因素（如精神因素、激素、代谢产物或中间产物等）这些内外因素作用于人体基因的结果。至于传染病，也是由病原体引入外源基因到体内表达的结果。因此，人们很自然地想到如果能够修复这些变异的基因或者剔除或抑制外源基因表达，就有可能治愈疾病。长期以来，人们设想是否可以通过生物体本身的或者是外源的遗传物质来治疗疾病，包括纠正生物体自身基因的结构或功能上的错误，阻止病变，杀灭病变的细胞，或抑制外源病原体物质的复制，从而达到治病目的。这就是基因治疗的基本含义。

基因疗法是治疗分子病的最先进手段，在很多情况下也是唯一有效的方法。如果说公共健康措施和卫生制度的建立、麻醉术在外科手术中的应用以及疫苗和抗生素的问世称得上是医学界的三次革命，那么分子水平上的基因治疗无疑是第四次白色大革命，给人类战胜各种疾病带来了无限的美好前景。

一、基因治疗的概念及内容

（一）基因治疗的定义

基因治疗产生于20世纪70年代初，其基本定义是用正常基因取代病人细胞中的缺陷基因，以达到治疗分子病的目的。从基因角度可以理解为对缺陷的基因进行修复或用正常有功能的基因置换或增补缺陷基因的方法。从治疗角度可以广义地说是一种基于导入遗传物质以改变患者细胞的基因表达从而达到治疗或预防疾病的目标的新措施。

根据病变基因的细胞类型，基因治疗可分为两种形式：一种是改变体细胞的基因表达，即体细胞基因治疗（somatic gene therapy）；另一种是改变生殖细胞的基因表达，即种系基因治疗（germline gene therapy）。从理论上讲，对缺陷的生殖细胞进行矫正，有可能彻底阻断缺陷基因的纵向遗传。但生殖的生物学极其复杂，且尚未清楚，一旦发生差错，将给人类带来不可想象的后果，涉及一系列伦理学和法学的问题，目前还不能用于人类。在现有的条件下，基因治疗仅限于体细胞，基因型的改变只限于某一类体细胞，其影响只限于某个体的当代。

（二）基因治疗的基本内容

基因治疗包括基因诊断、基因分离、载体构建以及基因转移四项基本内容。

产生基因缺陷的原因除了进化障碍因素外，主要包括点突变、缺失、插入、重排等DNA分子畸变事件。随着分子生物学原理和技术的不断发展，目前已建立起多种病变基因的诊断和定位方法。

基因分离是指利用DNA重组技术克隆、鉴定、扩增、纯化用于治疗的基因，并根据病变基因的定位，与特异性整合序列（即同源序列）和基因表达调控元件进行体外重组操作。目前用于临床试验的治疗基因主要为该基因的cD-NA。

载体构建指将上述治疗用的基因安装在合适的载体上。目前用于基因治疗的载体主要有病毒载体（viral vector）和非病毒载体（non-viral vector）两大

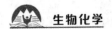

类，其中，病毒载体一般都需要重新构建，除去其致病性的复制区和感染区，并以治疗基因取而代之。

基因转移是关系到基因治疗成败的关键操作单元。基因转移有两种方式。一种是体外导入（ex vivo），即在体外将基因导入细胞内，再将这种基因修饰过的细胞回输病人体内，使这种带有外源基因的细胞在体内表达，从而达到治疗或预防的目的。被用于修饰的细胞可以是自体、同种异体或异种的体细胞。合适的细胞应易于从体内取出和回输，能在体外增殖，经得起体外实验操作，能够高效表达外源基因，且能在体内长期存活。目前常用的细胞有淋巴细胞、骨髓干细胞、内皮细胞、皮肤成纤维细胞、肝细胞、肌细胞、角朊细胞（kcrati-no-cyte）和多种肿瘤细胞等。另一种是体内导入（in vivo），即将外源基因直接导入体内有关的组织器官，使其进入相应的细胞并进行表达。

二、基因治疗的分子机制

用于基因治疗的基因根据其功能及作用方式可分为以下四类。

（一）基因矫正（gene correction）和基因置换（gene replacement）

基因矫正和基因置换即将缺陷基因的异常序列进行矫正，对缺陷基因精确地原位修复，不涉及基因组的其他任何改变。通过同源重组即基因打靶技术将外源正常的基因在特定的部位进行重组，从而使缺陷基因在原位特异性修复。

（二）基因增强（gene augmentation）

基因增强即不去除异常基因，而通过导入外源基因使其表达正常产物，从而补偿缺陷基因等的功能。这类基因通常用于矫正各种基因缺陷型的遗传病，如血友病、地中海贫血病以及由腺苷脱氨酶（ADA）基因缺陷所致的重度联合免疫缺陷症等。

（三）基因失活（gene inactivation）

有些基因异常过度表达，如癌基因或病毒基因可导致疾病，可用反义核酸技术、核酶或诱饵转录因子来封闭或消除这些有害基因的表达。如：反义基因的体内表达产物（反义RNA）或与病毒的激活因子编码基因互补（如艾滋病病毒 HIV），或与肿瘤基因的 mRNA 互补（如食道癌基因 c-myc），从而阻断其表达。

（四）自杀基因（suicide gene）

人们很早就发现在病毒、细菌以及真菌中存在一些酶，它们能将细胞中一些原本无毒的代谢物转化为毒性化合物，而这些酶在动物体内是不存在的。如果将它们转入肿瘤细胞，再辅以原代谢物或药物，就能杀灭癌细胞。因此这类酶被称为自杀酶，相应的基因则为自杀基因。如导入病毒或细菌来源的所谓"自杀基因"或经过改造的条件性复制病毒，只能在 p53 缺陷的肿瘤细胞繁殖以达到溶解肿瘤细胞的目的。

三、载体系统

基因导入载体系统是基因治疗的关键技术，可分为病毒载体系统和非病毒载体系统。目前临床试验用的载体仍然以病毒载体居多，占70%以上，而逆转录病毒载体约占所用全部载体的1/3。非病毒载体以脂质体居多，而裸质粒DNA的应用有逐渐上升的趋势。这些载体尚不尽如人意，有些存在着安全性问题，有些则效率不高等。

四、基因治疗的策略与方法

（一）基因治疗的策略

分子生物学的飞速发展和人类基因组计划的完成，使人们能够正确了解人类基因组的结构和功能，认识疾病发生的分子机制，这将为开展疾病的基因治疗奠定基础。基因治疗的基本策略有以下几种。

1. 基因置换

如将正常β-珠蛋白基因片段利用电穿孔对缺陷的珠蛋白进行修复。

2. 基因矫正

在大多数情况下，单基因遗传病的分子机制是点突变，而其他编码基因的结构及相应的调控结构是正常的。因此，只需要将突变的单个碱基予以更正，就可以达到基因治疗的目的，但在人基因组的某个特异部位上进行重组是一个非常复杂而困难的过程。

3. 基因修饰

基因修饰就是将有功能的目的基因导入原发病灶的细胞或其他类型的相关细胞，使目的基因的表达产物补偿致病基因的功能，但致病基因本身未得到改变。如将β-珠蛋白基因导入骨髓造血干细胞或红细胞中，使其表达和分泌正常的β-珠蛋白链，替代β-珠蛋白生成障碍性贫血丧失功能。与基因置换和基因矫正策略相比，基因修饰较易实现，但由于目的基因不是原位导入，所以其表达水平和调控均难以取得理想的效果。

4. 基因抑制

基因抑制是指导入外源基因以抑制原有的基因，其目的在于阻断有害基因的表达。如，野生型p53基因是一种肿瘤抑制基因，p53突变可导致在各种组织中发生癌变。研究结果发现，将野生型p53基因导入肿瘤细胞后，野生型p53基因的表达可以对这些肿瘤细胞的形态变化、生长速度、DNA合成、细胞克隆的形成等起抑制作用。

5. 基因封闭

利用反义RNA碱基互补原理，通过载体的介导性封闭或阻断有害基因的表达，从而达到基因治疗的目的。

（二）基因治疗中基因转移的方法

基因疗法的成功很大程度上取决于是否有一套安全、简便的基因转移系统。目前，基因治疗中采用的基因转移方法按其性质可分为物理法、化学法、融合法以及以逆转录病毒载体为代表的病毒载体生物方法四大类。

1. 基因转移的物理方法

基因转移的物理方法包括直接注射、电脉冲介导法和显微注射微粒子轰击法等。

2. 基因转移的化学方法

基因转移的化学方法包括DNA磷酸钙共沉淀法、DEAE-葡聚糖法、染色体介导法、脂质体包埋、多聚季铵盐等化学试剂转移方法。其中，脂质体介导的基因转移在目前的基因治疗中使用较多。

3. 基因转移的生物学方法

基因转移的生物学方法主要是指病毒介导的基因转移，包括RNA病毒和DNA病毒两类，如逆转录病毒、腺病毒、腺相关病毒、单纯疱疹病毒、痘苗病毒等。

（三）基因治疗的靶组织

肌肉、心肌、血管、肝、脑、皮肤、呼吸道、黏膜、肿瘤等组织均可作为基因治疗的靶组织，但是，最常用的靶组织为骨骼肌组织。

五、疾病的基因治疗示例

目前临床基因治疗试验的方案已达900多个，受治疗的患者已有数千例。

（一）遗传性单基因疾病的基因治疗

遗传性单基因疾病是基因治疗的理想候选对象，设计治疗方案时应考虑下列因素：对造成该疾病的有关基因应有较详细的了解，并能在实验室克隆适合真核细胞表达的有关基因的cDNA序列，供转导用；经有功能基因转导的体细胞，只要产生较少量原来缺少的基因产物就能矫正疾病；即使导入基因过度表达，对机体应无不良作用；有些遗传疾病是由某些特殊细胞基因缺损造成的，但与之有关的细胞不易取出供体外基因工程操作；现在采用的以正常有功能的同源基因来增补体内的缺乏基因，因此要求增补的基因在病人寿命期间能稳定表达，或重复治疗，所以应考虑构建能长期持续稳定表达的外源基因载体，并考虑将外源基因转导干细胞。目前应用基因治疗的单基因疾病已有20多种。

1. 血友病

血友病是一种常见的性连锁隐形遗传性出血性疾病，分A、B两型，它们分别缺乏凝血因子Ⅷ和凝血因子Ⅸ，这两种基因被定位于Xq28、Xq27，其部分或完全缺失、点突变或插入DNA片段导致了患者凝血功能紊乱。临床治疗血友病主要依靠蛋白质替代治疗，不仅费用昂贵，还可能引起严重的输血反应。血友病的基因治疗研究较早也较为深入。1999年，血友病A和血友病B基因治疗在美国相继进入临床试验。

（1）血友病B的基因治疗。

人凝血因子Ⅸ（简称hFIX）是一种相对分子质量为56 kDa的糖蛋白，其含糖量约占整个分子的17%。在目前所研究过的血友病B病例中，几乎都能在hFIX基因的结构中找到异常的证据。1991年，复旦大学与上海市长海医院血液科合作对两例血友病B患者进行了世界首次血友病B基因治疗的临床试验。试验分别采用逆转录病毒系列将hFIX cDNA基因转移到血友病B患者体内成纤维细胞中，经克隆筛选，挑选得到高表达hFIX的皮肤成纤维细胞克隆。将细胞与胶原混合并直接注射到患者腹部皮下，患者经治疗后体内hFIX浓度上升，出血症状不同程度地减轻，出血次数减少。虽然目前的治疗效果有限，但已经能够将血友病B患者症状降为轻型。

（2）血友病A的基因治疗。

血友病A是由于凝血因子Ⅷ缺陷所致的性连锁的遗传性出血性疾病，其临床症状与血友病B一样，约占血友病总数的80%～85%。1984年，美国 Genentech公司的研究人员成功地克隆了人的凝血因子Ⅷ基因，这为血友病A的基因治疗奠定了基础。研究人员构建了FVIIIB结构域缺少的FVIII cDNA表达载体（BPP-FVIII cDNA），其表达量和活性比全长的FVIII cDNA提高了10倍，将FVIII cDNA由9 kb缩短了一半，能够被一般的逆转录病毒和腺病毒载体所包装。中国血友病A基因治疗研究主要集中在上海第二医科大学和中国科学院上海生物化学和细胞生物学研究所，研究人员克隆了FVIII cDNA以及BDD-FVIII cDNA，构建了相应的表达载体，在真核细胞中进行了表达研究。目前，美国已经申报了3个血友病基因治疗试验方案，其中2个是血友病A的基因治疗临床试验。

2. 地中海贫血症的基因治疗

地中海贫血症是由于α-珠蛋白和β-珠蛋白基因表达失衡而引起的遗传性溶血性疾病，又叫作珠蛋白生成障碍性贫血，是一种危害严重的遗传病。早在20世纪80 年代中期，Cone 等用逆转录病毒介导完整的人体珠蛋白基因转染小鼠红白血病细胞（MEL），获得了人体珠蛋白基因的表达，首次证明了逆转录病毒用于珠蛋白基因治疗的可行性，只是基因表达水平较低。Bender 等对β-珠蛋白基因表达低的基因进行了初步探讨，发现β-珠蛋白基因在细胞中的某些内含子是珠蛋白基因在转染细胞中表达所必需的。在β-珠蛋白基因在细胞系内表达取得成功的同时，Dzierzak 等已经开始了动物试验的研究。这些研究结果表明，地中海贫血症通过体细胞基因治疗是可行的。但是，由于珠蛋白基因调控的复杂性，即珠蛋白基因除呈现红系特异性和发育阶段特异性高表达外，还必须保持β-珠蛋白和α-珠蛋白基因表达的平衡，给地中海贫血症的基因治疗带来了相当大的困难，因此，地中海贫血症的基因治疗研究还未能进入临床试验阶段。

（二）病毒性感染

目前病毒性感染主要治疗对象为人免疫缺陷病毒（HUV）感染的艾滋病，接受基因治疗的患者约400例。主要有两种治疗策略：①增强机体的抗HIV免疫反应；②抑制HIV的复制。有人研究利用反义核酸来封闭HIV的基因，使mRNA不能翻译蛋白质，并发生降解，或制备有关的核酶来破坏HIV的mRNA，使HIV不能复制、繁殖，确切的疗效尚不能肯定，许多科学家尚在研究其他更有效的抑制HIV复制的方法。

（三）恶性肿瘤

恶性肿瘤属复杂基因疾病，可能涉及多种基因的异常，发病过程是多步骤的，至今虽有不少有关的基因被鉴定，但肿瘤发病的分子机制尚未清楚，因此治疗时应选择何种靶基因尚不明确，多数是根据不同的环节，设计不同的治疗策略，目前临床恶性肿瘤的基因治疗策略有十余种之多。

1. 免疫基因治疗（immunogene theray）

免疫基因治疗分体外转导和体内转导两种。体外转导将一些能刺激免疫反应的细胞因子基因（如1L-2、1L-12、IFN-γ等转导肿瘤细胞）作为基因工程"瘤苗"给肿瘤患者注射，旨在提高肿瘤细胞的免疫原性，有利于被机体免疫系统识别及排斥；由于转导细胞因子基因的肿瘤细胞在体内能持续不断地分泌细胞因子，能增强抗肿瘤的特异免疫和非特异免疫反应，在肿瘤局部形成一种较强的抗肿瘤免疫反应微环境，并能通过局部免疫反应，引发全身的抗肿瘤免疫机能，此策略已应用于多种恶性肿瘤的临床试验。另一种策略是将细胞因子基因或MHC Ⅰ类基因直接体内注射于肿瘤局部，以促发抗肿瘤免疫反应。

2. 自杀基因系统

自杀基因来源于病毒、细菌或真菌，例如单纯性疱疹病毒的胸苷激酶（thymidine kinase，TK）基因，能将一种对哺乳动物无毒害的嘌呤核苷的类似物更昔洛韦（gancilovir，GCV）转变成三磷酸形式，后者可掺入新合成的DNA链，造成DNA链的断裂和抑制DNA聚合酶的活性，从而造成细胞死亡。所以将HSV-tk基因体内转导肿瘤细胞，然后给患者服用GCV药物，肿瘤细胞表达TK基因能使无毒的GCV转变成有毒的三磷酸GCV，达到杀伤肿瘤细胞的目的。

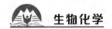

3. 抑癌基因（tumor suppressive gene）

p53的突变与多种肿瘤的发生有密切的关系。将野生型（正常）的p53转导p53 缺陷的恶性肿瘤，使其能表达正常的p53产物，后者具有强大的抑制肿瘤细胞生长和诱导肿瘤细胞凋亡的作用，从而达到抗肿瘤效果。

4. 裂解肿瘤病毒（oncolytic virus）

利用基因工程改造过的腺病毒突变体，如EIB基因缺失的腺病毒能选择性地在p53缺陷的恶性肿瘤细胞中进行复制、繁殖，并最终杀伤肿瘤细胞。而正常细胞能表达p53使这种病毒不能复制和繁殖。

（四）心血管疾病

目前心血管疾病中基因治疗最多的临床方案为外周血管疾病造成的下肢缺血，以及心脏冠状动脉阻塞造成的心肌缺血。转移血管内皮细胞生长因子（VEGF）或成纤维细胞生长因子（FGF）或血小板衍生生长因子（PDGF）等基因于血管病变部位，通过这些因子的表达，以促进新生血管的生成，从而建立侧支循环，改善血供。

六、问题及展望

基因疗法作为一种新兴的治疗技术无疑是近30年来生命科学发展的结果。从理论上讲，若能将与疾病发生有关的基因进行矫正或修复，应是一种有效的根治方法。但基因治疗在让人类看到希望的同时，又给人类许多安全警示：盲目地追求高效而忽视安全并不能达到造福人类的最终目的。时代在发展，科技在进步，理论在创新，高科技研究成果的出现如同任何新生事物的诞生一样，运用合理，将有无限的生机与活力；应用不当，也会给人类造成极大的隐患。基因治疗从实验室走向临床还有很长的路要走，在这当中最具有挑战性的问题是运送治疗基因的载体系统。理想载体应具备下列条件：安全无毒害；不引起免疫反应；高浓度或高滴度；能高效转移外源基因；能持续有效地表达外源基因；可靶向特定组织细胞；可调控；容纳外源基因可大可小；可供体内注射（包括全身性静脉注射）；便于规模生产供临床应用。可惜目前所应用的载体尚没有一个能符合上述全部条件。这是今后努力研究的方向。

辩证唯物主义认为，任何新生事物的发展道路都不可能总是一帆风顺的。基因治疗替代先前的、不能满足人类需要的治疗方法是顺应历史及人类健康发展要求的。尊重科学发展的自身规律，坚持基础研究与临床试验并举，正视难关，针对性地加强基础试验，逐个解决问题，同时把眼光放远，及时调整思维认识，随着分子技术的飞速发展，基因治疗会有一个美好的前景，实现真正的临床突破，造福人类指日可待。

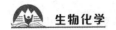

第二十六章　分子杂交与印迹技术

第一节　分子杂交与印迹技术简介

　　分子杂交与印迹技术也是目前生物医学研究中最为常用的基本分子生物学技术，在生物医学基础研究以及临床诊断等方面广泛应用，譬如用于基因克隆的筛选、基因的定量和定性分析及基因突变的检测等。在分子生物学操作上，分子杂交与印迹技术实质上是两种不同的技术，下面首先予以单独介绍，然后介绍其关联和区分。

一、分子杂交技术

1. 分子杂交的概念

　　分子杂交在分子生物学上一般指核酸分子杂交，是指核酸分子在变性后再复性的过程中，来源不同但互补配对的 DNA 或 RNA 单链（包括 DNA 和 DNA，DNA 和 RNA 以及 RNA 和 RNA）相互结合形成杂合双链的特性或现象。而依据此特性建立的一种对目的核酸分子进行定性和定量分析的技术则称为分子杂交技术，通常是将一种核酸单链用核素或非核素标记即探针，再与另一种核酸单链进行分子杂交，通过对探针的检测从而实现对未知核酸分子的检测和分析。

2. 分子杂交技术的发展与分类

　　分子杂交技术始于 Hall 等于 1961 年的探索，将探针与靶序列在溶液中杂交，通过平衡密度梯度离心来分离杂交体，这实际为液相杂交。随后，Bohon 等于 1962 年设计了一种简单的固相杂交方法，将变性 DNA 固定在琼脂中来进行。到 20 世纪 70 年代，随着限制性内切酶、印迹技术、核酸自动合成技术的发展和应用，一系列成熟的分子杂交技术才得以建立、完善和广泛应用。

　　分子杂交技术可按作用环境大致分为液相杂交和固相杂交两种类型。

　　液相杂交所参加反应的核酸和探针都游离在溶液中，是最早建立的分子杂交类型，其主要缺点是杂交后过量的未杂交探针从溶液中除去较为困难，同时误差较高且操作烦琐复杂，因此应用较少。

　　固相杂交是将参加反应的核酸等分子首先固定在硝酸纤维素滤膜、尼龙膜、乳胶颗粒、磁珠和微孔板等固体支持物上，然后再进行杂交反应。其中以硝酸纤维素滤膜和尼龙膜最为常用，特称为滤膜杂交或膜上印迹杂交。固相杂交后，未杂交的游离探针片段可容易地被漂洗除去，同时还具有操作简便、重复性好等优点，故该法最为常用。

　　固相杂交技术按照操作方法不同可分为原位杂交、印迹杂交、斑点杂交和反向杂交等。原位杂交是用标记探针与细胞或组织切片中的核酸进行杂交，包括菌落原位杂交和组织原位杂交等方法。现在常用的基因芯片技术，在本质上也属于原位杂交。印迹杂交则包括Southern印迹杂交、Northern印迹杂交等方法。

二、印迹技术

1. 基本概念

　　印迹或转印（blot或blotting）技术是指将核酸或蛋白质等生物大分子通过一定方式转移并固定至尼龙膜等支持载体上的一种方法。该技术类似于用吸墨纸吸收纸张上的墨迹，故称为印迹技术。在实际研究操作中，通常还需先将待转印的生物分子或样品进行电泳分离后再从胶上转移至印迹膜上，转印完成之后，还要通过多种方法将被转印的物质进行显色以进行各种检测，这些显色检测方法包括染料直接染色、通过和一些标记的抗体或寡核苷酸探针结合而显色。

　　如果被转印的物质是DNA或RNA，一般使用核酸分子杂交技术进行检测。

　　如果被转印的物质是蛋白质，一般与标记的特异性抗体通过抗原−抗体结合反应而间接显色，故又称为免疫印迹技术（immuno−blotting）。

2. 常用的转印支持介质

　　印迹技术中常用的固相支持载体多为滤膜类支持载体，常用的有尼龙膜（nylon membrane）、硝酸纤维素膜（nitrocellulose membrane）和PVDF膜（PVDF membrane）。

　　尼龙膜具有很强的核酸结合能力，可达$480 \sim 600 \mu g/cm^2$，且可结合短至

10 bp 的核酸片段，多用于核酸分子的转印。经烘烤或紫外线照射后，核酸中的部分嘧啶碱基可与膜上的正电荷结合，与膜结合的探针杂交后还可经碱变性洗脱下来。尼龙膜韧性较好，具有很好的机械强度，可耐受多次重复杂交试验。硝酸纤维素膜和 PVDF 膜与核酸的结合能力低于尼龙膜。硝酸纤维素膜的韧性较差，较脆，易破碎，不能重复使用，其优点是无须活化处理，核酸或蛋白质分子的转印均可使用。PVDF 膜具有很强的蛋白质结合能力，且韧性好，可以重复使用，尤其适用于蛋白质分子的转印。但 PVDF 膜在使用时需要甲醇浸泡处理以活化其表面的正电荷，以便和带负电荷的蛋白质结合。

3. 转印方法及其分类

转印通常是将电泳分离后的样品从凝胶转印至合适的支持介质上，按照操作方式或原理不同，常用的转印方法主要有毛细管虹吸转移法、电转移法和真空转移法。

毛细管虹吸转移法是指容器中的转移缓冲液利用上层吸水纸的毛细管虹吸作用做向上运动，带动凝胶中的分子垂直向上转移到膜上。

电转移法是指利用电泳原理，以有孔的海绵和有机玻璃板将凝胶和固化膜夹成"三明治"形状，浸入盛有电泳缓冲液的转移槽中，利用两个平行电极进行电泳，使凝胶中的核酸或蛋白质沿与凝胶平面垂直的方向泳动从凝胶中移出，结合到膜上，形成印迹。这是一种快速、简单、高效的转移法，特别适合用毛细管虹吸转移法不理想的大片段分子的转移。常用的电转移法有湿转和半干转两种方法，两者的原理相同，只是用于固定胶/膜叠层和施加电场的机械装置不同，湿转是将胶/膜叠层浸入缓冲液槽然后加电压，半干转是用浸透缓冲液的多层滤纸代替缓冲液槽，转移时间较湿转法快（只需15～45分钟）。

真空转移法是指以滤膜在下、凝胶在上的方式，利用真空栗将转移缓冲液从上层容器中通过凝胶抽到下层真空室中同时带动核酸分子转移到凝胶下面的滤膜上，整个过程只需 1 h 左右。一般而言，核酸样品多用毛细管虹吸转移法，这是最经典的印迹方式，也可采用真空转移法，蛋白质样品多采用电转移方式进行印迹。

另外，按照转印的分子种类不同，可以区分为用于 DNA 的 Southern 印迹、用于 RNA 的 Norhtern 印迹和用于蛋白质的 Western 印迹技术。

Edwen Southern 于1975年最早提出并建立了印迹技术，当时是以 DNA 为样品建立的，故后人以其姓氏将 DNA 的印迹技术命名为 Southern 印迹（Southern blot），后来建立的RNA和蛋白质的印迹技术则分别被有趣地称为Northern印迹（Northern blot）和Western印迹（Western blot）技术，甚至还有后来建立的进行翻译后修饰检测的 Eastern印迹（Eastern blot）技术等多种印迹技术。

三、分子杂交技术与印迹技术的关系

由上可以看出，分子杂交与印迹技术实质上是两种完全不同的技术，但在实际研究工作中，由于两者密切相关、通常联合使用，所以也很容易混淆，有必要予以区分。

在很多时候，尤其是研究核酸分子的时候，两者往往联合使用。此时为简便起见，通常根据研究者个人习惯或偏好将其简称为分子杂交技术或印迹技术。譬如，DNA的印迹技术因为往往和核酸分子杂交技术联用，所以很多人也称其为DNA印迹或DNA杂交或DNA印迹杂交技术。

但有些时候，分子杂交技术或印迹技术又不是联合使用的，这时就需要注意术语的正确使用，不能乱用和混淆。譬如，蛋白质的印迹技术就不和分子杂交技术联用而是和免疫酶法检测联用，因此不能称为分子杂交技术，只能称为印迹技术，一般称为蛋白质印迹或者Western印迹或者免疫印迹技术。与此类似，分子杂交中的原位杂交技术不和印迹技术联用，因此，只能称为分子杂交技术而不能称为印迹技术。

按照标记物的类型，可分为放射性核素标记探针和非放射性核素标记探针。

1. 放射性核素标记探针

放射性核素标记探针是应用最多的一类探针。由于放射性核素与相应的元素之间具有完全相同的化学性质，因此不影响碱基配对的特异性和稳定性。其灵敏度极高，在最适条件下，可以检测出样品中少于1000个分子的核酸。此外，放射性核素的检测具有极高的特异性，假阳性率较低。其主要缺点是存在放射性污染，而且半衰期短，探针必须随用随标记，不能长期存放。目前用于核酸标记的放射性核素主要有^{32}P、^3H和^{35}S等，其中，^{32}P在核酸分子杂交中应用最多。

2. 非放射性核素标记探针

鉴于放射性核素标记探针在使用中的局限性，促使非放射性核素标记探针得以迅速发展，现在许多实验中已使用非放射性核素标记探针取代放射性核素标记探针，这也极大地推动了分子杂交与印迹技术的迅速发展和广泛应用。非

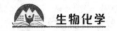

放射性核素标记探针的优点是，无放射性污染，稳定性好，标记探针可以保存较长时间，处理方便；主要缺点是灵敏度及特异性有时还不太理想。

目前，常用的非放射性标记物主要有三种。

①生物素。生物素是最早使用的非放射性标记物。生物素是一种小分子水溶性维生素，对亲和素（也称抗生物素蛋白或卵白素）有独特的亲和力，两者能形成稳定的复合物。生物素标记的探针和相应的核酸样品杂交后，可通过连接在亲和素上的显色物质（如酶等）进行检测。

②地高辛。地高辛和生物素一样，也是半抗原。其修饰核苷酸的方式与生物素类似，也是通过一个连接臂和核苷酸分子相连。地高辛标记的探针杂交后的检测原理和方法与生物素标记探针类似。

③荧光素。荧光素标记探针的敏感性与地高辛和生物素相似。近年来，随着荧光原位杂交技术的迅猛发展，荧光素标记的探针也得到了充分的开发和应用。荧光素有罗丹明和FITC等。

探针的制备大致分为合成、标记和纯化三个步骤，探针的合成与标记可以是先合成再标记，但在不少方法中合成与标记是同时进行的，即边合成边标记。DNA探针标记结束后，反应体系中依然存在未掺入到探针中去的游离dNTP（标记的与未标记的）等小分子，因此还需要借助多种DNA纯化技术将标记的探针进行纯化后方可使用。

探针的标记大致可以分为化学法和酶法两类方法。

化学法是利用标记物分子上的活性基因与探针分子的基因发生的化学反应将标记物直接结合到探针分子上。不同标记物有不同的标记方法，最常用的是^{125}I标记和生物素标记。采用此种标记方法的探针多为寡核苷酸探针，一般是首先合成寡核苷酸后再进行标记，即合成与标记是分开进行的。该类方法一般是研究者直接委托试剂公司进行。

酶法标记也叫酶促标记法，将标记物预先标记到核苷酸（NTP或dNTP）分子上，然后利用酶促反应将标记的核苷酸分子掺入到探针分子中去。该类标记方法一般都有商品试剂盒可供使用，非常方便。

第二节　常用的分子杂交与印迹技术

如前所述，分子杂交与印迹技术的种类多种多样，此处限于篇幅，仅选择常用的几种分子杂交与印迹技术予以介绍，其中重点介绍分别用于 DNA、RNA 和蛋白质分子检测的 Southern 印迹、Northern 印迹和 Western 印迹技术（见图26-1）。

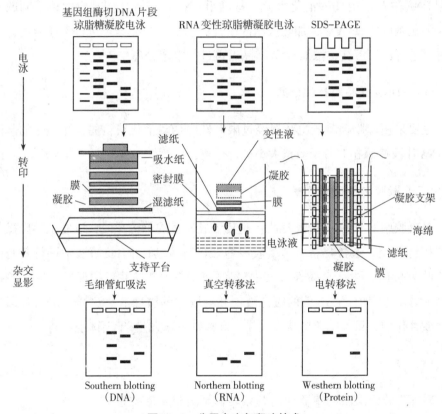

图26-1　分子杂交与印迹技术

一、Southern印迹

Southern 印迹（Southern blot 或 Southern blotting）或称 Southern 杂交，是由 E. Southern 于1975年建立的用于基因组 DNA 样品检测的技术。

一般来讲，Southern 印迹杂交技术主要包括如下几个主要过程：将待测定

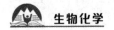

的核酸样品通过合适的方法转移并结合到某种固相支持物（如硝酸纤维薄膜或尼龙膜）上，即印迹（blotting）；探针的标记与制备；固定于固相支持物上的核酸样品与标记的探针在一定的温度和离子强度下退火，即分子杂交过程；杂交信号检测与结果分析。

以哺乳动物基因组 DNA 的检测为例，Southern 印迹杂交的基本流程如下。

（一）待测核酸样品的制备

首先采用合适的方法从相应的组织或细胞样本中提取制备基因组 DNA，然后用 DNA 限制性内切酶消化大分子基因组 DNA，以将其切割成大小不同的片段。消化基因组 DNA 后，加热灭活限制性内切酶 样品即可进行电泳分离，必要时可进行乙醇沉淀，浓缩 DNA 样品后再进行电泳分离。

（二）DNA 样品的凝胶分离

主要采用琼脂糖凝胶电泳对经过限制性内切酶消化获得的长短不一的基因组 DNA 片段按照相对分子质量大小进行分离。

（三）凝胶中核酸的变性

对凝胶中的 DNA 进行碱变性，使其形成较短的单链片段，以便于转印操作和与探针杂交。通常是将电泳凝胶浸泡在 0.25 mol/L 的 HCl 溶液中进行短暂的脱嘌呤处理后，再移至碱性溶液中浸泡，使 DNA 变形并断裂形成较短的单链 DNA 片段，再用中性 pH 值的缓冲液中和凝胶中的缓冲液。这样，DNA 片段经过碱变性作用，可保持单链状态而易于同探针分子发生杂交作用。

（四）转　印

转印即将凝胶中的单链 DNA 片段转移至固相支持物上。

（五）探针的标记与制备

用于 Southern 印迹杂交的探针可以是纯化的 DNA 片段或寡核苷酸片段。探针可以用放射性核素标记或用地高辛标记。

（六）预杂交

将固定于膜上的DNA片段与探针进行杂交之前，必须先进行一个预杂交的过程。预杂交就是将转印后的膜置于一个浸泡在水浴摇床的封闭塑料袋中，袋中装有预杂交液。预杂交液中主要含有鱼精子DNA（该DNA与哺乳动物DNA的同源性极低，不会与DNA探针的DNA杂交）、牛血清等这些大分子，可以封闭膜上所有非特异性吸附位点。

（七）杂　交

转印后的膜在预杂交液中温育4～6 h，即可加入标记的探针（探针DNA预先经过热变性成为单链DNA分子），进行杂交反应，杂交是在相对高离子强度的缓冲盐溶液中进行的。杂交过夜，然后在较高温度下用盐溶液洗膜。

（八）洗　膜

采用核素标记的探针或发光剂标记的探针进行杂交还需注意的关键一步就是洗膜。在洗膜过程中，要不断震荡，不断用放射性检测仪探测膜上的放射强度。当放射强度指示数值较环境背景高1～2倍时，即可停止洗膜进入下一步。

（九）显影与结果分析

根据探针的标记方法选择合适的显影方法，然后根据杂交信号的相对位置和强弱来判断目标DNA的相对分子质量大小和拷贝数多少。同时还要结合前述使用的限制性内切酶对结果进行解释。因为Southern印迹杂交用途较多，故通常都需要结合实际情况对其结果进行合理解释和判读。

作为分子生物学的经典实验方法，DNA印迹技术已经被广泛应用于生物医学基础研究、遗传病检测、DNA指纹分析等临床诊断工作中。它主要用于基因组DNA的分析，可以检测基因组中某一特定的基因的大小、拷贝数、酶切图谱（反映位点的异同）和它在染色体中的位置。若一个基因出现丢失或扩增，则相应条带的信号就会减少或增加；若基因中有突变，则可能会有不同于正常的条带出现。

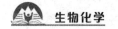

二、Northern 印迹

继分析 DNA 的 Southern 杂交方法出现以后，1977 年，Alwine 等人提出一种与此相类似的、用于分析细胞 RNA 样品中特定 mRNA 分子大小和丰度的分子杂交技术，为了与 Southern 杂交相对应，科学家们将这种 RNA 印迹方法趣称为 Northern 印迹（Northern blot 或 Northern blotting），而后来的与此原理相似的蛋白质印迹杂交方法也相应地被趣称为 Western 印迹。

与 Southern 印迹非常相似，Northern 印迹也是首先采用琼脂糖凝胶电泳，将相对分子质量大小不同的 RNA 分离开来，随后将其原位转移至尼龙膜等固相支持物上，再用放射性（或非放射性）标记的 DNA 或 RNA 探针，依据其同源性进行杂交，最后进行放射自显影（或化学显影），以目标 RNA 所在表示其相对分子质量的大小，而其显影强度则可提示目标 RNA 在所测样品中的相对含量（即目标 RNA 的丰度）。

但与 Southern 杂交不同的是，RNA 由于分子小，所以不需要事先进行限制性内切酶处理，可直接应用于电泳。此外，由于碱性溶液可使 RNA 水解，因此不进行碱变性，而是采用甲醛等进行变性琼脂糖凝胶电泳。

Northern 杂交技术自出现以来，已得到了广泛应用，成为分析 mRNA 最为常用的经典方法。和定量 RT-PCR 技术相比，由于 Northern 杂交使用了电泳，因此不仅可以检测目的基因的 mRNA 表达水平，而且还可以推测 mRNA 相对分子质量的大小以及是否有不同的剪接体等。

三、Western 印迹

印迹技术不仅可用于核酸的分子检测，也可以用于蛋白质的检测。蛋白质在电泳分离之后也可以转移并固定于膜上，相对应于 DNA 的 Southern 印迹和 RNA 的 Northern 印迹，该印迹方法则被称为 Western 印迹（Western blot 或 Western blotting）。

蛋白质印迹技术的过程与 DNA 和 RNA 的印迹技术基本类似，但也有很多不同之处，譬如 Western blot 是采用变性聚丙烯酰胺凝胶电泳进行蛋白质分离，利用免疫学的抗原-抗体反应来检测被转印的蛋白质。被检测物是蛋白质，"探针"是抗体，"显色"用标记的二抗。因为蛋白质印迹技术涉及利用免疫学的抗原-抗体反应来检测被转印的蛋白质，故也被称为免疫印迹技术（immuno-blotting）。

Western印迹的基本步骤如下。

1. 蛋白质样品的制备

在该步骤中，应根据样品的组织来源、细胞类型和待测蛋白质的性质来选择合适的蛋白质样品制备方法。不同来源的组织、细胞、目标蛋白，蛋白质样品的制备方法也不尽相同。

2. 蛋白质样品的分离

主要采用不连续SDS-聚丙烯酰胺凝胶（PAGE）电泳对蛋白质样品按照相对分子质量的大小进行分离。通常同时使用强阴离子去污剂SDS与某一还原剂（如巯基乙醇），并通过加热使蛋白质变性解离成单个的亚基后再加样于电泳凝胶上。

3. 转 印

将经过电泳分离的蛋白质样品转移到固相膜载体上，固相膜载体以非共价键形式吸附蛋白质，且能保持电泳分离的多肽类型及其生物学活性不变。转印方法主要采用电转印法，主要有水浴式电转印即湿转和半干式转印两种方式。

4. 检测与结果分析

需要注意的是，在进行抗原-抗体反应之前，一般需用去脂奶粉等作为封闭剂对固相膜载体和一些无关蛋白质的潜在结合位点进行封闭处理，以降低背景信号和非特异性结合。然后，以固相膜载体上的蛋白质或多肽作为抗原，与对应的抗体起免疫反应，再与辣根过氧化物酶标记的第二抗体起反应，最后通过化学发光来检测目的蛋白的有无和所在位置及相对分子质量的大小。

作为分子生物学的经典实验方法，该技术已经被广泛应用于分子医学领域用于检测蛋白水平的表达，是当代分析和鉴定蛋白质的最有效的技术之一。这一技术的灵敏度能达到标准的固相放射免疫分析的水平，而又无须像免疫沉淀法那样必须对靶蛋白进行放射性标记。此外，由于蛋白质的电泳分离几乎总在变性条件下进行，因此，也不存在溶解、聚集以及靶蛋白与外来蛋白的共沉淀等诸多问题。

四、斑点印迹

斑点印迹（dot blot）也称斑点杂交，是先将被测的DNA或RNA变性后固定在滤膜上，然后加入过量的标记好的DNA或RNA探针进行杂交。该法的特点

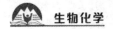

是耗时短，操作简单，事先不用限制性内切酶消化或凝胶电泳分离核酸样品，可做半定量分析，可在同一张膜上同时进行多个样品的检测；根据斑点杂交的结果，可以推算出杂交阳性的拷贝数。该法的缺点是不能鉴定所测基因的相对分子质量，而且特异性较差，有一定比例的假阳性。

五、原位杂交

原位杂交（in situ hybridization）是以特异性探针与细菌、细胞或组织切片中的核酸进行杂交并对其进行检测的一种方法。在杂交过程中不需要改变核酸所在的位置。主要包括用于基因克隆筛选的菌落原位杂交以及检测基因在细胞内的表达与定位和基因在染色体上定位的组织或细胞原位杂交等方法。

该类杂交方法是在组织或细胞内进行DNA或RNA精确定位和定量的特异性方法之一，它对于研究基因表达的规律、基因定位，以及病原微生物的检测，有广泛的应用前景。随着方法学的不断发展与完善，检测的灵敏性、特异性及方法的简捷、快速、无害、稳定等优点使其有更为广泛的应用前景，必将极大推动医学与生物学研究。

第二十七章　常用外包技术

第一节　生物芯片技术

生物芯片（biochips）技术是以微电子系统技术和生物技术为依托，在固相基质表面构建微型生物化学分析系统，将生命科学研究中的许多不连续过程（如样品制备、生化反应、检测等步骤）在一块普通邮票大小的芯片上集成化、连续化、微型化，以实现对蛋白质、核酸等生物大分子的准确、快速、高通量检测。根据芯片上探针不同，生物芯片可以分为基因芯片和蛋白质芯片。最近又出现了细胞芯片、组织芯片、糖芯片和其他类型的生物芯片以及芯片实验室等。

用于检测的基因芯片、蛋白质芯片通常是指包埋在固相载体（如硅片、玻璃和塑料等）上的高密度DNA、cDNA、寡核苷酸、蛋白质等微阵列芯片，这些微阵列由生物活性物质以点阵的形式有序地固定在固相载体上形成，在一定的条件下进行生化反应，将反应结果用化学荧光法、酶标法、电化学法显示，然后用生物芯片扫描仪或电子信号检测仪采集数据，最后通过专门的计算机软件进行数据分析。芯片实验室是指将样品制备、生化反应以及检测分析等过程集约化形成的微型分析系统。

一、基因芯片

基因芯片（gene chip）又称生物集成模片、DNA芯片（DNA chip）、DNA微阵列（DNA microarray）或寡核苷酸微芯片（oligonucleotide microchip）等，是Fodor等人于1991年基于核酸分子杂交原理建立的一种对DNA进行高通量、大规模、并行分析的技术。其基本原理是将大量寡核苷酸分子固定于支持物

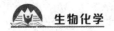

上，然后与标记的待测样品进行杂交，通过检测杂交信号的强弱进而对待测样品中的核酸进行定性和定量分析。

基因芯片的基本技术流程大致包括芯片微阵列制备、样品制备、分子杂交、信号检测与分析等步骤。

（一）芯片微阵列制备

芯片微阵列制备即在玻璃、尼龙膜等支持物表面整齐、有序地固化高密度的、成千上万的、不同的寡核苷酸探针。将寡核苷酸探针制备于固相支持物上的策略有两种：一是在固相支持物上直接合成一系列寡核苷酸探针（如光引导原位合成法等）；二是先合成寡核苷酸探针后，再按一定的设计方式在固相支持物上点样（如化学喷射法、接触式点涂法等）。

（二）样品制备

采用合适的方法提取待测样品中的 DNA 或 RNA，进行适当的酶切、反转录或扩增处理，并进行荧光标记。

（三）分子杂交

选择合适的反应条件使样品中含有标记的各种核酸片段与芯片上的探针进行杂交。

（四）信号检测与分析

由于核酸片段上已标记有荧光素，激发后产生的荧光强度就与样品中所含有的相应核酸片段的量成正比，经激光共聚焦荧光检测系统等扫描后，所获得的信息经专业软件分析处理，即可对待测样品中的核酸进行定性和定量分析。

以传统的双色基因芯片检测两种不同的生物样品中基因表达差异的情况为例，需要首先提取到两个不同来源样品的 mRNA，然后经反转录合成 cDNA，再用不同的荧光分子（红色和绿色）进行标记，标记的 cDNA 等量混合后与基因芯片进行杂交，在两组不同的荧光下检测，获得两个不同样品在芯片上的全部杂交信号，进一步通过软件分析处理，即可获得这两种样品中成千上万种基因表达的异同（见图27-1）。

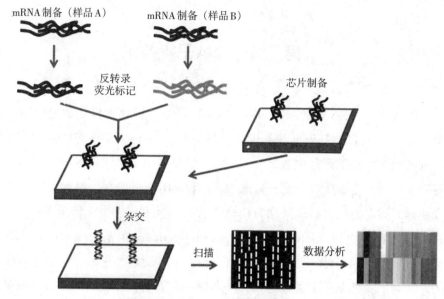

图 27-1 基因芯片分析基本流程

基因芯片的最大优势在于能够对生物样品的基因进行平行、大规模和高通量的定性和定量分析，包括基因表达谱分析、基因突变检测、基因多态性分析、大规模测序等，具有快速、高效和敏感等多种优点，广泛应用于疾病诊断和治疗、司法鉴定、食品卫生监督、环境检测等许多领域。

二、蛋白质芯片

蛋白质芯片（protein chip）或称蛋白质微阵列（protein microarray），与基因芯片原理相似，但芯片上固定的是蛋白质如抗原或抗体等，并且检测的原理是依据蛋白质分子之间、蛋白质与核酸、蛋白质与其他分子的相互作用，目前发展成熟的蛋白质芯片有抗原芯片、抗体芯片以及细胞因子芯片等。

蛋白质芯片作为一种新的高通量、平行、自动化、微型化的蛋白质表达、结构和功能分析技术，是蛋白质组学研究的重要手段之一，已广泛应用于蛋白质表达谱、蛋白质功能、蛋白质间相互作用的研究，尤其在寻找疾病生物标志物，用于疾病诊断、治疗及发现新药靶点上有很大的应用前景。

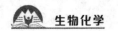

第二节　RNA干扰技术

RNA干扰（RNA interference，RNAi）是一种进化上保守的通常由小分子RNA诱发的能介导基因沉默的机制。1998年，Andrew Fire和Craig Mello等首次在秀丽线虫的研究中发现，一些小的双链RNA（double stranded RNA，dsRNA）分子能够高效、特异性地诱导同源mRNA的降解，从而关闭基因表达或使其沉默，他们将该现象称为RNA干扰，因其主要发生于转录后水平，故也称为序列特异性转录后基因沉默（post-transcriptional gene silencing，PTGs）。现已证实，RNA干扰现象在生物界广泛存在，在生物进化过程中是高度保守的。同时，在此基础上发展起来的一种简单有效的抑制特定基因表达的基因沉默技术——RNAi技术——已经成为研究基因功能、基因表达调控、疾病的发病机制与防治以及药物筛选的重要手段。

一、RNA干扰的机制

关于RNA干扰机制的研究，一直在不断地发展和完善之中。目前认为，主要有两类小分子RNA，即小干扰 RNA（small interfering RNA，siRNA）和微RNA（microRNA，miRNA），均可以有效引发RNA干扰现象。一般认为，siRNA主要参与外来病毒性核酸的侵染以及抑制转座子基因的表达，在低等和高等真核生物均存在；miRNA主要参与内源性基因的表达调节，目前主要发现存在于高等真核生物。

经典的siRNA介导的RNA干扰可分为两个阶段，即起始阶段和效应阶段。

1. 起始阶段

病毒感染等来源的外源性dsRNA（长度约100 nt）进入细胞，在细胞质中，dsRNA与 Dicer酶结合，在Dicer酶的RNA酶活性作用下将dsRNA剪切成更短的长度为21～23 nt的dsRNA，称为siRNA。Dicer酶是RNA酶Ⅲ家族的一个成员，广泛存在于线虫、果蝇、真菌、植物及哺乳动物体内，包含一个螺旋酶结构域、一个PAZ结构域、两个RNA酶Ⅲ结构域和一个dsRNA结合结构域。

2. 效应阶段

siRNA与RNA诱导的沉默复合物（RNA-induced silencing complex，RISC）

结合，并被解旋酶解开为正义链和反义链两个单链：正义链也称为过客链（passenger strand），被剪切而不发挥作用；反义链也称为引导链（guide strand），它能与靶 mRNA 严格互补结合，同时引发 RISC 对该靶 mRNA 进行快速的剪切，从而引起目的基因的表达沉默（见图 27-2）。

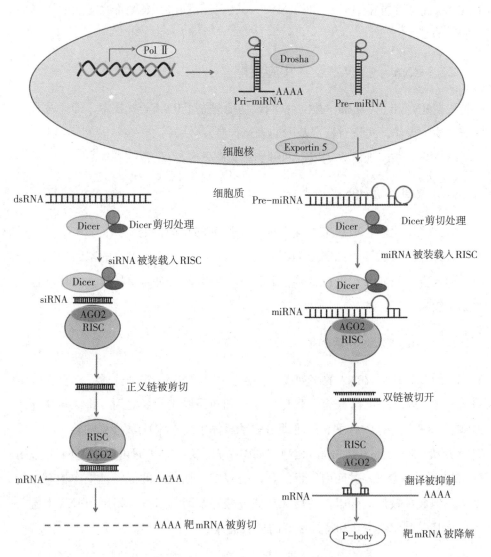

图 27-2 siRNA 和 miRNA 介导的基因沉默机制

在线虫中还发现细胞内的一种 RNA 指导的 RNA 聚合酶（RNA-directed RNA polymerase，RdRP）能够以靶 mRNA 为模板，合成一些新的 siRNA，又叫次级 siRNA（secondary siRNA），这些次级 siRNA 同样能发挥作用，从而使 siR-

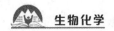

NA的沉默效应得到扩增。

在真核生物中，miRNA也能引起RNA干扰现象。但和siRNA不同，miRNA可以和很多靶mRNA以不完全的碱基互补配对方式结合，主要通过阻止翻译而抑制mRNA的表达，也可引发靶mRNA的降解。在极少数情况下，当miRNA和靶mRNA完全互补配对时，和siRNA一样，可引起RISC对靶mRNA的剪切（见图27-2）。

二、RNA干扰技术及其实施策略

根据RNA干扰的机制，科学家们成功地建立了RNA干扰技术，即通过一些分子生物学操作，实现对特定基因的表达抑制。

RNA干扰技术通常采用以下两种实施策略。

（一）体外合成siRNA

通常采用化学合成法来直接合成特定序列的靶向目的基因的siRNA，然后经过各种转染方法导入细胞或动物体内，从而发挥siRNA对目的基因的沉默作用。通常委托商业公司进行直接合成，因此该策略相对简单易行，但化学合成的成本较高。

（二）siRNA表达载体介导

一般首先根据siRNA的序列设计一条发夹状的DNA序列片段，然后克隆到siRNA表达载体的RNA聚合酶Ⅲ型启动子和转录终止信号之间。将该载体导入细胞后，细胞内的RNA聚合酶Ⅲ即可驱动载体中发夹状DNA序列的转录，合成短发夹状RNA（short hairpin RNA，shRNA）。该shRNA即可被细胞内的Dicer酶切割生成dsRNA，进而引发目的基因的沉默。该策略的优点是操作相对比较复杂，但成本较低。和以往的反义寡核苷酸等基因沉默技术相比，RNA干扰技术具有基因沉默效率高和特异性好的显著优点。

三、RNA干扰技术的应用

RNA干扰技术建立以来，其沉默基因表达的高效性和高度特异性，使其在生物医学领域得到了非常广泛的应用，尤其在基因功能研究方面发挥了重要作用，在基因治疗等应用领域也显示了良好的应用前景。

（一）基因功能研究

在基因功能研究方面，功能失活策略是一个非常重要的研究手段。如前所述，和以往的反义核苷酸等基因沉默技术相比，RNA干扰技术具有高效和特异性好的显著优点。因此，RNA干扰技术在目前的基因功能研究方面已经成为一个几乎不可或缺的主要研究工具。目前，RNA干扰技术不仅在细胞水平上使用，而且已经用于构建转基因动物模型。

（二）基因治疗应用RNA

RNA干扰技术在基因治疗中显示出极大的潜力。通过RNA干扰技术特异性地抑制特定基因的表达无疑是一个很好的治疗策略，这也革新了人们对于药物治疗的认识。常见的感染性疾病、肿瘤等常见病，均可使用RNA干扰技术进行治疗。但目前RNA干扰药物的应用也存在一些技术障碍急需解决，如siRNA在体内遭受内源性核糖核酸酶的降解、siRNA的副反应、缺乏靶向药物传递系统等问题。

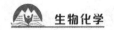

名词解释

1. DNA 变性（DNA denaturation）：指 DNA 双螺旋多聚脱氧核苷酸链间的氢键断裂，变成单链结构的过程。变性核酸将失去其部分或全部的生物活性。核酸的变性并不涉及磷酸二酯键的断裂，所以一级结构（碱基顺序）保持不变。

2. DNA 复性（DNA renaturation）：DNA 热变性后，双螺旋结构中的两条 DNA 单链分开为单链，如果将此热溶液缓慢冷却（退火处理），那么两条单链可发生特异的重新组合而恢复双螺旋。这一过程叫复性（冷却重组）。DNA 复性后，一系列性质将得到恢复，但是生物活性一般只能得到部分的恢复。

3. 分子杂交（molecular hybridization）：根据变性和复性原理，将不同来源的 DNA 变性，然后在退火的条件下让其形成 DNA–DNA′异源双链，或将变性的单链 DNA 与 RNA 经复性处理形成 DNA–RNA 杂合双链，这个过程称为分子杂交。

4. 增色效应（hyperchromic effect）：当 DNA 变性时，由于双螺旋解体，碱基堆积已不存在，藏于螺旋内部的碱基暴露出来，这样就使得变性后的 DNA 对 260 nm 紫外光的吸收率（A_{260}）比变性前明显增加，这种现象称为增色效应。

5. 减色效应（hypochromic effect）：变性的 DNA 复性后，两条链重新形成双螺旋，暴露在外边的碱基重新回到双螺旋内部，这样就使得复性后的 DNA 对 260 nm 紫外光的吸收率（A_{260}）明显减小，最多可减小至变性前的 A_{260} 值，这种现象称为减色效应。

6. 熔点（melting temperature）：DNA 的变性过程是突变性的，它在很窄的温度区间内完成。因此，通常将 DNA 热变性时其紫外吸收到达总增加值一半时的温度称为 DNA 的变性温度或解链温度。由于 DNA 变性（解链）过程犹如金属在熔点的熔解，所以 DNA 的变性温度也称为该 DNA 的"熔点"，用 T_m 表示。

7. DNA双螺旋（DNA double helical structure）：指DNA分子中两条多聚脱氧核糖核苷酸链，借碱基之间的氢键和碱基堆积力牢固地联结，并沿着同一根轴平行盘绕形成的右手双螺旋结构。螺旋中的两条链方向相反，一条链方向为$5'→3'$，另一条链方向为$3'→5'$。

8. 必需氨基酸（essential amino acid）：人体和动物通过自身代谢可以合成大部分氨基酸，但有一部分氨基酸自身不能合成，必须由外界食物供给，而且是生命活动中必不可少的，这些氨基酸称为必需氨基酸。人体必需氨基酸有8种：Lys、Leu、Ile、Val、Phe、Trp、Met、Thr。

9. 稀有氨基酸（rare amino acid）：绝大多数蛋白质水解后产生的氨基酸是20种基本氨基酸，但从某些蛋白质水解液中还分离出一些其他罕见的氨基酸，它们没有相应的遗传密码，是生物体在合成蛋白质多肽链后由基本氨基酸作为前体经过化学修饰而形成的，称为不常见的蛋白质氨基酸或蛋白质的稀有氨基酸，如4-羟基脯氨酸和5-羟基赖氨酸等。

10. 非蛋白质氨基酸（nonprotein amino acid）：除20种基本氨基酸和稀有氨基酸外，还发现很多其他不存在于蛋白质中而以游离或结合状态存在于生物体内的氨基酸，这些氨基酸称为非蛋白质氨基酸。它们大部分是常见氨基酸的衍生物，如鸟氨酸、瓜氨酸等。

11. 构型（configuration）：指一个分子中某不对称碳原子上相连的各原子或取代基团的空间排列。任何一个不对称碳原子相连的四个不同原子或基团，只可能有两种不同的空间排布，即两种构型：D-构型和L-构型。构型的改变涉及共价键的断裂和重组。

12. 构象（conformation）：指相同构型的化合物中，与碳原子相连的原子或取代基团在单键旋转时形成的相对空间排布。构象的改变不需要共价键的断裂和重新形成，只需单键旋转方向或角度改变即可。

13. 两性离子（dipolar ion）：以氨基酸为例，所谓两性离子，是指氨基酸分子既含有自由氨基，又含有自由羧基，所以它既可以接受质子，又可以释放质子，根据广义酸碱学说，酸是质子的供体，碱是质子的受体，因此氨基酸既是酸，又是碱，即两性离子。

14. 等电点（isoelectric point）：能够发生两性解离的物质，如氨基酸，当溶液为某一pH值时，其分子中所含的$-NH_3^+$和$-COO^-$数目正好相等，净电荷为0，这一pH值即为氨基酸的等电点，简称pI。在等电点时，氨基酸既不向

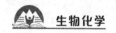

正极也不向负极移动，即氨基酸处于两性离子状态。

15. α-螺旋结构（α-helix structure）：指蛋白质肽链围绕其长轴盘绕形成的右手螺旋结构，多肽链主链在螺旋的内部，R侧链伸向螺旋的外侧。螺旋中每个氨基酸残基的亚氨基氢与它后面第4个氨基酸残基的羧基氧原子之间形成氢键，所有氢键与长轴几乎平行，并维持了α-螺旋结构的稳定。α-螺旋是蛋白质中最常见、最丰富的二级结构。

16. β-折叠结构（β-sheet）：指由两条或多条几乎完全伸展的肽链平行排列，通过链间的氢键交联而形成的片状结构。在β-折叠片中，多肽链几乎是完全伸展的，肽链的主链呈锯齿状折叠构象，相邻肽链之间借助 —C＝O 与 —N—H 之间形成的氢键彼此连成片层结构并维持其结构的稳定性。

17. 超二级结构（super-secondary structure）：蛋白质中相邻的二级结构单位（主要是α-螺旋和β-折叠片）组合在一起，彼此相互作用，形成有规则的、在空间上能辨认的二级结构组合或二级结构串，在多种蛋白质中充当三级结构的构件，称为超二级结构。

18. 结构域（structural domain）：多肽链在二级结构或超二级结构的基础上形成三级结构的局部折叠区，它是相对独立的紧密球状实体，称为结构域。

19. 同源蛋白质（homologous protein）：在不同生物体中行使相同或相似功能的蛋白质称为同源蛋白质。例如各种脊椎动物中的氧转运蛋白——血红蛋白。

20. 酶活性中心（active center of enzyme）：酶是生物大分子，酶作为蛋白质，其分子体积往往比底物体积要大得多，因此酶进行催化时，并非整个酶分子与底物结合，而是仅在局部的小区域与底物作用，酶分子中直接与底物结合并催化底物发生化学反应的部位（小区），称为酶活性中心。

21. 必需基团（essential group）：指在酶分子中对酶行使催化功能非常重要且必不可少的基团，包括酶活性中心的催化基团和结合基团以及活性中心以外的对维持酶空间构象必需的基团。

22. 酸碱催化（acid-base catalysis）：指在酶促反应中组成酶活性中心的极性基团（功能基团）可作为酸或碱通过瞬间向底物提供质子或从底物分子抽取质子，相互作用而形成过渡态复合物，使活化能降低，加速反应进行，也称为广义酸碱催化。

23. 共价催化（covalent catalysis）：指酶活性中心处的极性基团在催化底物发生反应的过程中，首先以共价键与底物结合，生成一个活性很高的共价型的中间产物，此中间产物很容易向着最终产物的方向变化，故反应所需的活化能大大降低，反应速度明显加快。

24. 亲核催化（nucleophilic catalysis）：指酶分子中具有非共用电子对的亲核基团攻击底物分子中具有部分正电性的原子，并与之作用形成共价键而产生不稳定的过渡态中间物，活化能降低，促进反应进行。酶活中心亲核基团主要有Ser羟基、His咪唑基和Cys疏基，它们都有未共用电子，可作为亲核基团与底物的亲电基团共价结合。

25. 亲电催化（electrophilic catalysis）：指酶蛋白中的亲电基团（如Zn^{2+}、Fe^{3+}、Mg^{2+}、NH^{3+}等）攻击底物分子中富含电子或带部分负电荷的原子而形成过渡态中间物，降低活化能，促进反应进行。

26. 米氏常数（Michaelis constant）：酶促反应速度达到最大反应速度一半时的底物浓度。米氏常数是酶的特征常数之一，只与酶的性质有关，而与酶的浓度无关。不同酶促反应的K_m不同，K_m大表示酶和底物的亲和力弱，K_m小表示酶和底物的亲和力强。

27. 酶原（zymogen）：体内合成出的蛋白质，常常不具有生物活性，需要经过蛋白水解酶专一作用后，构象发生变化，形成活性部位，才能变成活性蛋白。这个不具有生物活性的蛋白质称为前体。如果活性蛋白质是酶，这个前体称为酶原。

28. 变构酶（allosteric enzyme）：也称别构酶。某些酶分子表面除活性中心外，还有和底物以外的某种或某些物（称调节物或别构物）特异结合的调节中心（别构中心），当调节物结合到此中心时，引起酶分子构象变化，导致酶活性改变，这类酶称为变（别）构酶。

29. 同功酶（isoenzyme）：指有机体内能够催化相同化学反应，但其酶蛋白本身分子结构组成却有所不同的一组酶。它们广泛存在于动植物及微生物体中，这类酶由两个或两个以上的肽链聚合而成，它们的理化及生理性质有所不同。

30. 诱导酶（induced enzyme）：指细胞中加入特定诱导物后诱导产生的酶，含量在诱导物存在下显著增高，这种诱导物往往是酶的底物类似物或底物本身。

31. 激素（hormone）：指由生物体内的分泌腺以及具有内分泌功能的组织所产生的微量化学信息分子，它们被释放到细胞外，通过扩散或体液转运到所作用的细胞或组织或器官调节其代谢过程，从而产生特定的生理效应，并通过反馈性的调节机制以适应机体内环境的变化。此外也具有协调体内各部分间相互联系的作用。

32. 维生素（vitamin）：指机体维持正常生理功能所必需，但在体内不能合成或合成量很少，必须由食物供给的一组低分子量有机物质，它们既不是构成机体组织的成分，也不是体内供能物质，而在物质代谢过程中发挥各自特有的重要生理功能。

33. 生物氧化（biological oxidation）：生物细胞将糖、脂、蛋白质等分子氧化分解，最终生成 CO_2 和 H_2O，释放出能量，并偶联 ADP 磷酸化生成 ATP 的过程。

34. 自由能（free energy）：在恒温恒压下，体系可以用来对环境做功的能量。

35. 高能化合物（energy-rich compound）：在生物体内，化合物的某一基团水解时释放的自由能大于 20.92 kJ/mol 的化合物。

36. 电子传递链（electron transport chain，ETC）：一系列电子传递体按对电子亲和力逐渐升高的顺序组成的电子传递系统，所有组成成分都嵌合于线粒体内膜，而且按上述顺序分段组成分离的复合物，在复合物内各载体成分的物理排列也符合电子流动的方向。

37. 氧化磷酸化（oxidative phosphorylation）：指细胞内伴随有机物氧化，利用生物氧化过程中释放的自由能促使 ADP 与无机磷酸结合生成 ATP 的过程。

38. 底物水平磷酸化（substrate-ievel phosphorylation）：在底物氧化过程中形成的高能中间代谢物通过酶促磷酸基团转移反应直接偶联 ATP 的形成的过程。

39. 电子传递体系磷酸化（通常称的氧化磷酸化）（oxidative phosphorylate）：电子从 NADH 或 $FADH_2$ 经电子传递链传递到 O_2 形成水，同时偶联 ADP 磷酸化生成 ATP 的过程。

40. P/O 比：每消耗一个氧原子（或每对电子通过呼吸链传递至氧）所产生的 ATP 分子数。

41. 糖酵解（glycolysis）：在机体缺氧条件下，葡萄糖经一系列酶促反应生成丙酮酸进而还原生成乳酸的过程，又称为糖的无氧氧化（anaerobic oxidation）。

42. 有氧氧化（aerobic oxidation）：葡萄糖在有氧条件下彻底氧化成水和二氧化碳的反应过程。

43. 三羧酸循环（tricarboxylic acid cycle，TCA cycle）：亦称柠檬酸循环（TCA循环）。由乙酰CoA与草酰乙酸缩合生成含3个羧基的柠檬酸，再经过4次脱氢、2次脱羧，生成4分子还原当量和2分子CO_2，重新生成草酰乙酸的循环反应过程。

44. 磷酸戊糖途径（pentose phosphate path way）：机体某些组织中6-磷酸葡萄糖由6-磷酸葡萄糖脱氢酶催化脱氢生成6-磷酸葡萄糖酸进而代谢生成磷酸戊糖和NADHP+H^+的过程。

45. 糖异生（gluconeogenesis）：从非糖化合物（乳酸、甘油、生糖氨基酸等）转变为葡萄糖或糖原的过程。

46. 酮体（ketone bodies）：脂肪酸氧化分解的中间产物，即乙酰乙酸、β-羟丁酸及丙酮三者的统称。

47. "β-氧化（β-oxidation）"学说：脂肪酸在体内的氧化是从羧基端的碳原子开始的，通过脱氢、水合、再脱氢和硫解四步反应，碳链逐次断裂，每次产生一个乙酰CoA的过程。

48. 脂肪酸的合成（fatty acids synthesis）：从乙酰CoA以及丙二酸单酰CoA合成长链脂肪酸，每次延长一个二碳单位的过程。

49. 脂肪的合成（fat synthesis）：两分子脂酰CoA，经过转酰基酶的催化，将脂酰基转移到磷酸甘油分子上，生成磷酸甘油二酯（磷脂酸），然后经水解脱去磷酸，产物再与另一分子脂酰CoA作用，最终生成脂肪的过程。

50. 氮平衡（nitrogen balance）：摄入蛋白质的含氮量与排泄物中的含氮量之间的关系，它反映体内蛋白质的合成与分解代谢的总结果。

51. 蛋白质的营养价值（nutritional evaluation of protein）：氮的保留量占氮的吸收量的百分率，即（N保留量/N吸收量）×100%。

52. 蛋白质的互补作用（complementary action）：几种营养价值较低的蛋白质混合食用，互相补充必需氨基酸的种类和数量，从而提高蛋白质在体内的利用率。

53. 蛋白质的腐败作用（putrefaction）：肠道细菌对未经消化的少量蛋白质或未吸收的消化产物进行分解的过程。

54. 氨基酸代谢库（metabolie pool）：食物蛋白质经消化被吸收的氨基酸（外源氨基酸）与体内组织蛋白质降解产生的氨基酸（内源性氨基酸）以及体内其他各种来源的氨基酸混在一起，分布于体内各处，通过血液循环在各组织之间转运参与代谢。

55. γ–谷氨酰基循环（γ–glutamyl cycle）：氨基酸的吸收是在细胞膜上γ–谷氨酰转移酶的催化下，通过与谷胱甘肽作用而转运入细胞的过程。

56. 转氨作用（transamination）：氨基酸的α–氨基与α–酮酸的酮基，在转氨酶的作用下相互交换，生成相应的新的氨基酸和α–酮酸的过程。

57. 丙氨酸葡萄糖循环（alanine–glucse cycle）：丙氨酸和葡萄糖反复地在肌组织和肝之间进行氨的转运的过程。

58. 生糖氨基酸（glucogenic amino acid）：在体内可沿糖异生作用转化为糖的氨基酸。

59. 生酮氨基酸（ketogenic amino acid）：沿脂肪酸分解或合成途径生成酮体或脂肪酸的氨基酸。

60. 生糖兼生酮氨基酸（glucgenic and ketogenic amino acids）：转变为糖或酮体的氨基酸。

61. 一碳基团（one carbon unit）：一些氨基酸在代谢过程中可分解生成含一个碳原子的基团。

62. 核苷酸的从头合成途径（denovo synthesis）：利用磷酸核糖、氨基酸、一碳单位、二氧化碳等物质为原料，通过一系列酶促反应合成核苷酸的过程。

63. 核苷酸的补救合成（salvage pathway）：骨髓、脑等组织必须依靠从肝脏运来的嘌呤和核苷，经磷酸核糖转移酶和核苷激酶催化合成核苷酸的过程。

64. 新陈代谢（metabolism）：机体与环境之间的物质和能量交换以及生物体内物质和能量的自我更新过程。

65. 物质代谢（material metabolism）：生物体与外界环境之间物质的交换和生物体内物质的转变的过程。

66. 能量代谢（energy metabolism）：生物体与外界环境之间能量的交换和生物体内能量转换的过程。

67. 同化作用（assimilation）：机体由外界环境摄取营养物质，通过消化、吸收在体内进行一系列复杂而有规律的化学变化转化为机体自身物质。

68. 异化作用（dissimilation）：机体自身原有的物质不断地转化为废物而排出体外。

69. 合成代谢（anabolism）：机体利用小分子或大分子结构元件合成自身复杂的大分子物质的过程。

70. 分解代谢（catabolism）：机体将从外界摄取的或自身合成或贮存的大分子物质通过一系列反应分解为二氧化碳、水和氨的过程。

71. 中间代谢（intermediate metabolism）：经过消化、吸收的外界营养物质和体内原有的物质，在全身一切组织和细胞中进行的多种多样化学变化的过程。

72. 食物的卡价（thermal equivalent of food）：又称热价，食物在体内被氧化分解至最终产物（如二氧化碳、水和尿素）所释放的总能量，以千卡计算。

73. 呼吸熵（respiratory quotient，RQ）：机体与外界环境在呼吸过程中所交换的二氧化碳与氧的物质的量的比值。

74. 基础代谢（basal metabolism）：人体在清醒而安静的状态中，同时又没有食物消化与吸收作用的情况下，并处于适宜温度所消耗的能量。

75. 变（别）构效应（allosteric effect）：又称协同效应（cooperative effect），指调节物或效应物与酶分子调节中心结合后，诱导或稳定酶分子的某一构象，从而影响反应速度及代谢过程。

76. 共价修饰（covalent modification）：通过在酶蛋白某些氨基酸残基上增加或减少某些基团的办法来调节酶的活性状态的方式。

77. 半保留复制（semiconservative replication）：形成双螺旋的DNA分子的两条链彼此分开各自作为模板，指导子链或者新生链的合成的过程。

78. 半不连续复制（semi-discontinuous replication）：两条DNA单链不能同时连续合成，其中一条新生链可以被连续合成，另一条新生链不能够被连续合成的复制方式。

79. 前导链（leading strand）：在半不连续复制中，连续合成的一条DNA新生链。

80. 后随链（lagging strand）：在半不连续复制中，不能够被连续合成的一条DNA新生链。

81. 冈崎片段（Okazaki fragment）：在后随链的合成过程中，首先形成的DNA小片段。

82. 复制原点（origin of replication）：复制从DNA分子上开始的特定位置，或称复制起点，常用ori或者O表示。

83. 复制叉（replication fork）：从ori开始，双链DNA局部解开，分别作为模板进行每条链的复制，所形成的结构很像叉子或者Y，被称作复制叉。

84. 复制子（replicon）：DNA复制沿着复制叉的运动方向进行，从复制原点开

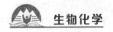

始到终止，形成一个个复制单位。

85. 多复制子（multireplicon）：真核生物染色体DNA分子可以同时在多个复制起点上起始复制。

86. 转录（transcription）：以DNA为模板，在依赖的RNA聚合酶催化下，以4种NTP（ATP、CTP、GTP和UTP）为原料合成RNA的过程。

87. 转录单位（transcription unit）：从启动子到终止子的一段DNA序列。

88. 编码链（coding strand）：指对于一个特定基因来说，与转录出来的RNA序列相同的DNA链，或称为有义链（sense strand）。

89. 模板链（template strand）：根据碱基互补配对原则指导RNA合成的DNA链，或称为反义链（antisense strand）。

90. 启动子（promoter）：RNA聚合酶的全酶在基因的特定区域识别、结合并启动转录的一段DNA序列。

91. 密码子（codon）：mRNA分子中每三个相邻的核苷酸编码一种氨基酸，这三个连续的核苷酸称为密码子或三联体密码（triplet code）。

92. 开放阅读框（open reading frame，ORF）：每条mRNA链上的编码区由连续的、不交叉的密码子串组成，称为开放阅读框或可读框。

93. 起始密码子（initiation codon）：mRNA分子上，可读框的第一个密码子称为起始密码子，通常为AUG。

94. 终止密码子（termination codon）：可读框的最后一个密码子通常为UAA、UAG和UGA，称为终止密码子。

95. 密码子的简并性（degeneracy）：同一种氨基酸具有两个或更多密码子的现象。

96. 密码子的通用性（universality）：各种不同的生物，从细菌直到高等哺乳动物，无论是在体外还是在体内，几乎都通用同一套遗传密码，称为密码的通用性。

97. 多核糖体（polysome）：一个mRNA分子上会结合不止一个核糖体形成多核糖体。

98. 核糖体循环（ribosome cycle）：一个核糖体在完成一轮翻译之后解离成亚基，可以在mRNA的5'端重新形成翻译起始复合物，启动新一轮翻译，形成核糖体循环。

99. 蛋白质折叠（protein folding）：有不确定构象的新生肽通过有序折叠形成有

天然构象的功能蛋白的过程。

100. 翻译后修饰（post-translational modification）：新生肽链在细胞质、细胞质中的内质网或高尔基复合体中被一系列的修饰酶进行修饰。

101. 基因表达（gene expression）：基因指导下转录形成具有功能的RNA以及翻译出蛋白质的过程。

102. 基因表达调控（regulation of gene expression）：在不同时期和不同条件下基因表达的开启或关闭。

103. 操纵子（operator）：基因表达和控制的一个完整单元，包括结构基因、操纵基因、启动基因和调节基因。

104. 顺式作用元件（cis-acting element）：又称分子内作用元件，指存在于DNA分子上的一些与基因转录调控有关的特殊序列。

105. 反式作用因子（trans-acting factor）：又称为调节蛋白，指一些与基因表达调控有关的蛋白质因子。

106. 正调节蛋白（positive regulator protein）：促进某些结构基因表达的激活蛋白（activator protein）。

107. 负调节蛋白（negative regulator protein）：阻止某些结构基因表达的阻遏蛋白（repressor）。

108. 诱导物（inducer）：诱导调控蛋白活性状态改变，最终有利于结构基因表达的物质。

109. 辅阻遏物（corepressor）：让调控蛋白活性状态改变，最终可以阻止结构基因表达的物质。

110. 结构基因（structural gene）：操纵子中编码功能蛋白质或RNA的基因。

111. 调节基因（regulator gene）：能够编码合成参与基因表达调控的蛋白质的基因序列，通常位于受调节基因的上游。

112. 反义RNA（antisense RNA）：与目的DNA或RNA序列互补的RNA片段。

113. 基因丢失（gene elimination）：在有些低等真核生物的个体发育过程中，在细胞分化时一些不需要的基因、一段DNA或整条染色体丢失的现象。

114. 基因重排（gene rearrangement）：通过基因的转座、DNA的断裂错接而改变原来的顺序，重新排列组合，成为一个新的转录单位。

115. 沉默子（silencer）：一类负性转录调控元件，当结合反式作用因子时，对基因的转录发挥抑制作用。

116. 绝缘子（insulator）：能阻止正调控或者负调控信号在染色体上的传递的调控元件。

117. RNA编辑（RNA editing）：在mRNA水平上改变遗传信息的过程，通过改变、插入或删除转录后的mRNA特定部位的碱基而改变其核苷酸序列。

118. 重组DNA（recombinant DNA）：DNA分子内或分子间发生遗传信息的重新组合，称为遗传重组或基因重排，重组的产物称为重组DNA。

119. 同源重组（homologous recombination）：DNA同源序列间发生的重组叫同源重组，它是由两条同源区的DNA分子通过配对、链的断裂和再连接，进而产生的片段之间的交换。

120. 位点特异性重组（site specific recombination）：非同源DNA的特异片段间的交换，由能识别特异DNA序列的蛋白质介导。

121. DNA的转座（transposition）：一种由可移位因子（transposable element）介导的遗传重组现象。

122. 聚合酶链式反应（polymerase chain reaction，PCR）技术：一种在体外对特定的DNA片段进行高效扩增的技术，该技术可以将特定的微量靶DNA片段于数小时内扩增至十万乃至百万倍。

123. 反转录PCR（reverse transcription-PCR，RT-PCR）：将RNA的反转录反应和PCR反应联合应用的一种技术，即首先以RNA为模板，在反转录酶的作用下合成互补DNA（complementary DNA，cDNA），再以cDNA为模板，通过PCR反应来扩增目的基因。

124. 定量PCR（quantitative PCR，Q-PCR）：也称实时PCR（real-time PCR），或定量实时PCR（quantitative real-time PCR），是指在PCR反应体系中加入荧光基团，通过检测PCR反应管内荧光信号的变化来实时监测整个PCR反应进程，并由此对反应体系中的模板进行精确定量的方法。

125. 基因芯片法（micro array）：又称为DNA微探针阵列，通过集成大量的密集排列的已知的序列探针，与被标记的若干靶核酸序列互补匹配，与芯片特定位点上的探针杂交，利用基因芯片杂交图像，确定杂交探针的位置，便可根据碱基互补匹配的原理确定靶基因的序列。

126. RNA印迹（Northern blotting）：RNA印迹是检测基因是否表达及表达产物mRNA的大小的可靠方法，根据杂交条带的强度，可以判断基因表达的效率。

127. 基因矫正（gene correction）和基因置换（gene replacement）：将缺陷基因的异常序列进行矫正，对缺陷基因精确地原位修复，不涉及基因组的其他任何改变。

128. 基因增强（gene augmentation）：不去除异常基因，而通过导入外源基因使其表达正常产物，从而补偿缺陷基因等的功能。

129. 基因失活（gene inactivation）：有些基因异常过度表达，如癌基因或病毒基因可导致疾病，可用反义核酸技术、核酶或诱饵转录因子来封闭或消除这些有害基因的表达。